U0392021

高职高专土建教材编审委员会

高职高专规划教材

建筑概论

JIANZHU GAILUN

刘冬梅 主编　　蔡丽朋 罗 琴 副主编

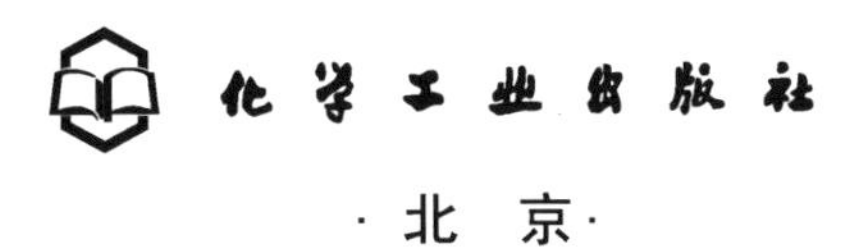

·北 京·

本书内容包括概述、建筑识图、民用建筑设计、民用建筑构造、工业建筑设计、单层厂房的构造、高层建筑简介、大跨建筑简介、建筑防火与安全疏散、建筑节能十章内容。本书内容全面、文字精简、图文并茂、通俗易懂。为方便自学，在每章之后均有复习思考题。

本书为高职高专制冷与空调、采暖通风、给水排水等建筑设备类专业及建筑类相关专业的教材，也可作为成人教育土建类及相关专业的教材，还可供从事建筑工程等技术工作的人员参考。

图书在版编目（CIP）数据

建筑概论/刘冬梅主编. —北京：化学工业出版社，2010.3（2023.9重印）

ISBN 978-7-122-07396-9

Ⅰ.建… Ⅱ.刘… Ⅲ.建筑学-概论 Ⅳ.TU

中国版本图书馆CIP数据核字（2010）第006565号

责任编辑：王文峡　卓　丽　李仙华　　　文字编辑：陈　元

责任校对：王素芹　　　装帧设计：尹琳琳

出版发行：化学工业出版社（北京市东城区青年湖南街13号　邮政编码100011）

印　　装：北京科印技术咨询服务有限公司数码印刷分部

787mm×1092mm　1/16　印张16　字数406千字　　2023年9月北京第1版第5次印刷

购书咨询：010-64518888　　　售后服务：010-64518899

网　　址：http://www.cip.com.cn

凡购买本书，如有缺损质量问题，本社销售中心负责调换。

定　　价：48.00元

前　言

随着建筑科学技术的不断发展，新技术、新材料和新工艺大量涌现并日趋成熟。另一方面，教学理念的更新，高职高专人才培养模式的转变，教学方法的改进，这些迫切需要教材跟上时代发展的步伐，在此背景下，我们依据国家颁布的最新行业规范、技术标准，广泛吸收了国内外先进的科学技术成果，结合近几年高职高专教育教学改革的阶段性成果，编写了本教材。

为了适应高职高专院校制冷与空调、采暖通风、给水排水及其相关专业特点对建筑构造和建筑识图相关内容的基本要求，本书在编排中加入了建筑识图及管道穿过相应建筑构造组成时的处理等基本内容；为了适应建筑技术发展的需求，本书对高层建筑、大跨建筑的内容作了相应的介绍；本书还编排了学生应具备的建筑法规和规范的知识内容，并增加了建筑防火与安全疏散、建筑节能的措施与构造的基本知识。

本书内容包括概述、建筑识图、民用建筑设计、民用建筑构造、工业建筑设计、单层厂房的构造、高层建筑简介、大跨建筑简介、建筑防火与安全疏散、建筑节能十章内容。本书内容全面、文字精简、图文并茂、通俗易懂。为方便学生自学，在每章之后均有复习思考题。本书提供配套的 PPT 电子教案，便于教学使用。可发邮件至 cipedu@163.com 免费获取。

本书由南京化工职业技术学院刘冬梅任主编，洛阳理工学院蔡丽朋、罗琴任副主编。参加本书编写工作的有：江苏广和工程咨询有限公司金海燕编写第一章；洛阳理工学院蔡丽朋编写第二、三七（参与）章；南京化工职业技术学院刘冬梅编写第四章；洛阳理工学院罗琴编写第五、六章；湖北水利水电职业技术学院王中发编写第七（参与）、八、九章；黄河水利职业技术学院张振安、柴红编写第十章。最后由南京化工职业技术学院刘冬梅统稿。

本书由天津职业大学刘培琴主审，并提出了许多宝贵意见和建议，对提高教材的质量起到了重要的作用，编者非常感谢主审刘培琴严谨、认真的审稿工作。

本书在编写过程中参阅了大量的资料，从中吸取了许多相关内容，在此向各位编者表示感谢。

由于编者水平有限、经验不足，对于书中的不足之处，希望广大读者批评指正。

编者

2010 年 1 月

目　录

第一章

概　　述

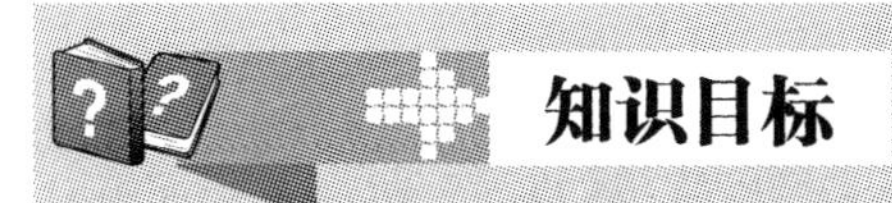

知识目标

• 了解建筑的分类与等级；了解建筑标准化、建筑工业化与建筑设备工程专业化基本内容。

• 理解建筑与建筑物、建筑模数协调统一标准等相关概念。

• 掌握建筑物构成的基本要素；掌握建筑模数协调统一标准。

能力目标

• 能解释建筑与建筑物、建筑模数协调统一标准。

• 能分析建筑构成的基本要素；能够给所见建筑归类、确定等级。

• 能够结合实际情况，合理选择建筑物组成构件模数。

本章内容包括建筑与建筑物、建筑物构成的基本要素、建筑的分类与等级、建筑标准化和建筑模数协调统一标准、建筑工业化与建筑设备工程专业化等。其中重点内容是建筑构成的基本要素、建筑物的耐火等级及建筑模数协调统一标准。

第一节　建筑及其基本要素

一、建筑与建筑物

建筑既表示建筑工程的建造活动，又表示这种活动的成果。建筑物是一个统称，包括建筑物和构筑物。供人们生活、学习、工作、居住以及从事生产和各种文化活动的房屋称为建筑物。仅仅为满足生产生活的某一方面的需要，建造的某些工程设施则称为构筑物，如水塔、水池、堤坝、烟囱等。无论是建筑物或构筑物，都以一定的空间形式而存在，工程技术人员应该加强理性思考；同时建筑又是艺术，作为物质的有体有形的建筑，又必须按照美的法则去塑造和经营。

二、建筑物构成的基本要素

建筑物构成的基本要素是：建筑功能、物质技术条件和建筑形象。

（1）建筑功能　即指建筑的实用性。任何建筑物都具有为人所用的功能，不同类型的建筑物具有不同的功能。如住宅供人生活起居；学校是教学活动的场所；园林建筑供人游览、观赏和休息；纪念碑可以陶冶情操，满足人们精神生活要求；各类生产厂房则可以满足不同生产工艺的需要。

建筑不但要满足各自的使用功能要求，而且还要为人们创造一个舒适的卫生环境，满足人们生理要求的功能。因此建筑应具有良好的朝向，以及保温、隔热、通风、隔声、采光的性能。

建筑的功能要求是随着社会生产力的不断发展和人类物质文化生产水平的不断提高而日益复杂，因而对建筑的功能提出了越来越高的要求。这就促进了建筑业的发展，新的建筑类型也就应运而生了。

(2) 物质技术条件　一般建筑材料、结构施工技术和建筑设备是建筑的物质要素。建筑材料是构成建筑的物质基础。建筑结构是运用建筑材料，通过一定的技术手段构成的建筑骨架，它们是形成建筑物空间的实体。新型建筑材料是新型结构产生的物质条件，同时也推动了结构理论和施工技术的发展。例如，由于钢和钢筋混凝土材料的问世，产生了骨架结构，出现了前所未有的高层建筑和大跨度建筑。

建筑技术设备对建筑业的发展也起着重要作用（水、电、通风、空调、通信、消防、输送等设备）。如电梯和大型起重设备的应用，促进了高层建筑的发展。

总之，建筑材料、结构与技术等物质技术条件也是构成建筑的重要因素。

(3) 建筑形象　建筑除满足人们使用要求外，又以它不同的空间组合、建筑造型、细部处理等，构成一定的建筑形象，表现出某个时代的生产力水平、文化生产水平、社会的精神风貌、建筑空间形象的民族特点和地方特色。例如平时看到的一些建筑，常常给人以庄严雄伟、朴素大方、生动活泼等不同的感觉，这就是建筑形象的魅力。

(4) 基本要素之间的关系　建筑功能、物质技术条件、建筑形象三个基本要素是辩证统一不可分割的。

建筑功能是建筑的目的，是主导因素。功能要求不同的各类建筑，可以选择不同的结构形式和使用不同的建筑材料，自然也会出现不同的建筑形象。由于人们的社会活动、科学技术和生产活动不断丰富，对建筑的功能要求就更加复杂、多样。因此，又进一步推动了建筑技术的发展。

物质技术条件是达到建筑目的的手段。新技术、新材料为满足越来越复杂的建筑功能要求创造了条件。同时，他们也影响和改变了建筑的内部空间。与此同时产生了反映新结构、新材料的建筑形象。

建筑形象也是发展变化的，在相同功能要求和物质技术条件下，可以创造出不同的建筑形象。但是，有些建筑物的形象，如有纪念性意义的、象征性的、装饰性强的建筑物，为了达到美的意境，或某种形象效果，有时建筑形象又处于主导地位，起决定性作用。

第二节　建筑物的分类与等级

一、建筑物的分类

建筑物可以从多方面进行分类，常见的分类方法有以下几种。

1. 按建筑物的使用功能分类

(1) 工业建筑　指用于工业生产的建筑。包括各种生产和生产辅助用房，如生产车间、动力车间及仓库等。

(2) 农业建筑　指用于农副业生产的建筑，如饲养场、粮库、农机站等。

(3) 民用建筑　分为居住建筑和公共建筑。居住建筑指供人们生活起居的建筑物，如住宅、宿舍、公寓等；公共建筑指供人们进行政治文化经济活动、行政办公、医疗科研、文化娱乐以及商业、生活服务等公共事业的建筑，如学校、办公楼、医院、商店、影院等。

2. 按主要承重结构所用的材料分类

(1) 砖木结构　建筑物的主要承重构件所用材料为砖和木材。其中墙、柱用砖砌，楼板、屋架用木材。如砖墙砌体、木楼板、木屋盖的建筑。

(2) 砖混结构　建筑物中的墙、柱用砖砌，楼板、楼梯、屋顶所用材料为钢筋混凝土。

(3) 钢筋混凝土结构　这类建筑的主要承重构件如梁、柱、板及楼梯用钢筋混凝土，而非承重墙用砖砌或其他轻质砌块。如装配式大板、大模板、滑模等工业化方法建造的建筑。钢筋混凝土的高层、大跨度、大空间结构的建筑。

(4) 钢结构　建筑物的主要承重构件用钢材做成，而用轻质块材、板材作围护外墙和分割内墙。如全部用钢柱、钢屋架建造的厂房。

(5) 钢-钢筋混凝土结构　如钢筋混凝土梁、柱和钢屋架组成的骨架结构的厂房。

3. 按施工方法分类

(1) 全装配式　建筑物的主要承重构件如墙板、楼板、屋面板、楼梯等都采用预制构件在施工现场吊装连接。

(2) 全现浇式　建筑物的主要承重构件都在现场支模，现场浇灌混凝土。

(3) 部分现浇、部分装配　建筑物的内墙采用现浇钢筋混凝土板，而外墙板、楼板、屋面板、楼梯均采用预制构件。

4. 按层数或高度分类

(1) 住宅建筑　低层 1～3 层；多层 4～6 层；中高层 7～9 层；10 层以上为高层。

(2) 公共建筑及综合性建筑　建筑物总高度在 24m 以下者为非高层建筑，总高度 24m 以上者为高层建筑（不包括高度超过 24m 的单层主体建筑）。

(3) 不论住宅或公共建筑，超过 100m 均为超高层。

(4) 工业建筑（厂房）单层厂房、多层厂房、混合层数的厂房。

二、建筑物的分级

不同建筑的质量要求各异，为了便于控制和掌握，常按建筑物的耐久年限和耐火程度分级。

1. 建筑物的耐久年限

建筑物的耐久年限主要是根据建筑物的重要性和建筑物的质量标准而定，是作为建筑投资、建筑设计和选用材料的重要依据，见表 1-1。

表 1-1　按主体结构确定的建筑耐久年限分级

级　别	适用建筑物范围	耐久年限/年
一	重要建筑和高层建筑物	＞100
二	一般性建筑	50～100
三	次要建筑	25～50
四	临时性建筑	＜15

2. 建筑物的耐火等级

耐火等级取决于房屋的主要构件的耐火极限和燃烧性能。按我国现行的《建筑设计防火规范》(GBJ 16—87)，耐火等级分为四级，见表 1-2。它们是按组成房屋的主要构件（墙、柱、梁、楼板、屋顶承重构件等）的燃烧性能（燃烧体、非燃烧体、难燃烧体）和它们的耐火极限划分的。

表 1-2 建筑物构件的燃烧性能和耐火极限

构件名称		耐火等级			
		一级	二级	三级	四级
		燃烧性能和耐火极限/h			
墙	防火墙	非燃烧体 4.00	非燃烧体 4.00	非燃烧体 4.00	非燃烧体 4.00
	承重墙、楼梯间、电梯井的墙	非燃烧体 3.00	非燃烧体 2.50	非燃烧体 2.50	难燃烧体 0.50
	非承重外墙、疏散走道两侧的隔墙	非燃烧体 1.00	非燃烧体 1.00	非燃烧体 0.50	难燃烧体 0.25
	防火隔墙	非燃烧体 0.75	非燃烧体 0.50	难燃烧体 0.50	难燃烧体 0.25
柱	支撑多层的柱	非燃烧体 3.00	非燃烧体 2.50	非燃烧体 2.50	难燃烧体 0.50
	支撑单层的柱	非燃烧体 2.50	非燃烧体 2.00	非燃烧体 2.00	燃烧体
梁		非燃烧体 2.00	非燃烧体 1.50	非燃烧体 1.00	难燃烧体 0.50
楼板		非燃烧体 1.50	非燃烧体 1.00	非燃烧体 0.50	难燃烧体 0.25
屋顶承重构件		非燃烧体 1.50	非燃烧体 0.50	燃烧体	燃烧体
疏散楼梯		非燃烧体 1.50	非燃烧体 1.00	非燃烧体 1.00	燃烧体
吊顶(包括吊顶隔栅)		非燃烧体 0.25	难燃烧体 0.25	难燃烧体 0.15	燃烧体

(1) 构件的耐火极限　耐火极限是指对任一建筑构件按时间-温度标准曲线进行耐火试验，从受到火的作用时起，到失去支撑能力（或完整性被破坏或失去隔火作用）时止的这段时间，用小时（h）表示。具体判定标准如下。

① 失去支持能力：非承重构件失去支持能力的表现为自身解体或垮塌；梁、板等受弯承重构件，挠曲率发生突变，为失去支持能力的情况。

② 完整性：楼板、隔墙等具有分隔作用的构件，在试验中，当出现穿透裂缝或穿透的孔隙时，表明试件的完整性被破坏。

③ 隔火作用：具有防火分隔作用的构件，试验中背火面测点测得的平均温度升到140℃(不包括背火面的起始温度)；或背火面测温点任一测点的温度达到220℃时，则表明试件失去隔火作用。

(2) 构件的燃烧性能　建筑材料根据在明火或高温作用下的变化特征，建筑构件的燃烧性能可分为如下三类。

① 非燃烧体：这种构件在空气中受到火烧或高温作用时，不起火、不微燃、不炭化。如金属、砖、石、混凝土等。

② 难燃烧体：这种构件在空气中受到火烧或高温作用时，难起火、难微燃、难炭化。如板条抹灰墙等。

③ 燃烧体：这种构件在明火或高温作用下立即起火或微燃。如木柱、木吊顶等。

第三节 建筑标准化和统一模数制

一、建筑标准化

建筑标准化涉及建筑设计、建材、设备、施工等各个方面，是一套完整的施工体系。

建筑标准化包括两个方面：一方面是建筑设计的标准问题，包括由国家颁布的建筑法规、建筑制图标准、建筑统一模数制等；另一方面是建筑标准设计问题，即根据统一的标准所编制的标准构件与标准配件图集及整个房间的标准设计图等。

二、统一模数制

为实现建筑标准化，使建筑制品、建筑构件实现工业化大规模生产，必须制定建筑构件和配件的标准化规格系列，使建筑设计各部分尺寸、建筑构配件、建筑制品的尺寸统一协调，并使之具有通用性和互换性，加快设计速度，提高施工质量效率，降低造价，为此，国家颁布了《建筑模数协调统一标准》(GBJ 2—86)。

(一) 模数制

建筑模数是选定的尺寸单位，作为尺度协调中的增值单位。所谓尺度协调是指房屋构件(组合件) 在尺度协调中的规则，供建筑设计、建筑施工、建筑材料与制品、建筑设备等采用，其目的是使构配件安装吻合，并有互换性。

1. 基本模数

基本模数的数值规定为 100mm，符号为 M，即 1M＝100mm。建筑物和建筑物的各部分及建筑组合件的模数化尺寸，应是基本模数的倍数，目前世界上绝大多数国家均采用 100mm 为基本模数。

2. 导出模数

导出模数分为扩大模数和分模数，其模数应符合下列规定。

(1) 扩大模数　指基本模数的整数倍数，扩大模数的基数为 3M、6M、12M、15M、30M、60M 共 6 个，其相应的尺寸分别为 300mm、600mm、1200mm、1500mm、3000mm、6000mm 作为建筑参数。

(2) 分模数　指整数除基数的数值，分模数的基数为 M/10、M/5、M/2 等六个，其相应的尺寸分别为 10mm、20mm、50mm。

3. 模数数列

模数数列指以基本模数、扩大模数、分模数为基础扩展成的一系列尺寸，既可以确保尺寸具有合理的灵活性，也能保证不同建筑及其组成部分之间尺寸的协调、统一，减少建筑尺寸的种类表 1-3 为《建筑协调统一标准》(GBJ 2—86) 所展开的模数数列的数值系统。

(1) 模数数列的幅度　应符合下列规定。

① 水平基本模数的数列幅度为 1M～20M。

② 竖向基本模数的数列幅度为 1M～36M。

③ 水平扩大模数的数列幅度：3M 为 3M～75M；6M 为 6M～96M；12M 为 12M～120M；15M 为 15M～120M；30M 为 30M～360M；60M 为 60M～360M，必要时幅度不限。

④ 竖向扩大模数数列的幅度不受限制。

⑤ 分模数数列的幅度：M/10 为 M/10～2M；M/5 为 M/5～4M；M/2 为 M/2～10M。

(2) 模数数列的适用范围

① 水平基本模数的数列：主要用于门窗洞口和构配件断面尺寸。

② 竖向基本模数的数列：主要用于建筑物的层高、门窗洞口、构配件等尺寸。

③ 水平扩大模数的数列：主要用于建筑物的开间或柱距、进深或跨度、构配件尺寸和门窗洞口尺寸。

④ 竖向扩大模数的数列：主要用于建筑物的高度、层高、门窗洞口尺寸。

⑤ 分模数数列：主要用于缝隙、构造节点、构配件断面尺寸。

(3) 常用模数数列　见表 1-3。

表 1-3　模数数列　　单位：mm

基本模数	扩大模数						分模数		
1M	3M	6M	12M	15M	30M	60M	1/10M	1/5M	1/2M
100	300	600	1200	1500	3000	6000	10	20	50
100	300						10		
200	600	600					20	20	
300	900						30		
400	1200	1200	1200				40	40	
500	1500			1500			50		50
600	1800	1800					60	60	
700	2100						70		
800	2400	2400	2400				80	80	
900	2700						90		
1000	3000	3000		3000	3000		100	100	100
1100	3300						110		
1200	3600	3600	3600				120	120	
1300	3900						130		
1400	4200	4200					140	140	
1500	4500			4500			150		150
1600	4800	4800	4800				160	160	
1700	5100						170		
1800	5400	5400					180	180	
1900	5700						190		
2000	6000	6000	6000	6000	6000	6000	200	200	200
2100	6300							220	
2200	6600	6600						240	
2300	6900								250
2400	7200	7200	7200					260	
2500	7500			7500				280	
2600		7800						300	300

续表

基本模数	扩 大 模 数						分 模 数		
1M 100	3M 300	6M 600	12M 1200	15M 1500	30M 3000	60M 6000	1/10M 10	1/5M 20	1/2M 50
2700		8400	8400					320	
2800		9000		9000	9000			340	
2900		9600	9600						350
3000				10500				360	
3100			10800					380	
3200			12000	12000	12000	12000		400	400
3300					15000				450
3400					18000	18000			500
3500					21000				550
3600					24000	24000			600
					27000				650
					30000	30000			700
					33000				750
					36000	36000			800
									850
									900
									950
									1000

（二）三种尺寸及其相互关系

为了保证建筑制品、构配件等有关尺寸间的统一协调，特规定了标志尺寸、构造尺寸、实际尺寸及其相互间的关系，如图 1-1 所示。

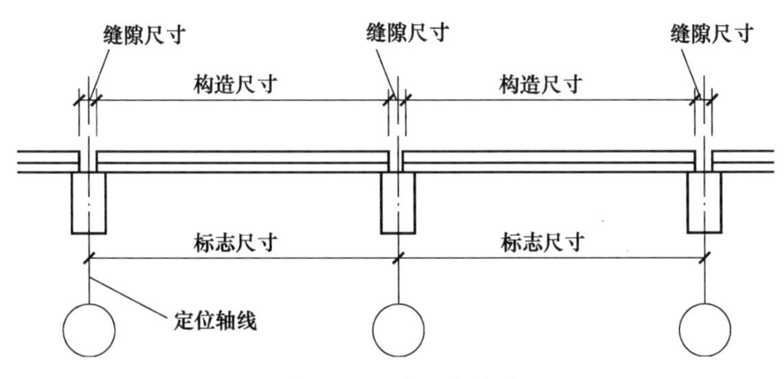

图 1-1 三种尺寸关系

(1) 标志尺寸 用以标注建筑物定位轴线之间的距离以及建筑制品、建筑构配件、有关设备位置界限之间的尺寸。

(2) 构造尺寸 指建筑制品、建筑构配件等的设计尺寸。一般情况下，构造尺寸加上缝隙尺寸等于标志尺寸。缝隙尺寸应符合模数数列的规定。

(3) 实际尺寸　指建筑制品、建筑构配件等生产制作后的实际尺寸。实际尺寸与构造尺寸之间的差数应为允许的建筑公差数值。例如，预应力钢筋混凝土短向圆孔板 YB30.1，它的标志尺寸为 3000mm，缝隙尺寸为 90mm，所以构造尺寸为 3000－90＝2910（mm），实际尺寸为 2910mm±允许误差。

第四节　建筑工业化与建筑设备工程工业化

一、建筑工业化与工业化建筑

1. 建筑工业化

建筑工业化是指用现代化大工业生产方式建造房屋的方法。它是对传统的手工业生产方法建造房屋的变革。

建筑工业化就是以现代化的科学手段，把分散的、落后的、手工业生产方式改为集中的、先进的、大工业生产方式。建筑工业化的主要标志是建筑设计标准化、构件生产工厂化、施工现场机械化、组织管理科学化。实行建筑工业化的意义在于能够加快建设速度、降低劳动强度、减少人工消耗、提高施工质量，彻底改变建筑业的落后状态。

建筑工业化包括设计标准化、构件工厂化、施工机械化、管理科学化等方面。

(1) 设计标准化　设计标准化是建筑工业化的前提条件。因为要实现建筑产品的工厂化、机械化和批量生产，必须使建筑及其构件定型化，减少其规格类型，使之最大限度地统一互换。

设计标准化包括采用构件定型和房屋定型两大部分。构件定型又叫通用体系，它主要是将房屋的主要构配件按模数配套生产，从而提高构配件之间的互换性。房屋定型又叫专用体系，它主要是将各类不同的房屋进行定型，做成标准设计。

(2) 构件工厂化　构件工厂化是建立完整的预制加工企业，形成施工现场的技术后方，可以改善劳动条件、提高产品质量和建筑物的施工速度。因此它也是建筑工业化不可缺少的条件。目前建筑业的预制加工企业有混凝土预制构件厂、混凝土搅拌厂、门窗加工厂、模板工厂、钢筋加工厂等。

(3) 施工机械化　施工机械化是建筑工业化的核心。只有实行建筑产品生产、施工机械化才能加快施工进度、降低劳动强度、提高工程质量，从根本上改变建筑业的落后状态。施工机械化应注意标准化、通用化、系列化，既注意发展大型机械，也注意发展小型机械。

(4) 管理科学化　实现上述“三化”，管理科学化是关键，只有实行规划、设计、生产、施工的统一指挥、科学管理，才能使建筑工业化的步调一致、健康发展。现代工业生产的组织管理是一门科学，它包括采用指示图表法和网络法，并广泛采用电子计算机等。

2. 工业化建筑

工业化建筑通常是按建筑结构类型和施工工艺的不同来划分体系的。工业化建筑体系是指某类或某几类建筑，从设计、生产工艺、施工方法到组织管理等各个环节配套，形成工业化生产的完整过程。工业化建筑体系一般分为专用体系和通用体系两种。

专用建筑体系，被称为走房屋定型的途径。是以整幢房屋进行定型，再以定型房屋为基础进行构配件配套的一种体系。它是只适用于某一地区，某一类建筑使用的构件所建造的体系，既有一定的设计专用性和技术的先进性，又有一定的地方性和时间性。

通用建筑体系，是以通用构件为基础，进行多样化房屋组合的一种体系，其产品是定型构配件。它是对那些能够在各类建筑中可以互换通用的构配件加以归类统一、系列配套、成批生产，逐步打破各类建筑中专用构件的界限，化“一件一用”为“一件多用”。

工业化体系主要有以下几种类型：砌块建筑、大板建筑、框架建筑、盒子建筑等。

（1）砌块建筑　这是装配式建筑的初级阶段，它具有适应性强、生产工艺简单、技术效果良好、造价低等特点。砌块按其重量可以分为大型砌块（350kg 以上）、中型砌块（20～350kg）和小型砌块（20kg 以下）。砌块应注意就地取材和采用工业废料，如粉煤灰、煤矸石、炉渣、矿渣等。我国的南方和北方广大地区均采用砌块来建造民用和工业房屋。

（2）大板建筑　这是装配式建筑的主导做法。它将墙体、楼板等构件均做成预制板，在施工现场进行拼装，形成不同的建筑。预制大板建筑是我国当前主要发展的一种工业化建筑体系。它的优点是适于大批量建造，构件工厂生产效率高、质量好，现场安装速度快，施工周期短，受季节性影响小。板材的承载能力高，可减少墙的厚度，减轻房屋自重，增加房屋的使用面积。缺点是一次投资大，运输吊装设备要求高等。图 1-2 为装配式大板建筑示意图。

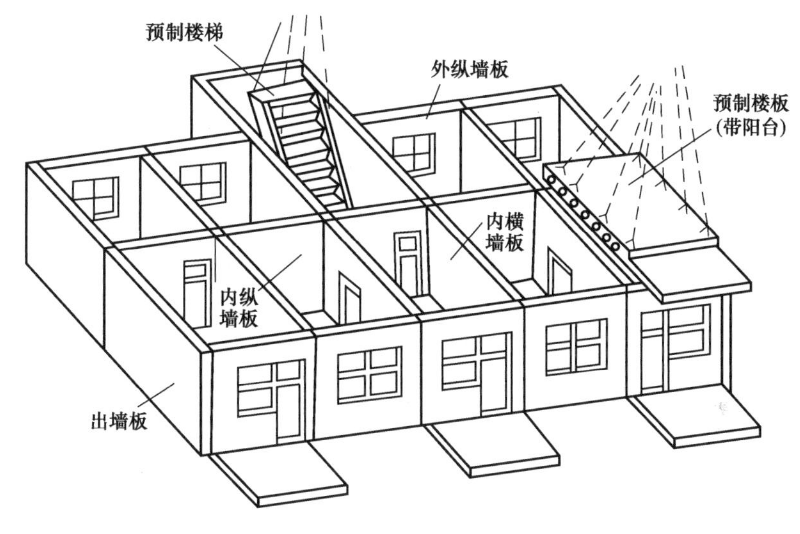

图 1-2　装配式大板建筑

（3）框架建筑　这种建筑的特点是采用钢筋混凝土结构的柱、梁、板制作承重骨架，外墙及内部隔墙是采用加气混凝土、镀锌薄钢板、铝板等轻质板材建造的建筑。它具有自重轻、抗震性能好、布局灵活、容易获得大开间等优点，可用于各类建筑中。图 1-3 为框架建筑结构类型示意图。按照其构件组成可分为以下三种类型。

① 梁板柱框架：由梁、楼板和柱组成的框架。这种结构是梁与柱组成框架、楼板搁置在框架上，优点是柱网可以做得大些，适用范围较广。

② 板柱框架：由楼板、柱组成的框架。楼板可以是梁板合一的肋形楼板，也可以是实心大楼板。

③ 剪力墙框架：框架中增设剪力墙。剪力墙承担大部分水平载荷，增加结构水平方向的刚度，框架基本上只承受垂直载荷。

（4）盒子建筑　盒子建筑是采用盒子结构建造的建筑，是装配化程度最高的一种形式。它以“间”为单位进行预制，分为六面体、五面体、四面体盒子。可以用钢筋混凝土、铝材、木材、塑料等制作。其优点是装配化程度高，因此大大缩短现场施工期，降低劳动强度，而且节约材料，建筑自重也大大减轻。盒子建筑的缺点是易受到工厂的生产设备、运输

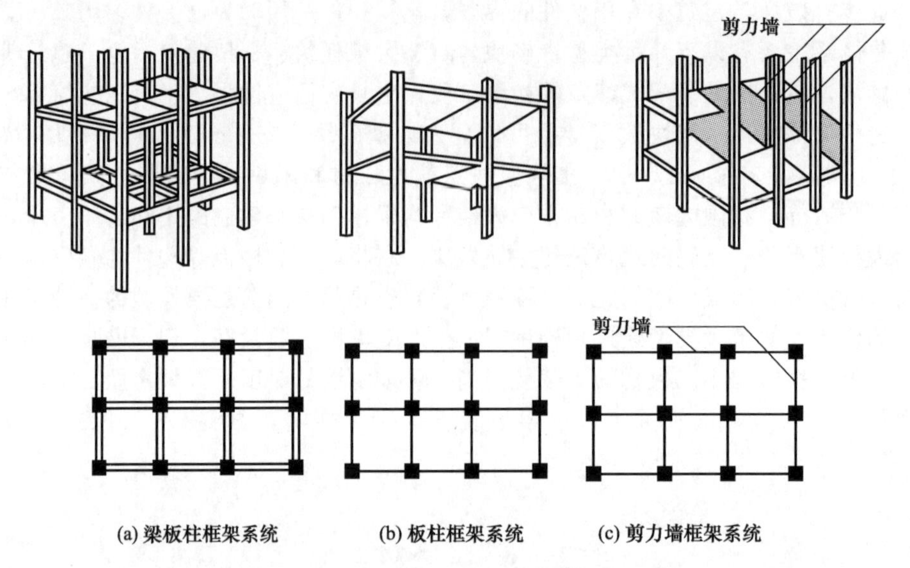

图 1-3 框架结构类型

条件、吊装设备等因素限制。图 1-4 为盒子建筑示意图。

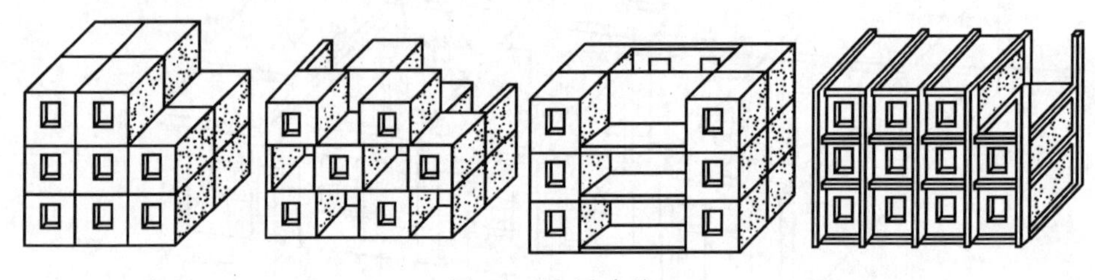

图 1-4 盒子建筑

二、建筑设备工程工业化

在建筑工业化的过程中，建筑设备工程（包括给水排水、卫生设备工程和采暖工程）的工业化也随之发展，其主要途径是发展工厂预制的组合元件。建筑设备工程的工业化，开始由现场预制装配，以后发展成加工工厂预制设备单元。在国外已有专门生产这种设备单元的工厂，以商品供应市场。

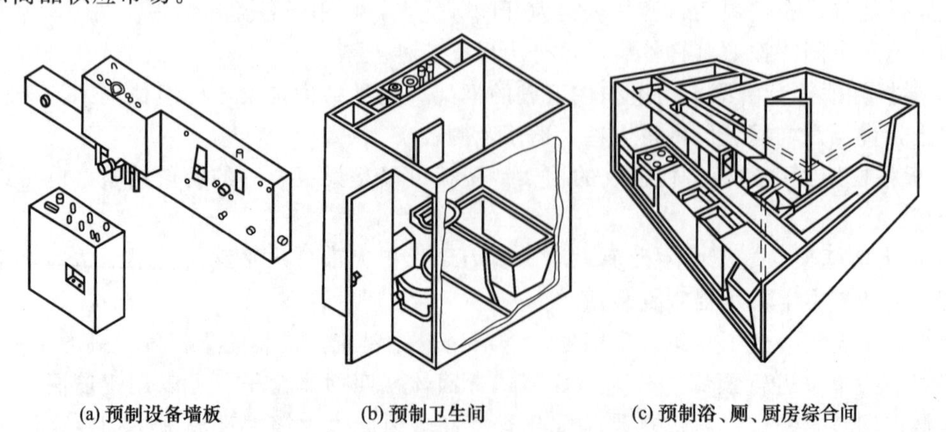

图 1-5 建筑设备工程工业化示意图

给水排水和卫生设备工程的工业化，开始发展的是预制管井，即将在工厂加工好的一组管道排列、固定在金属框内，在现场组装后，框外再装墙板。以后又出现了把各种卫生设备管道预制装配在一起的预制设备墙板，见图 1-5（a）；预制卫生间，见图 1-5（b）；以及预制的包括浴、厕、厨房在内的综合间，见图 1-5（c）。由于这种综合间多放在建筑物的中央，故亦称为“心脏”单元。预制卫生间的结构材料，有钢筋混凝土板、钢筋网水泥板、金属板、胶合板、纤维板、石膏板、石棉水泥板、塑料板等。目前我国多采用钢筋网水泥预制卫生间。

本章小结

<table>
<tr><td rowspan="7">概述</td><td rowspan="2">建筑及其基本要素</td><td>概念</td><td>建筑是指建筑物与构筑物的总称，是人工创造的空间环境。直接供人使用的建筑叫建筑物，间接供人使用的建筑叫构筑物。建筑是科学，同时又是艺术</td></tr>
<tr><td>基本要素</td><td>建筑功能、物质技术条件和建筑形象是建筑物构成的基本要素，三者之间是辩证统一的关系</td></tr>
<tr><td rowspan="2">建筑的分类与等级</td><td>分类</td><td>按使用功能分为工业建筑、农业建筑、民用建筑；按主要承重结构所用材料分为砖木结构、砖混结构、钢筋混凝土结构、钢结构；按施工方法分为全装配式、全现浇式、部分现浇、部分装配式；按层数或高度分为低层、中层、高层</td></tr>
<tr><td>等级</td><td>建筑物按耐火等级分为四级，依据是组成房屋构件的耐火极限和燃烧性能；按建筑物的耐久年限分类，同样分为四级，依据是主体结构确定的耐久年限</td></tr>
<tr><td rowspan="2">建筑标准化和统一模数</td><td>标准化</td><td>建筑标准化涉及建筑设计、建材、设备、施工等各个方面。建筑标准化包括两个方面，一方面是建筑设计的标准问题，另一方面是建筑标准设计问题</td></tr>
<tr><td>统一模数</td><td>《建筑模数协调统一标准》目的是为了实现建筑工业化大规模生产，推进工业化的发展；主要内容包括建筑模数、基本模数、导出模数、模数数列以及模数数列的适用范围</td></tr>
<tr><td>建筑工业化与建筑设备工程工业化</td><td colspan="2">建筑工业化就是以现代化的科学手段，把分散的、落后的、手工业生产方式改为集中的、先进的、大工业生产方式。主要包括设计标准化、构件工厂化、施工机械化、管理科学化四项内容；工业化建筑体系一般分为专用体系和通用体系两种。主要有砌块建筑、框架建筑、大板建筑、盒子建筑等几种类型；建筑设备工程工业化的主要发展途径是发展工厂预制的组合元件</td></tr>
</table>

复习思考题

1. 建筑的含义是什么？
2. 建筑物构成的基本要素是什么？
3. 怎样对建筑物进行分类？
4. 什么是建筑物的耐火极限？
5. 如何划分建筑物的耐火等级？耐久等级又如何划分？
6. 实行建筑模数协调统一标准有什么意义？
7. 建筑模数、基本模数、导出模数、模数数列各自的含义是什么？
8. 什么是标志尺寸、构造尺寸、实际尺寸？三者之间有何关系？
9. 建筑工业化包括哪些内容？
10. 工业化建筑包括哪几种体系？
11. 建筑设备工程工业化的含义是什么？

第二章

建 筑 识 图

知识目标

• 理解房屋的构造组成及作用。

• 了解建筑工程施工图的内容。

• 掌握制图标准中对图线、定位轴线、标高、索引、详图、指北针等的图示。

• 掌握建筑总平面图、平面图、立面图、剖面图和详图的内容及图示。

能力目标

• 能写出房屋的构造组成及作用。

• 能解释建筑工程施工图的内容。

• 能解释制图标准中的图线、定位轴线、标高、索引、详图、指北针等的含义。

• 能熟练识读建筑总平面图、平面图、立面图、剖面图和详图。

第一节 概 述

将一幢拟建建筑物的内外形状和大小、布置，以及各部分的结构、构造、装修、设备等内容，按照有关规范的规定，用正投影方法，详细、准确地画出来的图样称为房屋建筑图。房屋建筑图的用途主要是指导施工，所以又称为建筑工程施工图。

为了看懂房屋的建筑施工图，首先要学习房屋各部分的构造组成及作用。

一、房屋的构造组成及作用

各种不同的建筑物，尽管在使用功能、结构形式、规模大小等各有特点，但构成建筑物的主要部分都是相同的。对于一般的民用建筑，通常由基础、墙或柱、楼地层、楼梯、屋顶和门窗等六大部分所组成。此外，还可能有台阶、坡道、阳台、雨篷、台阶、排烟道等。图2-1为一般民用建筑的构造组成。

1. 基础

基础是建筑物最下部的承重构件，其作用是承受建筑物的全部荷载，并将这些荷载传给地基。

2. 墙或柱

墙是建筑物的承重构件和围护构件。作为承重构件的外墙，其作用是抵御自然界各种因

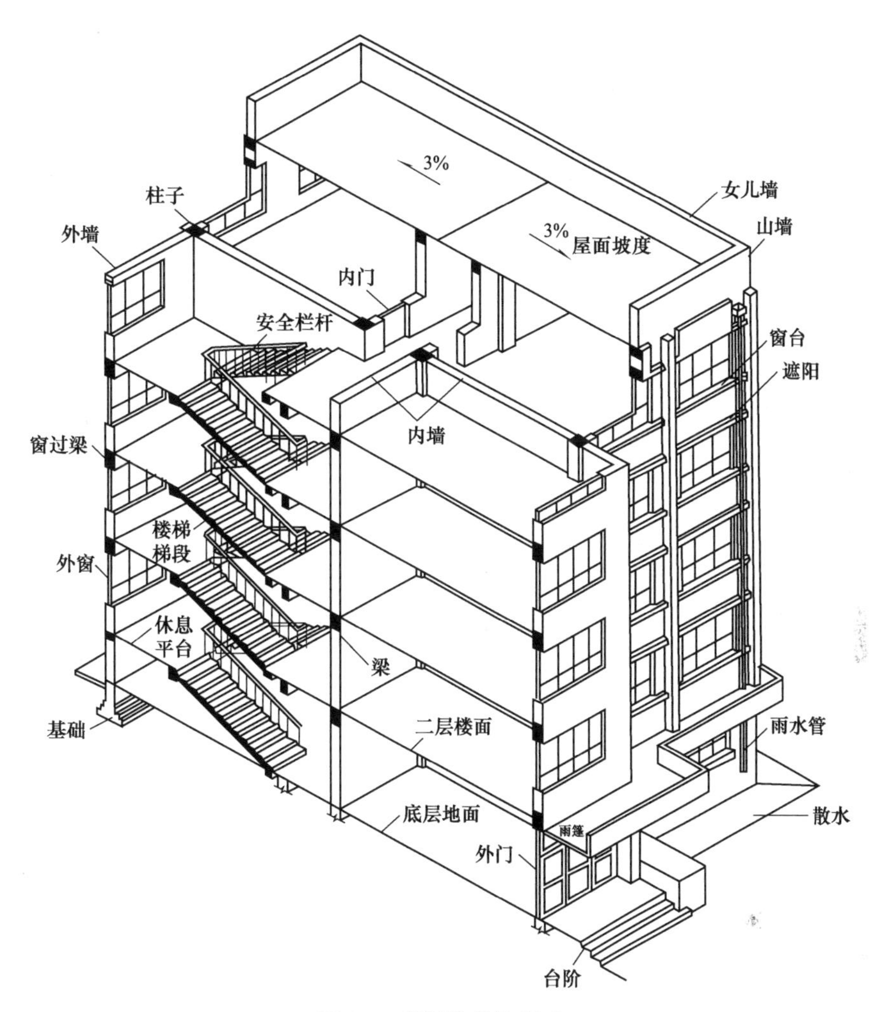

图 2-1 房屋的构造组成

素对室内的侵袭；内墙主要起分隔空间及保证舒适环境的作用。框架或排架结构的建筑物中，柱起承重作用，墙仅起围护作用。

3. 楼板层和地坪

楼板是水平方向的承重构件，按房间层高将整幢建筑物沿水平方向分为若干层；楼板层承受家具、设备和人体荷载以及本身的自重，并将这些荷载传给墙或柱；同时对墙体起着水平支撑的作用。地坪是底层房间与地基土层相接的构件，起承受底层房间荷载的作用。

4. 楼梯

楼梯是楼房建筑的垂直交通设施。供人们上下楼层和紧急疏散之用。

5. 屋顶

屋顶是建筑物顶部的围护构件和承重构件。抵抗风、雨、雪、霜、冰雹等的侵袭和太阳辐射热的影响；又承受风雪荷载及施工、检修等屋顶荷载，并将这些荷载传给墙或柱。

6. 门与窗

门的主要功能是交通出入、分隔和联系空间，有时兼采光、通风作用。窗的主要功能是采光通风，同时还起美化立面效果的作用。

二、建筑工程施工图的内容

一套完整的建筑工程施工图，按其内容和作用的不同，一般包括以下几部分。

1. 施工首页图

施工首页图简称首页图，一般包括图纸目录和设计总说明。图纸目录表示该工程由哪几个专业的图纸组成，每张图的图号、名称、内容等，以便查找。设计总说明一般包括设计依据、建筑规模、标高、构造及装修做法、执行标准等。对于简单的工程，也可分别在各专业图纸上写成文字说明。

2. 建筑施工图

建筑施工图简称建施，主要表示建筑物的内部布置情况、外部形状以及装修构造等。基本图纸包括总平面图、平面图、立面图、剖面图以及建筑详图等。建筑详图包括墙身剖面图、楼梯详图、浴厕详图、门窗详图及门窗表，以及各种装修构造做法、说明等。本章主要讲述建筑施工图的识读方法。

3. 结构施工图

结构施工图简称结施，主要表示承重结构的布置情况，构件类型、大小以及构造做法等。基本图纸包括结构设计说明、基础结构平面图、楼层（屋顶）结构平面图和各构件的结构详图等。

4. 设备施工图

设备施工图简称设施，包括给水排水施工图、采暖通风施工图、电气施工图三部分专业图纸。给排水施工图主要表示给水排水管道的布置和走向、构造做法及加工安装要求等，图纸包括管道布置平面图、管道系统轴测图、详图等；采暖通风施工图主要表示管道的布置和构造安装要求，图纸包括平面图、系统图、安装详图等；电气施工图主要表示电气线路走向及安装要求，图纸包括平面图、系统发图、接线原理以及详图等。

三、建筑施工图的图示方法

为了保证制图质量、提高效率、表达统一和便于识读。建筑施工图的表示方法应遵守《房屋建筑制图统一标准》（GB/T 50001—2001）、《建筑制图标准》（GB/T 50104—2001）等制图标准的规定。在此简要说明制图标准中的一些基本规定。

1. 图线

制图标准中对图线的使用都有明确的规定，总的原则是剖切面的截交线和房屋立面图中的外轮廓线用粗实线，次要的轮廓线用中粗线，其他线一律用细线。再者，可见部分用实线，不可见部分用虚线。

2. 比例

图样的比例为图形与实物相对应的线性尺寸之比。比例用阿拉伯数字表示，如 1∶20、1∶50 等。比例的大小是指其比值的大小，如 1∶50 大于 1∶100。建筑物是庞大复杂的形体，建筑施工图一般都采用缩小的比例尺绘制。建筑施工图常用的比例见表 2-1。

表 2-1　建筑施工图常用比例

图　名	常　用　比　例
总平面图	1∶500,1∶1000,1∶2000
平面图、立面图、剖面图	1∶50,1∶100,1∶150,1∶200
详图	1∶5,1∶10,1∶20,1∶30,1∶50

3. 定位轴线

在施工图中通常将房屋的墙、柱、屋架等承重构件的轴线画出，并进行编号，以便于施工时定位放线和查阅图纸，这些轴线称为定位轴线。

定位轴线用细点划线表示，端部画细实线圆，直径8～10mm。定位轴线圆的圆心应在定位轴线的延长线上或延长线的折线上，圆内注明编号。在平面图上，水平方向的编号采用阿拉伯数字从左向右依次编写，垂直方向的编号采用大写拉丁字母自下而上顺次编写，见图2-2所示。其中拉丁字母中I、O、Z三个字母不得做轴线编号，以免与数字1、0及2混淆。平面图的定位轴线，一般标注在图形的下方或左侧。对于较复杂或不对称的房屋，图形上方和右侧也可标注。图2-3为圆形和折线形平面的定位轴线的编号方法。

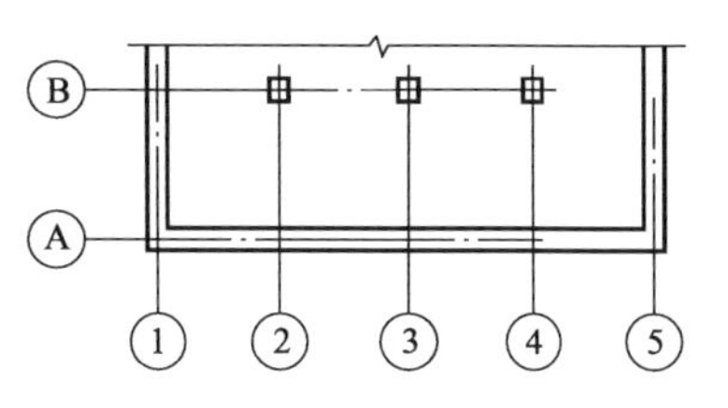

图2-2　定位轴线的编号及顺序

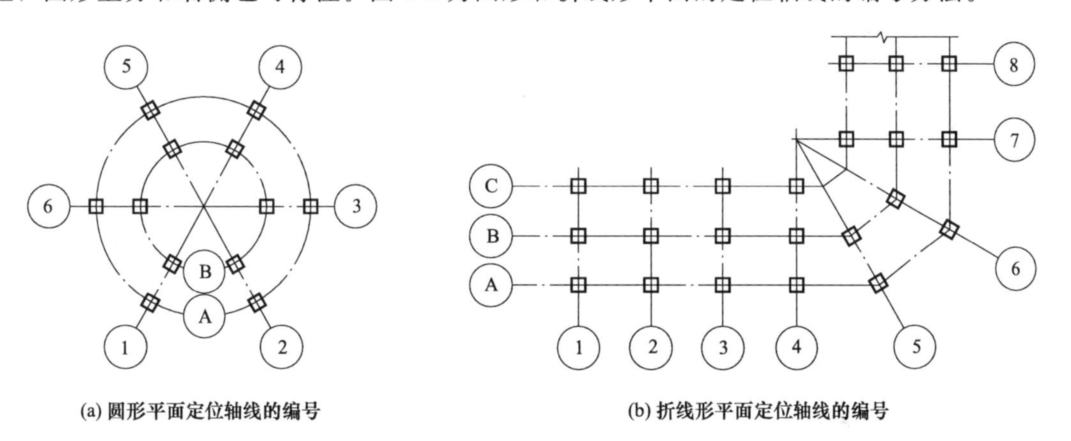

(a) 圆形平面定位轴线的编号　　(b) 折线形平面定位轴线的编号

图2-3　圆形和折线形平面定位轴线的编号

对于一些与次要构件，它们的定位轴线一般作为附加轴线，编号用分数表示。分母表示前一轴线的编号，分子表示附加轴线的编号，用阿拉伯数字顺序编写。当1号轴线或A号轴线之前的附加轴线，分母以01或0A表示 。附加轴线的图示见图2-4。

图2-4　附加轴线图示

4. 标高

标高是标注建筑物各部位或地势高度的符号。在总平面图、平面图、立面图和剖面图上，经常用标高符号表示某一部位的高度。标高符号是高度为3mm的等腰直角三角形，标高符号的尖端应指至被注高度的位置，尖端一般向下，也可向上，标高数字应注写在标高符号的左侧或右侧。各图上所用标高符号图示见图2-5。标高数值以米为单位，一般注至小数点后三位数（总平面图中位二位数）。如标高数字前有“一”号的，表示该处低于零点标高；如数字前没有符号的，则表示高于零点标高。

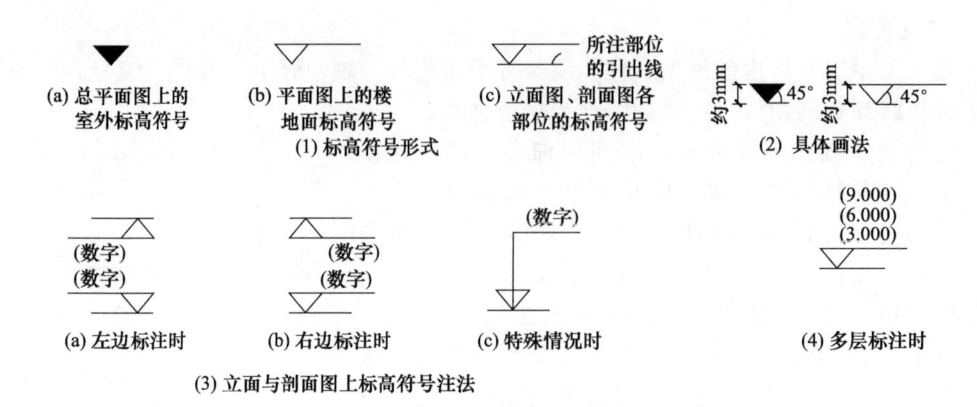

图 2-5 标高符号图示

标高有绝对标高和相对标高两种。在我国绝对标高是以青岛市外的黄海平均海平面为零点而测定的高度尺寸，在总平面图中的室外整平地面标高中常采用绝对标高。在施工图中，除总平面图以外，一般都采用相对标高。在房屋建筑中，一般把底层室内主要地坪高定为相对标高的零点，注写为±0.000，并在建筑工程的总说明中写明相对标高和绝对标高的关系。

5. 尺寸线

施工图中均应注明详细的尺寸。尺寸注法由尺寸界线、尺寸线、尺寸起止符号和尺寸数字组成，见图 2-6。尺寸线和尺寸界线用细实线画出，一般尺寸线与被注长度平行，尺寸界线与被注长度垂直。尺寸起止符号一般用中粗斜短线表示，其倾斜方向与尺寸界线成顺时针45°角，长度为 2～3mm。尺寸数字一般应标注在水平尺寸线上方的中部。

6. 索引与详图符号

在图样中，如某一局部或构件需另见详图，应以索引符号索引，详图的位置和编号应以详图符号表示。制图标准中对索引符号和详图符号的规定见表 2-2。

表 2-2 索引符号与详图符号

名　称	表 示 方 法	备　注
详图的索引符号	5/— —详图的编号 —详图在本页图纸内 5/2 —详图的编号 —详图所在的图纸编号 J103 5/3 —标准图集的编号 —详图的编号 —详图所在的图纸编号	圆圈直径为 10，用细实线绘制
剖面索引符号	5/— —详图的编号 —详图在本页图纸内 5/2 —详图的编号 —详图所在的图纸编号 J103 5/3 —详图的编号 —详图所在的图纸编号	圆圈画法同上，粗短线代表剖切位置，引出线所在的一侧为剖视方向
详图符号	5 —详图的编号 (详图在被索引的图纸内) 5/4 —详图的编号 —被索引的详图所在图纸编号	圆圈直径为 14，用粗实线绘制

7. 指北针

指北针的圆的直径为 24mm，细实线绘制，指针头部应注写“北”或“N”，指针尾部宽度宜为 3mm，见图 2-7。当图样较大时，指北针可放大，放大后的指北针，尾部宽度为圆直径的 1/8。

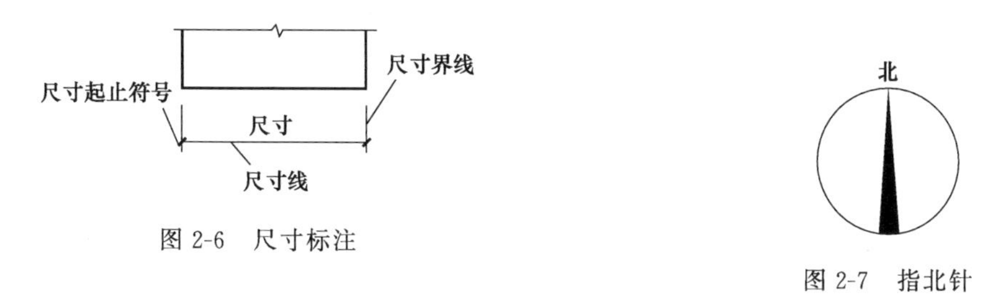

图 2-6　尺寸标注

图 2-7　指北针

第二节　建筑总平面图

一、建筑总平面图的形成与作用

建筑总平面图是表示新建房屋在基地范围内的总体布置图，它反映新建、计划扩建、原有房屋、拆除建筑物等的位置和朝向，室外场地、道路、绿化等的布置，以及地形、地貌、标高等。建筑总平面图也是新建房屋定位、施工放线、土方施工以及绘制水、暖、电等管线总平面图和施工总平面图的依据。

二、建筑总平面图的内容及图示

以图 2-8 某住宅小区总平面图为例说明总平面图的内容及识读方法。

1. 比例、图例及有关的文字说明

由于总平面图包括的区域面积大，绘制时常采用较小的比例，房屋只能用外围轮廓线的水平投影表示。图 2-8 所示总平面采用的比例为 1∶500。总平面图中表达的建筑物、道路、广场、绿化、停车位等，均以总图制图标准中规定的图例来表示。本例图中可看出，新建建筑有两栋 26 层住宅，原有建筑有一栋 6 层住宅，计划扩建的建筑物有两栋 11 层的住宅。小区内还设计有道路、绿化、景观小品以及停车位等。

总平面图上标注的坐标、标高、距离等尺寸，一律以米（m）为单位，并取至小数点后两位。

2. 建筑物的定位

确定新建或扩建建筑物的具体位置，一般根据原有房屋或道路来定位。当地形较复杂时，用坐标确定房屋及道路转折点的位置。本例图中有六处定位点，测量坐标用 X、Y 表示。施工放线时根据现场已有点的坐标，用仪器导测出新建房屋的坐标。

3. 地形

地形是地面上高低起伏的形状，地形用等高线表示。假想用间隔相等的若干水平面把山头从某一高度顶一层一层地剖开，在山头表面上便出现一条一条的截交线，把这些截交线投射到水平投影面上，就得到一圈一圈的封闭曲线，即为等高线。等高线间距越大，地面越平坦，间距越小，地面越陡峭。该场地地势较平坦。本例总平面中的地势平坦，故无需画出等高线。

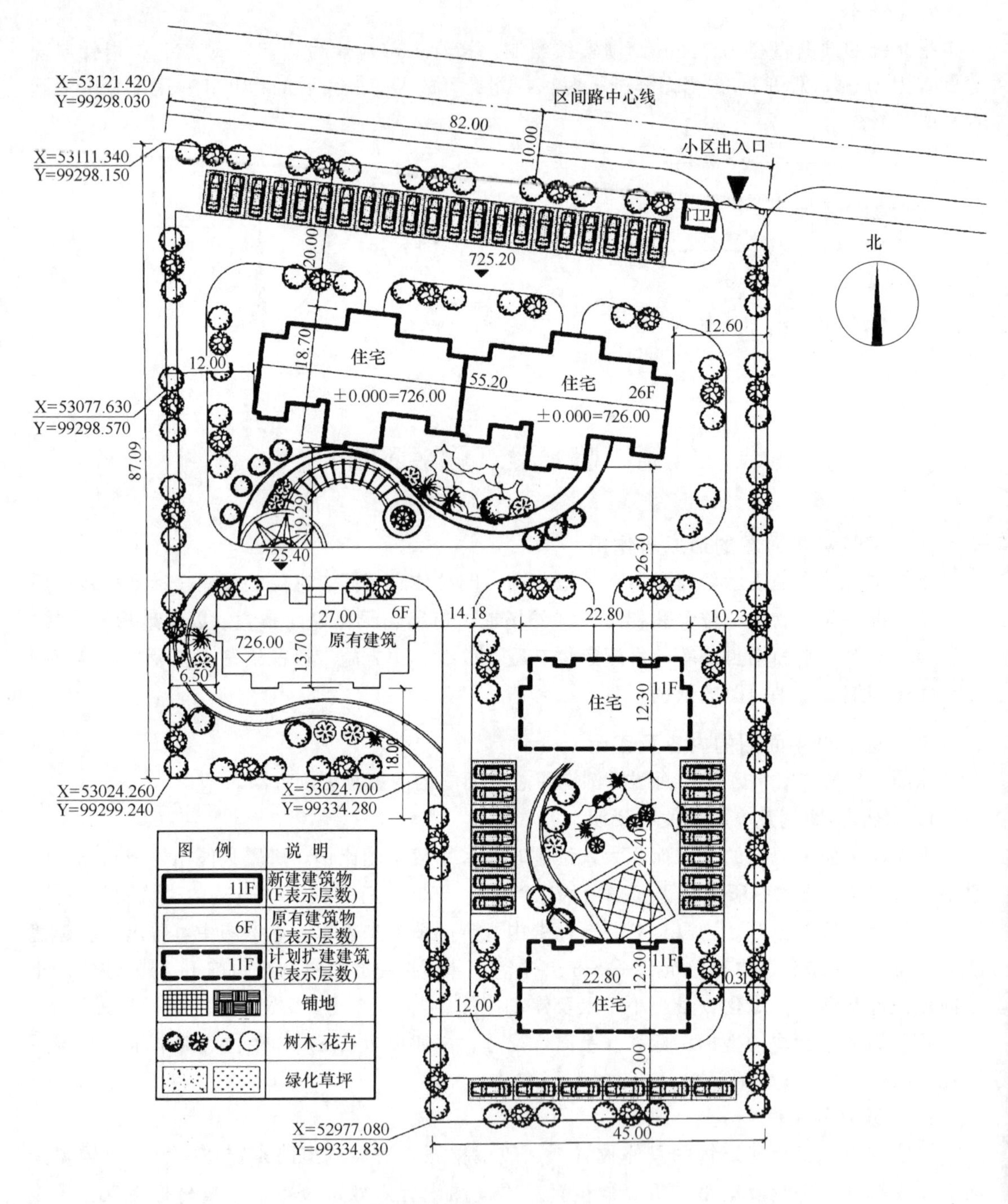

图 2-8 某住宅小区总平面图

4. 标高

总平面图中的标高的数值，均为绝对标高。总平面图中所注写的底层室内地面的标高，可知该区的地势高低，雨水方向，并可估算填挖土方的数量。本例图中新建房屋底层室内地面±0.000 相当于绝对标高 726.00m。

5. 道路

一般用点画线标注出主要干道的中心线，注写出道路中心线控制点的坐标。

6. 风向频率玫瑰图或指北针

风向频率玫瑰图（简称风玫瑰图）是依据该地区多年来统计的各个方向吹风的平均日数的百分数按比例绘制而成，一般用16个罗盘方位表示。实线部分表示全年风向频率，虚线部分表示夏季风一向频率。风向是指由外吹向地区中心。图2-9为我国三个城市的风向频率玫瑰图。本例图中用指北针表示出该场地的方位及建筑物的朝向。

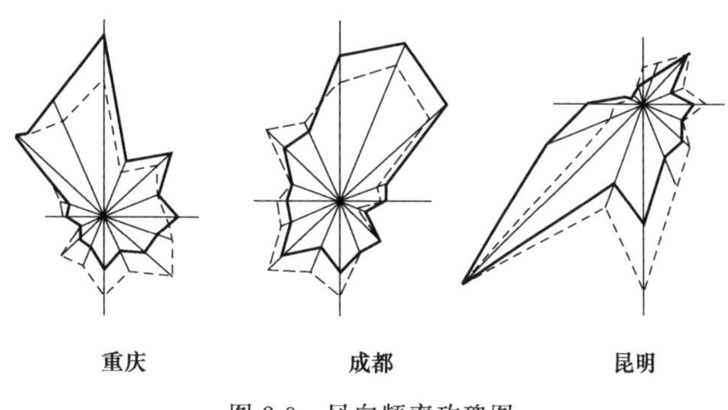

图2-9 风向频率玫瑰图

第三节 建筑平面图

一、建筑平面图的形成与作用

用一个假想的水平剖切平面沿门窗洞口的位置剖切房屋，移去上面部分，剖切面以下部分向水平面做正投影，所得的房屋水平剖面图称为建筑平面图，简称平面图。平面图主要用来表示房屋的平面布置情况，反映了房屋的平面形状、大小和房间的布置，墙或柱的位置、大小、厚度和材料，门窗的类型和位置等情况。平面图是施工放线、砌墙、安装门窗、室内外装修及编制工程预算的重要依据，是建筑施工中的重要图纸。

一般情况下，房屋有几层就应画几个平面图，并在图的下方注写相应的图名。在多层建筑和高层建筑中，一般中间几层的平面布置完全相同，可用一个标准层平面图来表示，在图名上应注明该平面图代表的层数。

建筑平面图有底层平面图、标准层（中间层）平面图、顶层平面图和屋顶平面图。底层平面图是指沿底层门窗洞口剖切开得到的平面图，又称首层平面图或一层平面图；标准层平面图、顶层平面图分别是指沿各自楼层门窗洞口剖切开得到的平面图；屋顶平面图是将房屋直接从上向下进行投射得到的平面图，主要表明建筑物屋顶上的布置情况和屋顶排水方式。

二、建筑平面图的内容及图示

1. 图线及比例

平面图实质上是剖面图，被剖切平面剖切到的墙、柱等轮廓线用粗实线表示，未被剖切到的部分如室外台阶、散水、楼梯以及尺寸线等用细实线表示，门的开启线用细实线表示。

建筑平面图常用的比例是1∶50、1∶100或1∶200，其中1∶100使用最多。

2. 建筑物的朝向及内部布置

建筑物主要入口在哪面墙上，就称建筑物朝哪个方向，建筑物的朝向在底层平面图上应画出指北针。建筑物的内部布置应包括各种房间的分布及相互关系，入口、走道、楼梯的位置等，一般平面图均应注明房间的名称和编号。

3. 定位轴线、尺寸与标高

在建筑工程施工图中，凡是主要的承重构件如墙、柱、梁的位置都要用轴线来定位。定

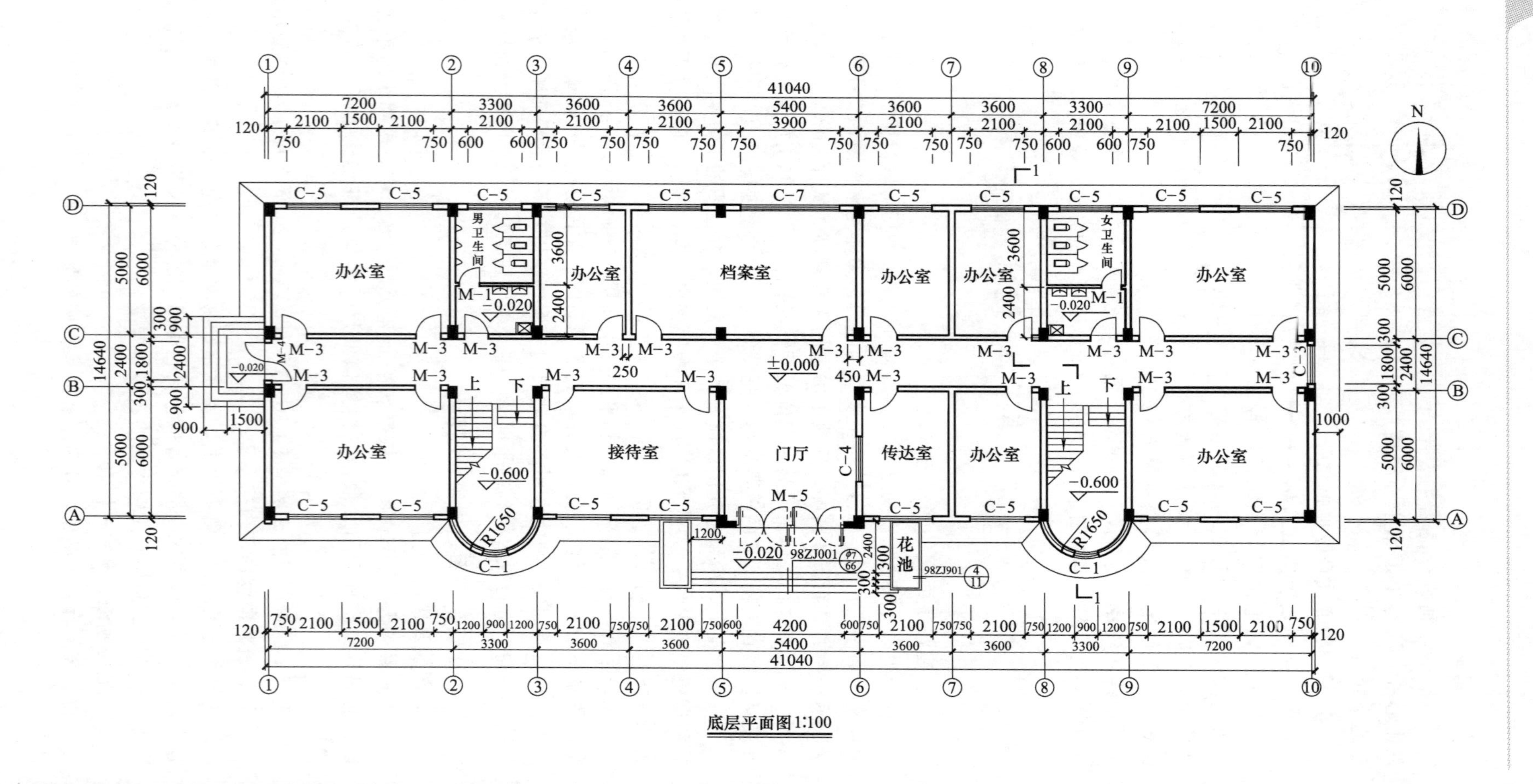
N
办公室
男卫生间
女卫生间
档案室
门厅
传达室
接待室
花池
上
下
C-1
C-3
C-4
C-5
C-7
M-1
M-3
M-4
M-5
R1650
±0.000
-0.020
-0.600
98ZJ001
98ZJ901
41040
14640

底层平面图1:100

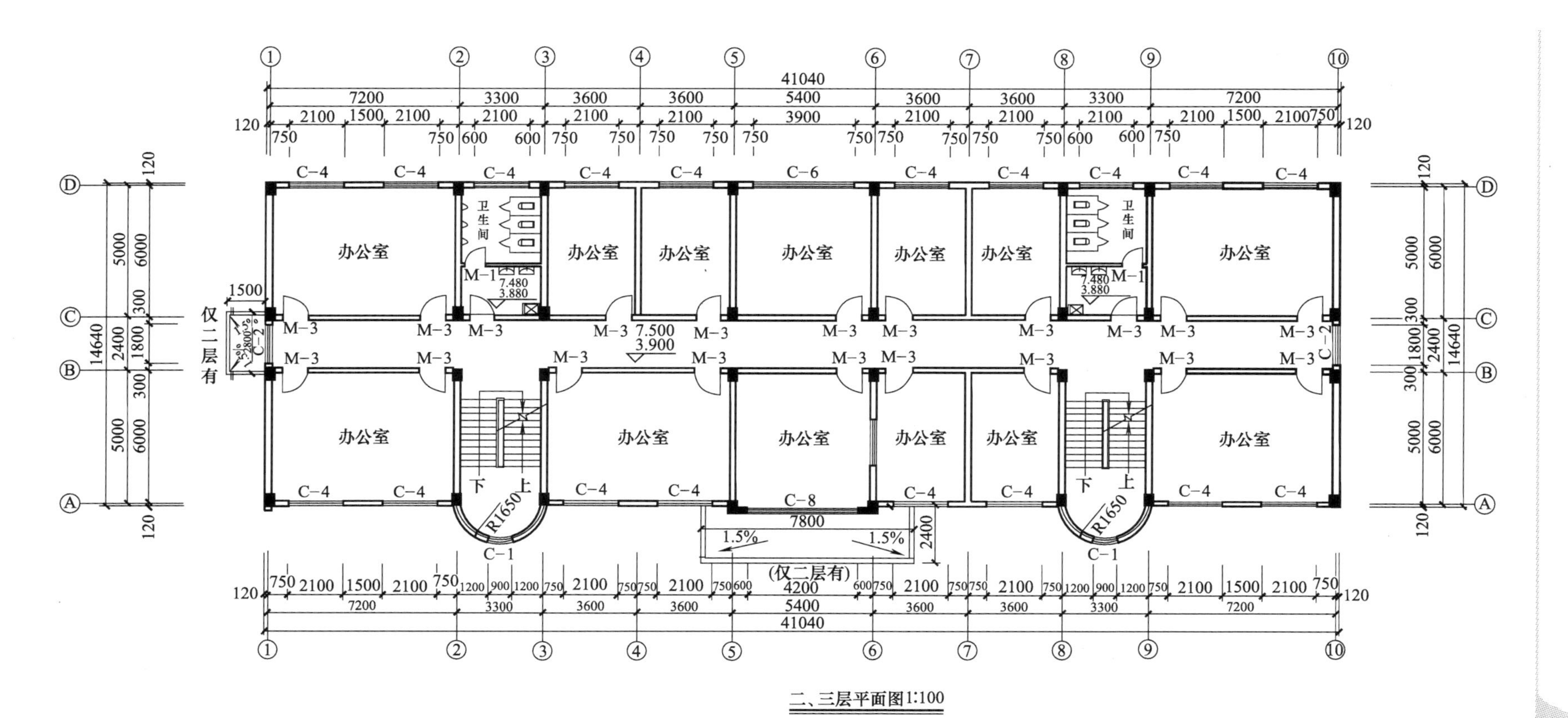

二、三层平面图1:100

图 2-10 底层及各楼层平面图

位轴线的注写应符合制图规范的要求。

在建筑工程平面图中，用轴线和尺寸线表示各部分的长、宽尺寸和准确位置。平面图的外部尺寸一般分三道尺寸：最外面一道是外包尺寸，表示建筑物的总长度和总宽度；中间一道是轴线间距，表示开间和进深；最里面的一道是细部尺寸，表示门窗洞口、孔洞、墙体等详细尺寸。在平面图内还注有内部尺寸，表明室内的门窗洞、孔洞、墙体及固定设备的大小和位置。

在各层平面图上还注有楼地面标高，表示各层楼地面距离相对标高零点（即正负零）的高差。一般规定，底层室内地面的标高为±0.000。

4. 门和窗

在施工图中，门用代号“M”表示，窗用代号“C”表示，并用阿拉伯数字编号，如M1、M2、M3、…，C1、C2、C3、…，同一编号代表同一类型的门或窗。当门窗采用标准图集时，注写标准图集编号及图号。从门窗编号中可知门窗共有多少种，一般情况下，在本页图纸上或前面图纸上附有一个门窗表，表明门窗的编号、名称、洞口尺寸及数量。在平面图中窗洞位置处若画成虚线，则表示此窗为高窗（高窗是指窗洞下口高度高于1500mm，一般为1700mm以上的窗）。

5. 楼梯

建筑平面图比例较小，在平面图中只能示意楼梯的投影情况，一般仅要求表示出楼梯在建筑中的平面位置、开间和进深大小，楼梯的上下方向及上一层楼的步数。注意底层平面、中间层平面、和顶层平面图中楼梯的图示不同。

6. 符号及其他

在底层平面图上要画出剖面图的剖切位置线和剖切符号，标注剖切位置投射方向及编号，以便于剖面图对照查阅。另画详图的部分需标注索引符号。

另外，在底层平面图上还需画出室外台阶、花池和散水等的位置和形状，在二层平面图上需画出雨篷。屋顶平面图主要反映屋面排水分区、排水方向、坡度、雨水口的位置、女儿墙等的位置和尺寸。

图2-10为某办公楼的底层平面图和二、三层平面图（见24～25页图）。

第四节　建筑立面图

一、建筑立面图的形成与作用

在与建筑立面平行的铅直投影面上所做的正投影图称为建筑立面图，简称立面图。立面图主要用来表示建筑物的体型和外貌，反映房屋各部位的高度和外墙面装修要求。建筑立面图是建筑设计师表达立面效果的重要图纸，在施工中是外墙面造型、外墙面装修、工程概预算、备料等的依据。一座建筑物是否美观，很大程度上取决于它在主要立面上的艺术处理，包括造型与装修是否优美。

二、建筑立面图的内容及图示

1. 图名

立面图的命名方式有三种：一是用朝向命名：建筑物的某个立面面向那个方向，就称为那个方向的立面图，如南立面图、北立面图、东立面图、西立面图等；二是按外貌特征命名：将建筑物反映主要出入口或比较显著地反映外貌特征的那一面称为正立面图，其余立面图依次为背立面图、左侧立面图和右侧立面图；三是用建筑平面图中的两端的首尾轴线命名，按照观察者面向建筑物从左到右的轴线顺序命名。施工图中这三种命名方式都可使用，但每套施工图只能采用其中的一种方式命名。有定位轴线的建筑物，宜根据两端的轴线编号来确定立面图的名称。

2. 定位轴线

在建筑立面图中只画出两端的轴线并注出其编号，编号应与建筑平面图该立面两端的轴线编号一致，以便与建筑平面图对照阅读，从中确认立面的方位。

3. 图线与比例

为使建筑立面图清晰和美观，一般立面图的外形轮廓线用粗线表示；室外地坪线用特粗实线表示；门窗、阳台、雨篷等主要部分的轮廓线用中粗实线表示；其他如门窗扇、墙面分格线、雨水管等均用细实线表示。

立面图的比例一般应与建筑平面图所用比例一致，常用的比例是 1∶50、1∶100 或 1∶200，其中 1∶100 使用最多。

4. 尺寸注法

立面图上通常只标注标高尺寸，注写出主要部位的标高。一般要注出室内外地坪、窗台窗顶、阳台面、女儿墙压顶面、雨篷面等的标高。当用标高无法表达清楚各部位的高度关系时，也可用尺寸标注进行补充。

5. 门窗

在立面图上，门窗应按标准规定的图例画出。相同类型的门窗只画出一两个完整图形，其余的可只画出单线图。

6. 外墙面装修做法

外墙面根据设计要求可选用不同的材料及做法，在立面图上，一般用带有指引线的文字说明。

图 2-11 为某办公楼的立面图。

第五节 建筑剖面图

一、建筑剖面图的形成与作用

假想用一个或多个垂直于外墙轴线的铅垂剖切面将房屋剖切开，移去剖切平面与观察者之间的部分，得到的投影图形称为建筑剖面图，简称剖面图。建筑剖面图用以表示建筑内部的结构构造方式、垂直方向的分层情况、材料及高度等。剖面图与平面图、立面图相互配合，是建筑施工图中不可缺少的重要图样之一。

二、建筑剖面图的内容及图示

1. 数量、图名

剖面图的数量是根据房屋的复杂程度和施工的实际需要决定的。剖面图剖切的位置应选择在能反映出房屋内部构造比较复杂的典型部位，常选择在梯间、门窗洞口、门厅、层高或层数不同的部位。剖面图的图名必须与底层平面图上所标注的剖切符号的编号一致，如1—1 剖面图、2—2 剖面图等。图 2-12 为 1—1 剖面图。

2. 图线、比例、定位轴线

剖面图的图线表达同平面图，定位轴线应和平面图上的一致。

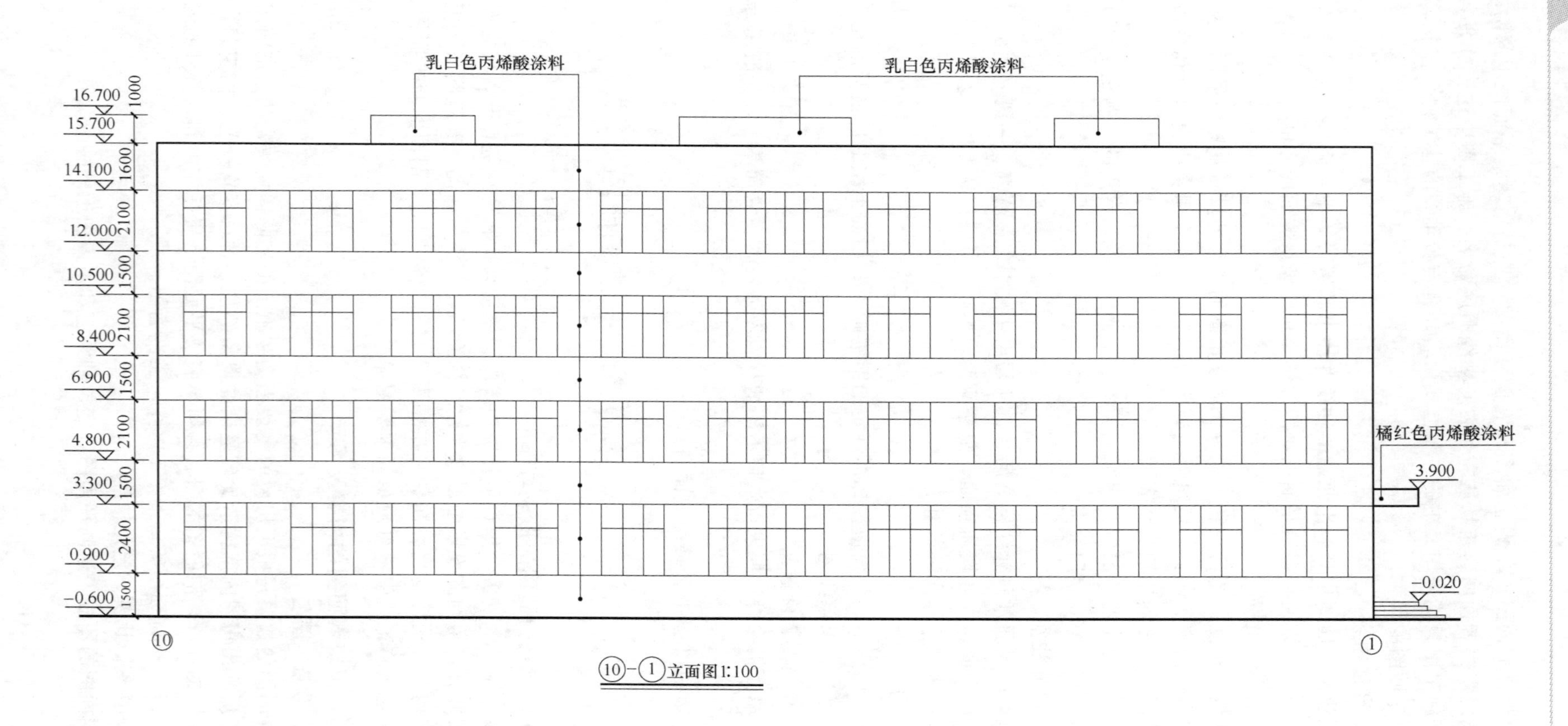

乳白色丙烯酸涂料
乳白色丙烯酸涂料
16.700
15.700
14.100
12.000
10.500
8.400
6.900
4.800
3.300
0.900
-0.600
1000
1600
2100
1500
2100
1500
2100
1500
2400
1500
橘红色丙烯酸涂料
3.900
-0.020
⑩
①

⑩-①立面图1:100

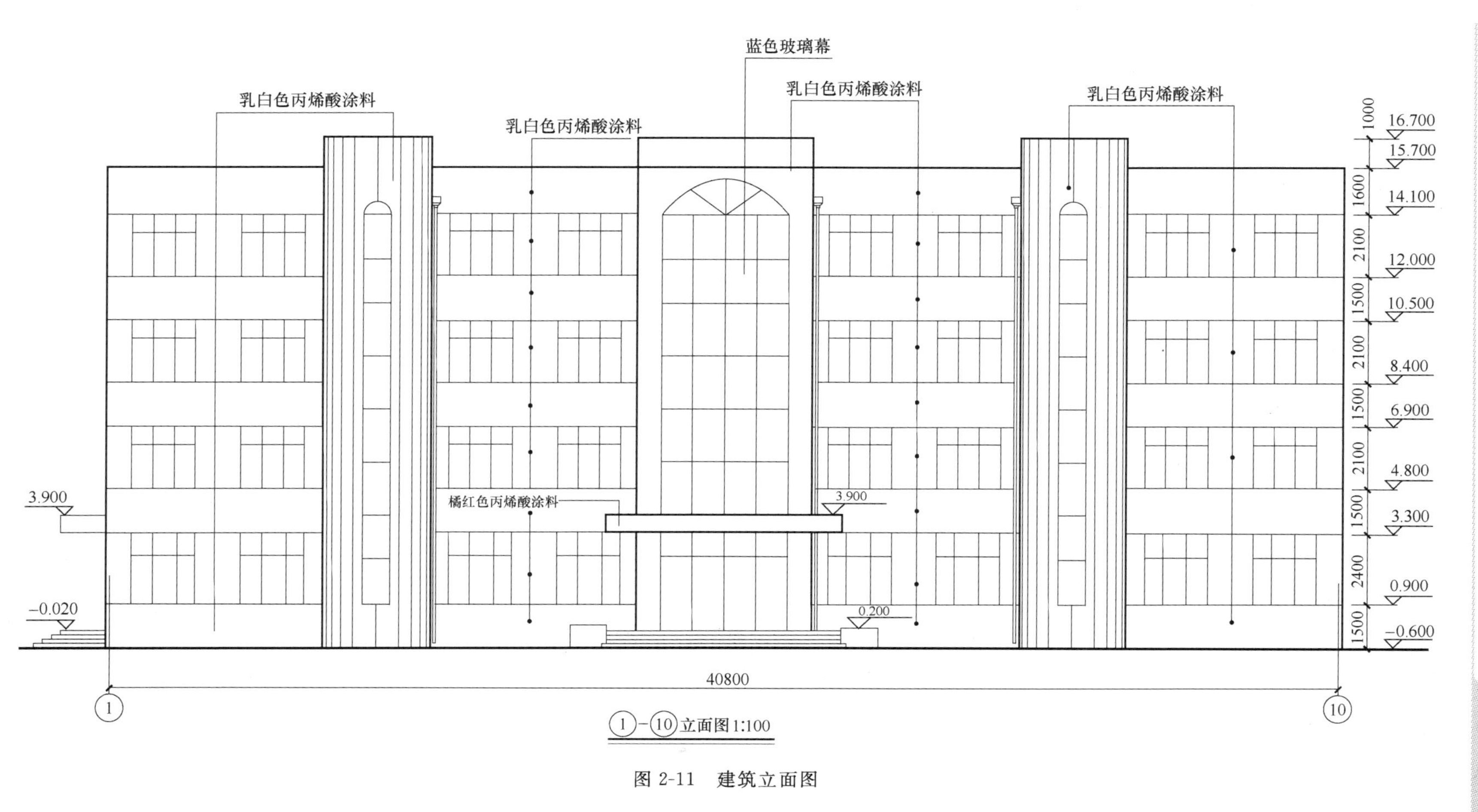
蓝色玻璃幕
乳白色丙烯酸涂料
乳白色丙烯酸涂料
乳白色丙烯酸涂料
乳白色丙烯酸涂料
橘红色丙烯酸涂料
16.700
15.700
14.100
12.000
10.500
8.400
6.900
4.800
3.300
0.900
-0.600
1000
1600
2100
1500
2100
1500
2100
1500
2400
1500
3.900
3.900
0.200
-0.020
40800
1
10
①-⑩立面图1:100

图 2-11 建筑立面图

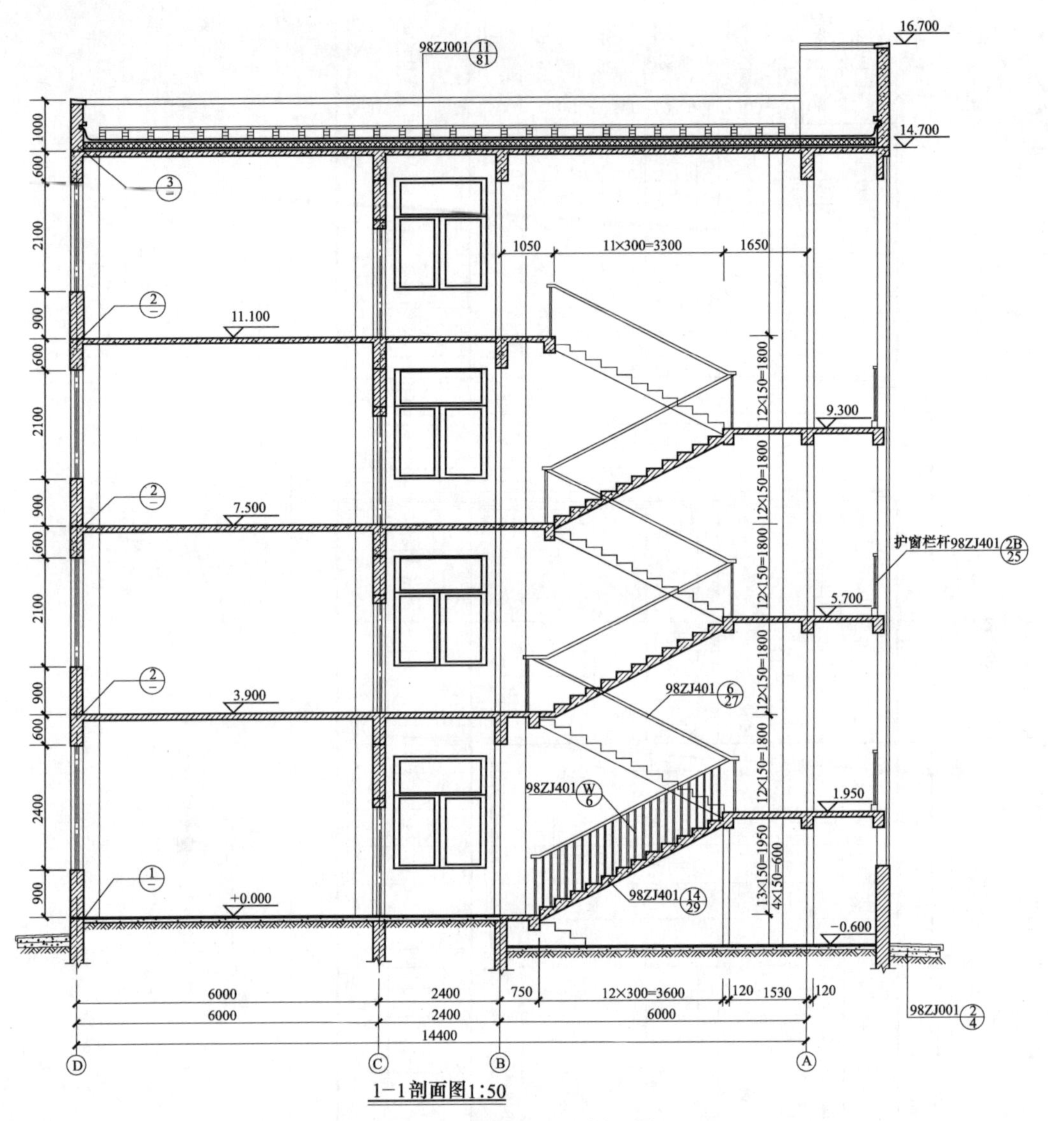

图 2-12　建筑 1—1 剖面图

剖面图的比例一般应与平面图和立面图所用比例一致，当剖面较复杂时，可采用较大比例，如 1∶50 等。当采用 1∶100 比例时，剖面图中剖切到的墙、构配件的断面可用粗实线表示，可不画材料图例；当采用较大比例时，应画上材料图例。

3. 尺寸注法

剖面图上的尺寸通常采用标高标注和尺寸标注相结合的方式。尺寸标注一般注写各层的高度门窗洞、窗间墙及勒脚等的高度尺寸等，标高应标注被剖切到的外墙门窗洞口的标高、室外地面的标高、檐口和女儿墙顶的标高、各层楼地面的标高等。

4. 索引符号

剖面图中当表达不清楼面、地面、屋面等的详细构造时，可加注索引符号，另画出详图，或索引相关的标准图集。

剖面图的识读应结合底层平面图识读，对应剖面图与平面图的相互关系，建立起房屋内部的空间概念；结合建筑设计说明识读，查阅地面、楼面、墙面、顶棚的装修做法；查阅各部位的高度；结合屋顶平面图识读，了解屋面坡度、屋面防水、女儿墙泛水、屋面保温、隔热等的做法。

图 2-12 为某办公楼的 1-1 剖面图。

第六节 建筑详图

建筑平面图、立面图、剖面图表达建筑的平面布置、外部形状和主要尺寸，但因反映的内容范围大，比例小，对建筑的细部构造难以表达清楚。为了满足施工要求，对建筑的细部构造用较大的比例详细地表达出来，这样的图称为建筑详图，简称详图，有时也叫做大样图。建筑详图一般表达构配件的详细构造，如材料、规格、相互连接方式、相对位置、详细尺寸、标高等，是建筑平面、立面、剖面图的补充。

建筑详图的特点是比例大，反映的内容详尽。详图常用的比例有 1∶50、1∶20、1∶10、1∶5、1∶2、1∶1 等，详图应尺寸标注齐全、准确，文字说明清楚。建筑详图的详图符号必须与被索引图样上的索引符号一致，并注明比例。凡选用标准图或通用图的节点和建筑构配件，只需标明图集代号和页次，不必再画出详图。

建筑详图包括表示局部构造的详图，如外墙身详图、楼梯详图等；表示房屋设备的详图，如卫生间详图、厨房详图等；表示构件的详图，如门窗详图、台阶详图、阳台详图等。建筑详图的种类很多，本节只介绍常见的几种。

一、外墙身详图

外墙身详图也叫外墙大样图，是建筑剖面图的局部放大图样，表达外墙与地面、楼面、屋面的构造连接情况以及檐口、窗顶、窗台、勒脚、防潮层、散水的尺寸、材料、做法等构造情况。外墙身详图与平、立、剖面图配合使用，是施工中砌墙、室内外装修、门窗安装等的重要依据。

外墙身详图一般用 1∶20 的比例绘制，由于比例较大，各部分的构造如结构层、面层的构造均应详细表达出来，并画出相应的图例符号。在多层房屋中，各层构造情况基本相同，外墙身详图可只画底层（墙脚）、顶层（檐口）和中间层三个节点。也可把几个节点组合起来，在门窗洞口处断开，画出整个墙身的详图。

外墙身详图的主要内容如下：

（1）表明墙体厚度与各部分的尺寸，及其与定位轴线的关系，注明定位轴线的位置；

（2）表明各层楼中梁、板的位置及与墙身的关系，表明门窗与墙身的关系；

（3）表明各层地面，楼面，屋面的构造做法；

（4）表明各主要部位的标高；

（5）表明各部位的细部装修及防水防潮做法，如散水、防潮层、女儿墙压顶、天沟等的做法。

图 2-13 为某办公楼的外墙身详图，共由三个详图组成，详图的索引符号见图 2-12 的剖面图。其中详图 1 为底层（墙脚）节点，主要是指一层窗台及以下部分，包括散水、防潮层、底层地面、踢脚等部分的形状、大小材料及其构造情况；详图 2 为中间层节点，主要包括楼板层、楼层框架梁（兼窗过梁）、窗台等的大小、材料及其构造情况；详图 3 为顶层（檐口）节点，包括屋顶、屋面框架梁（兼窗过梁）、檐口、女儿墙、泛水、雨水管等的形状、大小、材料及其构造情况。

二、楼梯详图

楼梯是建筑物上下层之间的垂直交通设施，楼梯一般由梯段、平台、栏杆（栏板）扶手

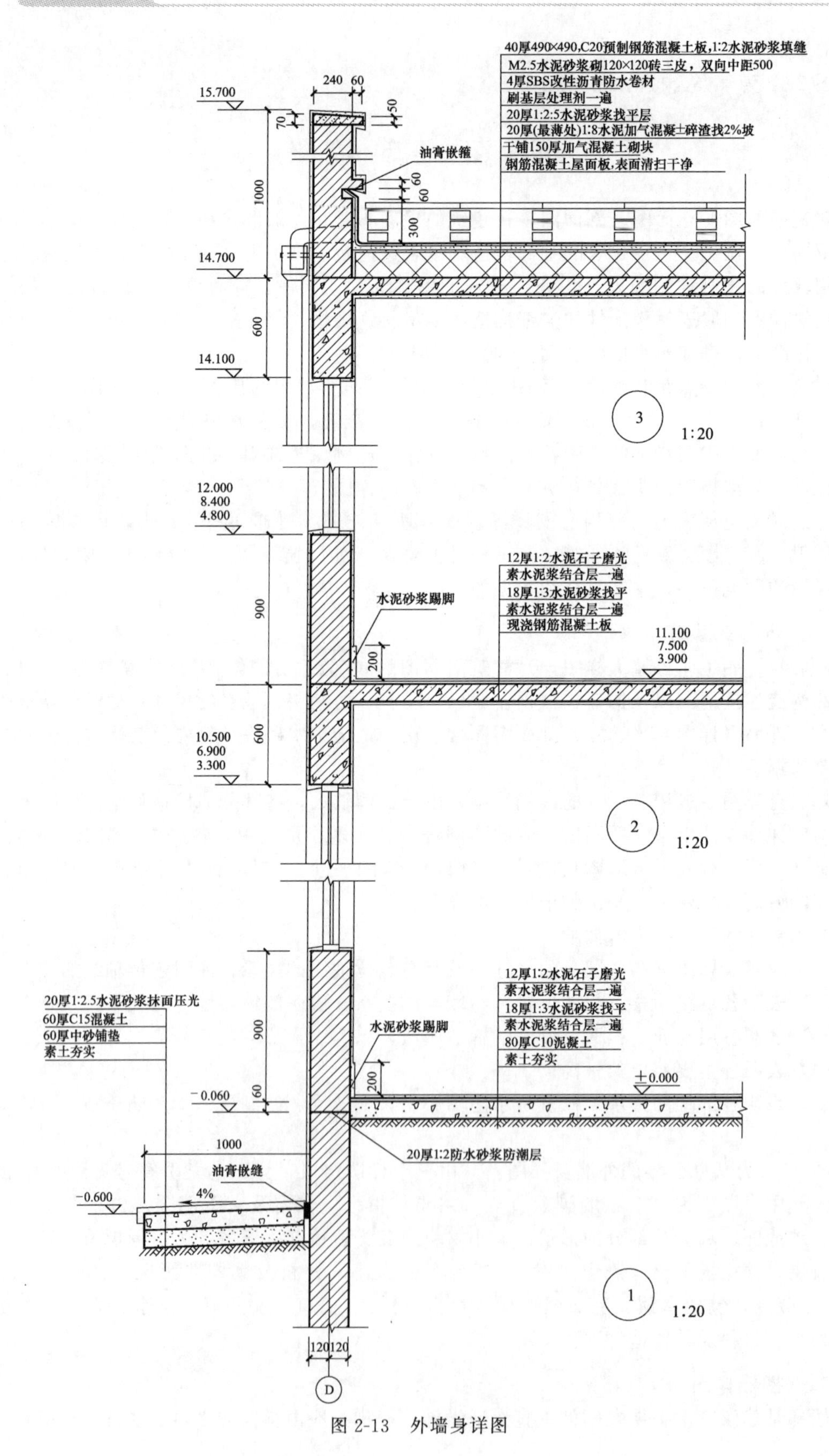

40厚490×490,C20预制钢筋混凝土板,1:2水泥砂浆填缝
M2.5水泥砂浆砌120×120砖三皮，双向中距500
4厚SBS改性沥青防水卷材
刷基层处理剂一遍
20厚1:2.5水泥砂浆找平层
20厚(最薄处)1:8水泥加气混凝土碎渣找2%坡
干铺150厚加气混凝土砌块
钢筋混凝土屋面板,表面清扫干净
油膏嵌箍
15.700
14.700
14.100
240 60
1000
600
300
3
1:20
12.000
8.400
4.800
12厚1:2水泥石子磨光
素水泥浆结合层一遍
18厚1:3水泥砂浆找平
素水泥浆结合层一遍
现浇钢筋混凝土板
水泥砂浆踢脚
11.100
7.500
3.900
10.500
6.900
3.300
900
200
2
1:20
20厚1:2.5水泥砂浆抹面压光
60厚C15混凝土
60厚中砂铺垫
素土夯实
12厚1:2水泥石子磨光
素水泥浆结合层一遍
18厚1:3水泥砂浆找平
素水泥浆结合层一遍
80厚C10混凝土
素土夯实
水泥砂浆踢脚
±0.000
-0.060
20厚1:2防水砂浆防潮层
1000
油膏嵌缝
4%
-0.600
1
1:20
120 120
D

图 2-13 外墙身详图

三部分组成。楼梯的构造比较复杂，在建筑平面、剖面图中很难表示清楚，一般需另画详图表示。要将楼梯在施工图中表示清楚，一般要有三个部分的内容，即楼梯平面图、楼梯剖面图和楼梯节点（包括踏步、栏杆、扶手等）详图等。楼梯平面图、楼梯剖面图比例要一致，以便对照阅读。踏步、栏杆扶手详图比例要大一些，以便能清楚表达构造情况。

（一）楼梯平面图

楼梯平面图就是将建筑平面图中的楼梯间比例放大后画出的图样，比例通常为1∶50。

三层以上的房屋，若中间各层楼梯的梯段数、踏步数及尺寸都完全相同，可只画出底层、中间层（标准层）和顶层三个平面图。当水平剖切平面沿底层上行第一梯段及单元入口门洞的某一位置切开时，便可以得到底层平面图；当水平剖切平面沿中间各层上行第一梯段及梯间窗洞口的某一位置切开时，便可得到标准层平面图；当水平剖切平面沿顶层门窗洞口的某一位置切开时，便可得到顶层平面图。通常楼梯的三个平面图画在同一张图纸内，并相互对齐，既便于阅读，又可省略一些重复的尺寸。图2-14为某办公楼的楼梯平面图。

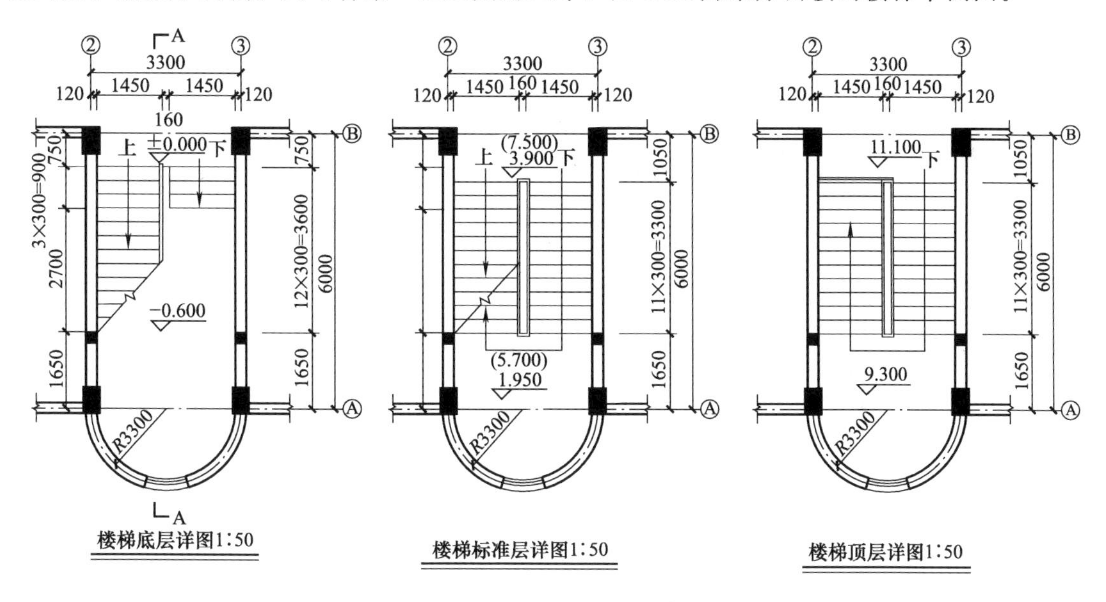

图2-14 楼梯平面图

在楼梯平面图中，各层被剖切到的梯段，在平面图中以一根45°折断线表示，并在每一梯段处画一长箭头，并注写“上”或“下”，“上”或“下”是相对于该楼层标高来说的。如图2-14的楼梯的底层平面图，只有一个被剖切的梯段，该梯段相对于底层标高来说是“上”，应在箭头尾端注写“上”字。另外，还有通往楼梯底下的三个踏步，这三个踏步相对底层标高来说是“下”，应在箭头尾端注写“下”字。楼梯中间层平面有两个被剖切的梯段，既画有往上走的梯段（标有“上”的长箭头），同时还画有往下走的梯段（标有“下”的长箭头）以及楼梯平台和平台往下的梯段。这部分梯段与被剖切梯段的投影重合，并以45°折断线为界。楼梯顶层平面图剖切平面在安全栏杆之上，未剖切到梯段，则在图中画有两段完整的梯段和楼梯平台，没有45°折断线，梯段的踏步相对顶层楼面来说全都是“下”，因此在梯口处有一个注写有“下”字的长箭头，并绘出安全栏杆的水平投影。

在楼梯平面图中，除注出楼梯间的开间和进深尺寸外，还要表示出梯段的长度和宽度、平台的尺寸、每个梯段的踏步数以及每个踏面的宽度、梯井的宽度等。在图中应当注意的是，楼梯平面图上所画的每一分格，表示梯段的一级，但因梯段最高一级的踏面与平台面或楼面重合，所以平面中每一梯段画出的踏面数，比实际踏步级数少一个。如图 2-14 楼梯顶层平面图中 11×300=3300，表示该梯段有 11 个踏面，每一踏面宽为 300，梯段长为 3300。但实际这个梯段的踏步数为 12 级。在底层平面图中，还应注出楼梯剖面图的剖切符号。

（二）楼梯剖面图

假想用一铅垂剖切平面，通过各层的一个梯段将楼梯垂直剖切，向另一侧未剖到的梯段方向作投影，所得到的剖面图即为楼梯剖面图。楼梯剖面图能完整、清晰地表示出各梯段、平台、栏杆扶手等的构造及它们的相互关系情况。若建筑物中间各层的楼梯构造相同时，剖面图可只画出底层、中间层和顶层，中间用折断线分开。

楼梯剖面图主要表明各层梯段及休息平台的标高、每个梯段的踏步数、踏步的宽度及高度、楼梯栏杆的高度、楼梯间各层门窗洞口的标高及尺寸等，还能表示出楼梯的类型和结构形式。图 2-15 为某办公楼的楼梯剖面图。从图中可看出，房屋共 4 层，每层有两个梯段，称为双跑楼梯，是现浇钢筋混凝土楼梯。

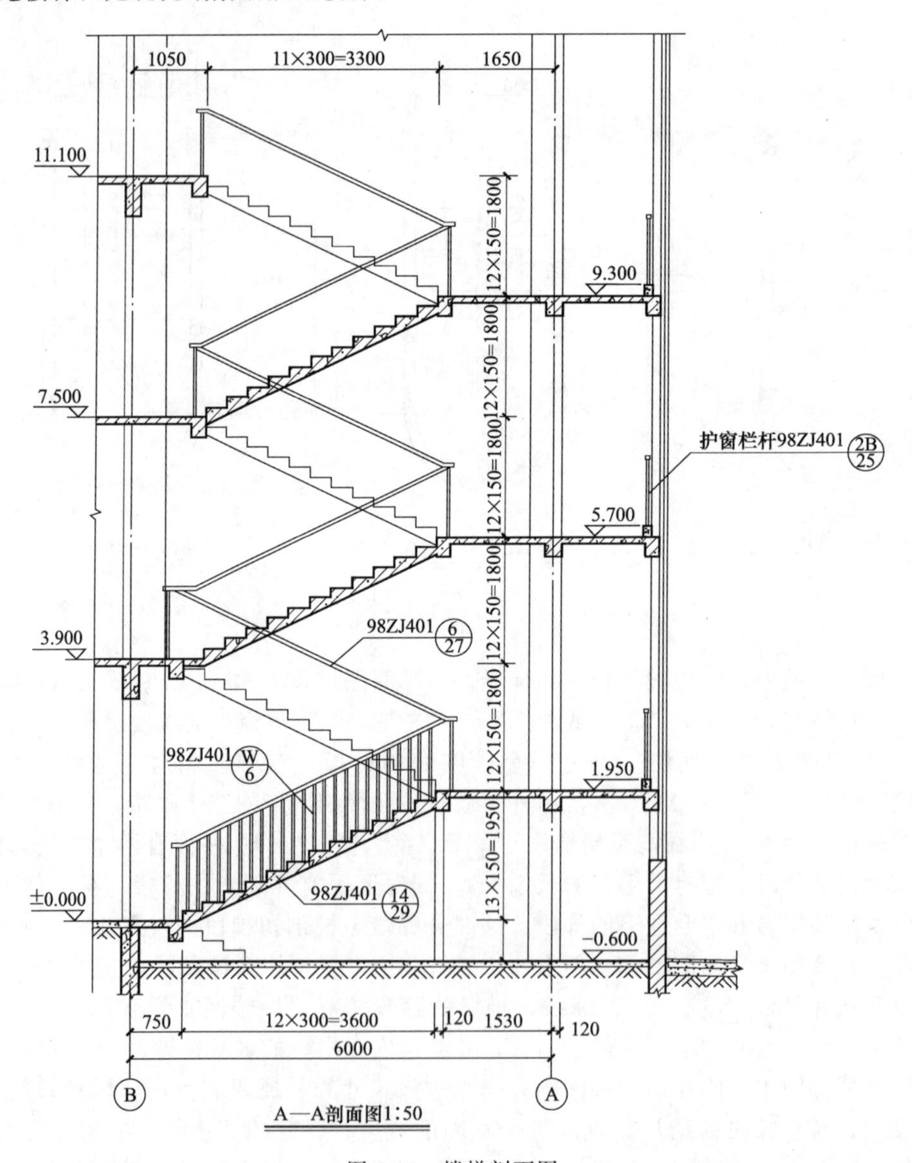

图 2-15 楼梯剖面图

楼梯剖面图中应注明地面、平台面、楼面等的标高和梯段、栏杆扶手的高度尺寸。梯段高度等于踏步高度乘以踏步级数，如底层每个梯段高为 13×150＝1950，其他层梯段高为 12×150＝1800。底层楼梯平台下地面降低了 600，下了 4 个踏步，提高了楼梯平台下的净高，使平台下用墙体分隔后可作为储藏室使用。

（三）楼梯节点详图

楼梯节点详图包括踏步、栏杆、扶手等。

踏步的尺寸一般在绘制楼梯剖面图或详图时都要注明，踏步面层的装修若无特别说明，一般与地面的做法相同。在公共场所，楼梯踏面一般要设置防滑条，可通过绘制详图表示或选用标准图集注写的方法。

楼梯栏杆和扶手的做法一般均采用图集注写的方法。若为新型材料或新型结构而在图集中无法找到相同的构造图时，则需要绘制详图表示。

（四）识读楼梯详图的方法与步骤

楼梯的平面图、剖面图和楼梯节点详图是相互联系的，在识读楼梯详图时应相互结合。

（1）查明轴线编号，了解楼梯在建筑中的平面位置和上下方向。

（2）查明楼梯各部位的尺寸。包括楼梯间的大小、楼梯段的大小、踏面的宽度、休息平台的平面尺寸等。

（3）按照平面图上标注的剖切位置及投射方向，结合剖面图阅读楼梯各部位的高度。包括地面、休息平台、楼面的标高及踏步、楼梯间门窗洞口、栏杆、扶手的高度等。

（4）弄清栏杆、扶手所用的材料及连接做法。

三、其他详图

建筑详图除了以上讲述的两种以外，还可能根据建筑物的功能要求绘制出卫生间详图、门窗详图、台阶详图、阳台详图、雨篷详图等。图 2-16 为本例办公楼的卫生间详图，图 2-17 为门窗详图，图 2-18 为本例办公楼的台阶详图。

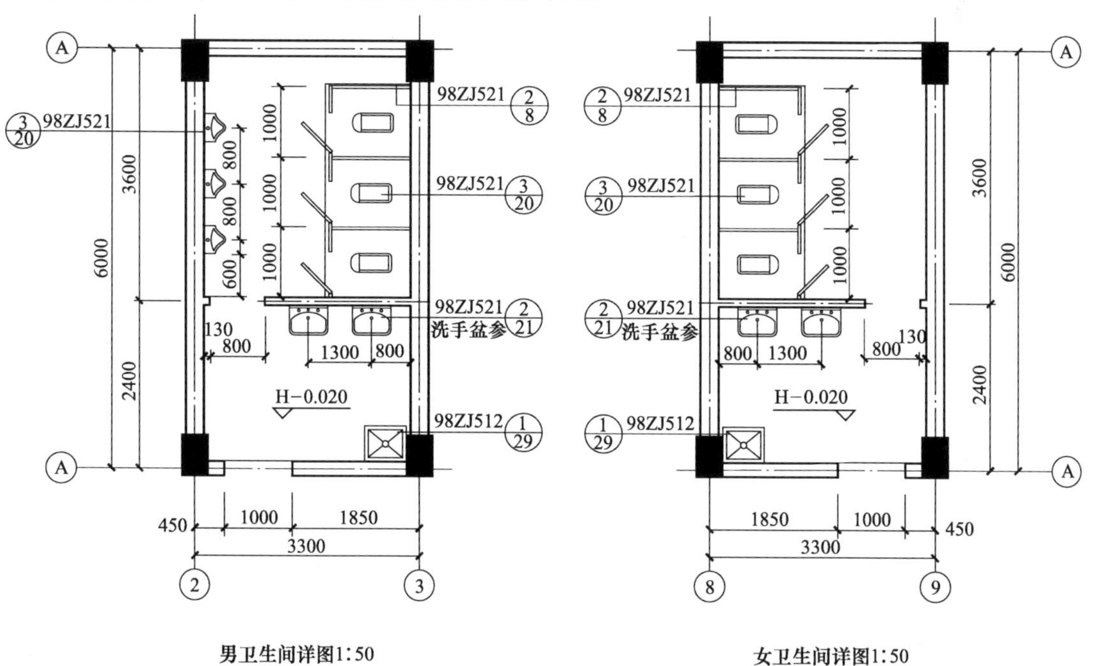

图 2-16 卫生间详图

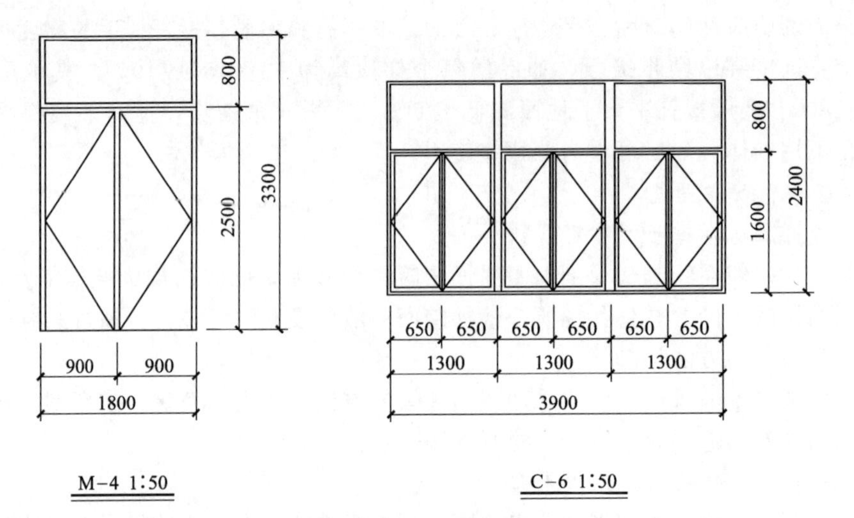

图 2-17 门窗详图

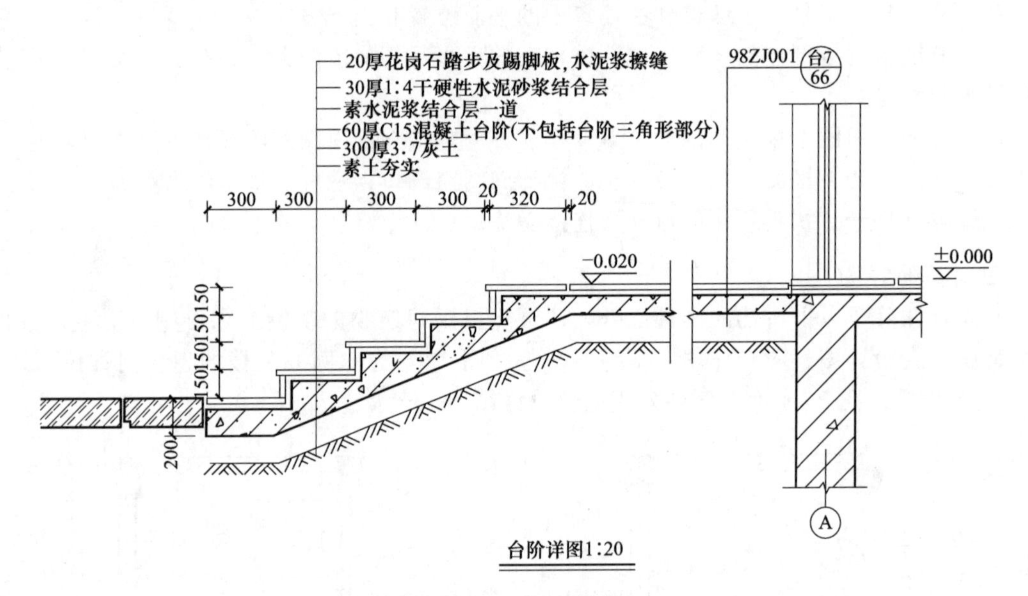

图 2-18 台阶详图

本章小结

建筑识图	概述	房屋的构造组成及作用	基本组成:基础、墙或柱、楼地层、楼梯、屋顶、门窗
		建筑工程施工图的内容	施工首页图,建筑施工图,结构施工图,设备施工图
		建筑施工图的图示方法	图线,比例,定位轴线,标高,尺寸线,索引与详图符号,指北针
	建筑总平面图	建筑总平面图的形成与作用	建筑总平面图是新建房屋在基地范围内的总体布置图,反映新建、原有房屋等的位置和朝向,室外场地、道路、绿化等的布置
		建筑总平面图的内容及图示	比例、图例及有关的文字说明,建筑物的定位,地形,标高,道路,风向频率玫瑰图或指北针

续表

建筑识图	建筑平面图	建筑平面图的形成与作用	建筑平面图是用一个水平剖切平面沿门窗洞口的位置剖切房屋，移去上面部分，剖切面以下部分向水平面做正投影所得的水平剖面图。平面图反映房屋的平面形状、房间的布置及尺寸、门窗的位置及尺寸等
		建筑平面图的内容及图示	图线及比例，建筑物的朝向及内部布置，定位轴线、尺寸与标高，门和窗，楼梯，符号及其他
	建筑立面图	建筑立面图的形成与作用	在与建筑立面平行的铅直投影面上所做的正投影图称为建筑立面图。立面图主要用来表示建筑物的体型和外貌，反映房屋各部位的高度和外墙面装修要求
		建筑立面图的内容及图示	图名，定位轴线，图线与比例，尺寸注法，门窗，外墙面装修做法
	建筑剖面图	建筑剖面图的形成与作用	用垂直于外墙轴线的铅垂剖切面将房屋剖切开，移去剖切平面与观察者之间的部分，得到的投影图形称为建筑剖面图。建筑剖面图用以表示建筑内部的结构构造方式、垂直方向的分层情况、材料及高度等
		建筑剖面图的内容及图示	数量、图名，图线、比例、定位轴线，尺寸注法，索引符号
	建筑详图	外墙身详图	外墙身详图是建筑剖面图的局部放大图样，表达外墙与地面、楼面、屋面的构造连接情况以及檐口、窗顶、窗台、勒脚、防潮层、散水的尺寸、材料、做法等构造情况
		楼梯详图	楼梯平面图，楼梯剖面图，楼梯节点详图
		其他详图	卫生间详图、门窗详图、台阶详图

复习思考题

1. 什么是建筑工程施工图？建筑工程施工图一般包括哪些内容？
2. 一般的民用建筑通常由哪几部分组成？各部分的主要作用是什么？
3. 简述定位轴线、标高、尺寸标准、指北针、索引和详图的图示方法。
4. 建筑施工图包括哪些内容？
5. 建筑总平面图主要包括哪些内容？会识读建筑总平面图。
6. 建筑平面图、立面图、剖面图是如何得来的？会识读建筑总平面图。
7. 建筑平面图、立面图、剖面图图示的主要内容有哪些？
8. 会识读建筑平面图、立面图和剖面图。
9. 建筑详图包括哪些内容？会识读外墙身详图、楼梯详图、门窗详图等。

第三章

民用建筑设计

知识目标

- 了解民用建筑设计的内容、程序、要求和依据。
- 掌握建筑平面设计中的主要使用房间、辅助房间和交通联系部分的设计。
- 理解建筑平面组合的形式及特点。
- 掌握建筑剖面设计中的层高、净高、窗台高度、室内外高差的设计。
- 了解建筑立面设计的要求，理解建筑立面处理的方法。

能力目标

- 能说出民用建筑设计的内容和程序，能理解民用建筑设计的要求和依据。
- 能正确确定使用房间的面积、形状和尺寸，合理布置房间的门窗。
- 能根据防火规范和使用要求确定走道、楼梯等的宽度和楼梯的位置。
- 能进行建筑平面组合设计，能理解建筑平面的组合方式。
- 能确定房间的剖面形状与各部分高度。
- 能进行建筑剖面空间的组合设计以及室内空间的处理和利用。
- 能理解建筑立面设计的意图，能运用立面设计的方法进行简单的建筑外观处理。

第一节　概　　述

建筑设计是一项涉及建筑功能、建筑材料、建筑结构、建筑艺术、建筑经济、建筑环境等的创作性活动。建筑设计是决定建筑生命力、经济性和建筑功能的关键因素，应当本着科学的态度、发展的眼光和务实的精神对待建筑设计工作。

一、建筑设计的内容

建造房屋是一个复杂的过程，一般要经过项目可行性论证、编制设计任务书、选择建设用地、场地勘察、设计、施工、工程验收、交付使用等几个阶段。其中设计是建造房屋的重要环节，具有较强的政策性和综合性。

建筑工程设计是指设计一个单体建筑物或建筑群所要做的全部工作，一般包括建筑设计、结构设计、设备设计等内容。广义而言，建筑设计是指建筑工程设计；狭义地讲，建筑设计是指建筑设计专业本身的设计工作。

1. 建筑设计

由建筑师根据建设单位提供的设计任务书，综合分析建筑功能、建筑规模、基地环境结构施工、材料设备、建筑经济和建筑美观等因素，在满足总体规划的前提下提出建筑设计方案，并逐步完善，直到完成全部的建筑施工图设计。

2. 结构设计

由结构工程师在建筑设计的基础上合理选择结构方案，确定结构布置，进行结构计算和构件设计，完成全部的结构施工图设计。

3. 设备设计

由各相关专业的工程师根据建筑设计完成给水排水、电气照明、采暖通风、通信、动力及能源等专业的方案、设备类型和布置、施工方式，并绘制全部的设备施工图。

建筑工程设计中各专业设计既要分工明确，又要密切配合，形成一个整体。各专业设计的图纸、计算书、说明书及预算书汇总，就构成一个建筑工程的完整文件，作为建筑工程施工的依据。

二、建筑设计的程序

（一）设计前的准备工作

在进行设计前应做好以下三个方面工作。

1. 熟悉设计任务书或可行性研究报告

设计任务书或可行性研究报告是建设单位或开发商提供的，作为设计单位的设计依据之一。它的内容包括：建设项目总要求和建设目的，具体使用要求，总投资和单方造价，建设基地状况，供水、供电、采暖、空调等设备方面要求，设计期限等。

2. 收集有关设计资料

设计资料包括气象、基地地形及地质水文，水电等设备管线资料，设计项目的国家有关定额指标等。

3. 调查研究

调查研究的主要内容是建筑物使用要求，材料供应和基地勘测，当地传统的风俗习惯等。

（二）设计阶段

民用建筑工程设计一般分为初步设计和施工图设计两个阶段。对于技术要求简单的建设项目，可由方案设计代替初步设计。对于技术要求复杂的建设项目，根据主管部门的要求，可以按初步设计、技术设计、施工图设计三个阶段进行。

1. 初步设计阶段

初步设计是建筑设计的第一阶段，它是在充分做好设计前准备工作的基础上，提出设计方案，通过方案的比较、优化，综合确定较合理的方案。初步设计的内容包括设计说明、设计图纸、主要设备材料和工程概算。

2. 技术设计阶段

技术设计也称为扩大初步设计，是对初步设计的进一步深化和完善，主要用来解决、协调和确定建筑设计各工种之间的技术问题。技术设计的各种图纸和设计文件与初步设计大致相同，但每一部分要求更具体、详细。

3. 施工图设计阶段

施工图设计是建筑设计的最后阶段，它的任务是绘制满足施工要求的全套图纸。施工图设计的内容：绘制建筑、结构、设备等全部施工图纸，编制设计说明书、结构计算书、工程预算书等内容。

三、建筑设计的要求

1. 满足建筑功能要求

满足建筑物的功能要求，为人们的生活和生产活动创造良好的环境，是建筑设计的首要任务。例如设计学校，首先要把满足教学活动需要的教室作为设计的中心任务，同时还要合理安排教师办公、卫生间等行政管理和辅助用房。

2. 采用合理的技术措施

正确选用建筑材料，根据建筑空间组合的特点，选择合理的结构类型、施工方案，满足建筑物的安全、耐久性要求，并方便施工。

3. 具有良好的经济效果

建造房屋是一个复杂的物质生产过程，需要大量人力、物力和财力。在房屋的设计和建造中，要进行多因素的综合分析、多方案比较，重视经济领域的客观规律，讲究经济效果，使建筑功能要求、技术措施与造价协调统一。

4. 考虑建筑美观要求

建筑物在满足使用要求的同时，还要考虑建筑物所赋予人们精神上的感受。建筑设计要努力创造具有时代精神的建筑空间组合与建筑形象，满足人们对建筑物在美观方面的要求。历史上创造出的具有时代特色的建筑形象，往往是一个国家、一个民族文化传统宝库的重要组成部分。

5. 符合总体规划要求

单体建筑是总体规划中的组成部分，单体建筑应符合总体规划提出的要求。如与原有建筑风格的协调、与道路走向和基地面积大小等条件的统一等。

四、建筑设计的依据

（一）空间尺度的要求

1. 人体尺度及人体活动所需的空间尺度

人体尺度和人体活动所需要的空间尺度是建筑平面、建筑空间设计的主要依据。建筑中门洞尺寸、走廊宽度、楼梯踏步的高宽等都是依人体的基本尺度和人体活动所需的空间尺度确定的。由于我国地域广阔、人口众多，不同地区人体的尺度会略有差异，一般人体尺度和人体活动所需的空间尺度，如图 3-1 所示。

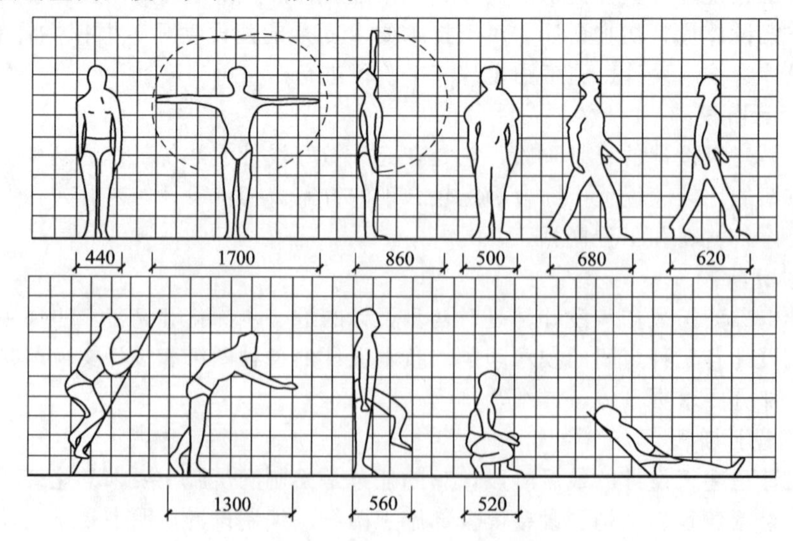

图 3-1 人体尺度和人体活动所需空间尺度

2. 家具、设备要求的空间

家具和设备在房间中是必不可少的，合理地选择家具设备在房间中的摆放位置，并考虑其周边的必要使用空间，是确定房间使用面积和几何形状和尺寸的重要依据。图 3-2 为居住建筑常用家具尺寸举例。

图 3-2　常用家具尺寸

（二）自然条件的影响

1. 气候条件

温度、湿度、日照、风向、风速、雨雪等气候条件，对建筑物的设计有着直接的影响。建筑物中的保温、隔热、通风、采光、朝向、防水、排水以及建筑物体形组合等均与气候条件有关。例如炎热地区，建筑设计要很好地考虑隔热、通风和遮阳等问题，建筑体型较为开敞；寒冷地区，建筑的体型应设计得紧凑一些，以减少外围护面的散热，有利于室内采暖、保温。在确定建筑物间距及朝向时，应考虑当地日照情况及主导风向等因素；风速还是确定高层建筑、电视塔等设计中考虑建筑体型和结构布置的重要因素。

2. 地形、地质情况和地震烈度

建筑物基地地形的平缓或起伏对建筑物的剖面有较大影响。当地形平缓时，将房屋首层设在同一标高，当地形起伏较大时，将房屋错层建造。基地的地质构造、土质情况影响地基承载力，对房屋平面组合、结构布置产生影响。

地震烈度表示地面建筑物受地震破坏的程度。而震级是指地震的强烈程度，它取决于一次地震释放能量的大小。地震烈度的大小与地震震级、震源深度、距地震中心的距离及场地土质等有关。一次地震震级只有一个，但可以有不同的地震烈度区，一般距地震中心越远，破坏越小。地震烈度一般划分为 12 度，在烈度为 6 度和 6 度以下地区，地震对建筑物的损坏影响较小；9 度以上地区一般不宜进行工程建设。建筑物抗震设防的重点是地震烈度为 7 度、8 度、9 度的地区的建筑。

3. 水文

水文条件是指地下水位的高低和地下水的性质。地下水位的高低是决定基础埋置深度的因素之一；地下水的性质会决定建筑物基础是否需做防腐处理。

（三）建筑规范的规定

建筑设计规范、规则和通则是建筑设计必须遵守的准则和依据，它反映了国家现行政策和经济技术水平。建筑设计人员从事建筑设计时必须熟悉有关的设计规范规定，并严格执行。

第二节　建筑平面设计

建筑是三维的立体空间，人们常从平面、剖面、立面三个不同方向的投影来分析建筑物的各种特征。在建筑设计中，平面设计是关键，建筑设计一般总是先从平面设计入手。建筑的平面、剖面、立面设计三者是密切联系而又互相制约的。

民用建筑从组成平面各部分的使用性质分析，分为使用部分和交通联系部分两大部分。使用部分又可分为主要使用房间和辅助使用房间。主要使用房间是建筑物的主体部分，如住宅中的起居室、卧室，学校中的教室、实验室等。辅助使用房间是为了保证主要使用房间使用要求而设置的，如住宅中的卫生间、厨房，学校中的厕所、贮藏室等。交通联系房间是指建筑中的门厅、过厅、走廊、楼梯、电梯等。

建筑平面设计包括单个房间平面设计及平面组合设计。单个房间设计是在整体建筑合理而适用的基础上，确定房间的面积、形状、尺寸以及门窗的大小和位置。平面组合设计是根据各类建筑功能要求，处理好各房间之间的相互关系，采取不同的组合方式将各单个房间合理地组合起来。

一、主要使用房间平面设计

（一）房间的面积、形状及尺寸

1. 房间的面积

房间面积的大小主要根据房间的使用特点、使用人数和家具设备多少等来确定。在实际设计中，房间面积的确定主要是依据我国有关部门及各地区制订的面积定额指标，表 3-1 列出了部分民用建筑房间面积定额参考指标。对于房间面积指标未作规定、使用人数也不固定的建筑，如展览室、营业厅等，要通过调查研究，分析比较得出合理的房间面积。

房间的面积一般由家具和设备所占用的面积、人们使用家具设备及活动所需的面积、房间内部的交通面积三部分组成。图 3-3 为卧室和教室使用面积分析示意。

表 3-1 部分民用建筑房间面积定额参考指标

建筑类型＼项目	房间名称	面积定额/(m²/人)	备注
中小学	普通教室	1～1.2	小学取下限
办公楼	一般办公室	3.5	不包括走道
	会议室	0.5	无会议桌
		2.3	有会议桌
铁路旅客站	普通候车室	1.1～1.3	
图书馆	普通阅览室	1.8～2.5	4～6座双面阅览桌

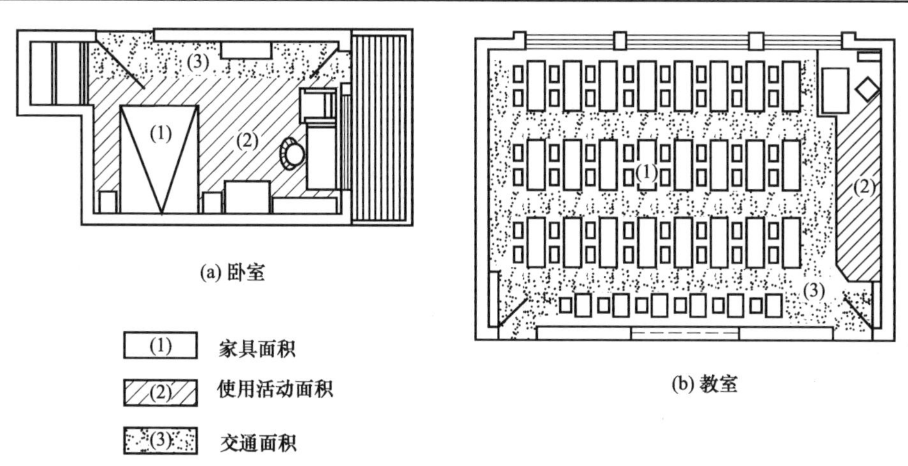

图 3-3 房间使用面积分析示意

2. 房间的形状

民用建筑常见的房间形状有矩形、方形、多边形、圆形、扇形等。在具体设计中，应从使用要求、结构形式、经济条件、美观等方面综合考虑，选择合适的房间形状。一般功能要求的民用建筑房间形状常采用矩形，主要原因如下。

(1) 矩形平面体型简单，墙体平直，便于家具布置安排，能充分利用室内有效面积；

(2) 结构布置简单，便于施工；

(3) 矩形平面便于统一开间、进深，有利于平面及空间组合。

当然矩形平面也不是唯一的形式。中小学教室的平面形状，在满足视、听等要求的条件下也可以选用六边形、正方形等几种形状。对于一些单层大空间如观众厅、杂技场、体育馆等房间，它的形状则首先应满足这类建筑的特殊功能及视听要求。图 3-4 为观众厅的平面形状。

3. 房间平面尺寸

房间尺寸是指房间的面宽和进深，而面宽常常是由一个或多个开间组成。一般先确定房间面积和形状，再确定房间平面尺寸。房间平面尺寸一般从以下几方面进行综合考虑。

(1) 满足家具设备布置及人们活动的要求　例如主要卧室要求布置双人床及必要的衣柜等家具，因此开间尺寸常取 3.60～3.90m，深度方向常取 3.90～4.50m。小卧室开间尺寸常取 2.70～3.30m。医院病房主要是满足病床的布置及医护活动的要求，3～4 人的病房开间尺寸常取 3.30～3.60m。

(2) 满足视听要求　有的房间如教室、会堂、观众厅等的平面尺寸除满足家具设备布置

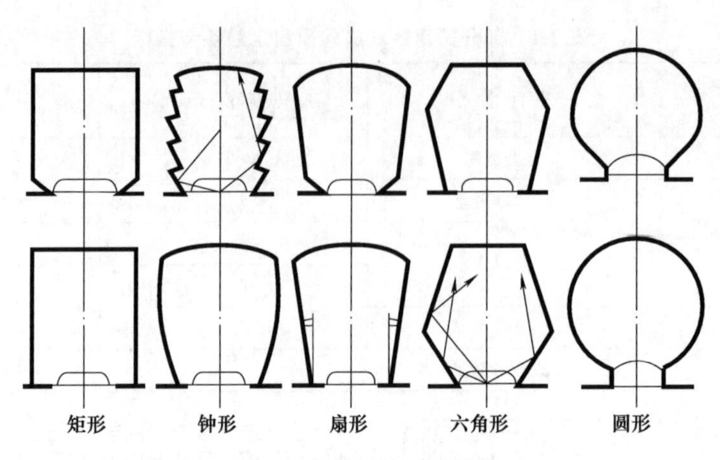

图 3-4 观众厅的平面形状

及人们活动要求外，还应保证有良好的视听条件。从视听的功能考虑，教室的平面尺寸应满足以下的要求：第一排座位距黑板的距离≥2.00m；后排距黑板的距离不宜大于 8.50m；为避免学生过于斜视，水平视角应≥30°。教室的视线要求与平面尺寸的关系见图 3-5。

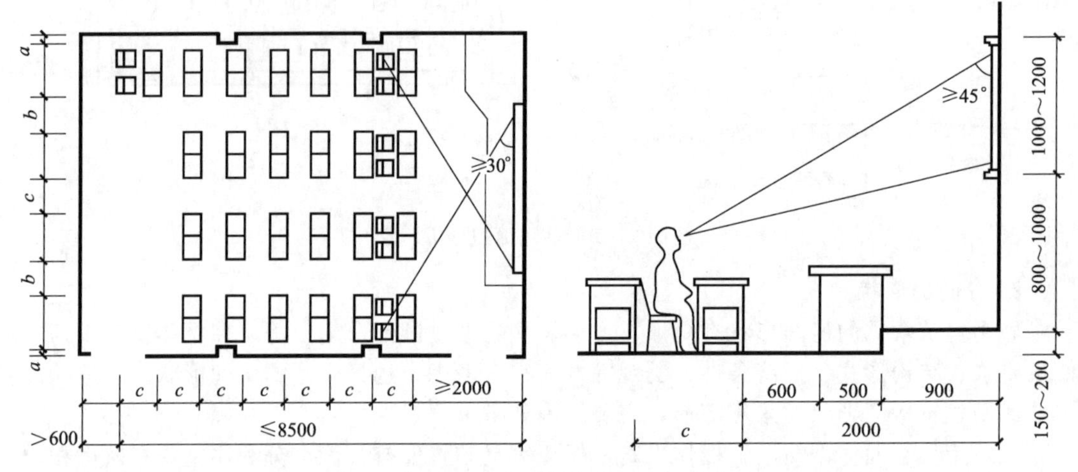

图 3-5 教室的视线要求与平面尺寸的关系

(3) 良好的天然采光　一般房间多采用单侧或双侧采光，因此，房间的深度常受到采光的限制。一般单侧采光时进深不大于窗上口至地面距离的 2 倍，双侧采光时进深可较单侧采光时增大一倍。

(4) 经济合理的结构布置　较经济的开间尺寸是不大于 4.00m，钢筋混凝土梁较经济的跨度是不大于 9.00 m。对于由多个开间组成的大房间，如教室、会议室、餐厅等，应尽量统一开间尺寸，减少构件类型。

(5) 符合建筑模数协调统一标准　为了提高建筑工业化水平，必须统一构件类型，减少规格，在房间开间和进深上采用统一的模数。房间的开间和进深一般以 300mm 为模数。

(二) 房间的门窗设置

1. 房间门的设置

(1) 门的宽度和数量　门的宽度取决于人流股数及家具设备的大小等因素。门的最小宽度一般为 700mm，常用于住宅中的厕所、浴室。住宅中卧室、厨房、阳台的门应考虑一人携带物品通行，卧室常取 900mm，厨房可取 800mm。普通教室、办公室等的门应考虑一人正面通行，另一人侧身通行，常采用 1000mm。双扇门的宽度可为 1200～1800mm，四扇门的宽度可为 2400～3600mm。

门的数量是由房间人数的多少、面积的大小及安全疏散等要求决定的。《建筑设计防火规范》（GB 50016—2006）规定，在公共建筑和通廊式居住建筑中，当一个房间的使用人数超过 50 人，面积超过 60m² 时，至少需设两个门。对于人员密集的公共场所，如影剧院的观众厅、体育馆的比赛大厅等，门的数量和总宽度可按每 100 人 600mm 宽计算，并结合人流通行方便分别设双扇外开门，门的净宽度不应小于 1400mm。

（2）门的位置和开启方式　门的位置应根据室内人流活动特点和家具设备布置的要求，要考虑缩短交通路线，使室内有较完整的空间和墙面，有利于组织好采光和穿堂风等。图 3-6 为卧室、集体宿舍门位置的比较。

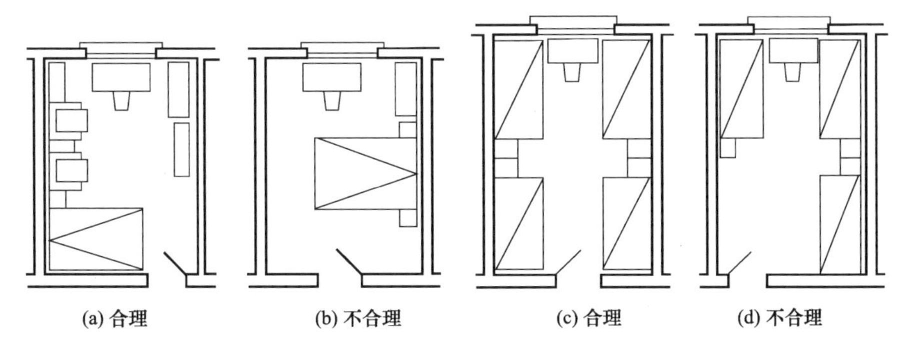

图 3-6　卧室、集体宿舍门位置的比较

门的开启方式很多，如平开门、推拉门、折叠门、弹簧门、卷帘门等，在民用建筑中普遍采用的是平开门。对于人数较少的房间采用内开式，以免影响走廊的交通；使用人数较多的房间，如会议室、展览室、住宅单元入口门考虑安全疏散，门的开启方向应开向疏散方向。当房间门位置比较集中时，要协调好几个门的开启方向，以免开启时发生碰撞。图 3-7 为紧靠在一起的门的开启方向分析。

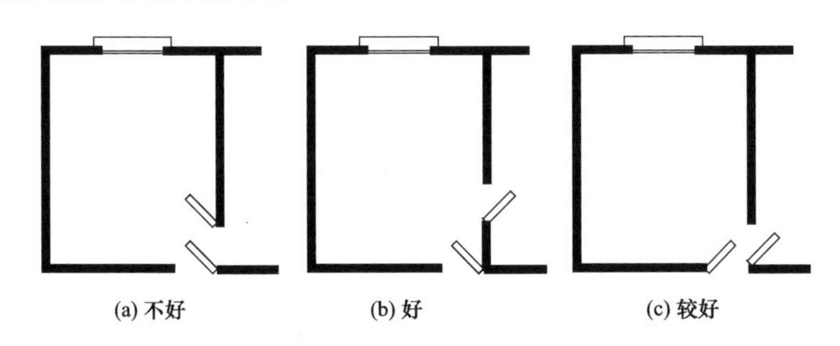

图 3-7　门紧靠一起的开启方向分析

2. 房间窗的设置

（1）窗的面积　窗的面积（窗洞口面积）主要根据房间的使用要求、房间面积及日照情况等来确定。不同使用要求的房间对采光要求不同，一般情况下可根据窗地面积比来来估算窗洞口的面积。窗地面积比是指房间窗洞口总面积与房间地面面积的比值。不同使用性质房间的窗地面积比可按表 3-2 采用。

窗的面积还应结合通风、建筑节能、立面造型等因素来综合考虑。如我国南方炎热地区要考虑通风要求，窗口面积可大些；寒冷地区为防室内热量从窗口散失过多，不宜开大窗。

表 3-2 民用建筑采光等级表

采光等级	视觉工作特征		房 间 名 称	窗地面积比
	工作或活动要求精确程度	要求识别的最小尺寸/mm		
Ⅰ	极精密	0.2	绘图室、制图室、画廊、手术室	1/3～1/5
Ⅱ	精密	0.2～1	阅览室、医务室、健身房、专业实验室	1/4～1/6
Ⅲ	中精密	1～10	办公室、会议室、营业厅	1/6～1/8
Ⅳ	粗糙	＞10	观众厅、居室、盥洗室、厕所	1/8～1/10
Ⅴ	极粗糙	不作规定	贮藏室、走廊、楼梯间	1/12

(2) 窗的位置　窗的位置要使房间进入的光线均匀和内部家具、设备布置方便。如学校中教室光线应自学生座位的左侧射入，以免学生写字时右手遮挡光线；并且窗间墙的宽度不应大于1200mm，以保证室内光线均匀；黑板处窗间墙要大于1000mm，避免黑板上产生眩光。

窗的位置还要考虑通风的作用，设计中应将门窗统一布置，以便于组织好室内通风，图3-8为门窗位置对气流的影响。另外，确定窗的位置及尺寸还要考虑结构和构造的可能性，而且建筑物造型、建筑风格往往也要通过窗的位置和形式加以体现。

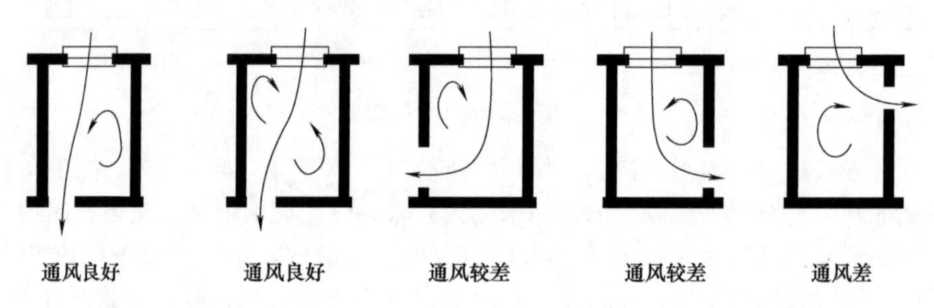

图 3-8　门窗位置对气流的影响

二、辅助房间设计

辅助房间一般是指为主要房间提供服务的房间，常见的有卫生间、厨房、盥洗室等。辅助房间的设计原理、原则和方法与主要使用房间基本相同，但由于这类房间大都布置有较多的管道、设备，因此房间的大小和布置受到设备尺寸的影响。

(一) 卫生间

卫生间是建筑中常见的辅助用房。按使用对象的不同，卫生间分为专用卫生间及公共卫生间。专用卫生间一般指住宅、客房用的卫生间，公共卫生间一般指公共场所设置的卫生间。

1. 专用卫生间

专用卫生间由于使用人数较少，卫生间内一般应配置三件卫生设备，即大便器、洗浴器(浴缸或喷淋)、洗面盆。有条件时，卫生间可设计前室，以达到各功能互不干扰的目的。常用住宅卫生间平面布置见图3-9。

2. 公共卫生间

进行公共卫生间设计时，应首先确定卫生设备的类型和数量，再根据卫生设备的尺寸进行平面布置。部分民用建筑卫生设备数量参考指标见表3-3。公共卫生间一般应设前室，可以改善通往卫生间走道的卫生条件，并使厕所隐蔽一些。公共卫生间平面布置示例见图3-10。

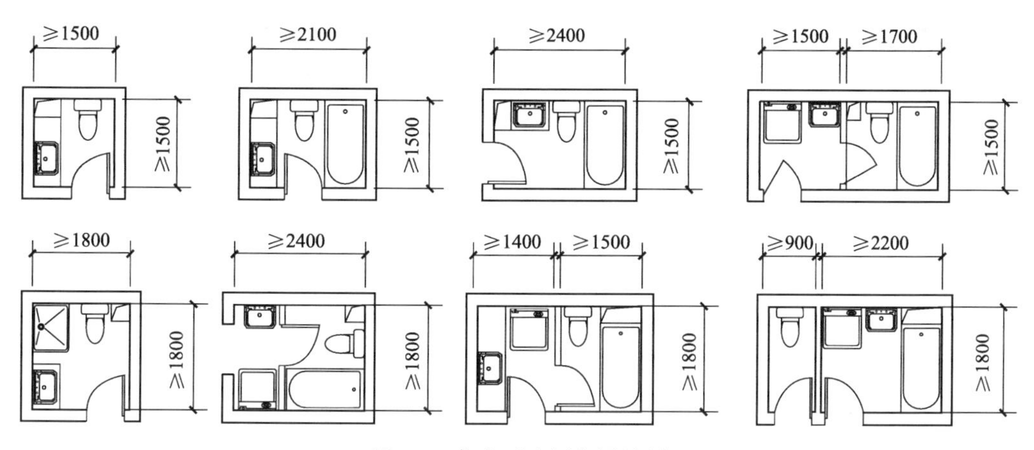

图 3-9 住宅卫生间布置示例

表 3-3 部分民用建筑卫生设备数量参考指标

建筑类型	男小便器/(人/个)	男大便器/(人/个)	女大便器/(人/个)	洗手盆或龙头/(人/个)	男女比例	备注
旅馆	20	20	12			男女比例按设计要求
宿舍	20	20	15	15		男女比例按实际使用情况
中小学	40	40	25	100	1∶1	小学数量应稍多
火车站	80	80	50	150	2∶1	
办公楼	50	50	30	50～80	3∶1～2∶1	
影剧院	35	75	50	140	1∶1	
门诊部	50	100	50	150	1∶1	总人数按全日门诊人次计算
幼托		5～10	5～10	2～5	1∶1	

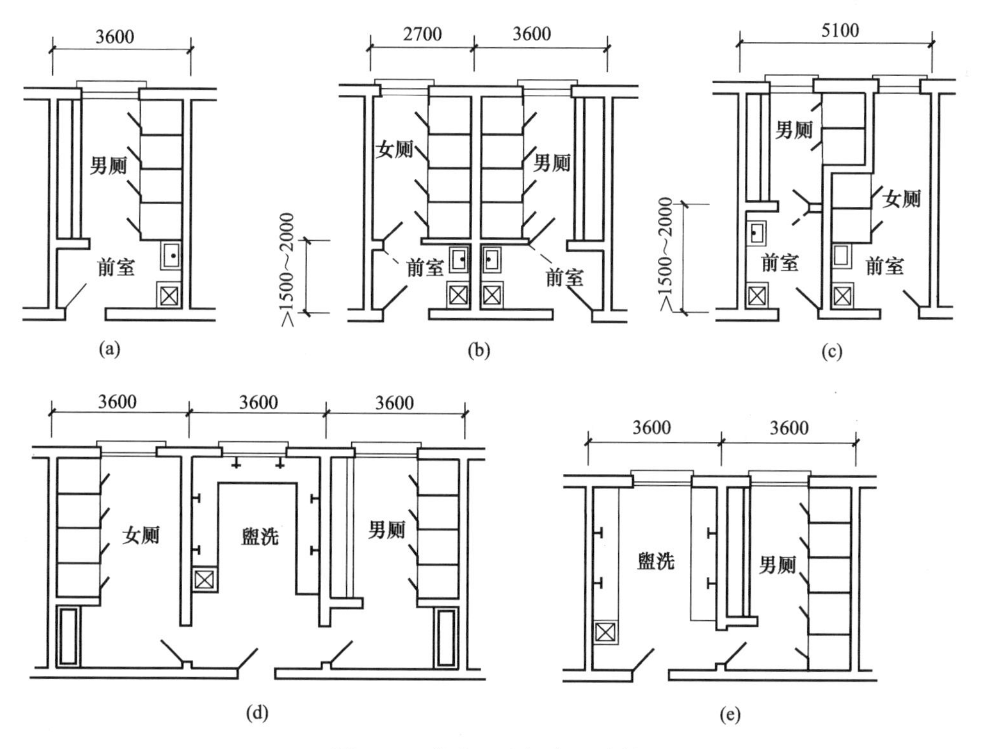

图 3-10 公共卫生间布置示例

卫生间一般布置在平面较隐蔽部位，且各在各楼层位置上下对应，以便于布置管道。公共建筑中同层平面中男、女卫生间最好并排布置，避免管道分散。大量人群使用的卫生间，应有良好的天然采光与通风；少数人使用的厕所允许间接采光，但必须有抽风设施。卫生间的墙面、地面应考虑防水，便于清洁，地面应比一般房间地面低20～30mm。

（二）厨房

厨房分住宅中家用厨房和饮食建筑用厨房，厨房设计应满足操作流程和食品卫生要求。厨房设计应满足以下几方面的要求。

（1）厨房应有良好的采光和通风条件。

（2）尽量利用厨房的有效空间布置足够的贮藏设施，如壁柜、吊柜等。除此以外，还可充分利用案台、灶台下部的空间贮藏物品。

（3）厨房的墙面、地面应考虑防水，便于清洁。地面应比一般房间地面低20～30mm。

（4）厨房室内布置应符合操作流程，并保证必要的操作空间。住宅厨房的布置形式有单排、双排、L形、U形、半岛形、岛形几种。

三、交通联系部分的设计

交通联系部分包括水平交通空间（走道）、垂直交通空间（楼梯、电梯、自动扶梯、坡道）、交通枢纽空间（门厅、过厅）等。交通联系部分的设计要求路线明确、联系方便，在满足使用要求和防火规范的前提下，尽量减少交通面积。

（一）走道

走道又称为过道、走廊。按走道的使用性质不同，可以分为：完全为交通需要而设置的走道；主要作为交通联系同时也兼有其他功能的走道；多种功能综合使用的走道，如展览馆的走道应满足边走边看的要求。

1. 走道的宽度

走道的宽度主要根据人流和家具通行、安全疏散、走道性质、空间感受来综合考虑。为了满足人的行走和紧急情况下的疏散要求，我国《建筑设计防火规范》（GB 50016—2006）规定学校、商店、办公楼等建筑的疏散走道、楼梯、安全出口的各自总宽度不应低于表3-4的指标。

表3-4 疏散走道、安全出口、楼梯宽度指标

宽度指标/（m/百人） 耐火等级 / 层数	一、二级	三级	四级
一、二层	0.65	0.75	1.00
三层	0.75	1.00	—
≥四层	1.00	1.25	—

走道的最小净宽一般应保证两股人流正常通行，其净宽不宜小于1.1m；作为局部联系或住宅内部走道宽度不应小于0.90m。一般民用建筑常用走道宽度如下：当走道两侧布置房间时，教学楼为2.10～3.00m，办公楼为2.10～2.40m，医院门诊部不小于2.70m（双侧候诊）；当走道一侧布置房间时，走道宽度应相应减小。

2. 走道的长度

走道的长度应根据建筑性质、耐火等级及防火规范来确定。按照《建筑设计防火规范》（GB 50016—2006）的要求，走道内最远房间门至楼梯间或安全出入口的距离必须控制在一定的范围内，见表3-5。

表 3-5 房间门至外部出口或封闭楼梯间的最大距离 单位：m

名　称	位于两个外部出口或楼梯之间的房间			位于袋形走道两侧或尽端的房间		
	耐火等级			耐火等级		
	一、二级	三级	四级	一、二级	三级	四级
托儿所、幼儿园	25	20	—	20	15	—
医院、疗养院	35	30	—	20	15	—
学校	35	30	25	22	20	—
其他民用建筑	40	35	25	22	20	15

3. 走道的采光和通风

走道的采光和通风主要依靠天然采光和自然通风。外走道由于只有一侧布置房间，可获得较好的采光通风效果。内走道由于两侧均布置有房间，常用的采光方式有：走道尽端开窗直接采光；利用门厅、过厅、开敞式楼梯间直接采光；利用房间两侧的高窗或门上亮子间接采光。

（二）楼梯

楼梯是建筑中重要的垂直交通设施，虽然许多建筑设有电梯和自动扶梯，但在紧急情况下仍然要依靠楼梯进行安全疏散，因此应对楼梯的设计给予足够重视。

民用建筑楼梯按其使用性质分为主要楼梯、次要楼梯、消防楼梯等。主要楼梯设在门厅内明显的位置，或靠近门厅处；次要楼梯常设在次要入口附近。当建筑物内楼梯数量与位置未能满足防火疏散要求时，常在建筑物的端部设室外开敞式疏散楼梯。

楼梯的形式主要有单跑梯、双跑梯（平行双跑、直双跑、L 形、双分式、双合式、剪刀式）、三跑梯、弧形梯、螺旋楼梯等。

楼梯的宽度和数量主要根据使用性质、使用人数和防火规范来确定。一般民用建筑楼梯的最小净宽应满足两股人流通行，梯段净宽不小于 1100mm，住宅内部楼梯为 850～900mm。所有楼梯梯段净宽的总和应按照防火规范的最小宽度进行校核（见表 3-4）。

楼梯的数量应根据使用人数及防火规范要求来确定，必须满足关于走道内房间门至楼梯间的最大距离的限制（见表 3-5）。在通常情况下，每一幢公共建筑均应至少设两个楼梯。

（三）门厅

门厅的主要作用是接纳、分配人流，室内外空间过渡及各方面交通的衔接。同时，门厅还兼有其他功能，如医院门厅常设挂号、收费、取药的房间；旅馆门厅兼有休息、会客、接待、登记、小卖等功能。门厅作为建筑物的主要出入口，其不同空间处理可体现出不同的意境和形象。因此，民用建筑中门厅是建筑设计重点处理的部分。

门厅的大小应根据各类建筑的使用性质、规模及质量标准等因素来确定，设计时可参考有关面积定额指标。门厅的布置方式通常有对称式与非对称式两种布置方式。对称式布置是将门厅布置在建筑物的中轴线上，具有严肃、庄重的气氛；非对称式门厅多用在不对称的建筑平面中，没有明显的中轴线，布置比较灵活自由。

门厅设计应注意：门厅应处于总平面中明显而突出的位置；门厅内部设计要有明确的导向性，同时交通流线组织简明醒目，减少相互干扰；重视门厅内的空间组合和建筑造型要求；门厅对外出口的宽度按防火规范的要求不得小于通向该门厅的走道、楼梯宽度的总和，门厅外门的开启方向一般宜向外或采用弹簧门。

四、建筑平面组合设计

建筑平面组合设计就是将建筑平面中的使用部分、交通联系部分有机地联系起来，使之成为一个使用方便、结构合理、体型简洁、构图完整、造价经济及与环境协调的建筑物。

（一）建筑平面组合的原则

1. 功能合理、紧凑

不同类型的建筑物使用功能要求不同，即使同一类建筑物，由于不同气候条件、不同基地环境、不同民族文化传统等，对建筑物的功能要求也不同。在平面组合时，要根据建筑物的性质、规模、环境等因素，进行功能分析，使其满足功能合理的基本要求。

具体设计时，可根据建筑物不同的功能特征，从以下几个方面进行功能分析。

（1）主次关系　组成建筑物的各房间，按使用性质及重要性，必然存在着主次之分。在平面组合时应分清主次，合理安排。如住宅中的卧室、客厅是主要房间；厨房、卫生间是次要房间；教学楼中的教室、实验室是主要使用房间；办公室、卫生间等是次要使用房间。在平面组合时，一般是将主要使用房间布置在朝向较好、比较安静的位置，以取得较好的日照、采光和通风条件，次要房间可布置在条件较差的位置。

（2）内外关系　各类建筑的组成房间中，有的对外联系密切，直接为公众服务，有的对内关系密切，供内部使用。一般是将对外联系密切的房间布置在交通枢纽附近，位置明显便于直接对外，而将对内性强的房间布置在较隐蔽的位置。对于饮食建筑，餐厅是对外的，人流量大，应布置在交通方便、位置明显处，而对内性强的厨房等部分则布置在后部，次要入口面向内院较隐蔽的地方。

（3）联系与分隔　在建筑平面组合时，根据房间的活动特点和使用性质不同，考虑各房间之间的联系与分隔。如“闹”与“静”、“清”与“污”等方面进行功能分区，使其既分隔而互不干扰，且又有适当的联系。如教学楼中的普通教室和音乐教室，它们之间联系密切，但为防止声音干扰，应适当隔开。教室与办公室之间要求方便联系，但为了避免学生影响教师的工作，也应适当隔开。图 3-11 表示教学楼各部分的联系与分隔。

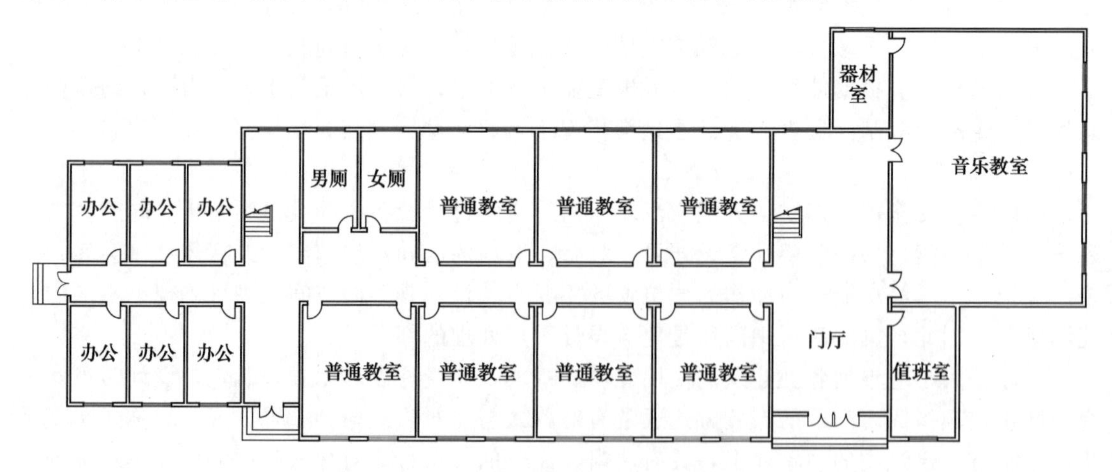

图 3-11　教学楼各部分的联系与分隔

（4）交通流线　有些建筑中，不同性质的房间在使用时有一定的先后次序，要按其使用顺序合理组织交通路线，确定房间的位置。如火车站建筑中，旅客进站的流线为：问询→售票→候车→检票→进站上车。平面组合时要很好的考虑这些前后顺序和人流路线，尽量避免不必要的往返和交叉干扰。图 3-12 为小型火车站流线关系及平面图。

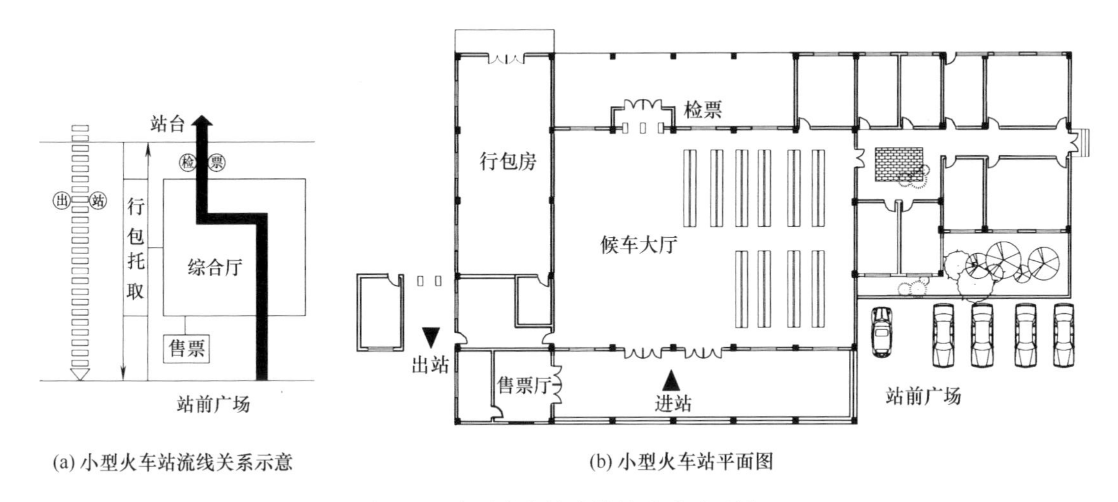

(a) 小型火车站流线关系示意　　(b) 小型火车站平面图

图 3-12　小型火车站流线关系及平面图

2. 结构经济合理

建筑平面组合设计时，要考虑结构布置的影响。目前常用的结构类型有混合结构、框架结构、剪力墙结构、框剪结构、空间结构等。根据建筑平面空间组合的情况，确定合理的建筑结构形式，使结构体系传力明确，结构方案简明可行，构件种类较少，施工方便。根据梁、板的经济跨度和结构强度、刚度要求选择合理的承重方案。一般把建筑开间、进深、高度相同或相近的房间组合在一起；而建筑面积和高度相差较大，相互之间需要分开，若把它们集中布置，则应通过设走廊、台阶、错层等方式进行组合。

在多层或高层建筑中，要使上下层之间传力明确，承重墙、柱上下层位置要对正。对大面积的房间设在上层，把使用荷载大的房间设在底层，把层高相同的房间布置在同一层。

3. 设备管线布置简捷集中

民用建筑中的设备管线主要包括给水排水，空气调节以及电气照明等所需的设备管线，它们都占有一定的空间。在满足使用要求的同时，应尽量将设备管钱集中布置、上下对齐，方便使用，有利施工和节约管线。图 3-13 中旅馆卫生间成组布置，利用两个卫生间中间的竖井作为管道布置空间，管道井上下叠合，管线布置集中。

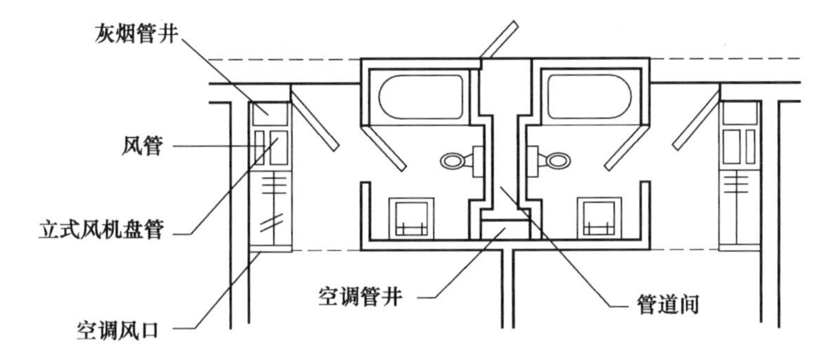

图 3-13　旅馆卫生间成组布置

4. 建筑造型简洁、完美

建筑造型在一定程度上影响到平面组合。当然，造型本身是离不开功能要求的，它一般是内部空间的直接反映。一般来说，简洁、完美的建筑造型对于结构简化、节约用地、降低造价以及抗震性能都是有利的。

（二）平面组合形式

平面组合就是根据房间的使用功能特点及交通路线的组织，将不同房间组合起来。常见的平面组合形式有以下几种。

1. 走道式组合

走道式组合的特点是使用房间与交通联系部分明确分开，各房间沿走道（走廊）一侧或两侧并列布置，房间门直接开向走道，通过走道相互联系；各房间基本上不被交通穿越，能较好地保持相对独立性；各房间有直接的天然采光和通风，结构简单，施工方便等。走道式组合广泛应用于一般民用建筑，特别适用于相同房间数量较多的建筑，如学校、宿舍、医院、旅馆等。图 3-14 是走道式组合建筑平面示例。

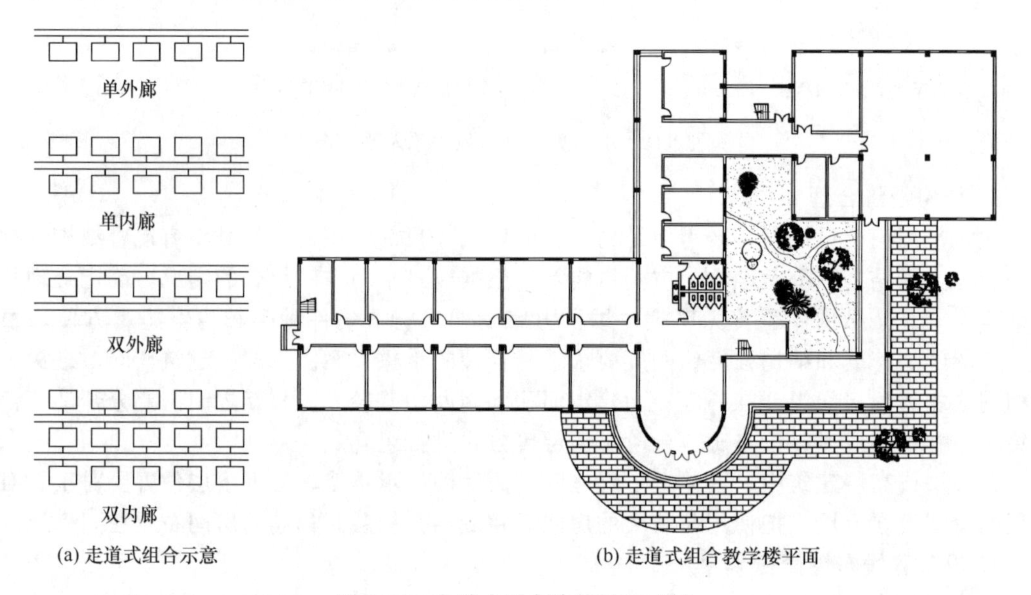

(a) 走道式组合示意　(b) 走道式组合教学楼平面

图 3-14　走道式组合建筑平面示例

根据房间与走道布置关系不同，走道式又可分为内走道与外走道两种。走道两侧布置房间的称为内走道式，走廊一侧布置房间的称为外走道式。外走道式布置可保证主要房间有好的朝向和良好的采光通风条件，房间之间相互干扰小，但这种布局造成走道过长，交通面积大，且对建筑节能不利，不宜在寒冷地区采用。内走道式布置各房间沿走道两侧布置，平面紧凑，外墙长度较短，有利于建筑节能和省地。但有一部分使用房间朝向较差，且走道采光通风较差，房间之间相互干扰较大。

2. 套间式组合

套间式组合的特点是用穿套的方式按一定的序列组织空间。房间与房间之间相互穿套，不再通过走道联系。套间式组合平面布置紧凑，面积利用率高，房间之间联系方便，但各房间使用不灵活，相互干扰大，主要适用于展览馆、火车站、浴室等建筑。图 3-15 为某展览馆套间式组合建筑平面。

3. 大厅式组合

大厅式组合是以公共活动的大厅为中心，其他房间环绕布置在大厅四周的组合形式。这种组合的特点是主体房间使用人数多、面积大、层高大，辅助房间与大厅相比，尺寸大小悬殊，常布置在大厅周围并与主体房间保持一定的联系，主要适用于影剧院、体育馆等建筑。图 3-16 为某体育馆大厅式组合建筑平面。

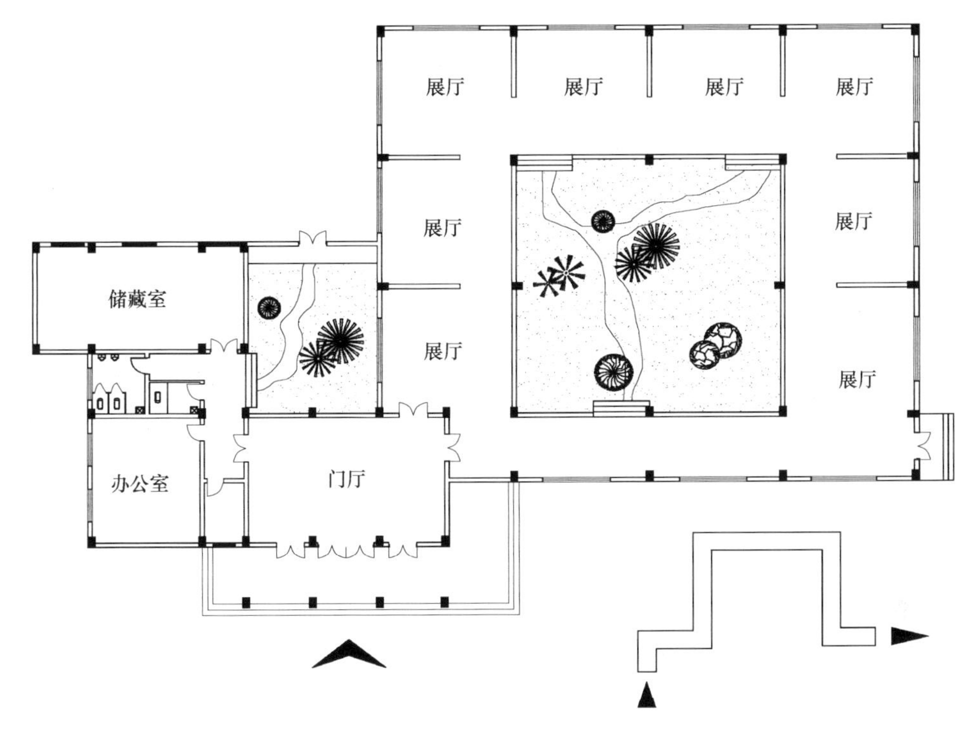

图 3-15 套间式组合建筑平面

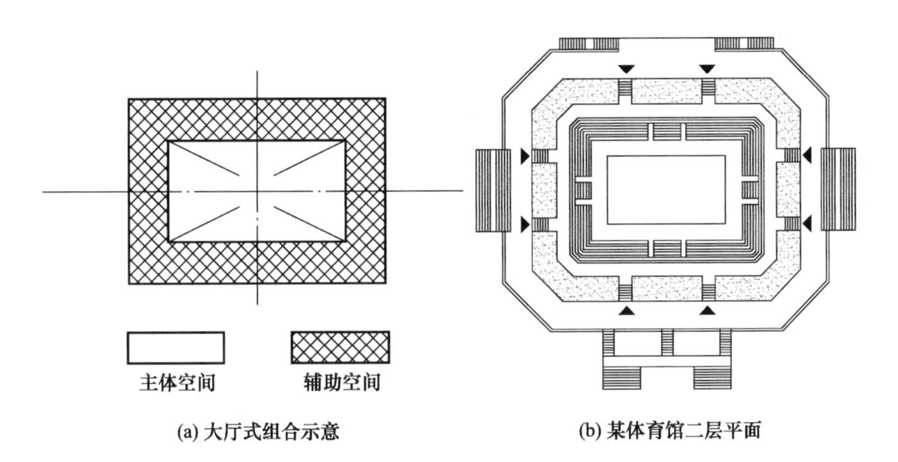

(a) 大厅式组合示意

(b) 某体育馆二层平面

图 3-16 大厅式组合建筑平面

4. 单元式组合

将关系密切的房间组合在一起成为一个相对独立的整体，称为单元。将一种或多种单元按在水平或垂直方向重复组合起来成为一幢建筑，这种组合方式称为单元式组合。

单元式组合的优点是：能提高建筑标准化，节省设计工作量，简化施工；功能分区明确，平面布置紧凑，单元与单元之间相对独立，互不干扰；布局灵活，能适应不同的地形，满足朝向要求，形成多种不同组合形式。因此，单元式组合广泛用于大量性民用建筑，如住宅、公寓、医院等。图 3-17 为某住宅单元式组合平面示例。

5. 混合式组合

由于建筑功能复杂多变，有时只用一种平面组合形式不能满足建筑功能的要求，在建筑中可采用以一种组合形式为主，辅以两种或三种类型的混合式组合形式。

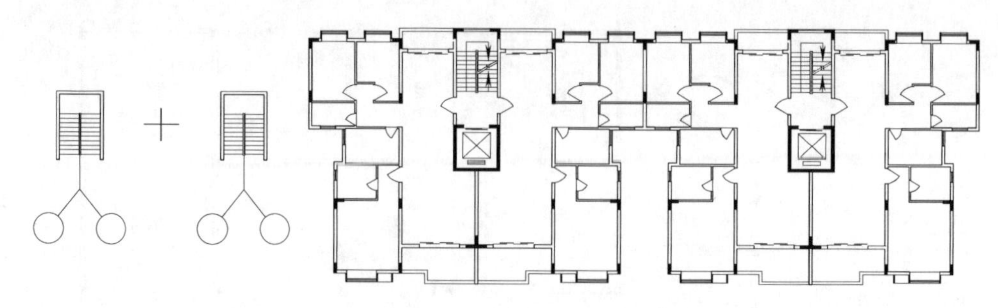

图 3-17 某住宅单元式组合平面示例

以上是民用建筑常用的平面组合形式，随着建筑使用功能的发展和变化，新材料、新结构、新设备的不断出现，新的组合形式将会不断出现，如自由灵活的分隔空间形式及庭院式空间组合形式等。

第三节 建筑剖面设计

建筑剖面设计是解决建筑竖向的空间问题，它与平面设计是从两个不同的方面反映建筑物内部空间的关系。剖面设计主要是确定房间的剖面形状、建筑物各部分高度、建筑层数、空间的竖向组合与利用等。

一、房间的剖面形状

房间的剖面形状主要是根据房间的使用要求确定的，同时也要考虑结构、材料、施工、采光通风、空间的艺术效果等因素的影响。民用建筑中，绝大多数建筑的房间剖面形状多采用矩形。这是由于矩形剖面简单、规整，便于竖向空间的组合，容易获得简洁而完整的体型，同时结构布置简单、节约空间、施工方便。但对于某些特殊功能要求（如视线、音质等）的房间，则应根据使用要求选择适合的剖面形状。如影剧院的观众厅，体育馆的比赛大厅等，地面要有一定的坡度，顶棚常做成反射声音的折面，如图 3-18 所示为观众厅的几种剖面形状。

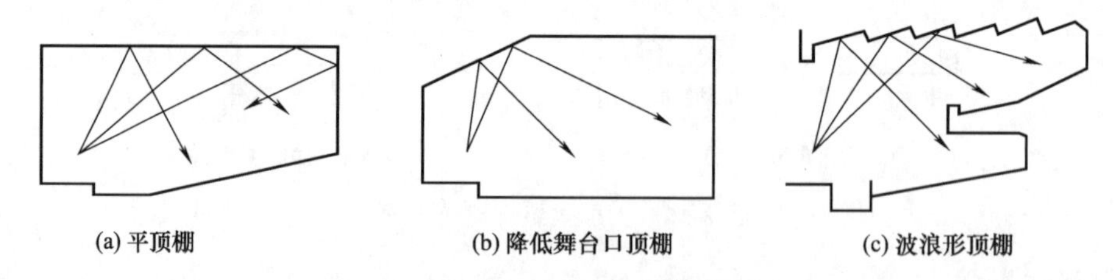

图 3-18 观众厅的几种剖面形状示意

结构形式以及所采用的材料影响建筑剖面的形状。如矩形剖面形式具有结构布置简单、施工方便的特点。有些大跨度建筑屋顶结构多采用空间网架，形成特殊的剖面形状。

当房间的进深较大或使用上有特殊要求时，仅靠侧窗采光和通风不能满足要求时，常需设置各种形式的天窗，形成了不同形状的剖面。

二、房屋各部分高度的确定

（一）房间的净高和层高

房间的净高是指楼地面到结构层（梁、板）底面或悬吊顶棚下表面之间的距离。层高是指该层楼地面到上一层楼面之间的距离。房间的净高和层高如图 3-19 所示，图中的 H_1 表

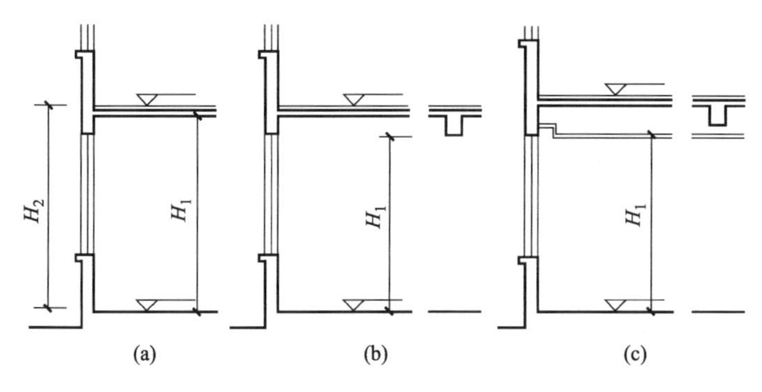

图 3-19　房间的净高和层高

示净高，H_2 表示层高。

在通常情况下，房间高度的确定应考虑以下几个方面。

1. 人体活动及家具设备的要求

一般房间净高应不低于 2.20m。卧室使用人数少、面积不大，常取 2.7～3.0m；教室使用人数多，面积相应增大，一般取 3.30～3.60m；公共建筑的门厅人流较多，高度可较其他房间适当提高；商店营业厅净高受房间面积及客流量多少等因素的影响，国内大中型营业厅（无空调设备的）底层层高为 4.2～6.0m，二层层高为 3.6～5.1m 左右。

房间的家具设备以及人们使用家具设备的必要空间，也直接影响到房间的净高和层高。如学生宿舍通常设有双层床，则层高不宜小于 3.30m；医院手术室净高应考虑手术台、无影灯以及手术操作所必要的空间，净高不应小于 3.0m；游泳馆比赛大厅，房间净高应考虑跳水台的高度、跳水台至顶棚的最小高度。

2. 采光、通风要求

房间的高度应有利于天然采光和自然通风。房间里光线的照射深度，主要靠窗户的高度来解决，进深越大，要求窗户上沿的位置越高，即相应房间的净高也要高一些。当房间采用单侧采光时，通常窗户上沿离地的高度，应大于房间进深长度的一半。当房间允许两侧开窗时，房间的净高不小于总深度的 1/4。

除此以外，容纳人数较多的公共建筑，应考虑房间正常的气容量，保证必要的卫生条件。

3. 结构高度及其布置方式的影响

层高等于净高加上楼板层结构的高度。因此在满足房间净高要求的前提下，其层高尺寸随结构层的高度而变化，应考虑梁、板所占的空间高度。

4. 建筑经济效果

层高是影响建筑造价的一个重要因素。在满足各项要求的前提下，适当降低层高以节约材料、减轻自重、改善受力情况。房屋层高降低，总高度也随之降低，可以减小房屋的间距，节约用地。实践表明，普通砖混结构的建筑物，层高每降低 100mm 可节省投资 1%。

5. 室内空间比例

一般说面积大的房间高度要高一些，面积小的房间则可适当降低。同时，不同的比例尺度给人不同的心理效果，高而窄的比例易使人产生兴奋、激昂、向上的情绪，且具有严肃感。但过高就会觉得不亲切；宽而矮的空间使人感觉宁静、开阔、亲切，但过低又会使人产生压抑、沉闷的感觉。

（二）窗台高度

窗台高度与使用要求、人体尺度、家具尺寸及通风要求有关。大多数的民用建筑，窗台高度主要考虑方便人们工作、学习，保证书桌上有充足的光线。

窗台高度一般常取900～1000mm。对于有特殊要求的房间，如陈列室为消除和减少眩光，应避免陈列品靠近窗台布置，一般将窗下口提高到离地2.5m以上。厕所、浴室窗台可提高到1800mm左右。托儿所、幼儿园窗台高度应考虑儿童的身高及较小的家具设备，窗台高度均应较一般民用建筑低一些，一般取600mm。

公共建筑的房间如餐厅、休息厅、娱乐活动场所，以及疗养建筑和旅游建筑，为使室内阳光充足和便于观赏室外景色，丰富室内空间，常将窗台做得很低，甚至采用落地窗。

（三）室内外地面高差

为了防止室外雨水流入室内，并防止墙身受潮，一般民用建筑常把室内地坪适当提高，以使建筑物室内外地面形成一定高差，称为室内外高差。

确定室内外高差要考虑内外联系方便、防水防潮要求、地形及环境条件、建筑物性格特征等因素。一般民用建筑为了室内外联系方便，室内外高差不宜不大于600mm为好。考虑到防水、防潮要求，室内外高差一般不小于300mm。有些纪念性建筑，为了增加严肃、宏伟、庄重的气氛，常提高室内外高差，采用高的台基和较多的踏步处理。

三、建筑剖面空间组合及利用

建筑剖面空间组合设计，是在平面组合的基础上，分析建筑物各部分应有的高度、层数及在垂直方向上的空间组合和利用等。

（一）建筑剖面空间组合

建筑设计中，房间所在的层数应依据使用要求确定。对于有较重设备的房间、人员出入较多的房间设置在底层；对外联系少、人员少、要求安静，无重设备可放在上部。此外根据各使用房间之间的联系密疏情况考虑是否布置在同一层。

建筑剖面组合还应考虑房间各部分的高度。合理调整和组织不同高度的空间组合，使建筑各部分房间在垂直方向上协调统一。对高度相同或相近的房间组合在同一层。如教学楼中的普通教室和实验室组合在同一层。对高差相差较大的房间可根据各个房间实际需要的高度组合成不同等高的剖面形式。

当人流、货流进出较多，多采用单层的组合形式，如车站、影剧院等；根据节约用地、城市规划布局及使用要求，建筑设计中多采用多层或高层的组合形式，这种组合交通联系紧凑，垂直方向通过楼梯将各层联成一体；当各房间高度相差较大，使建筑物内部出现高低差时，可采用错层组合方式，在衔接处设置的高差可采用踏步、楼梯、室外台阶等方式处理。

（二）建筑空间的利用

1. 夹层空间利用

公共建筑的门厅和大厅，因人流集散和空间处理要求，净高较高时，也可在厅内设置夹层等。

2. 房间上部空间利用

在住宅卧室中利用床铺上部的空间设置吊柜，在厨房设搁板、壁龛和储物柜，地方民居中阁楼空间的利用［图3-20（a)］。

3. 楼梯间空间利用

一般民用建筑的楼梯间的底层休息平台下至少有半高，可作出入口、储藏室、厕所等。顶层休息平台上有一个半层高的高度，可将上部空间设为储藏室［图3-20（b)］。

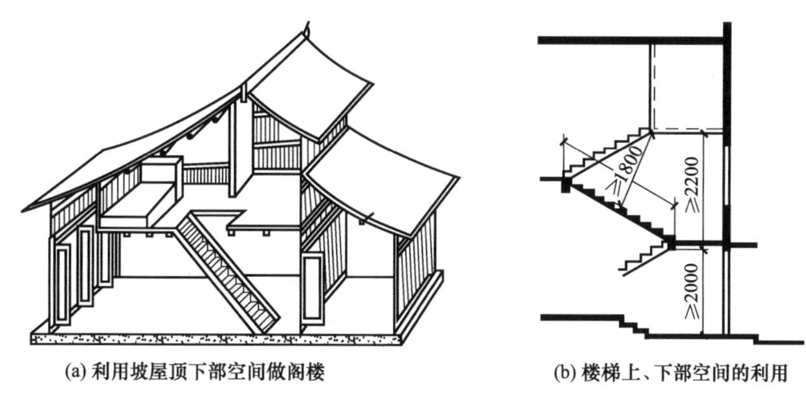

(a) 利用坡屋顶下部空间做阁楼 (b) 楼梯上、下部空间的利用

图 3-20 建筑空间利用

4. 走道空间利用

走道上部空间可用为设置通风、照明设备和铺设管线的空间，也可储藏物品。既利用了空间，也使走道的空间比例尺度更加协调。

第四节 建筑体型及立面设计

建筑体型设计主要是对建筑外形总的体量、形状、比例、尺度等方面的确定，并针对不同类型建筑采用相应的体型组合方式。立面设计主要是对建筑体型的各个方面进行深入刻画和处理，使整个建筑形象趋于完善。建筑的体型和立面应体现建筑特性，具有时代感，给人以美的感受，同时还要与室内空间、结构形式相结合。

一、建筑体型和立面设计的要求

1. 反映建筑使用功能要求和特征

建筑是为了满足人们生产和生活需要而创造出的物质空间环境。各类建筑由于使用功能的千差万别，室内空间全然不同，在很大程度上必然导致出不同的外部体型及立面特征。如影剧院建筑在体型上，常以高耸封闭的舞台部分和宽广的休息厅形成对比；商业建筑常在底层设置大片玻璃面的陈列橱窗和大量人流明显的出入口；住宅建筑内部房间小，剖面变化少，具有进深小、体型简单、窗户和阳台数量多、布置有规律等特点。

2. 反映物质技术条件的特点

建筑体型及立面设计在很大程度上受到物质技术条件的制约，并反映出结构、材料和施工的特点。在设计中应将结构体系与建筑造型有机地结合起来，使建筑造型体现建筑结构特点。如砖混结构，由于墙体是承重构件，窗间墙要有一定宽度，外墙上只能开设尺度较小的单个窗户，因此具有稳定、朴实的外观（图 3-21）。框架结构，因墙不承重，有条件开设大面积窗户，常用带状窗，因此具有轻巧、明快的外观（图 3-22）。空间结构使建筑的造型与内部空间结合更紧密，显现出建筑造型的千姿百状（图 3-23）。材料和施工技术对建筑体型和立面也具有一定的影响。如清水墙、混水墙、贴面砖墙、玻璃幕墙等给人留下不同的感受。

3. 符合城市规划及基地环境的要求

建筑本身就是构成城市空间和环境的重要因素，它不可避免地要受到城市规划、基地环境的某些制约，所以建筑基地的地形、地质、气候、方位、朝向、形状、大小、道路、绿化以及原有建筑群的关系等，都对建筑外部形象有极大影响。如风景区的建筑，应结合地形的

图 3-21 砖混结构住宅楼

图 3-22 框架结构办公楼

图 3-23 空间结构体育场

图 3-24 流水别墅

起伏变化，使建筑高低错落、层次分明，与环境融为一体；在南方为满足通风要求，常采用遮阳板及透空花格，形成独特的建筑形象。图 3-24 为美国建筑大师莱特设计的流水别墅，建于幽雅的山泉峡谷之中，建筑凌跃于奔泻而下的瀑布之上，与山石、流水、树林融为一体。

4. 符合建筑美学原则

建筑造型设计中的美学原则，是指建筑构图中的一些基本规律，如均衡、统一、韵律、对比、尺度、比例等，综合运用这些规律来创造美好的建筑形象。

5. 适应社会经济条件

建筑外形设计应本着勤俭的精神，严格掌握质量标准，尽量节约资金。一般对于大量性建筑，标准可以低一些，而国家重点建造的某些大型公共建筑，标准则可高些。

应当指出的是建筑外形的艺术美并不是以投资的多少为决定因素。只要充分发挥设计者的主观能动性，在一定的经济条件下，巧妙地运用物质技术手段和构图法则，努力创新，完全可以设计出适用、安全、经济、美观的建筑物。

二、建筑体型的组合

建筑体型都是由一些基本的几何形体组合而成，基本上可以归纳为单一体型和组合体型两大类。在设计中，采用哪一种形式的体型，应根据具体的功能要求和设计者的意图来决定。

1. 单一体型

单一体型是将复杂的内部空间组合到一个完整的体型中去，整幢房屋基本上是一个比较完整的、简单的几何形体。平面形式多采用正方形、圆形、三角形、多边形、风车形、“Y”形等。这类建筑的特点是没有明显的主从关系和组合关系，造型统一、简洁、轮廓分明，给人以鲜明而强烈的印象。图 3-25 为单一体型示例。

图 3-25 单一体型（法国卢浮宫）

2. 组合体型

组合体型是由若干个简单体型组合在一起的体型。组合方式主要有对称体型和非对称体型两类。对称体型具有明确的中轴线，组合体的主从关系明确，出入口通常设在中轴线上。这种组合体给人以庄重严谨、匀称和稳定的感觉。一些纪念性建筑、行政办公建筑通常采用对称体型。非对称体型没有明显的中轴线，体型组合灵活自由，与功能结合紧密，可以把不同规格的房间组合在一起。这种组合给人留下生动、活泼的印象。

在体型组合应注意体量与体量之间的相互协调统一。进行组合时应有重点，有中心，巧妙结合以形成有组织、有秩序的完整统一体。也可运用体量的大小、形状、方向、高低、曲直等方面的对比，可以突出主体，破除单调感，从而求得丰富、变化的造型效果。图 3-26 为采用统一规律的体型组合示例，图 3-27 为采用对比规律的体型组合。

图 3-26 统一的体型组合（悉尼歌剧院）

图 3-27 对比的体型组合（巴西会议大厦）

三、建筑立面设计

建筑立面是建筑物各个墙面的外部形象。立面设计是确定立面各组成部分的形状、色彩、比例关系、材料质感等，运用节奏、韵律、虚实等构图规律设计出完整、美观的建筑立面。

1. 立面的比例与尺度

比例是指长、宽、高三个方向之间的大小关系。如整幢建筑与单个房间长、宽、高之比；门窗或整个立面的高宽比；立面中的门窗与墙面之比；门窗本身的高宽比等。良好的比例能给人以和谐、完美的感受；反之，比例失调就无法使人产生美感。图 3-28 为建筑立面以相似的比例求得和谐统一。

尺度是研究建筑物整体与局部构件给人感觉上的大小与其真实大小之间的关系。抽象的几何形体显示不了尺度感，但一经尺度处理，人们就可以感觉出它的大小来。在建筑设计中，常常以人或与人体活动有关的一些不变因素如门、台阶、栏杆等作为比较标准，通过与它们的对比而获得一定的尺度感。图 3-29 表示建筑物的尺度感。

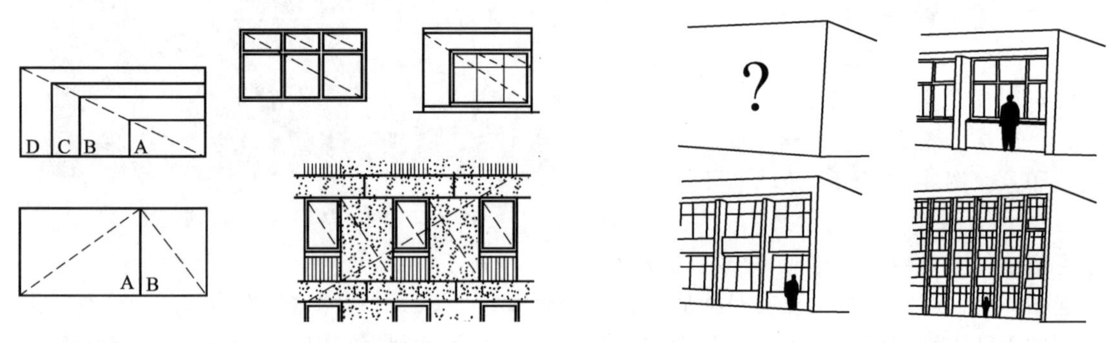

图 3-28　建筑立面的比例处理

图 3-29　建筑物的尺度感

尺度的处理通常有自然尺度、夸张尺度、亲切尺度三种方法。自然的尺度是以人体大小来度量建筑物的实际大小，从而给人的印象与建筑物真实大小一致，常用于住宅、办公楼、学校等建筑。夸张的尺度是运用夸张的手法给人以超过真实大小的尺度感。常用于纪念性建筑或大型公共建筑，以表现庄严、雄伟的气氛（图 3-30）。亲切的尺度是以较小的尺度获得小于真实的感觉，从而给人以亲切宜人的尺度感，常用来创造小巧、亲切、舒适的气氛（图 3-31）。

图 3-30　夸张的尺度（人民大会堂）

图 3-31　亲切尺度（苏州园林）

2. 立面的虚实与凹凸

建筑立面中“虚”的部分是指窗、空廊、凹廊等，给人以轻巧、通透的感觉；“实”的部分主要是指墙、柱、屋面、栏板等，给人以厚重、封闭的感觉。巧妙地处理建筑外观的虚实关系，可以获得轻巧生动、坚实有力的外观形象。建筑立面以虚为主、虚多实少的处理手法能获得轻巧、开朗的效果，如图 3-32 所示；建筑立面以实为主、实多虚少能产生稳定、庄严、雄伟的效果，如图 3-33 所示。虚实相当的处理容易给人以单调、呆板的感觉；在功能允许的条件下，可以适当将虚的部分和实的部分集中，使建筑物产生一定的变化。

图 3-32 以虚为主实例（香港中银大厦）

图 3-33 以实为主实例（美国国家艺术博物馆）

由于功能和构造上的需要，建筑外立面常出现一些凹凸部分。凸的部分一般有阳台、雨篷、遮阳板、挑檐、凸柱等。凹的部分有凹廊、门洞等。通过凹凸关系的处理可以加强光影变化，增强建筑物的体积感，丰富立面效果。图 3-34 为某住宅立面虚实凹凸处理。

图 3-34 住宅立面虚实凹凸处理

3. 立面的线条处理

建筑立面上客观存在着各种线条，如立柱、墙垛、窗台、遮阳板、檐口、通长的栏板、窗间墙、分格线等。任何线条本身都具有一种特殊的表现力和多种造型的功能。从方向变化来看，水平线使人感到舒展与连续、宁静与亲切（图 3-35）；垂直线具有挺拔、高耸、向上的气氛（图 3-36）；斜线具有动态的感觉；网格线有丰富的图案效果，给人以生动、活泼而有秩序的感觉。从粗细、曲折变化来看，粗线条表现厚重、有力；细线条具有精致、柔和的效果；直线表现刚强、坚定；曲线则显得优雅、轻盈。

图 3-35 水平线条为主的立面

图 3-36 垂直线条为主的立面

4. 立面的色彩与质感

不同的色彩具有不同的表现力，给人以不同的感受。橙黄等暖色调使人感到热烈、兴奋；青、蓝、紫、绿等色使人感到宁静。以浅色为基调的建筑给人以明快清新的感觉，深色显得稳重。运用不同色彩的处理，可以表现出不同建筑的性格、地方特点及民族风格。

在立面色彩设计中应注意以下问题：色彩处理必须和谐统一且富有变化，在用色上可采取大面积基调色为主，局部运用其他色彩形成对比而突出重点；色彩的运用必须与建筑物性质相一致；色彩的运用必须注意与环境的密切协调；基调色的选择应结合各地的气候特征。寒冷地区宜采用暖色调，炎热地区多偏于采用冷色调。

建筑立面由于材料的质感不同，也会给人以不同的感觉。如天然石材和砖的质地粗糙，具有厚重及坚固感；金属及光滑的表面感觉轻巧、细腻。立面设计中常常利用质感的处理来增强建筑物的表现力。

5. 立面重点与细部处理

在立面处理中，对重点部位进行细部处理，可以对建筑立面形象起到画龙点睛的作用。如建筑物的主要出入口、楼梯间、房屋檐口等。图 3-37 为建筑物入口重点处理示例。

图 3-37 建筑入口重点处理示例

对于体量较小或人们接近时才能看得清的部分，如窗套、阳台栏杆、遮阳板、漏窗、檐口细部及其他细部装饰等的处理称为细部处理。细部处理必须从整体出发，接近人体的细部应充分发挥材料色泽、纹理、质感和光泽度的美感作用。图 3-38 为阳台细部处理示例。

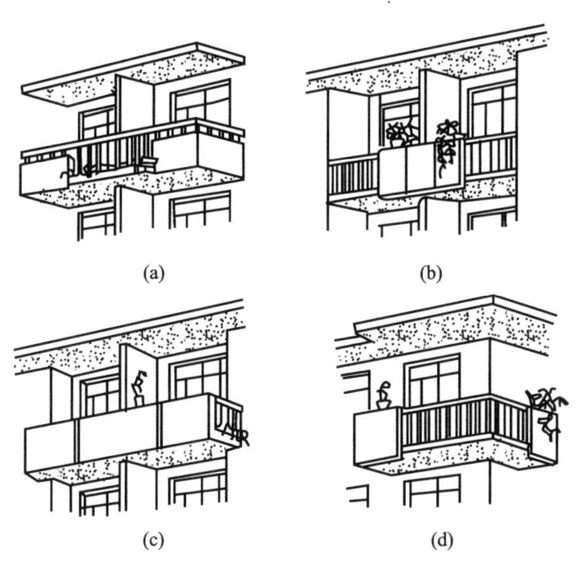

(a) (b) (c) (d)

图 3-38 建筑阳台细部处理示例

本 章 小 结

<table>
<tr><td rowspan="15">民用建筑设计</td><td>概述</td><td colspan="3">建筑设计的内容、程序、要求、依据</td></tr>
<tr><td rowspan="8">建筑平面设计</td><td rowspan="2">主要使用房间平面设计</td><td>房间的面积、形状及尺寸</td><td>房间的面积，房间的形状，房间的平面尺寸</td></tr>
<tr><td>房间的门窗设置</td><td>房间门的宽度、数量、位置、开启方式，房间窗的面积和位置</td></tr>
<tr><td>辅助房间设计</td><td colspan="2">卫生间的设计，厨房的设计</td></tr>
<tr><td rowspan="3">交通联系部分设计</td><td>走道</td><td>走道的宽度、长度、采光和通风</td></tr>
<tr><td>楼梯</td><td>楼梯的形式、宽度、数量</td></tr>
<tr><td>门厅</td><td>门厅的作用、大小、布置方式</td></tr>
<tr><td rowspan="2">建筑平面组合设计</td><td>建筑平面组合的原则</td><td>功能合理、紧凑，结构经济合理，设备管线布置简捷集中，建筑造型简洁、完美</td></tr>
<tr><td>平面组合设计</td><td>走道式组合，套间式组合，大厅式组合，单元式组合，混合式组合</td></tr>
<tr><td rowspan="3">建筑剖面设计</td><td>房间的剖面形状</td><td colspan="2">绝大多数建筑的房间剖面形状多采用矩形。对于有特殊功能要求的房间，应根据使用要求选择适合的剖面形状</td></tr>
<tr><td>房屋各部分高度的确定</td><td colspan="2">房间的净高和层高，窗台高度，室内外地面高差</td></tr>
<tr><td>建筑剖面空间组合及利用</td><td colspan="2">建筑剖面空间组合，建筑空间的利用</td></tr>
<tr><td rowspan="3">建筑体型及立面设计</td><td>建筑体型和立面设计的要求</td><td colspan="2">反映建筑使用功能要求和特征，反映物质技术条件的特点，符合城市规划及基地环境的要求，符合建筑美学原则，适应社会经济条件</td></tr>
<tr><td>建筑体型的组合</td><td colspan="2">建筑的体型有单一体型和组合体型。建筑体型组合方式有对称体型和非对称体型两类</td></tr>
<tr><td>建筑立面设计</td><td colspan="2">立面的比例与尺度，立面的虚实与凹凸，立面的线条处理，立面的色彩与质感，立面的重点与细部处理</td></tr>
</table>

复习思考题

1. 建筑工程设计包括哪几方面的设计内容？
2. 建筑设计的程序如何？
3. 建筑设计的要求有哪些？
4. 建筑设计的主要依据是什么？
5. 建筑平面设计包含哪些基本内容？
6. 确定房间面积大小时应考虑哪些因素？试举例分析。
7. 影响房间形状的因素有哪些？试举例说明为什么矩形房间被广泛采用。
8. 确定房间尺寸应考虑哪些因素？
9. 如何确定房间门窗数量、尺寸、具体位置？
10. 辅助使用房间包括哪些房间？卫生间设计应注意哪些问题？
11. 交通联系部分包括哪些内容？如何确定楼梯的数量、宽度和选择楼梯的形式？
12. 举例说明走道的类型、特点及适用范围。
13. 影响平面组合的因素有哪些？如何运用功能分析法进行平面组合？
14. 走道式、套间式、大厅式、单元式等各种组合形式的特点和适用范围是什么？
15. 如何确定房间的剖面形状？试举例说明。
16. 什么是层高、净高？确定层高与净高应考虑哪些因素？试举例说明。
17. 房间窗台高度如何确定？试举例说明。
18. 室内外高差的作用是什么？确定室内外高差要考虑哪些因素？
19. 建筑空间组合有哪几种处理方式？
20. 建筑体型与立面设计的要求有哪些？
21. 建筑体型组合有哪几种方式？并以图例进行分析。
22. 建筑立面的具体处理手法有哪些？

第四章

民用建筑构造

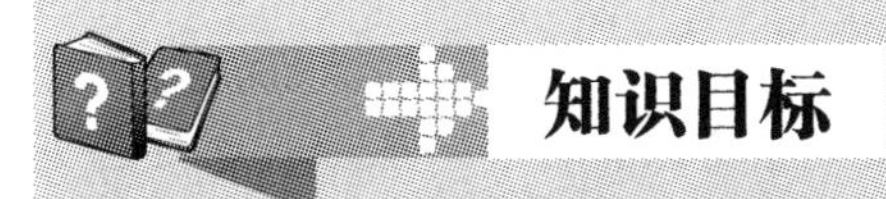

知识目标

• 了解建筑物基本组成及其作用、设计要求。

• 理解建筑物基本组成的构造原理、构造方案选择的依据；构造组成相互间组合构造原理、构造方案选择依据。

• 掌握建筑物基本组成的构造方法及其构造特点、具体做法及要求；构造组成相互间组合构造方法及其特点、具体做法及其要求。

能力目标

• 能解释建筑物基本组成的构造原理、构造方案选择的依据；构造组成相互间组合构造原理、构造方案选择依据。

• 能处理工程中管道穿过建筑构造组成时的构造处理方案。

• 能够结合实际情况，合理选择建筑物基本组成的构造方案。

• 能够读识建筑施工图及其细部构造图，处理工程中的实际问题。

第一节 概　　述

建筑构造是一门研究建筑的构成、建筑物各组成部分的构造、组合原理和构造方法的科学，是建筑设计重要的组成部分。其主要任务是根据建筑的功能、受力情况、建筑艺术等要求及材料供应、施工技术等条件，提供实用、美观、经济可行、便于施工的科学的构造方案和具体做法，作为建筑设计中综合解决技术问题及施工图设计的依据。

一、建筑物的基本组成

民用建筑是供人们居住、生活、工作和从事文化、商业、医疗、交通等公共活动的房屋，一般由基础、墙或柱、楼地层、楼梯、屋顶、门窗等主要部分组成。

二、影响建筑构造的因素

影响建筑构造的因素很多，归纳起来大致有以下几方面。

(1) 外力的影响　作用在建筑物上的各种外力通称为荷载。荷载的大小是建筑结构设计的主要依据，也是结构选型的重要基础，它决定着建筑构件的尺度和用料，而建筑构件的材料、尺寸、形状等又与建筑构造密切相关。所以，在确定建筑构造方案时，必须考虑外力的影响。

（2）自然环境的影响　建筑物存在于自然界中，太阳的辐射、自然界的风、霜、雨、雪等均构成了影响建筑物使用功能和建筑构件使用质量的因素。因此，房屋的建筑构造应采取必要的防范措施。

（3）人为因素的影响　人们在生产生活中，常伴随产生对建筑物不利影响的因子，如机械振动、化学腐蚀、爆炸、火灾、噪声等。因此，在进行建筑构造设计时，应针对这些因素，从构造上采取相应的防范措施。

（4）技术经济条件的影响　建筑构造措施的具体实施，必将受到材料、设备、施工方法、经济效益等条件的制约，同一建筑构造可能有不同的构造方案，设计时应综合比较这些方案，尽可能降低材料消耗、能源消耗和劳动力消耗。

三、建筑构造设计的原则

（1）坚固适用　首先要最大限度地满足建筑物功能的要求；在此前提下，合理地确定构造方案；并在具体的构造上保证建筑物的整体刚度和构件之间的连接，做到既适用又安全、稳定。

（2）技术先进　在建筑构造设计时，要结合当时、当地条件，积极推广先进技术，在选择各种高效能材料的同时，还应满足工业化的要求。

（3）经济合理　尽量因地制宜、就地取材、利用工业废料，注意节约资源性材料。

（4）美观大方　建筑构造应尽量做到美观大方，避免虚假装饰。

综上所述，建筑构造应遵循“坚固适用、先进合理、经济美观”的原则。

第二节　基础与地下室

一、基础与地基的关系

基础是指建筑的墙或柱等承重构件埋在地下的延伸扩大部分，是建筑物的重要组成部分，承受着建筑物的全部荷载，并将它们传给地基；地基是指基础下面支撑建筑总荷载的那部分土层，它不是建筑物的组成部分，只是承受建筑物荷载的土壤层。

地基承受荷载的能力有一定的限度，通常用地基允许承载力 f（也称地耐力）表示，即地基每平方米所承受的最大压力。地基地耐力与基础底面积 A 有如下的关系：

$$A \geqslant \frac{F_N}{f} \tag{4-1}$$

式中，F_N代表建筑物的总荷载。

二、地基的分类

地基分为天然地基和人工地基两大类。

1. 天然地基

具有足够的地基承载力，不需要经人工改良或加固可以直接在上面建造建筑物的天然土层，称为天然地基。岩石、碎石、砂土、黏性土等一般可作为天然地基。

2. 人工地基

当建筑物上部的荷载较大或地基的承载力较弱（如淤泥、填充土、杂填土或其他高压缩性土层）时，须预先对土层进行人工加固或改良后才能作为建筑物地基的土层，称为人工地基。人工地基常采用压实法、换土法和打桩法以及化学加固法等。

三、地基与基础的设计要求

（1）具有足够的强度、刚度和稳定性　基础在建筑物的底部，对建筑物的安全起着决定性的作用。因此基础需具有足够的强度来承担和传递整个建筑物上部及其自身荷载；还应保证基础和上部结构有足够的刚度，以保证建筑物的正常工作。

地基承担了建筑物的全部荷载，地基除必须具有足够的承载力外，还应具有良好的稳定性，以保证建筑物的均匀沉降，从而保证建筑物的正常工作。

（2）具有良好的耐久性能　基础是隐蔽工程，建成后的维修和加固比较困难。在选择基础的构造与材料时，要充分考虑建筑物的耐久年限，防止基础提前破坏，影响整个建筑物的使用与安全。

（3）具有较高的经济合理性　基础工程的工程量、造价和工期等在整个建筑物中占有相当的比例，通常基础的造价可占工程造价的 10%～40%。应选择良好的地基场地、合理的构造方案、价廉质优的建筑材料，以减少基础工程的投资、降低工程总造价。

四、基础的类型与构造

（一）基础埋置深度

1. 概述

基础的埋置深度简称基础的埋深，是指室外设计地面至基础底面的垂直距离，如图 4-1 所示。基础按埋置深度不同有浅基础和深基础之分，一般情况下，基础埋深不超过 5m 时为浅基础；超过 5m 时为深基础。

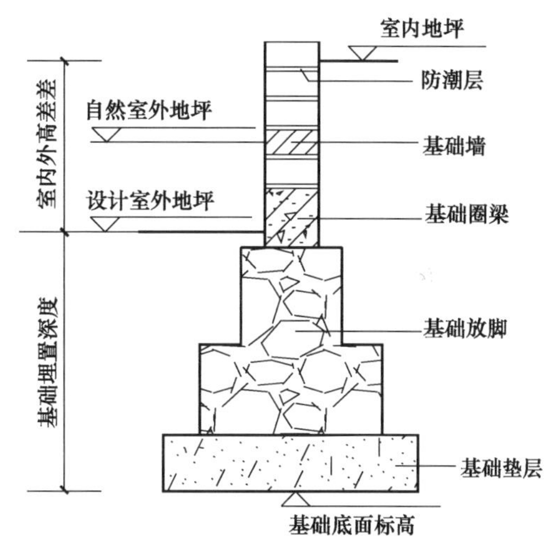

图 4-1　基础的埋置深度

2. 确定基础埋置深度的基本原则

基础的埋深主要依据拟建建筑物的使用性质与特点（如是否有地下室、设备基础、地下管道等）、建筑物上部的荷载大小及性质、地基土层构造、地下水位、土的冻结深度、相邻建筑物的基础深度等因素综合决定的。一般情况下，要求基础底面尽量埋在地下水位以上或最低地下水位 200mm 以下；冰冻线以下大约 200mm 处；基础尽量埋在好土层中；尽量浅埋，但最小埋深不应小于 500mm，以防外界的影响而损坏。

（二）基础的分类及其构造

由于建筑物的结构类型、荷载大小、高度、体量以及地质水文、建筑材料等原因，建筑物的基础有多种形式，划分方法也较多。按基础埋置深度，可分为浅基础、深基础（如上所述）；按基础材料及受力特点，可分为刚性基础和柔性基础；按构造形式，可分为条形基础、独立基础、筏式基础、井格基础、箱形基础和桩基础等。

1. 按材料及受力特点分类的基础构造

（1）刚性基础　指用砖、毛石、素混凝土、灰土和三合土等刚性材料制作的基础。主要有砖基础、毛石基础、混凝土基础、灰土基础等。这种类型的基础有很好的抗压性能，但抗弯能力较差。

由于地基承载力 f 在一般情况下低于墙或柱等上部结构的抗压强度，故基础底面宽度要大于墙或柱的宽度，$B > B_0$，如图 4-2（a）所示，类似一个悬臂梁。当 f 较小或 F_N 较大，基础尺寸就会增大，若基础尺寸增大超过一定的范围，基础的内力超过材料的抗拉和抗剪强度，基础就会发生折裂破坏，如图 4-2（b）所示。为保证基础底部悬挑部分的正常工作，必须有足够的高度，如图 4-2（c）所示。刚性材料的抗拉、抗剪极限强度已对基础的挑出长度和高度之间的比例关系产生了一定的限制，一般不能超过允许的宽高比。允许宽高比可用挑出长度 b 和高度 H 形成的夹角 α 表示，如图 4-2（a）所示，α 称为刚性角，是保证基础不因材料受拉和受剪而破坏的角度。刚性基础受刚性角限制。刚性基础常用于建筑物荷载较小、承载能力较好及压缩性较小的地基上，一般用于建造中小型民用建筑以及墙承重的轻型厂房等。

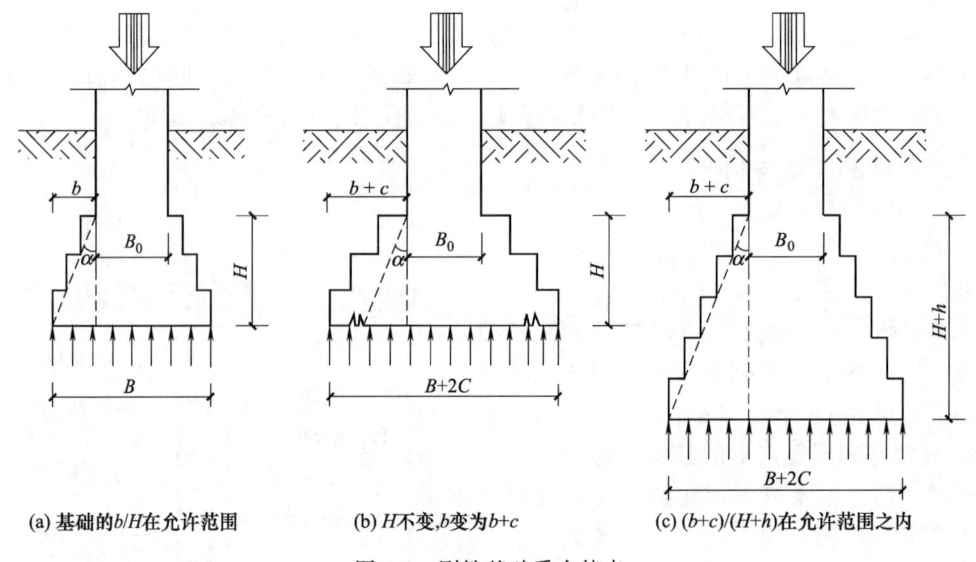

图 4-2　刚性基础受力特点

（2）柔性基础　也称为非刚性基础，是利用混凝土的抗压强度和钢筋的抗拉强度建造的钢筋混凝土基础。这种基础不受刚性角的限制，基础底面挑出长度可按需要加长。在相同情况下，较刚性基础可减少基础的高度和自重，如图 4-3 所示。柔性基础适用于荷载较大的多、高层建筑。

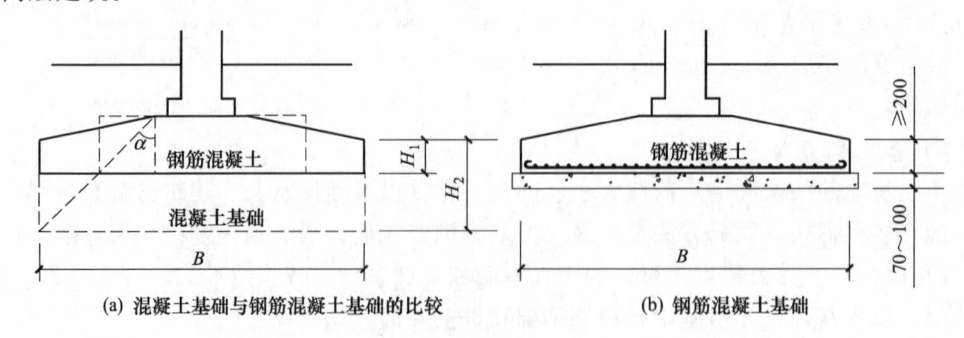

图 4-3　钢筋混凝土基础

2. 按构造形式分类的基础构造

（1）独立基础　呈柱墩形，也叫单独基础，是柱下基础的基本形式。当建筑物上部采用框架结构或单层排架结构承重时，承重柱下扩大形成独立基础，常用断面形式有阶梯形、锥形、杯形等。材料常采用钢筋混凝土或素混凝土等。其构造如图 4-4 所示。

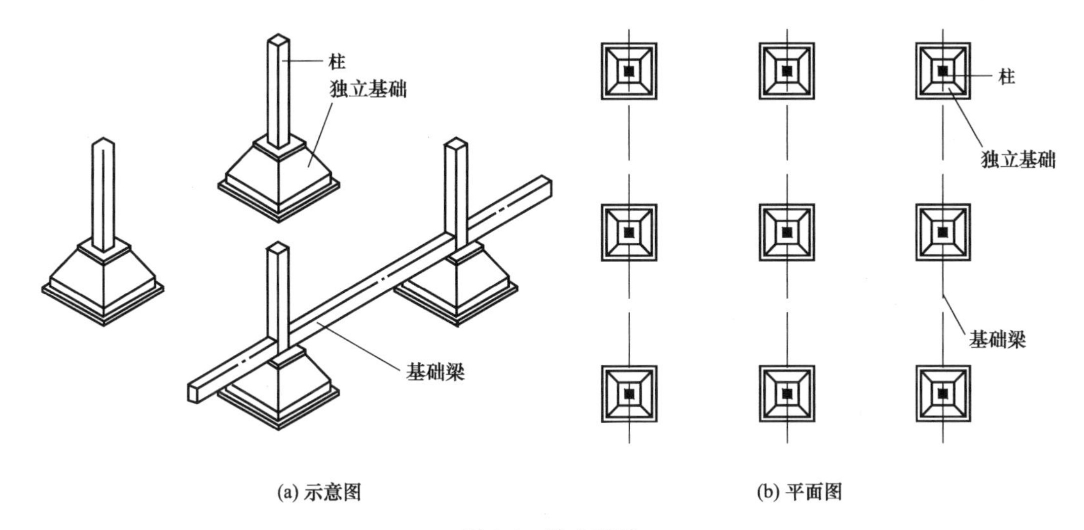

(a) 示意图　　(b) 平面图

图 4-4 独立基础

当建筑物上部为承重墙结构，基础由于地基上层为软土等原因要求埋深较大时，也可采用独立基础。其构造方法是墙下设置承台梁，梁下每隔 3～4m 设置一柱墩。墙下的承台梁可以采用钢筋混凝土梁、钢筋砖梁及砖拱。

（2）条形基础　条形基础呈连续的带状，也称带形基础，有墙下条形基础和柱下条形基础两种。如图 4-5 所示。

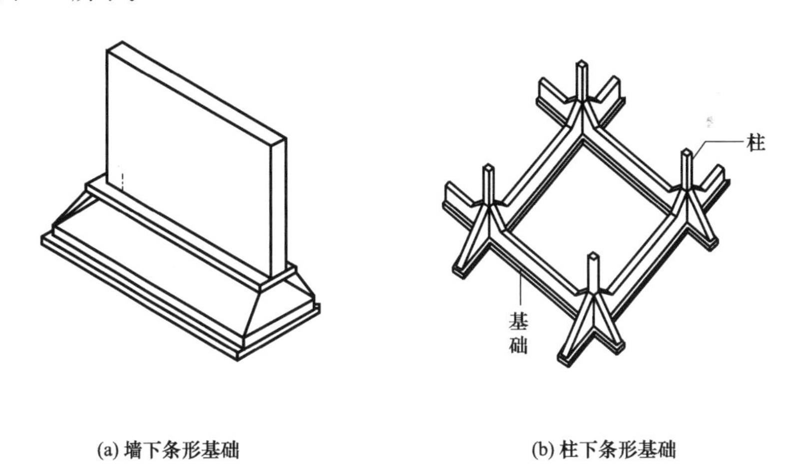

(a) 墙下条形基础　　(b) 柱下条形基础

图 4-5 条形基础

① 墙下条形基础。当房屋为墙承重结构时，基础沿墙身设置而成的长条形基础。中小型建筑常采用砖、石、混凝土、灰土、三合土等刚性材料的刚性条形基础。当荷载较大、地基软弱或上部结构有需要时，通常采用钢筋混凝土条形基础。

② 柱下条形基础。当房屋为框架结构或部分框架结构，并且荷载较大或荷载分布不均匀、地基较弱时，常将柱下单独基础连接起来形成柱下条形基础。柱下条形基础不仅可以增加基础底面积，还具有良好的整体性，可以有效地防止不均匀沉降。

（3）井格基础　也称十字交叉带形基础。当房屋为框架结构，且地基条件较差或上部荷载较大时，为提高房屋的整体刚度，避免不均匀沉降，常将独立基础沿纵向和横向连接起来，成为十字交叉的井格基础。其构造如图 4-6 所示。

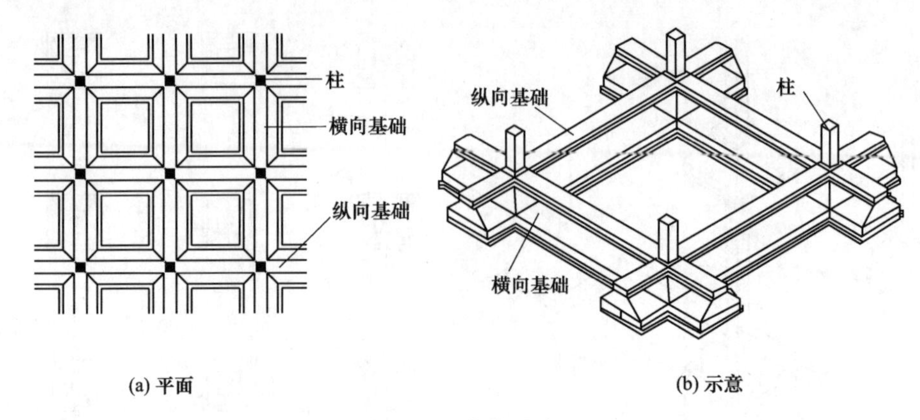

图 4-6 井格基础

（4）满堂基础 包括筏式基础和箱形基础。

① 筏式基础。由整片的钢筋混凝土组成，并直接作用于地基上的建筑物基础。筏式基础可分为板式结构和梁式结构两种类型，其构造如图 4-7（a）、（b）所示。筏式基础适用于上部结构荷载较大、地基承载力较低、柱下十字交叉基础或墙下条形基础的底面积占建筑物平面面积较大比例时的状况。广泛应用于地基软弱的多层砌体结构或框架结构、剪力墙结构以及上部结构荷载较大且不均匀或地基承载力较低的建筑物基础。

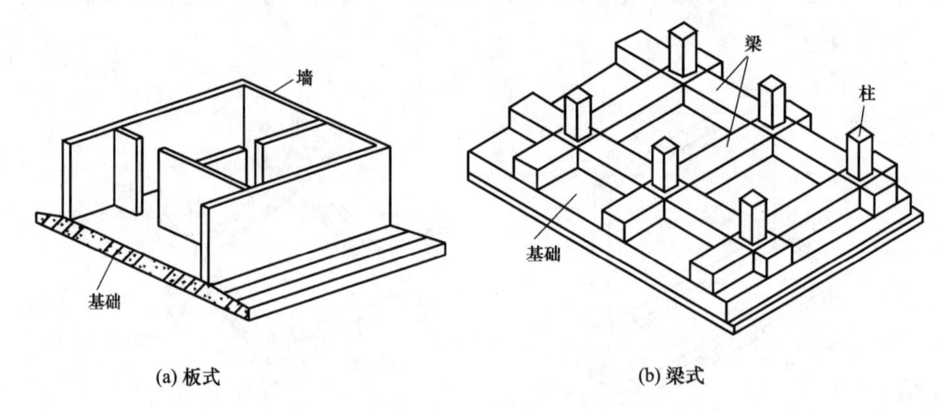

图 4-7 整片基础

② 箱形基础。由钢筋混凝土整浇而成的地板、顶板和若干纵横隔墙组成的盒状基础。箱形基础的中空部分可作为地下室，基础埋深较大，空间刚度大，整体性强，能抵抗地基的不均匀沉降，较适用于高层建筑或在软弱地基上建造的重型建筑物基础。其构造如图 4-8 所示。

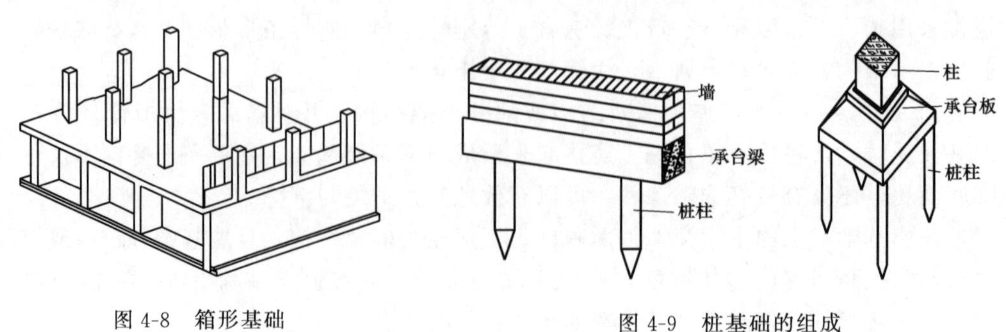

图 4-8 箱形基础

图 4-9 桩基础的组成

(5) 桩基础 是深基础的一种，当天然地基承载力低、沉降量大，不能满足建筑物对地基承载力和变形的要求，或对软弱土进行人工处理困难或不经济时，可选择采用桩基础。桩基础由桩和承接上部结构的承台（梁或板）组成，其构造如图 4-9 所示。桩基是按设计的点位将桩柱置于土中，桩柱的上端浇注钢筋混凝土承台板或承台梁，承台与建筑物柱或墙体连接，以便使建筑物荷载均匀地传递给桩基。在寒冷地区，承台梁下一般铺设 100～200mm 厚的粗砂或焦渣，以防止土壤冻胀引起承台梁的反拱破坏。

桩基有多种分类方式。按桩的受力性能，桩可分为端承桩与摩擦桩两类，端承桩是指把建筑物的荷载通过桩端传给深处坚硬土层的桩；摩擦桩是指把建筑物的荷载主要通过桩侧表面与周围土的摩擦力传给地基的桩。按施工方式又有预制桩和灌注桩之分，其中，灌注桩包括振动灌注桩、钻孔灌注桩、挖孔灌注桩和爆扩灌注桩等。目前，钢筋混凝土桩或混凝土桩被广泛运用。

五、地下室的构造

1. 概述

建筑物下部的地下使用空间称为地下室，一般由墙、底板、顶板、门和窗、楼梯等部分组成，地下室能够使建筑物在有效的占地面积内增加使用空间，提高建设用地的利用率。一些高层建筑常利用其很深的基础埋置深度建造地下室。适用于设备用房、储藏用房、地下商场、餐厅、车库等用途，如按照防空要求建造地下室，还可供战争时期防御空袭之用。

2. 地下室类型

地下室按使用功能，可分为普通地下室和防空地下室；按顶板标高，可分为半地下室和全地下室；按结构材料，可分为砖墙地下室和混凝土墙地下室。

3. 地下室的防潮和防水

地下室的墙身和底板设置在地面以下，长期受到地潮或地下水的侵蚀，轻则引起室内墙面抹灰脱落、墙面生霉，影响人体健康；重则进水，使地下室不能使用或影响建筑物的使用寿命。因而保证地下室不潮湿、不渗漏是地下室构造设计的主要任务，设计者应根据地下水的情况和建筑物的使用要求，采取相应的防潮、防水措施。

(1) 地下室的防潮 当地下水的常年水位和最高水位都在地下室地面标高以下时，地下室仅受土层地潮的影响，这种情况只需做防潮处理。

① 墙体防潮。地下室的所有墙体都必须设置两道水平防潮层，如图 4-10 (a) 所示。一道设置在地下室地坪附近；一道设置在地面散水以上 150～200mm 的位置，以防地下潮气沿地下墙身或勒脚处侵入室内。凡在外墙穿管、接缝等处，均应嵌入油膏防潮。

对于砖墙，要求墙体必须采用水泥砂浆砌筑，灰缝必须饱满；在外墙外侧设置垂直防潮层并做至室外地面以上不小于 300mm 处。具体做法：墙体外表面先抹一层 20mm 厚水泥砂浆找平层，再涂一道冷底子油和二道热沥青，然后在防潮层外侧回填低渗透性土壤，如黏土、灰土等，土层宽 500mm 左右，逐层夯实，以防地面雨水或其他地表水的影响。

② 地面防潮。地下室地面的防潮主要借助于混凝土材料的憎水性能，但当地下室的防潮要求较高时，其地层也应做防潮处理。防潮层一般设置在垫层与地层面层之间，且与墙身水平防潮层在同一水平面上，具体构造如图 4-10 (b) 所示。

(2) 地下室的防水 当设计最高地下水位高于地下室地面时，地下室的底板和部分外墙将浸在水中。在水的作用下，地下室的外墙受到地下水的侧压力，底板则受到水的浮力。地下水位高出地下室地面愈高，侧压力和浮力就越大，渗水也越严重，如图 4-11 所示。此时地下室应做好防水处理，地下室的外墙应做垂直防水处理；底板应做水平防水处理，如图

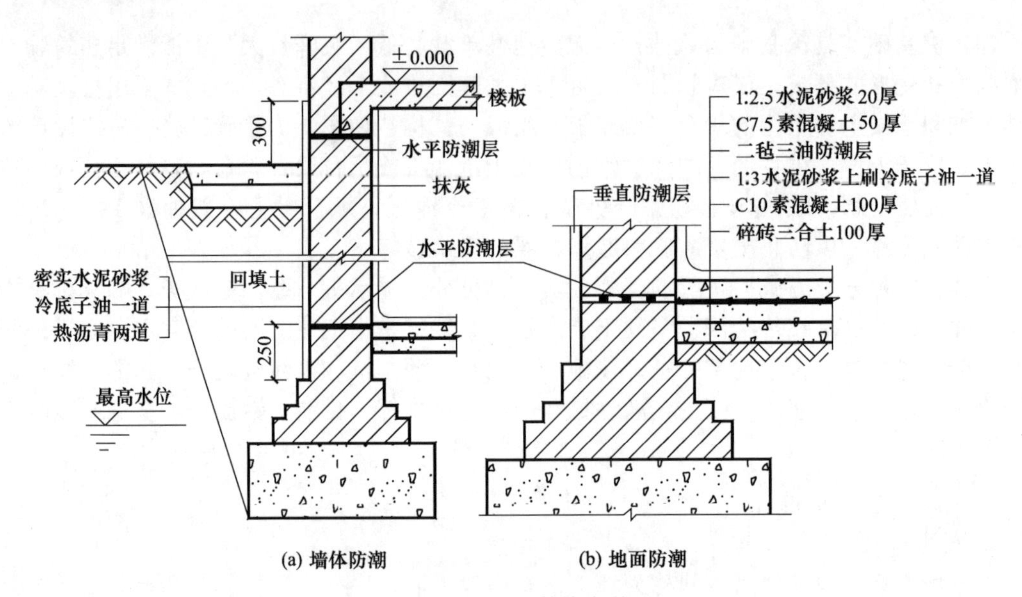

图 4-10　地下室的防潮处理

4-12 及图 4-13 所示。目前，通常采用的防水方案有材料防水和混凝土自防水两种。

① 混凝土自防水。当地下室的墙采用混凝土或钢筋混凝土结构时，可连同底板采用防水混凝土，使承重、维护、防水功能三者合一，如图 4-12 所示。这是从根本上保证防水可靠性的做法，应是首先的方法。防水混凝土有普通防水混凝土和掺外加剂防水混凝土两类，属刚性防水。

掺外加剂防水混凝土墙和底板不能过薄，一般墙的厚度应在 200mm 以上，板的厚度应在 150mm 以上，否则影响抗渗效果。为了防止地下水对混凝土的侵蚀，应在墙外侧抹水泥砂浆并涂刷沥青。如图 4-12 所示为地下室混凝土自防水的示意图。

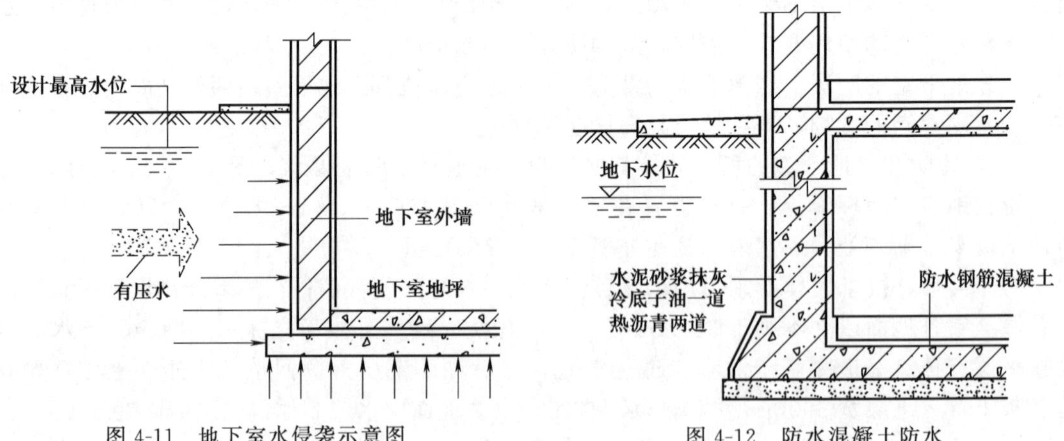

图 4-11　地下室水侵袭示意图　　图 4-12　防水混凝土防水

② 材料防水。是在外墙和地板表面敷设防水材料，借材料的高效防水特性阻止水的渗入，有卷材、涂料、防水水泥砂浆等；其中卷材是常用的一种防水材料，卷材防水按防水层铺贴的位置不同分为外防水和内防水两种，属柔性防水。

卷材防水层粘贴在结构外表面时称外防水；卷材防水层粘贴在结构内表面时称内防水。外防水的防水层粘贴在迎水面上，防水效果好，如图 4-13（a）所示；内防水的防水层则是粘贴在背水面上，防水效果较差，但施工简便、便于修补，常用于修缮工程，如图 4-13（b）所示。

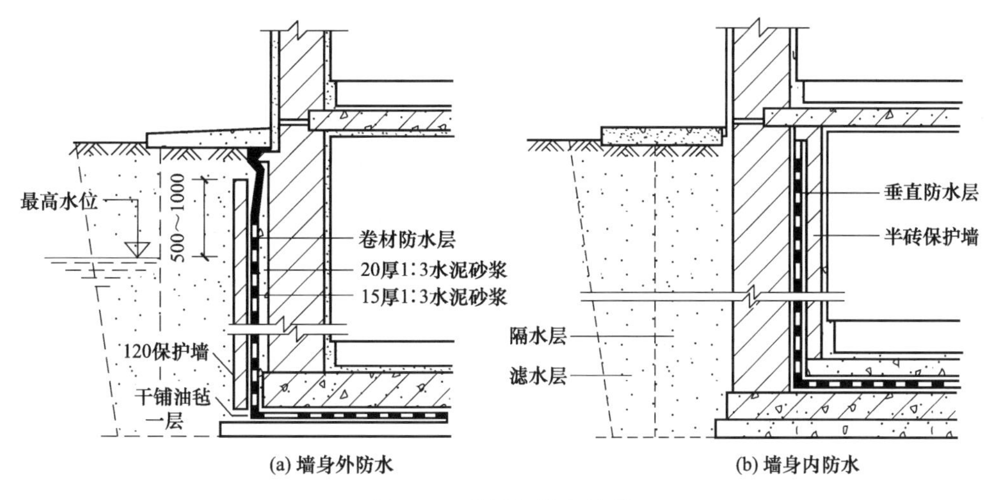

图 4-13 地下室防水处理

地下室地坪卷材外防水构造处理：在混凝土垫层上将油毡满铺整个地下室，接着在其上浇筑细石混凝土或水泥砂浆保护层以便浇筑钢筋混凝土底板。地坪防水油毡须留出足够的长度以便与墙面垂直防水油毡搭接。

地下室墙体卷材外防水构造处理：外墙外侧抹 20mm 厚 1∶2.5 水泥砂浆找平层，涂刷冷底子油一道，再把由底板留出的油毡从底板包上来，按一层油毡一层沥青胶的顺序，沿墙身由下而上连续搭接、密封粘贴，在最高设计水位以上 500～1000mm 处收头。然后在防水层外侧砌 120mm 厚的保护墙，并在保护墙与防水层之间的缝隙中灌以水泥砂浆。保护墙下干铺油毡一层，并沿其长度方向每隔 3～5m 设一通高的竖向断缝，以保证紧压防水层。最后在保护墙外 500mm 范围内回填灰土或炉渣做隔水层。如图 4-13（a）所示。

六、管道穿过基础或地下室墙时的构造处理

在民用建筑中，常有供通风、给水排水、电气等多种管道引入并须穿过建筑物的基础或地下室墙，此时，应采取一定的构造措施配合水、电、气工程，预埋好各种管道、管件或预留孔、槽等，保证管道及其穿过建筑组成部分正常工作。

1. 管道穿墙构造处理

地下室管道穿墙应做好防水防潮处理。管道穿墙形式有固定式和活动式两种。

（1）固定式　即刚性穿墙管道直接埋设于墙壁中，管道和墙体固结在一起的构造方法，适用于无变形、无压力的防潮墙身及穿墙管在使用中振动轻微时的情况，如图 4-14 所示。为加强管道与墙体的连接，管道外壁应加焊钢板翼环；如遇非混凝土墙壁时，应改为混凝土墙壁。

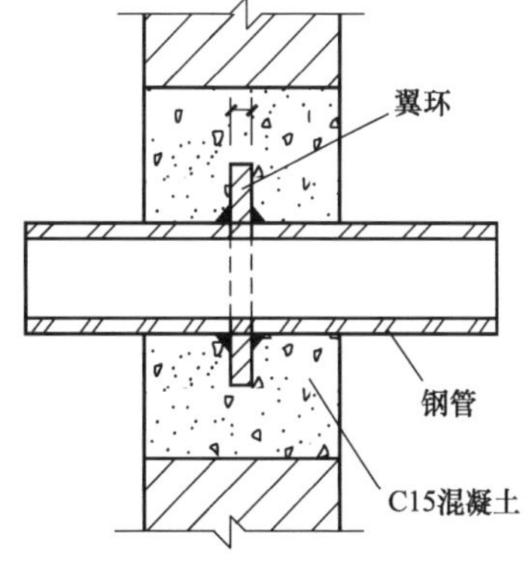

图 4-14 固定式穿墙管

图 4-15 为采用固定方式的进水管穿地下室墙壁的构造。

（2）活动式　管道外先埋设穿墙管套（亦称防水管套），然后在管套内安装穿墙管的构造方法。适用于墙壁较大，在使用过程中可能产生较大的沉陷以及管道有较大振动，并有防水要求的情况。穿墙管套按管间填充情况可分刚性和柔性两种，前者的套管与穿墙管间先填入沥青麻丝，再用石棉水泥封堵，适用于管道穿过墙壁之处有变形、一般防水要求的情形，

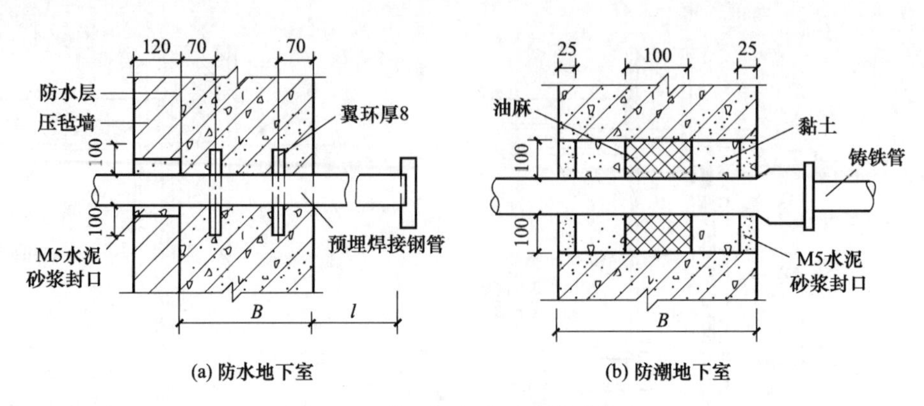

(a) 防水地下室　　(b) 防潮地下室

图 4-15　进水管穿地下室墙壁构造

如图 4-16（a）所示；后者适用于管道穿过墙壁之处有较大振动、有严密防水要求或有较大变形的情形，如图 4-16（b）所示。管套应一次浇固于墙内，套管遇墙处之墙壁如遇非混凝土时，应改用混凝土墙壁，且混凝土浇筑范围应比翼环直径大 200～300mm；套管处混凝土墙厚对于刚性套管不小于 200mm，对于柔性套管不小于 300mm，否则应使墙壁一侧或两侧加厚，加厚部分的直径应比翼环直径大 200mm。

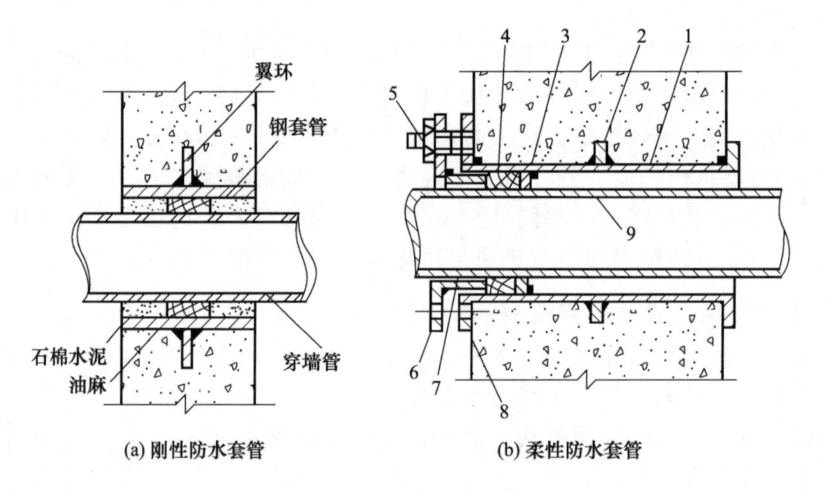

(a) 刚性防水套管　　(b) 柔性防水套管

图 4-16　活动式穿墙管

1—套管；2—翼环；3—挡圈；4—橡胶条；5—双头螺栓；
6—法兰盘；7—短管；8—翼管；9—穿墙管

2. 管道穿过基础或墙基构造处理

管道穿过基础或墙基时，必须在基础或墙基上预留洞口，其尺寸应保证建筑物产生下沉时不致压弯或损坏管道。

当管道穿过基础时，常将局部基础按错台方法适当降低，使管道穿过。

第三节　墙　　体

墙是房屋不可缺少的重要组成部分。除了常常作为建筑的承重构件外，对建筑的空间分割、建筑节能等也起着重要的作用。如何选择墙体材料和构造方法，将直接影响房屋的使用、自重、造价、材料消耗和施工工期等。墙体的布置与构造是建筑设计的重要内容。

一、概述

1. 墙体的作用

墙体在建筑物中的作用主要体现在以下几个方面。

(1) 承重 墙体承受屋顶、楼板传给它的荷载及本身的自重和风荷载。

(2) 维护 墙体隔住自然界的风、雨、雪等的侵袭，防止太阳辐射、噪声的干扰及室内热的散失等，起到保温、隔热、隔声和防水的作用。

(3) 分隔 墙体将建筑物内部空间划分为若干个房间或使用空间。

(4) 装饰 墙体是建筑装饰的重要部分，通过墙面装饰可以提高整个建筑物的装饰效果。

2. 墙体的类型

墙体因其位置、所用材料、受力情况、施工方法不同而具有不同的形式。

(1) 按墙体所在位置 墙体由于所处位置不同又不同的分类，如图 4-17 所示。

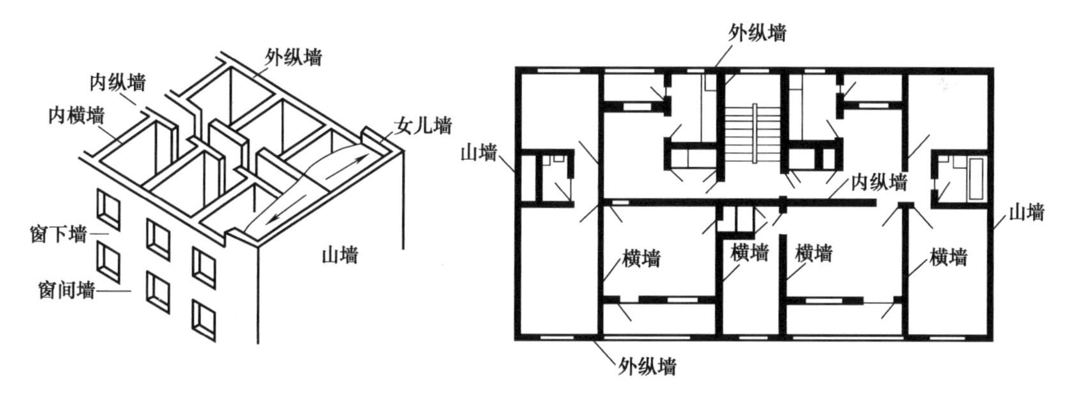

图 4-17 墙体位置名称

① 按墙体在平面上所处位置。可分为外墙和内墙两种。外墙指位于建筑物四周与室外接触的墙；内墙指位于建筑物内部的墙。

② 按墙体布置方向。可分为纵墙和横墙。

a. 纵墙：沿建筑物长轴方向布置的墙。有内、外纵墙之分，其中外纵墙又称檐墙。

b. 横墙：沿建筑物短轴方向布置的墙。有内、外横墙之分，其中外横墙又称山墙。

③ 按墙体在立面上所处位置。可分为窗间墙、窗下墙和女儿墙等。

a. 窗间墙：窗与窗、窗与门之间的墙。

b. 窗下墙：窗台下面的墙。

c. 女儿墙：屋顶上部的墙。

(2) 墙体按受力性质 可分为承重墙和非承重墙。

① 承重墙。直接承受楼板、屋顶、梁等传来荷载的墙。

② 非承重墙。不承受外来荷载的墙。可分为自承重墙、隔墙、填充墙和幕墙等。

a. 自承重墙：只承受墙体自身重量并将其传至基础的墙。自承重墙下设有基础。

b. 隔墙：分隔内部空间、其自身重量由楼板或梁承受的墙。

c. 填充墙：框架结构中填充在柱子之间的墙。

d. 幕墙：悬挂在建筑物结构外部的轻质外墙。如金属幕墙、玻璃幕墙等。

【注意】 幕墙和外填充墙，虽不承受楼板和屋顶等荷载，但承受风荷载，并把风荷载传递给骨架结构。

(3) 其他分类方式　按所用材料不同，墙体可分为砖墙、石墙、混凝土墙及利用工业废料制作的各种砌块墙等；按墙体构造方式不同，墙体可分为实体墙、空体墙、组合墙等；按墙体施工方法不同，墙体可分为块材墙、板筑墙、板材墙等。

3. 墙体的结构布置

墙体在结构布置上有横墙承重、纵墙承重、纵横墙混合承重和内框架承重等几种方案。如图 4-18 所示。

(1) 横墙承重方案　指承重墙体主要由横墙组成，荷载传递途径为：楼面荷载→楼板→横墙→基础→地基。此时，纵墙只起增强纵向刚度、维护、隔断、联系和承受自重的作用，故可在纵墙上较灵活开设门、窗等洞口。这种体系具有建筑物整体性好、空间刚度大的优点，对抵抗风力、地震作用等水平荷载较为有利。适用于房间的使用面积不大、墙体位置比较固定的建筑，如住宅、宿舍、旅馆等。

(2) 纵墙承重方案　指承重墙体主要由纵墙组成，荷载传递途径为：楼面荷载→楼板→纵墙（或梁→纵墙)→基础→地基。此时，横墙主要起分隔空间和连接纵墙作用，故空间划分较灵活、省材。但设在纵墙上的门、窗等洞口大小和位置将受到一定的限制，且房屋空间刚度及整体性较差，抵抗风力、地震作用等水平荷载较差。适用于要求有较大空间、墙的位置在同层或上下层之间可能有变化的建筑，如办公楼、教学楼、商店等。

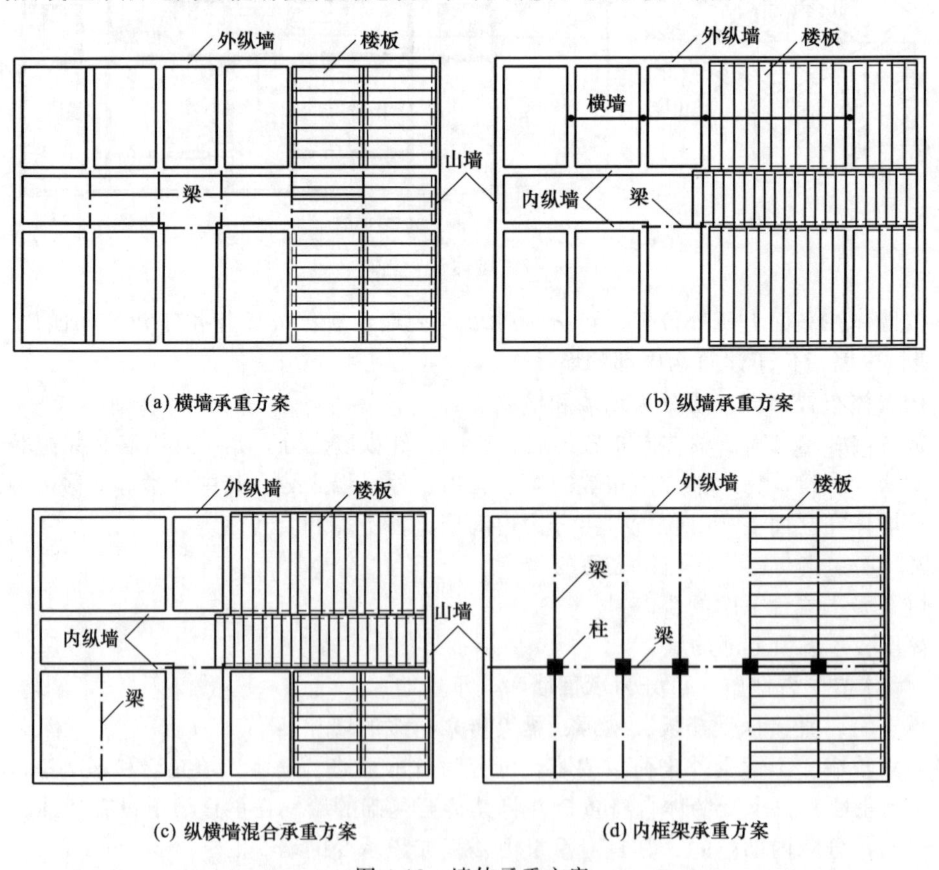

图 4-18　墙体承重方案

(3) 纵横墙混合承重方案　指承重墙体由纵横两个方向的墙体混合组成，荷载传递途径为：楼面荷载→楼板→纵墙（或横墙)→基础→地基。该承重方案平面布置灵活，空间刚度较好，但墙体材料用量较多。适用于开间、进深变化较多的医院、办公楼、幼儿园等建筑。

（4）内框架承重方案 指建筑物内部采用由钢筋混凝土梁、柱组成的框架承重，四周采用墙体承重的结构布置。荷载传递途径为：楼面荷载→楼板→内部框架及四周墙→基础→地基。内框架承重方案空间划分灵活、空间刚度好，适用于内部需要大空间的商场、仓库、综合楼等建筑物。

4. 墙的设计要求

（1）安全 满足强度、稳定性的要求。

（2）正常使用 具有必要的保温与隔热（即节能）、隔声、防火、防水与防潮等性能，以提高使用质量和耐久年限。

（3）经济合理 合理选择墙体材料和构造方式，以减轻自重、提高功能、降低造价、降低能源消耗和减少环境污染。

（4）工业化 适应工业化生产的要求，为生产工业化、施工机械化创造条件以降低劳动强度，提高施工工效。

二、砖墙

砖墙是用砂浆等胶结材料按一定的规律和砌筑方式组砌而成的砌体。砖墙的保温、隔热、隔声、防火和防冻性能较好，有一定的承载力，并且取材容易，生产制造及施工操作简单，不需大型设备，因此在我国运用广泛。但砖墙也存在自重大、施工速度慢、劳动强度大、黏土砖占用农田等缺点，故而砖墙有待改革。

（一）墙材料

砌墙材料主要是砖和砂浆。

（1）砖 种类很多，按材料不同可分为黏土砖、页岩砖、炉渣砖、灰砂砖、粉煤灰砖等；按其形状砖有实心砖、多孔砖和空心砖；按制作工艺又可分为烧结砖和非烧结砖。其中最常见的是黏土砖。

① 实心黏土砖 标准实心黏土砖有统一的规格，如图4-19所示，长×宽×高为240mm×115mm×53mm。实心黏土砖强度用强度等级表示，以根据标准试验方法所测得的抗压强度（单位：N/mm^2）来标定，分为六个等级：MU30、MU25、MU20、MU15、MU10、MU7.5。其中MU7.5与MU10为砌筑墙体时的常用等级。

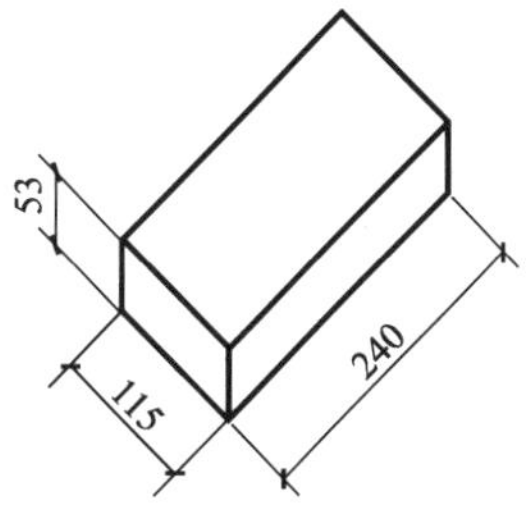

图4-19 标准实心黏土砖的规格

② 黏土多孔砖 黏土多孔砖墙有良好的热工性能，相比较实心黏土砖能减少对耕地的消耗。常用的黏土砖有模数型（M型）系列和KP1型系列。

模数型（M型）系列共有四种主规格砖（DM1～DM2），一种规格为DMP（190mm×90mm×40mm）的配砖，可使墙体满足模数要求。四种主规格砖为：DM1-1（—2），190mm×240mm×90mm；DM2-1（—2），190mm×190mm×90mm；DM3-1（—2），190mm×140mm×90mm；DM4-1（—2），190mm×90mm×90mm。其中“—1”表示圆孔；“—2”表示方孔。如图4-20所示。

KP1型系列有三种主规格砖（KP1-1、KP1-2、KP1-3），尺寸为240mm×115mm×90mm。KP1配砖（KP1-P）尺寸为180mm×115×90mm。如图4-21所示。

（2）砂浆 是砌体的胶结材料，由胶凝材料（水泥、石灰等）和细骨料（砂）混合加水搅拌而成，它将砌块连接成整体，并将砌块间隙填平、密实，使砌块均匀传力，并提高砌块的保温、隔热和隔声能力。为保证墙体的承载能力和施工方便，砂浆必须有一定的强度、稠度和保水性。

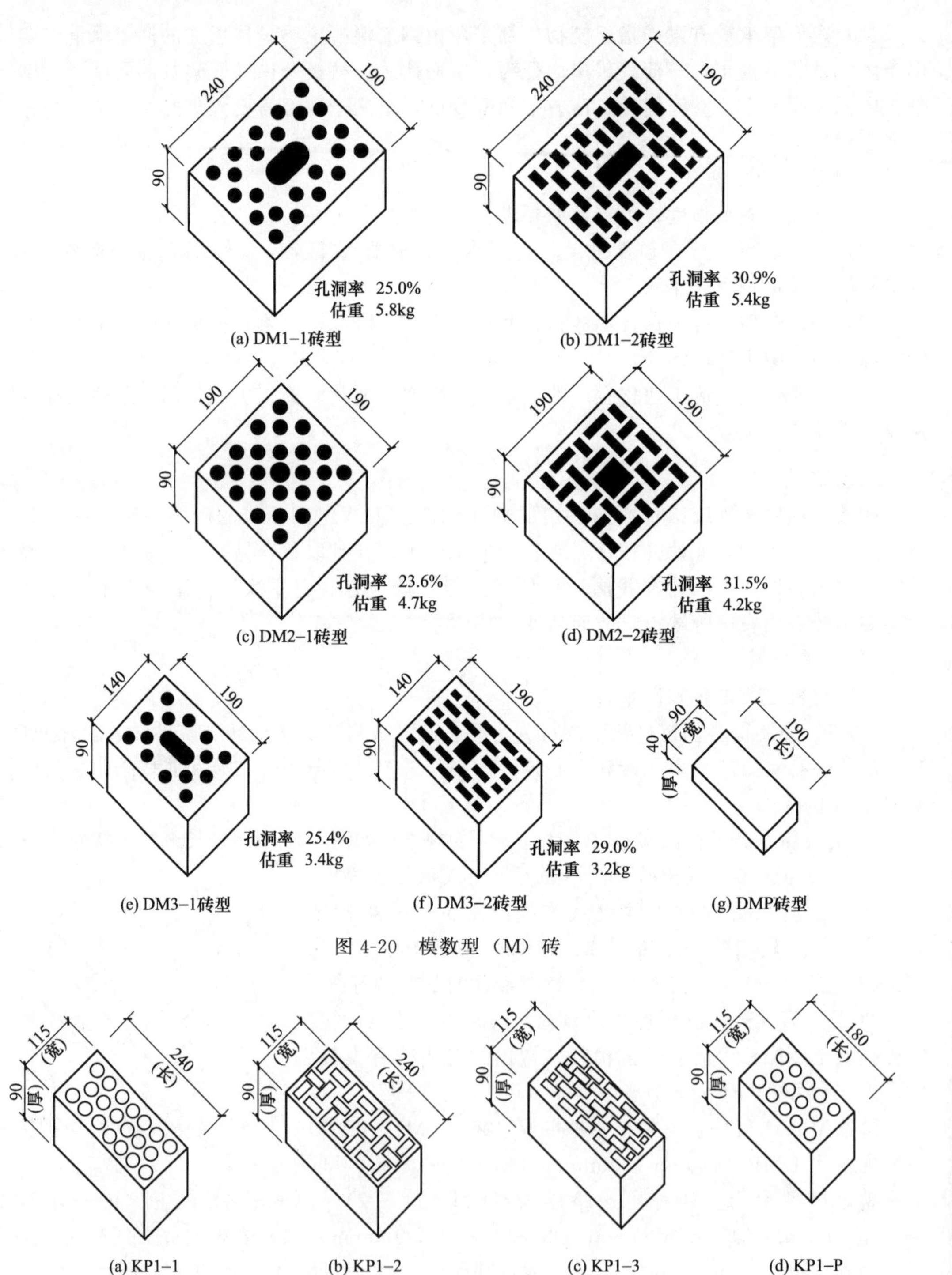

图 4-20 模数型（M）砖

图 4-21 KP1 型的规格

依据胶凝材料不同，常用砌墙砂浆（即砌筑砂浆）有水泥砂浆、石灰砂浆和混合砂浆三种。水泥砂浆强度高、防潮性能好，多用于受力和防潮要求高的墙体中；石灰砂浆强度和防潮均差，但和易性好，多用于地面以上强度要求低的墙体中；混合砂浆因同时具有水泥、砂浆两种胶凝材料，既有较高的强度，也有良好的和易性，故被广泛用于地面以上的砌体中。

砂浆的强度等级也是以根据标准实验方法所测得的抗压强度（单位：N/mm^2）来标定的，有7级：M15、M10、M7.5、M5.0、M2.5、M1和M0.4，其中M1～M5是常用等级。

（二）墙体的尺寸

（1）实心黏土砖　标准实心黏土砖墙的厚度习惯上以砖长为基数来定，常用的标准实心黏土砖墙厚度尺寸如表4-1所示。

表4-1　实心黏土砖墙厚度组成　　单位：mm

砖墙断面	115 12墙	53 10 115 178 18墙	115 10 115 240 24墙	240 10 115 365 37墙	115 10 240 10 115 490 49墙
尺寸组成	115×1	115×1+53+10	115×2+10	115×3+20	115×4+30
构造尺寸	115	178	240	365	490
标志尺寸	120	180	240	360	480
工程称谓	一二墙	一八墙	二四墙	三七墙	四九墙
习惯称谓	半砖墙	3/4砖墙	一砖墙	一砖半墙	两砖墙

（2）模数型多孔砖　模数型多孔砖墙的高度以100mm递增，厚度和长度以50mm进级，常用的模数型多孔砖墙厚尺寸如表4-2所示。

表4-2　模数型多孔砖墙厚度组成　　单位：mm

模数	1M	$1\frac{1}{2}$M	2M	$2\frac{1}{2}$M	3M	$3\frac{1}{2}$M	4M
墙厚/mm	90	140	190	240	290	340	390
用砖类型	DM4	DM3	DM2	DM1 DM3+DM4	DM2+DM4	DM1+DM4 DM2+DM3	DM1+DM3

（3）KP1型多孔砖　KP1型多孔砖墙的高度以100mm进级，砌体的平面尺寸以120mm进级，墙体厚度有120mm、240mm、360mm、480mm。

（三）砖墙的组砌方式

砖墙的组砌方式是指砖在墙体中的排列方式。在墙体中，砖的长面垂直于墙面砌筑的砖称为顶砖，平行于墙面砌筑的砖称为顺砖；每砌筑一层砖称为一皮砖；上下皮之间的水平缝叫横缝，左右两块砖之间的垂直缝称竖缝。

砖墙的组砌原则是横平竖直、错缝搭接、砂浆饱满、没有通缝。横缝厚度和竖缝宽度宜为10mm，且不应小于8mm、大于12mm。横缝的砂浆饱满度不得低于80%，竖缝宜采用加浆填灌的方法以保证灰缝饱满。

当墙面不抹灰做清水墙时，墙体组砌还应考虑墙面图案美观。

（1）实心黏土砖　常用的组砌方式如下所述。

a. 全顺式：每皮均为顺转，上下皮错缝半砖长，适用于半砖厚墙。如图4-22（a）所示。

b. 上下皮一顺一丁式：一皮顺砖，一皮丁砖交替叠加砌筑，上下皮错缝1/4砖长，如图4-22（b）所示。这种方式搭接好、整体性强，应用广泛。

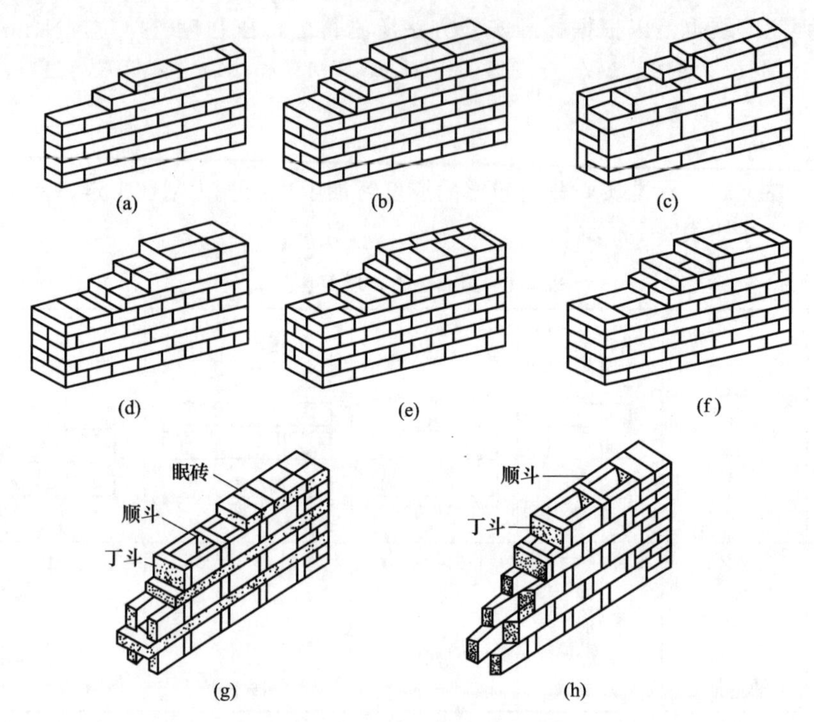

图 4-22 实心黏土砖的组砌方式

c. 两平一侧式：两皮顺转，一行侧砌，上下皮错缝 1/4 砖长如图 4-22（c）所示。这种方式施工较复杂，适合一八墙。

d. 多顺一丁式：通常有三顺一丁［如图 4-22（d）所示］和五顺一丁式。还有同一皮内一行顺砖与一行丁砖、上下皮交替砌筑而成，上下皮错缝 1/4 砖长，如图 4-22（e）所示，此方式适合于三七墙。

e. 每皮一顺一丁式：又被称为梅花丁式或十字式。在同一皮内，顺转与丁砖交替铺砌、上下皮错缝 1/4 砖长，如图 4-22（f）所示。这种方式整体性好、墙面美观，但施工效率较低。

f. 空斗墙：由砖的立砌与平砌相结合而成，一般包括有眠空斗墙和无眠空斗墙，如图 4-22（g）、（h）所示空斗墙自重小、用料省，但强度低、整体性较差、施工要求高，适用于非地震区的低层民用建筑。

注意事宜：由标准实心黏土砖砌成的墙体的尺寸是以其宽度为基本模数，即 125mm（包括灰缝 10mm），而民用建筑的开间、进深、门窗的尺寸是以扩大模数 3M 为基本模数，这样在同一栋房屋中存在两种模数，如图 4-23 所示。为减少砌筑墙体时的砍砖，并解决这一矛盾，施工中常常采用调整灰缝大小（施工规范允许竖缝宽度在 8～12mm 范围内）的办法，使墙段有少许的调整余地。

（2）黏土多孔砖　与黏土实心砖类似，常用的组砌方式有全顺式、一顺一丁式和丁顺相间等方式。

（3）组合墙体　是用黏土砖和其他保温材料组合而成的墙体。有三种常用方式：墙体一侧附加保温材料、墙体中间填充保温材料、在墙体中预留空气间层。如图 4-24 所示。

（四）砖墙的细部构造

砖墙的细部构造包括墙脚、窗台、门窗等过梁、墙身加固措施等。

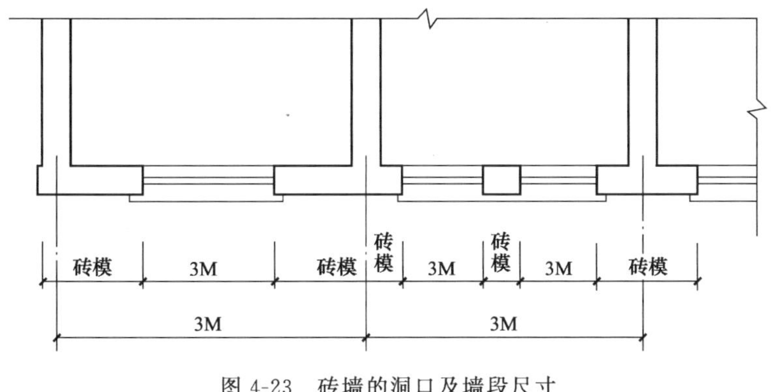

图 4-23 砖墙的洞口及墙段尺寸

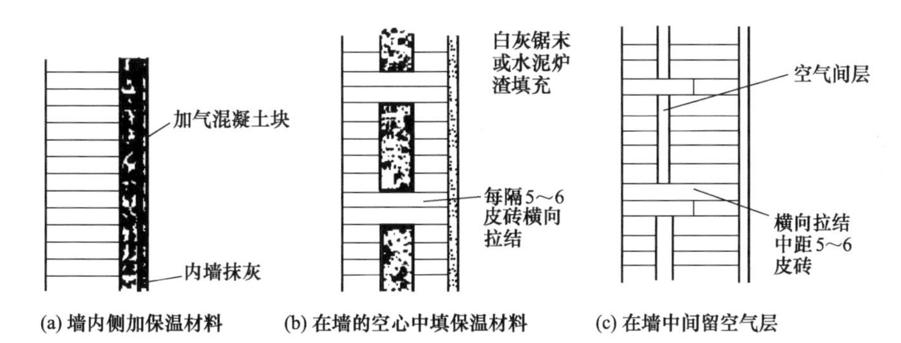

图 4-24 组合墙体构造

1. 墙脚构造

墙脚是指基础以上、室内地面以下的墙段。墙脚所处的位置常受到地表水和土壤水的侵蚀，使墙身受潮，饰面层发霉脱落，影响室内卫生环境和人体健康。因此在构造上必须采取必要的防护措施，主要包括墙身防潮、勒脚、明沟和散水等细部构造防护措施。

(1) 墙身防潮　为防止地表水和土壤水对墙身产生的不利影响，必须在内、外墙脚部位连续设置防潮层。有水平防潮层和垂直防潮层两种构造形式。

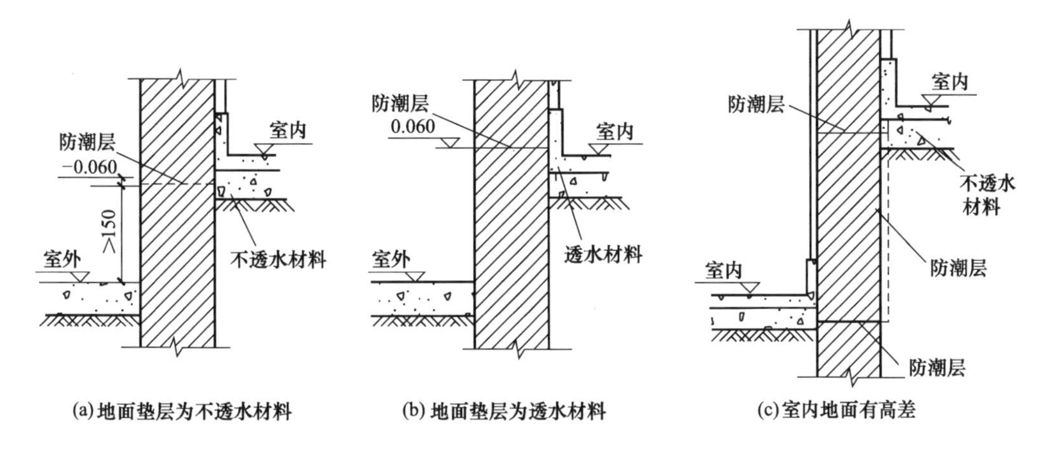

图 4-25 墙身防潮层的位置

① 防潮层位置。墙身防潮层位置如图 4-25 所示，具体如下所述。

a. 水平防潮层：当室内地面垫层为不透水垫层时，通常在－0.06m 标高处设置，而且至少要高于室外地坪 150mm，以防雨水沾湿墙身，如图 4-25（a）所示；当室内地面垫层为透水垫层时，应平齐或高于室内地面 60mm 处设置，如图 4-25（b）所示。

b. 垂直防潮层：适用于相邻房间之间室内地面有高差时的情况。此时，在墙身设置高低两道水平防潮层，并在靠土壤一侧设置垂直防潮层，以避免回填土中的潮气侵入墙身，如图 4-25（c）所示。

② 防潮层做法。垂直防潮层一般是在需设垂直防潮层的墙面先用水泥砂浆抹面找平，刷上冷底子油一道，再刷热沥青两道；也可用防水砂浆抹面防潮。墙身水平防潮层主要有油毡防潮层、防水砂浆防潮层和细石钢筋混凝土防潮层。

a. 油毡防潮层：在防潮层部位抹 20mm 厚水泥砂浆找平层，再铺一毡二油。此做法防水效果好，但油毡使墙体隔离，削弱了墙体的整体性，不宜在刚度要求高或地震区采用。

b. 防水砂浆防潮层：在防潮层部位抹 20～25mm 厚、1∶2 水泥砂浆掺 3%～5%的防水剂配置成的防水砂浆；或用防水砂浆砌三皮砖作防潮层。该做法构造简单，但砂浆开裂或不饱满时影响防潮效果。

c. 细石混凝土防潮层：在防潮层部位铺设 60mm 厚细石混凝土带，内配纵向 3Φ6 和横向Φ4@250 的钢筋网。该做法防潮性能好，砖墙的整体性好，适用于整体刚度要求较高的建筑。

【注意】 在需设置防潮层的位置如遇有钢筋混凝土地圈梁，或墙身由混凝土、料石等材料组成，可利用混凝土和石材本身的防水性能，不必再另做防潮层。

（2）勒脚　即外墙的墙脚，通常指外墙室内地面与室外地面之间的墙体，应具有抵抗外界的碰撞和防止雨、雪、地表水、屋檐滴水对墙身的侵蚀以及增强建筑立面美观等作用。要求坚固、耐久、防潮、美观。

勒脚的高度一般为室内、外地面的高差，也可提高到首层窗台，或根据建筑立面要求确定。并结合建筑造型要求，选用耐久性高、防水性能好的外墙材料饰面或用混凝土、天然石材直接砌筑。主要有抹灰、贴面、石材砌筑等三种构造做法。如图 4-26 所示。

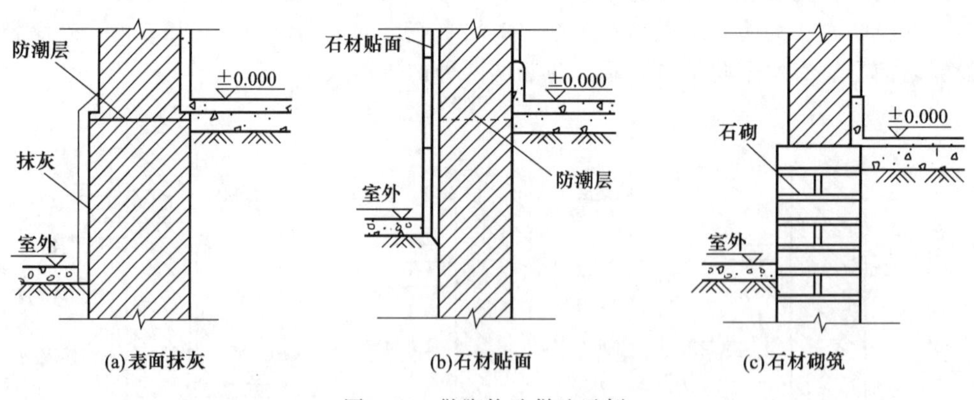

图 4-26　勒脚构造做法示例

（3）散水和明沟　设置在建筑物外墙四周，作用是快速排走建筑物四周的地表水和屋檐滴水，避免勒脚及其下部砌体受水、保护墙基。散水和明沟可用混凝土现浇，或用砖石等材料铺砌而成。

① 散水。也称散水坡或护坡，是建筑物外墙四周向外倾斜的坡面，如图 4-27 所示。散水的坡度为 3%～5%，宽度应比自由落水屋面檐口多出 200mm，一般为 600～1000mm。散水与勒脚连接处应设缝断开，以避免由于建筑物的沉降或土壤冻胀等造成勒脚与散水交接处

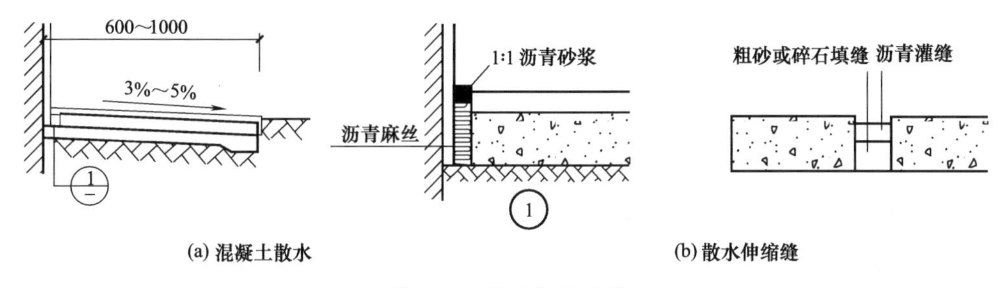

图 4-27 散水构造示例

开裂；此外，散水沿长度方向应设横向分隔缝，以避免出现温度裂缝和土壤不均匀沉降产生的沉降裂缝。缝内用沥青胶等柔性防水材料塞实。

② 明沟。又称阳沟，可将水落管流下的或屋面落下的雨水导向地下排水井，多用于降雨量大的地区。沟底纵坡为 0.5%～1%，如图 4-28 所示。当屋面为自由落水时，沟的中心线应与屋檐滴水位置对齐，外墙和明沟之间作散水。

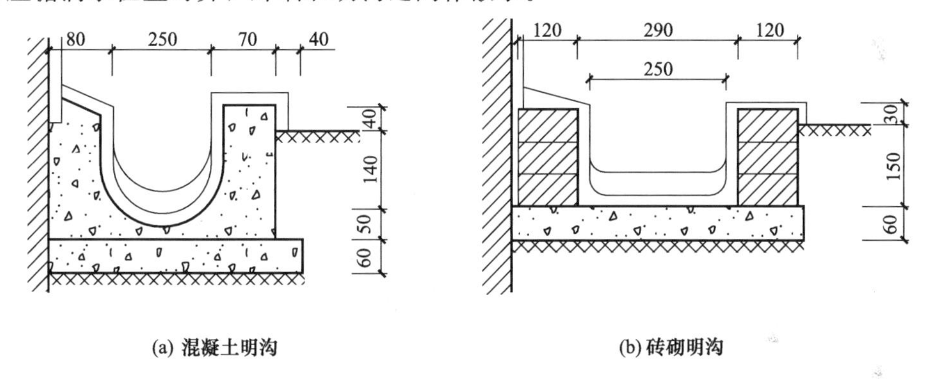

图 4-28 明沟构造示例

2. 窗台构造

窗台按位置分，有外窗台（位于外墙上）和内窗台（位于内墙上）两种；按构造形式分，有悬挑窗台和非悬挑窗台两种；按材料分，有砖砌窗台和钢筋混凝土窗台等。如图4-29所示。

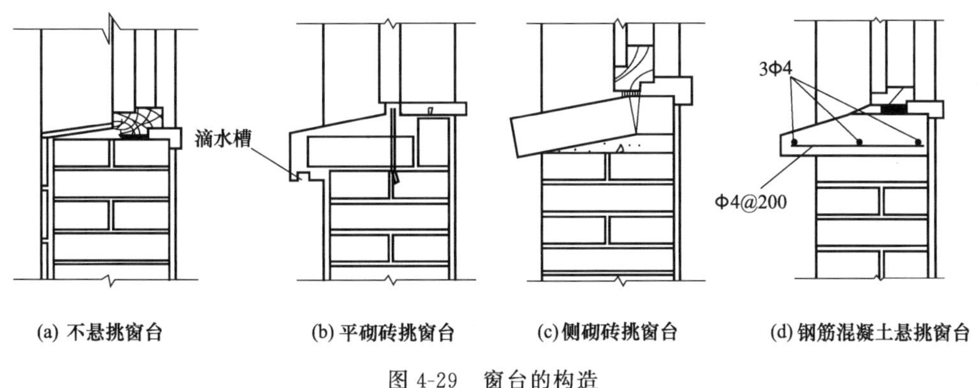

图 4-29 窗台的构造

① 外窗台。表面应做一定的排水坡，悬挑窗台应做滴水槽或抹成斜面，以使沿窗面流淌下的雨水顺畅排除，不滞留、不积聚、不渗入墙身，使墙面免受污染。当外墙面为易受雨水冲刷的面砖贴面时，可不必做悬挑窗台，将窗洞底面用面砖贴成斜面即可。

② 内窗台。通常表面水平，通常结合室内装饰做成水泥砂浆、木板或贴面砖等形式。当用暖气片采暖时，可在窗台下预留凹龛，便于暖气片的安装。

3. 门窗过梁

门窗过梁的作用是支承门窗洞口上砌体传来的各种荷载，并把荷载传给窗间墙等承重构件。按材料和构造不同有砖砌拱过梁、钢筋砖过梁、钢筋混凝土过梁等三种做法，其中有抗震设防要求、可能产生不均匀沉降，或存在较大振动荷载、集中荷载的建筑的门窗过梁，不宜用砖过梁及钢筋砖过梁。

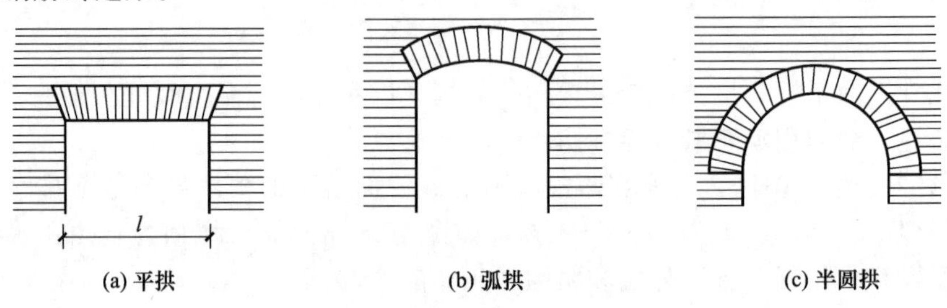

图 4-30　砖砌拱过梁

（1）砖砌拱过梁　我国传统过梁做法，常见有平拱、弧拱、半圆拱等形式，如图 4-30 所示。工程中常用的是平拱砖过梁，由砖竖砌和侧砌而成，其最大跨度不超过 1.2m。砌筑时左右对称，灰缝最宽处不大于 15mm，最窄处不小于 5mm，中部起拱高度约为洞口跨度的 1/50，两端深入墙支座 20～30mm。如图 4-31 所示。

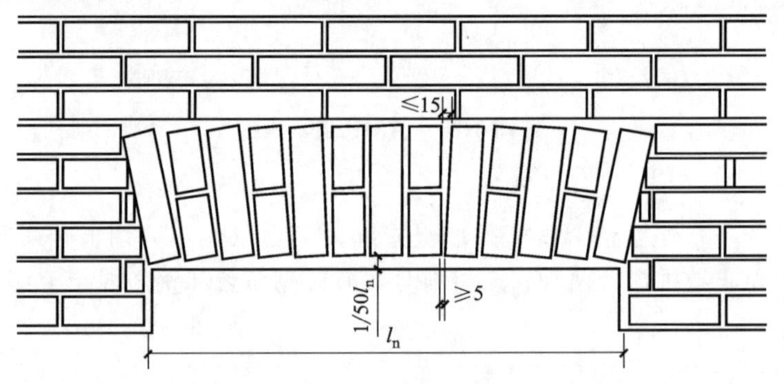

图 4-31　平拱砖过梁

（2）钢筋砖过梁　在门窗洞口上部的砂浆层内配置钢筋形成的过梁，如图 4-32 所示。砌筑时在洞口上部先支模板，在厚度不小于 30mm 的砂浆层内放置间距不小于 120mm 的Φ6

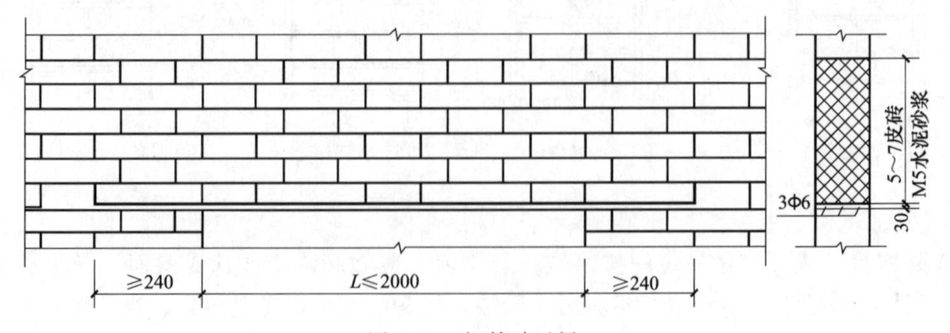

图 4-32　钢筋砖过梁

钢筋，钢筋伸入洞口两侧墙内不小于 240mm，并做 90°直弯钩埋入墙体的竖缝中，用 M5 水泥砂浆砌筑、高度不小于 5 皮砖且不小于门窗洞口宽度的 1/4，最大跨度不宜超过 2m。

(3) 钢筋混凝土过梁　承载能力强，一般不受跨度的限制，有现浇和预制两种。其中预制装配过梁节省模板、施工速度快、利于在门窗洞口上挑出装饰性线条，是最常见的一种过梁；当过梁与圈梁或现浇楼板接近时，应尽量合并设置，并采用现浇钢筋混凝土过梁，以利于施工、提高整体性。

过梁的高度由计算确定；宽度一般同墙厚，但应配合砖的规格，一般为 60mm 的整数倍数，对于多孔砖墙体过梁可为 90mm 的整数倍。过梁两端伸入墙内不小于 240mm。断面形式有矩形和 L 形两种，有时为施工方便还采用组合式过梁，在寒冷地区为了避免“冷桥”现象，常采用 L 形过梁。过梁的断面形式还应结合门窗的立面形式进行选择，如一般平墙过梁、带窗套或窗楣时的过梁，如图 4-33 所示。

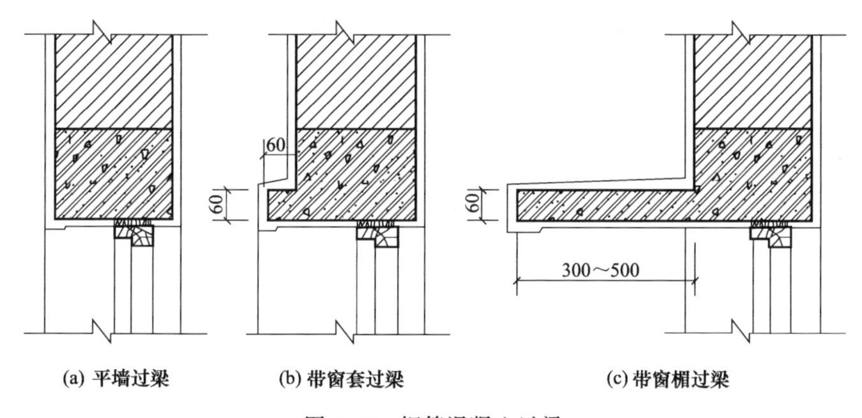

图 4-33　钢筋混凝土过梁

4. 墙身加固措施

为保证、增强墙身的强度、刚度、抗震等性能，常对墙身采取增设门垛和壁柱、设置圈梁、加设构造柱等加固措施。

(1) 门垛和壁柱　作用是保证墙体的承载力及稳定性。

① 门垛。在墙上开设门洞，特别是在墙体转角处或在丁字墙交接处开设时，应设置门垛，以便安装门并保证墙体的稳定，如图 4-34 (a) 所示。门垛宽度同墙厚，长度一般为 120mm，或 240mm。

② 壁柱。当墙体承受集中荷载，强度不能满足要求或墙体长度和高度超过一定限度而影响墙身稳定性时，应在墙身适当位置设置壁柱，壁柱突出墙面尺寸应符合砖的规格，且根据结构计算确定，其平面构造如图 4-34 (b) 所示。

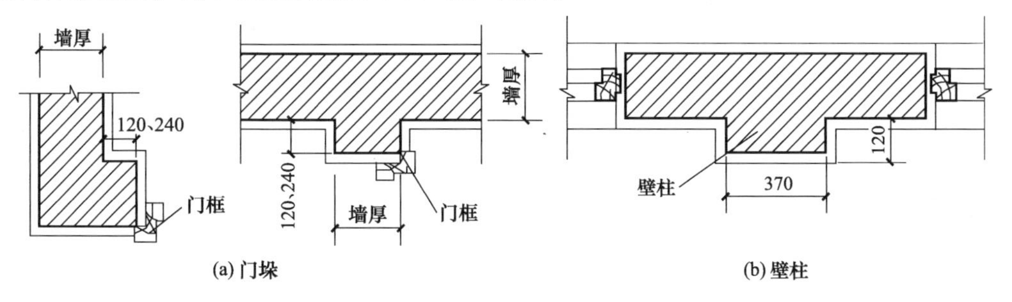

图 4-34　门垛与壁柱

（2）圈梁　是沿外墙四周和部分内墙的水平方向设置的连续闭合的梁，和楼板共同作用，使房屋的空间刚度和整体性增强、墙体的稳定性增加、地基不均匀沉降引起的墙体开裂减少。圈梁与构造柱一起形成空间骨架，能有效地抵抗地震力的作用。

在砌体结构中，圈梁有钢筋混凝土圈梁和钢筋砖圈梁两种。钢筋砖圈梁多用于非抗震区，在楼层标高的墙身上，在砌体灰缝中加入钢筋形成。钢筋混凝土圈梁宜设在楼板标高处，其设置原则应符合规范要求。圈梁应连续、封闭设置，当圈梁遇到门窗洞口不能闭合时，应设置附加圈梁，如图 4-35 所示。

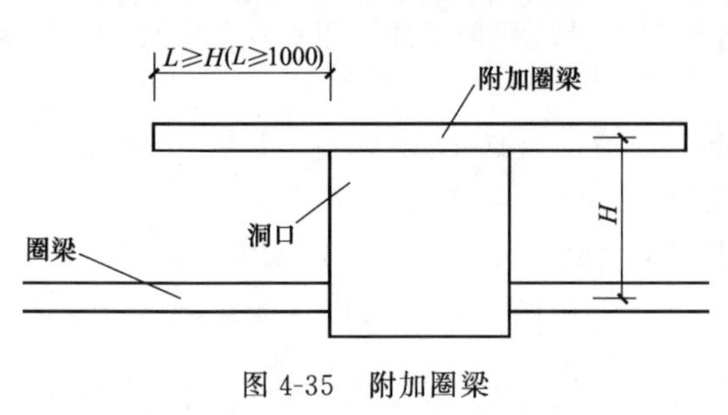

图 4-35　附加圈梁

（3）构造柱　构造柱与墙体和圈梁紧密连接，并和圈梁形成空间骨架，可大大加强建筑整体性、提高建筑抗震性能。构造柱是提高砌体结构抗震能力和防止房屋倒塌的有效措施。构造柱的设置与建筑物的层数和地震烈度等有关。一般设置部位为：外墙四角、楼梯间与电梯间转角处、错层部位横墙与纵墙交接处、较大洞口两侧、大空间内外墙或纵横墙交接处、较长墙体中部等。

构造柱的下端应锚入钢筋混凝土基础、基础梁或地圈梁内，否则，应伸入室外地坪下至少 500mm。构造柱的断面应不小于 180mm×240mm，柱内沿墙高每 500mm 配置拉结钢筋，每边伸入墙内不小于 1m。施工时，先绑扎构造柱的钢筋，再砌墙体，并在构造柱与墙体连接处砌成五进五出的马牙槎，最后浇筑混凝土，这样可使墙体与构造柱结合牢固，形成整体，并节省模板。如图 4-36 所示。

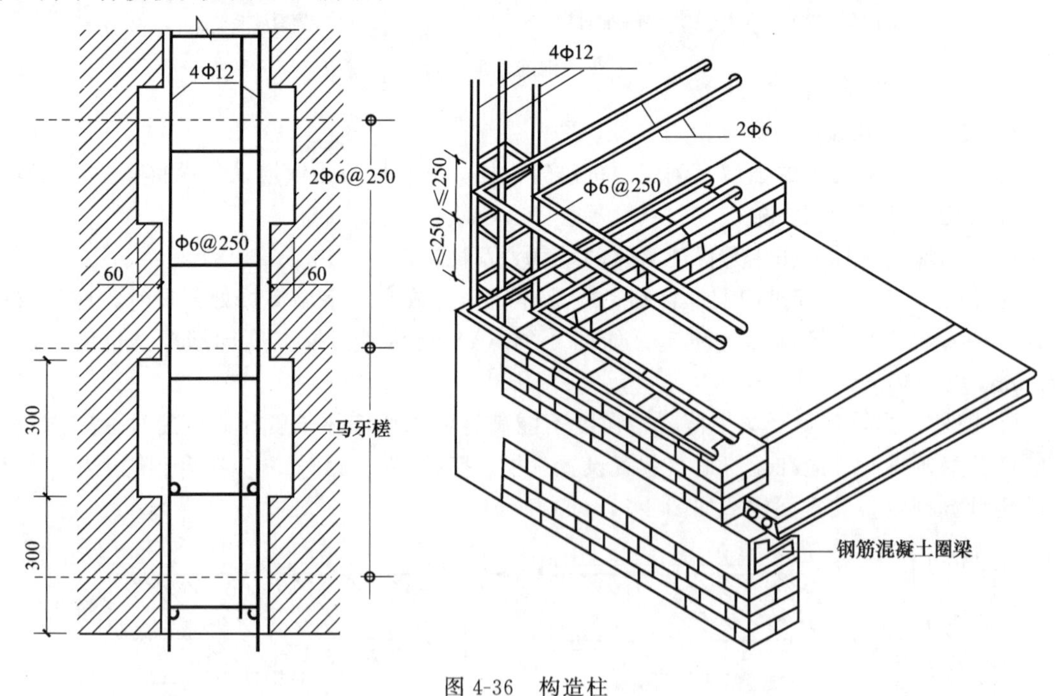

图 4-36　构造柱

三、砌块墙

砌块墙是用预制砌块（块材）按一定的技术要求砌筑而成的墙体。预制砌块通常由素混凝土、工业废料和地方材料等制成，与普通黏土砖相比，具有生产投资少、不破坏耕地、节约能源、保护环境、施工简单、效率高等优点。采用砌块墙是我国目前墙体改革的主要途径之一，被广泛应用于多层民用建筑和单层厂房中。

1. 砌块的类型及规格

砌块按材料分有普通混凝土砌块、轻骨料混凝土砌块、加气混凝土砌块以及利用各种工业废料（如粉煤灰、炉渣等）制成的砌块；按构造形式分有空心砌块和实心砌块；按砌块在组砌中的作用和位置分有主砌块和辅助砌块；按砌块重量及尺寸分有大、中、小型三种砌块。高度在 115～380mm 之间的主砌块为小型砌块；高度在 380～980mm 之间为中型砌块；高度在 980mm 以上的为大型砌块。

2. 砌块的排列与组合

砌块的排列、组合是指各种规格的砌块通过一定的排列组合，在墙中的具体安放位置。砌块墙同普通砖墙一样，必须搭接牢固、砌块排列有序并使砌块类型最少，因此，施工前必须对砌块进行排列与组合，绘出砌块排列组合图，并注明各种规格砌块的型号，以便按图施工。砌块排列组合的原则：砌块类型最少、镶砖少，且分散、对称；优先使用主块，并使其占砌块总数的 70%以上；上下皮应错缝搭接，空心砌块上下皮应孔对孔、肋对肋；外墙转角及外墙与内墙咬接处应咬接均匀。如图 4-37（a）、（b）所示。

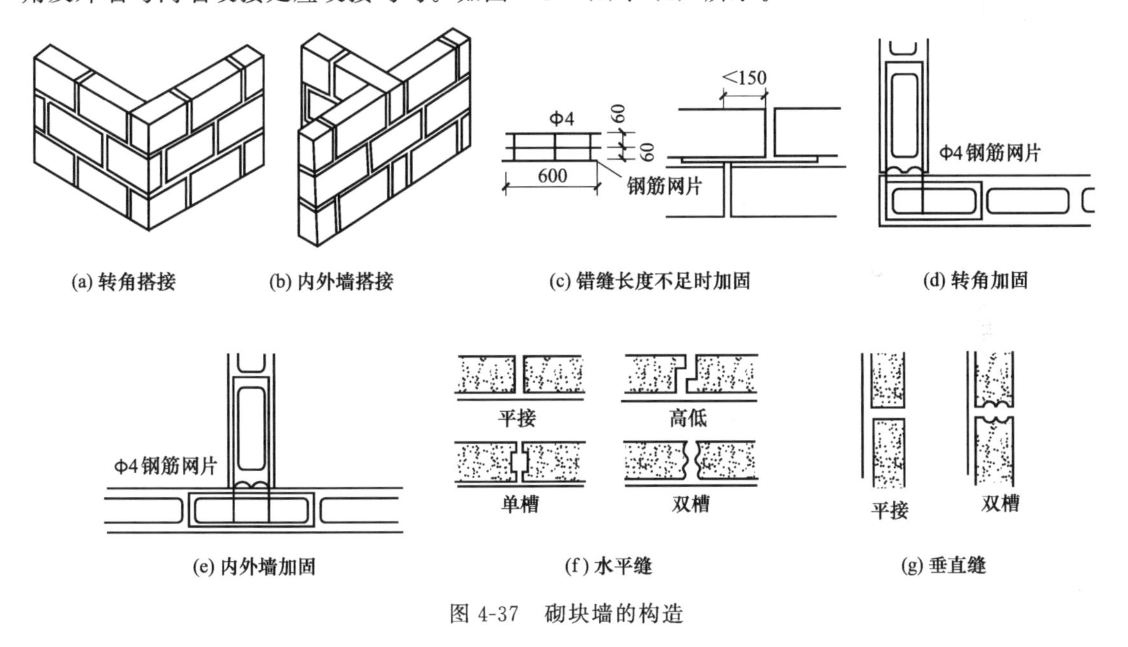

图 4-37 砌块墙的构造

3. 砌块墙的构造

（1）砌块墙的拼接　砌块墙的接缝有水平缝和垂直缝两种，缝的形式有平缝、凹槽缝和高低缝等，如图 4-37（f）、（g）。平缝多用于水平缝；凹槽缝和高低缝多用于垂直缝。砌块墙通常采用 M5 砂浆砌筑，灰缝宽度一般为 15～20mm。要求垂直缝填密实，水平缝砌筑应饱满，上、下、左、右砌块连接牢靠；上下皮砌块错缝长度不小于 150mm（小型砌块不小于 90mm），否则，应在水平缝内增设钢筋网片，使之拉结成整体。如图 4-37（c）、（d）、（e）所示。

（2）圈梁及过梁　为了加强砌块墙的整体性，通常层层设置圈梁。圈梁有现浇和预制两种。一般圈梁与过梁合并，以圈梁兼作过梁。

（3）砌块墙构造柱　利用空心砖砌块上下孔洞对齐的条件，在孔中对角、通长插入 2

Φ12～14 的钢筋，再用 C20 的细石混凝土分层灌实。构造柱与砌块墙连处拉结钢筋网片，每边伸入墙内不少于 1m，大型砌块每皮设置，中型砌块隔皮设置，小型砌块沿墙高每隔 600mm 设置。

四、隔墙

隔墙是非承重内墙，具有分隔建筑屋室内空间的作用。要求隔墙自重轻、厚度薄、便于拆卸，此外，依据所处位置不同，还要求有隔声、防水、防火、防潮等不同功能。常见隔墙有块材隔墙、立筋隔墙及板材隔墙等。

1. 块材隔墙

块材隔墙又称砌筑隔墙，是用普通黏土砖、空心砖和各种轻质砌块砌筑而成的隔墙，有普通砖隔墙和砌块隔墙两种。

(1) 普通砖隔墙　有半砖隔墙和 1/4 砖隔墙两种，构造如图 4-38 所示。

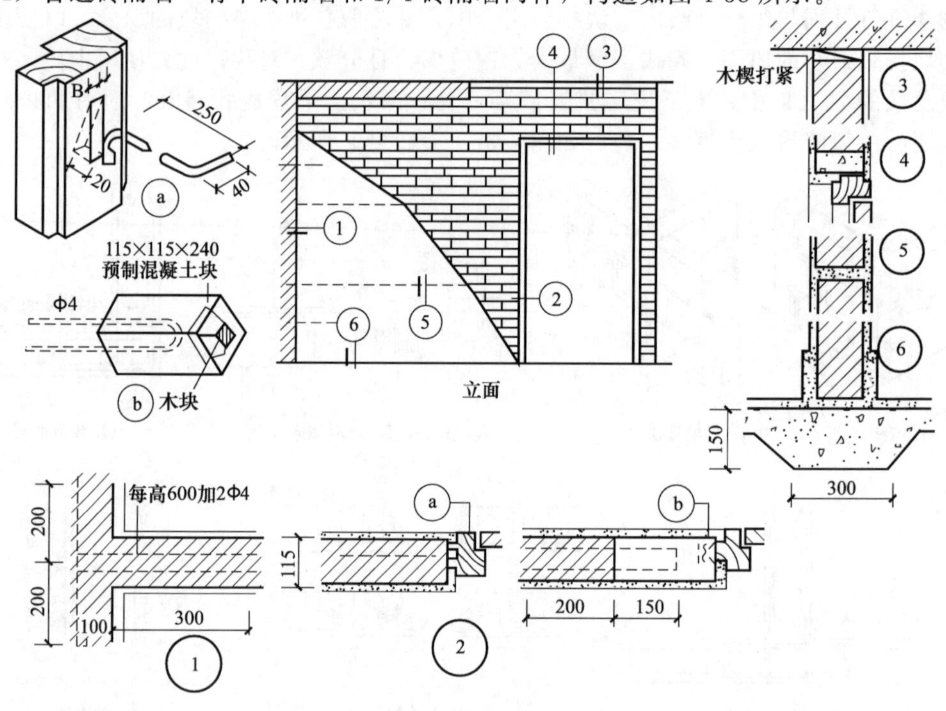

图 4-38　砖隔墙

① 半砖隔墙。厚为 120mm，是标准黏土砖顺砌而成。当用 M2.5、M5.0 砂浆砌筑时，隔墙长高分别不宜超过 5.0m×3.6m（长×高）、6.0m×4.0m（长×高）。当高度超过时，应在门过梁处设置通长的钢筋混凝土带；长度超过时，应设砖壁柱。为保证与隔墙两端的承重墙或柱连接牢固，应沿墙的高度每隔 1.2m 设一道 30mm 厚的水泥砂浆层，内设 2Φ6 钢筋。在隔墙顶部与梁和楼板交接处，应留有 30mm 的空隙用木楔塞紧或将上两皮砖斜砌，以防止楼板或梁结构产生挠度，致使隔墙被挤压。半砖隔墙坚固耐久、隔声，但自重大，湿作业多，施工麻烦，且不易拆卸。

② 1/4 砖隔墙。用标准砖侧砌而成，须用 M5 砂浆砌筑，高度、长度不宜超过 2.8m、3.0m，因稳定性较差，一般仅用在面积不大、无门窗部位，否则，须采取加固措施或改用半砖隔墙。

(2) 砌块隔墙　具有重量轻、隔热性能好、不破坏耕地等优点，目前，砌块隔墙常用的的砌块是加气混凝土块、粉煤灰硅酸盐砌块和水泥炉渣空心砖等。隔墙厚度由砌块尺寸而定，一般为90～120mm。因砌块空隙率大、吸水性强，砌筑时应在墙下先砌3～5皮黏土砖。砌筑原则同砌块墙；加固措施同半砖隔墙。砌块隔墙构造如图4-39所示。

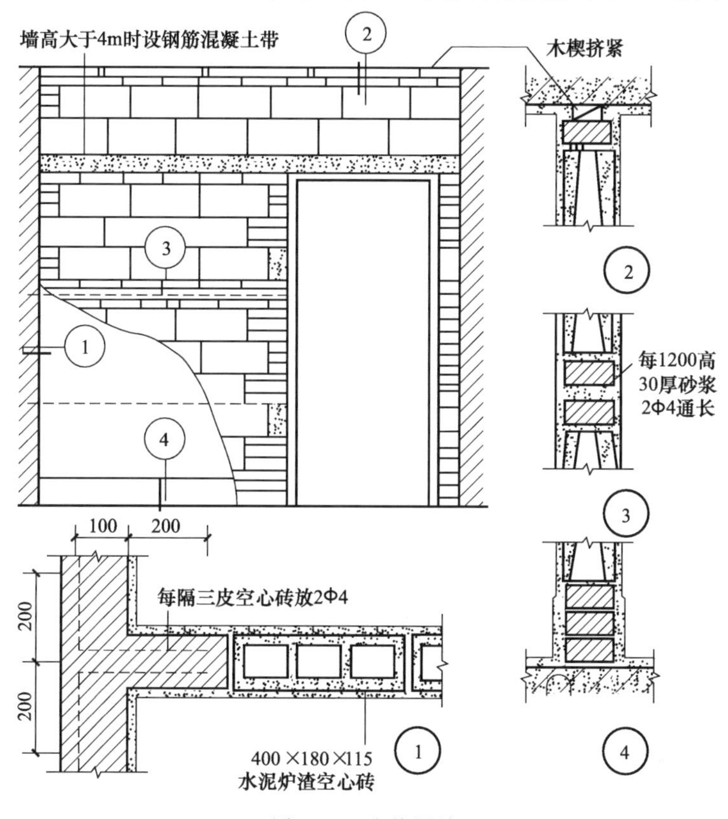

图4-39 砌块隔墙

2. 立筋隔墙

立筋隔墙也称轻骨架隔墙，由骨架和面层两部分组成。一般先立骨架再做面层。依据骨架材料有木骨架隔墙和金属骨架隔墙之分。

(1) 木骨架隔墙　木骨架由上槛、下槛、墙筋（或称为立柱）、横撑或斜撑组成。墙筋靠上槛、下槛固定，其间距决定于所用面层材料。骨架的安装程序：先用射钉将上槛和下槛（即导向骨架）固定在楼板上，然后安装墙筋和横撑或斜撑（即龙骨）。隔墙饰面是在木龙骨架上铺设各种饰面材料，常用有板条抹灰、装饰吸声板、纸面石膏板、水泥石膏板及水泥刨花板等。依据饰面材料，木骨架隔墙有板条抹灰隔墙、面板隔墙等种类。

① 板条抹灰隔墙。在木骨架墙筋上钉木板条，再在木条板上做抹灰面层，木板条间留7～10mm的间隙，使底灰挤入板条间隙的背面咬住板条；也可将板条间距放大，在板条上钉上钢丝网，或不用板条，直接在墙筋上钉上钢丝网，然后在钢丝网上做抹灰面层，此时，墙筋、板条的间距由钢丝网规格确定。图4-40为板条抹灰隔墙的构造示意。

② 面板隔墙。将装饰面板在墙筋的一面或两面装订，有镶嵌式和贴面式两种。镶嵌式是将面板镶嵌在骨架内；贴面式是将面板封钉于木骨架之外，并将木骨架全部掩盖。

(2) 金属骨架隔墙　指在薄壁型钢、铝合金等金属骨架外铺钉面板而成的隔墙。它具有强度高、刚度大、自重轻、整体性好、节约木材、易于加工和大量生产、装拆方便等特点。

金属骨架一般由沿顶与沿地龙骨、竖向与横撑龙骨、加强龙骨及各种配件组成；面板多

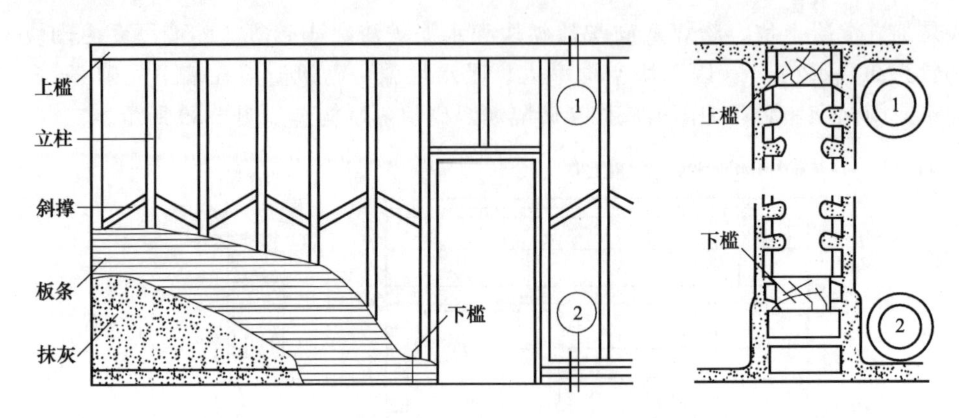

图 4-40　板条抹灰隔墙

为胶合板、纤维板、石膏板等薄型难燃或不燃材料制成的装饰面板。面板与骨架的固定方式有钉、粘、卡三种。如图 4-41 所示为金属骨架隔墙构造示意。

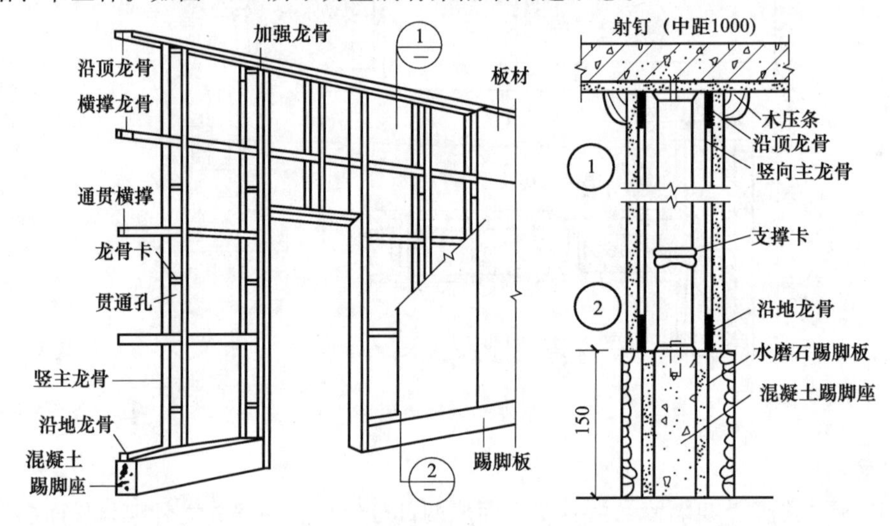

图 4-41　金属骨架隔墙（轻钢骨架）

3. 板材隔墙

板材隔墙是指不依赖骨架，而直接用轻质材料制成的各种预制轻型板材拼装而成的隔墙。具有自重轻、安装速度快、工业化程度高的优点。常见板材有加气混凝土条板、石膏条板、炭化石灰条板、石膏珍珠岩板及各种复合板（如泰柏板）等。做法：先在条板下部用木楔将条板顶紧，然后用细石混凝土堵严，再用黏结剂或粘接砂浆粘接板条之间的缝隙，并用胶泥刮缝，平整后做表面装修。如图 4-42 所示。

五、墙体饰面

墙体饰面是指墙体工程完成后，在墙面所做的装修层。

（一）作用与类型

1. 作用

（1）保护作用　使墙体不直接受风、霜、雨、雪、太阳辐射等的侵蚀，提高墙的防潮、防水、防风化、防辐射、防腐蚀等能力，增强墙体的耐久性。

（2）改善墙体的使用功能　通过增加墙厚、用装饰材料堵塞空隙，可以提高墙体的保

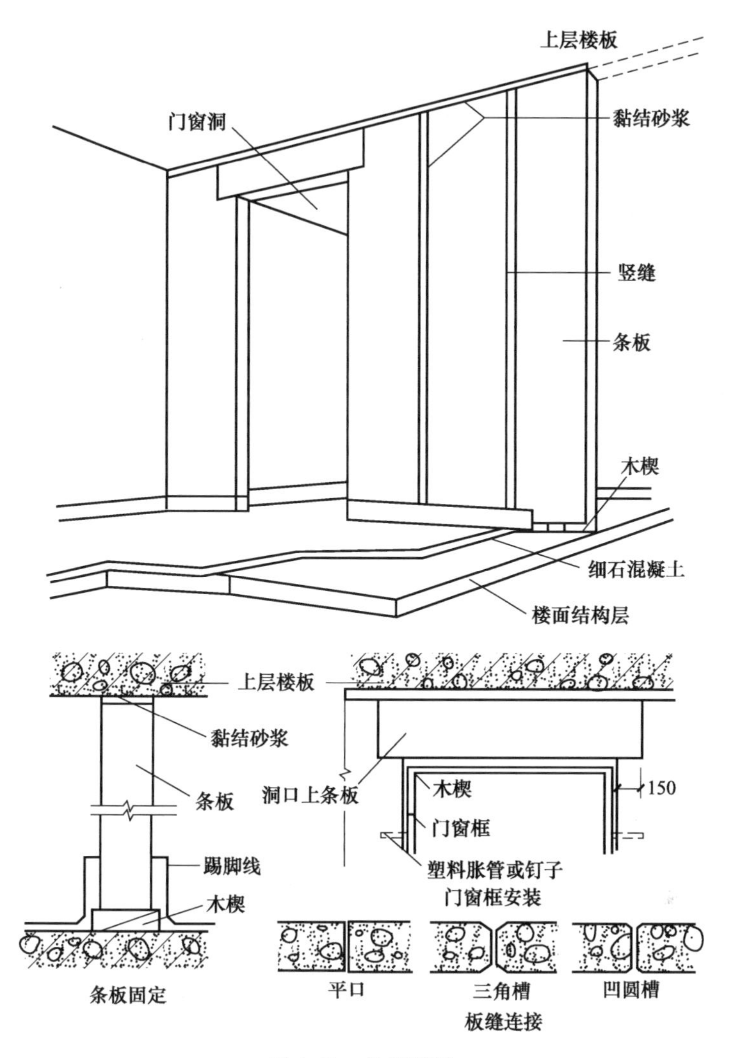

图 4-42　板材隔墙

湿、隔热和隔声能力；平整、光滑和色浅的内壁装修，可改善室内光照条件；利用饰面材料会产生对声音的吸收或反射作用可改善室内的音质效果。

(3) 提高建筑物的艺术效果　利用墙体饰面材料的色彩、质感和线脚纹样等处理，可以提高建筑的艺术效果、丰富和美化室内外空间环境。

2. 分类

墙体饰面因其位置不同，有内装修和外装修；按其材料和施工方式，又分有抹灰类、贴面类、涂料类、裱糊类、铺钉类等。

外装修用于外墙面，应选用强度高、耐久性强、抗冻性和抗腐蚀性好的材料。内装修用于内墙面，要根据室内使用空间的使用功能综合考虑。

(二) 抹灰类墙体饰面

1. 特点及分类

抹灰又称粉刷，采用水泥、石灰或石膏等为胶凝材料，加入砂或石渣，与水拌和成砂浆或石渣浆，抹到墙面上的一种传统的墙体饰面工艺。抹灰类饰面的材料来源广泛、造价低、施工操作方便，但劳动强度大、手工湿作业多、功效低，且饰面耐久性低、易开裂、易变色。抹灰按质量要求和主要工序划分为三种：普通抹灰、中级抹灰和高级抹灰。

2. 组成

为保证抹灰层牢固、平整、颜色均匀及面层不开裂、脱落，施工时应分层操作。抹灰装饰层由底层、中层和面层三个层次组成。抹灰总厚度依据位置不同而不同，一般室内为15～20mm；室外为20～25mm。普通抹灰由底层、面层组成；中级、高级抹灰在底层与面层之间有一层、多层中间层。

底层又叫刮糙，起粘接墙体表面、初步找平的作用。厚度为5～15mm。对一般墙体常用石灰砂浆或混合砂浆，对于混凝土墙体及有防潮、防水要求的墙体应用水泥砂浆。

面层也叫罩面，面层主要起装饰作用，使表面平整、美观、无裂痕。所用材料为各种砂浆或水泥砂浆。

中层起进一步找平的作用，减少底层砂浆干缩导致面层开裂的可能，同时作为底层与面层的结合层。厚度为7～8mm，层数要根据墙面装饰的等级确定。

3. 常用抹灰做法

根据饰面面层所用材料不同，有多种抹灰做法。常用抹灰做法见表4-3。

表4-3 常用抹灰做法 单位：mm

抹灰名称	做法范围	适用范围
纸筋(麻刀)灰	面:2～3厚纸筋(麻刀)灰抹面 底:12～17厚1∶2～1∶2.5石灰砂浆(加草筋)打底	普通内墙抹灰
混合砂浆	面:5～10厚1∶1∶6(水泥∶石灰膏∶砂浆)混合砂浆抹面 底:12～15厚1∶1∶6(水泥∶石灰膏∶砂浆)混合砂浆打底	外墙、内墙抹灰
水泥砂浆	面:10厚1∶2～1∶2.5水泥砂浆抹面 底:15厚1∶3水泥砂浆打底	内外墙易受潮部位
水磨石	面:10厚1∶1.5水泥石渣粉面,磨光、打蜡 底:12厚1∶3水泥砂浆打底	多用于室内潮湿部位
水刷石	面:10厚1∶1.4～1∶1.2水泥石渣抹面后水刷 底:10厚1∶3水泥砂浆打底	外墙
干粘石	面:3～5厚彩色石渣面层(用喷或甩方式进行) 中:7～8厚1∶0.5∶2(加2%107胶)混合砂浆粘接层 底:10～12厚1∶3水泥砂浆打底拉毛	外墙
斩假石	面:8～10厚水泥石渣粉面,斧剁斩毛 中:刷素水泥浆一道 底:15厚1∶3水泥砂浆打底	外墙、局部内墙

（三）贴面类墙体饰面

贴面类墙体饰面是将各种天然石材或人造板、块，通过绑、挂或直接粘贴在基层表面的装修工艺。具有耐久性好、装饰效果好、容易清洗等优点；但也存在个别块材脱落后难以修复等缺点。常用的贴面材料有陶瓷锦砖与陶瓷面砖、水磨石和水刷石等水泥预制板、天然花岗岩和大理石板等。其中质地细腻、耐候性差的瓷砖、大理石等常用于室内装修；质感粗放、耐候性较好的陶瓷锦砖与陶瓷面砖、花岗岩等多用于室外装修。

1. 陶瓷面砖和锦砖饰面

陶瓷面砖和锦砖饰面材料包括陶瓷面砖、陶土无釉面砖、瓷土釉面与无釉砖、陶瓷与玻璃锦砖等。当作为室外墙面装修时，多采用10～15mm厚1∶3水泥砂浆打底，5mm厚1∶1水泥细砂砂浆粘贴各类饰面材料。粘贴面砖时，常留13mm左右的缝隙，以增加材料的透气性。当作为室内墙面装修时，其构造多采用10～15mm厚1∶3水泥砂浆或1∶3∶6水泥石灰混合砂浆打底，8～10mm厚1∶0.3∶3水泥石灰混合砂浆粘贴各类饰面材料。

【注意】 陶瓷锦砖（又称马赛克）与玻璃锦砖施工时，应将牛皮纸面朝外整块粘贴在1∶1水泥细砂砂浆上，木板压平，待砂浆硬结洗去牛皮纸即可。其他构造与陶瓷面砖类似。

2. 天然石板、人造石板饰面

用于墙面装修的天然石板包括大理石板和花岗岩板，多用于高级墙体饰面中；人造石材常见的有水磨石板、人造大理石板等，较天然石材具有质轻、表面光洁、色彩多样、价格低廉等特点，广泛应用于中、高级墙体饰面中。石材饰面的施工方法有湿挂法和干挂法两种。

（1）湿挂法施工　适用于平面尺寸和厚度较小的石板。

① 天然石材。先在墙身与柱内预埋镀锌铁箍，固定立筋，在立筋上绑扎横筋，形成钢筋网，再用不易生锈的金属丝穿过事先在石板背面打好的孔眼，将石板绑扎在钢筋网上，上下两块石板用不锈钢卡销固定。上述过程中应注意，固定石板的水平钢筋（或钢箍）的间距应与石板的高度尺寸一致。在石板与墙之间通常留30mm缝隙，上部用定位活动木楔做临时固定，校正无误后，灌注1∶2.5水泥砂浆，每次灌入高度不宜超过200mm，且不大于1/3的板高，待砂浆初凝后，取出定位活动木楔，继续上层石板的安装。如图4-43（a）所示。

② 人造石材。由于人造石板背面预留钢筋挂钩，故不必在板上钻孔，直接用金属丝将板绑牢在水平钢筋（或钢箍）上即可，其他同天然石材。如图4-43（b）所示。

（2）干挂法施工　又称石材幕墙，适用于平面尺寸和厚度较大的石板。用专用的卡具、

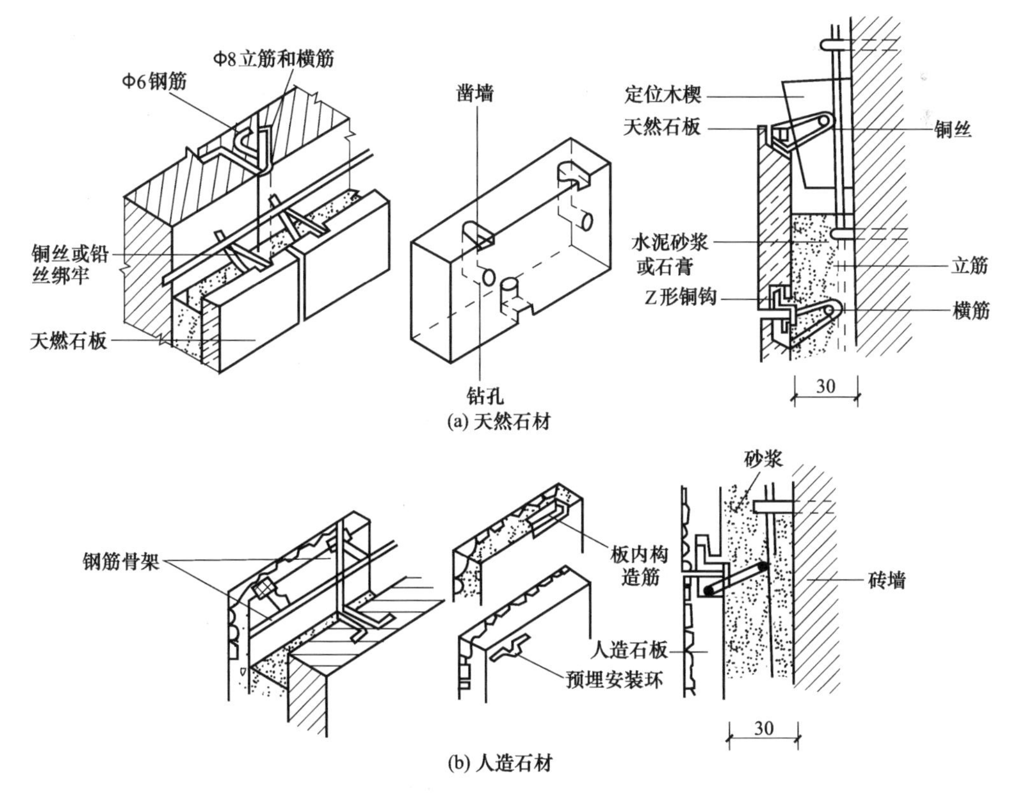

图4-43　石材湿挂法构造

射钉或螺钉，把石材与固定在墙上的角钢或铝合金骨架进行可靠连接，石板表面用硅胶嵌缝即可。如图4-44所示。

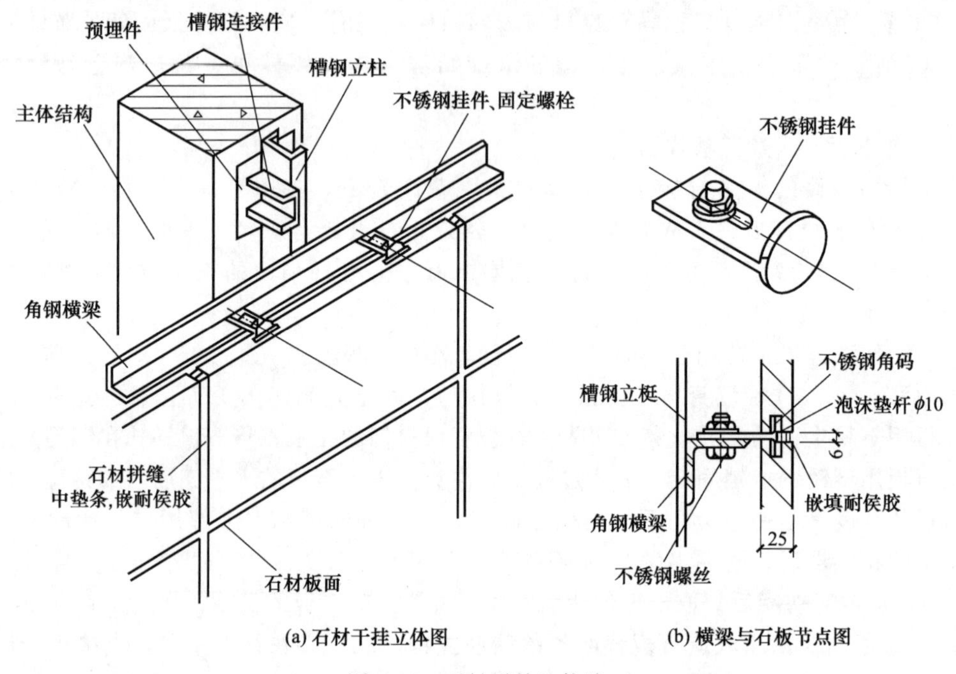

图4-44 石材干挂法构造

（四）涂料类墙体饰面

1. 特点

涂料类墙体饰面是指将涂料喷涂、刷涂或滚涂于基层表面，形成牢固完整的膜层，以达到保护、装饰墙面目的的一种装修工艺。涂料饰面涂层薄、抗蚀能力差，使用年限较短，但因其操作简单、工期短、工效高，维修更新快，并且自重轻、装饰性好、造价低，因此，在饰面装修工程中运用广泛。

2. 种类

建筑涂料种类繁多。按成膜物质分为有机、无机、复合涂料等；按其分散介质可分为溶剂型、水溶性、水乳型涂料等；按其功能可分为装饰涂料、防水涂料、防火涂料、防腐涂料、防霉涂料等；按其厚度和质感又分为薄质、厚质、复层等。不同类型，其特点及功能也不尽相同，进行墙体饰面时，应根据装修要求加以选择。

3. 工序

建筑涂料的施涂方法有刷涂、滚涂、喷涂、弹涂等。先在墙面上做抹灰面层，然后在面层上刷涂（滚涂、喷涂、弹涂）涂料。基层常用做法：内墙基层通常用纸筋灰粉面或混合砂浆抹面；外墙基层主要用混合砂浆抹面。具体操作时，应根据所使用涂料的特点、涂料施工工艺要求及墙体饰面要求拟定具体施工工序进行墙体饰面。

（五）裱糊类墙体饰面

1. 特点

裱糊类墙体饰面是将各种装饰性的墙纸、墙布、织锦等卷材类装饰材料裱糊在墙面上的一种装修方法，具有装饰性强、造价较经济、施工方法简捷高效、饰面材料更换方便等优点，并且在曲面和墙面转折处粘贴，可顺应基层，达到连续饰面的效果。

2. 分类

常用的饰面材料有墙纸、墙布、锦缎、皮革、薄木等。墙纸用于室内装饰，多为塑料墙纸，有普通纸基墙纸、发泡墙纸、特制墙纸三类，具有色彩及质感丰富、图案装饰性强易于擦洗等特色，其中特制墙纸用于有特殊功能或特殊装饰要求的场所，而具有吸声功能的发泡墙纸是目前最常用的一种墙纸；常用墙布有无纺墙布和玻璃纤维墙布两种，无纺墙布是一种高级饰面材料；锦缎、皮革、薄木等同无纺墙布一样为高级饰面材料，用于室内使用要求较高的场所。

3. 工序

主要介绍常用的一般裱糊类（墙纸或墙布等）装修方法。

（1）准备工作　墙纸（或墙布）作浸水或润水处理，以防其膨胀变形，同时处理基层，以达裱糊基层坚实牢固，表面平整光洁、线脚通畅顺直、不起尘、无砂粒和孔洞及基层保持干燥的要求。

（2）施工　在基层上满刷稀释的107胶水一遍，再涂刷黏结剂以防基层吸水过快；遵循先贴长墙面、后贴短墙面，先上后下、先高后低的顺序；上端不留余量，先在一侧对缝、或对花形、拼缝到底压实后再抹平大面；阳角转角处不留拼缝，裱糊面不得有气泡、空鼓、翘边、皱褶和污渍。

（3）接缝处理　相邻饰材接缝处若无拼花要求，在接缝处使两幅材料重叠20mm用钢直尺压在搭接宽度的中部，用工具刀进行裁切，然后将多余部分揭去，用刮板刮平接缝；当饰面有拼花要求时，则使花纹重叠搭接。

（六）铺钉类墙体饰面

铺钉类墙体饰面是将各种天然或人造饰面板通过镶、钉、拼、粘等方法固定在墙面上的一种装修方法。构造与立筋隔墙相似，由骨架和面板组成。施工时先在墙上立骨架，再在骨架上铺钉装饰面板。

（七）清水墙面

清水墙是一种不在砖墙外表做任何装饰的墙体。清水墙具有独特的线条质感和较好的装饰效果。

砌墙用砖的选择和砌筑质量是保证墙面效果的重要因素。墙面应进行勾缝处理，以避免空气和雨水侵蚀墙体，保证墙面整洁美观。勾缝有平缝、平凹缝、斜缝和弧形缝等，是用专用的工具将1∶1或1∶2的水泥砂浆抹入墙面灰缝中而成。如图4-45所示。

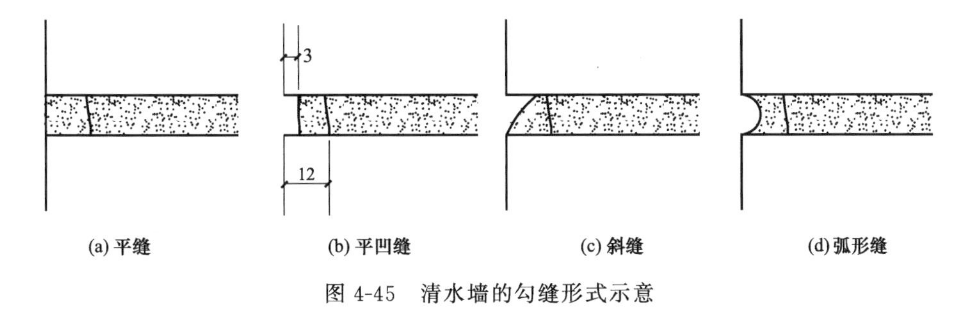

图4-45　清水墙的勾缝形式示意

第四节　楼层与地层

楼层是分隔建筑空间的水平构件，承受作用在其上的使用荷载，并连同楼层自重荷载通过墙或柱传给基础；地层是分隔建筑物最底层房间与土壤的水平构件，承受作用在其上的使用荷载，并将荷载及其自重直接（或通过墙或柱）传给地基。楼层和地层对墙或柱的水平支撑作用，减少了风力和地震产生的水平力对墙体的影响，加强了建筑物的整体刚度；同时，还具备一定的隔声、防火、防水、防潮等能力。

一、概述

1. 楼地层的设计要求

首先，楼地层必须有足够的强度和刚度以保证楼地层在承荷、传荷工作情况下安全可靠及正常使用；其次，为保证建筑物建筑功能上的要求、需要，楼地层还应有一定的隔声、防火、防水、保温隔热等能力，且便于在楼地层中敷设各种管线；第三，还应考虑经济上的要求，选用楼板时应尽量就地取材，并考虑提高装配化的程度；第四，适当考虑美观的要求。

2. 楼地层的构造组成及其作用

（1）楼层　一般由面层、结构层、附加层和顶棚层组成，如图 4-46 所示。

① 面层。又称楼面，是楼层的上表面部分。具有保护楼板、装饰室内环境的作用。

② 结构层。又称楼板，楼层的承重部分，一般包括板、梁等构件。

③ 附加层。又称功能层，根据使用功能的需要可设置在结构层的上部或下部。主要满足热工、防水、防潮、绝缘等的功能要求。

④ 顶棚层。位于楼层的最下部，主要有保护楼板、装饰室内、敷设管线等作用。在构造上有直接式顶棚和悬吊式顶棚之分。

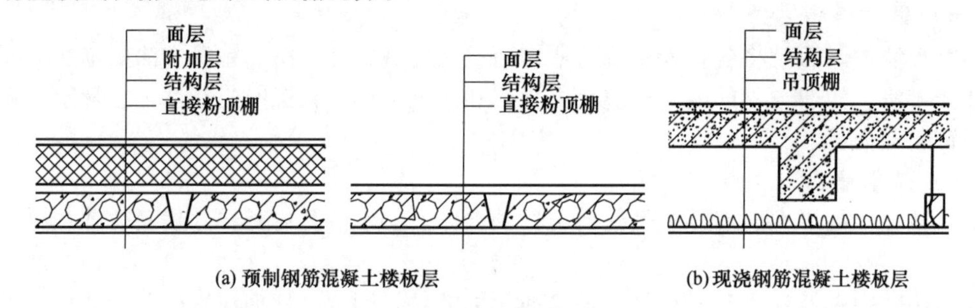

图 4-46　楼层的组成示意

（2）地层　又称地坪层，一般由面层、垫层和基层等组成。为满足使用和构造要求，必要时可在面层和垫层之间增设附加层，如防潮层、防水层、保温隔热层、管线敷设层等。如图 4-47 所示。

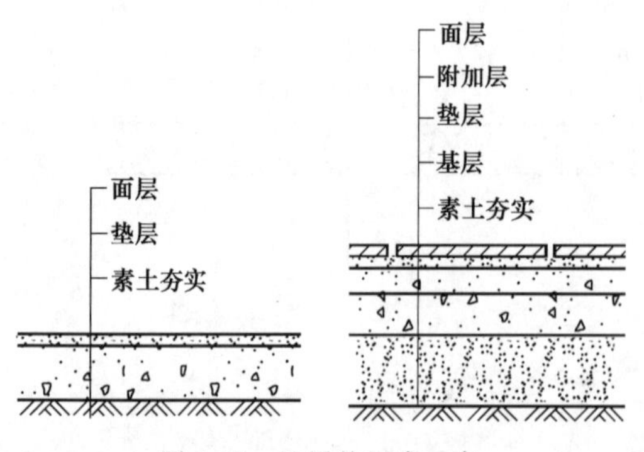

图 4-47　地层的组成示意

① 面层。又称地面，作用与做法同楼面。

② 垫层。是地层的结构层，起传力和找平的作用，通常由 C10 混凝土、三合土、灰土或碎砖等构成，其厚度一般为 80～100mm。

③ 基层。位于垫层之下，是地层的承重层，承受垫层传递下来的荷载，通常将土壤夯实作为基层，故又称地基。当建筑标准较高、地层上荷载较大、土壤条件较差或室内有特殊使用要求时，需对土壤进行换土或夯入砾石、碎砖，以加强基层，如 100～150mm 厚 2∶8 灰土或 100～150mm 厚三合土等。

二、楼板

（一）楼板的分类

楼板按所用材料不同，有木楼板、砖拱楼板、压型钢板组合楼板、钢筋混凝土楼板等类型。如图 4-48 所示。

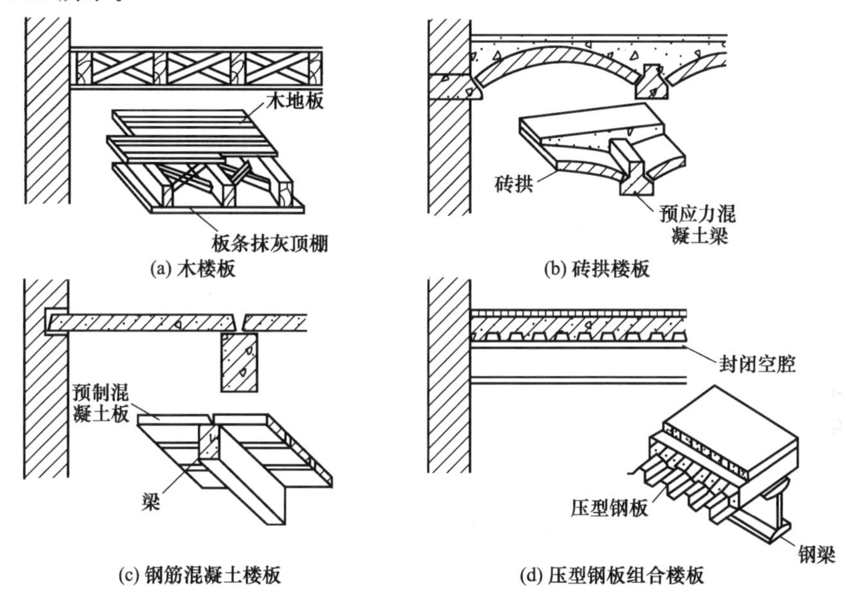

图 4-48　楼板的类型

（1）木楼板　我国传统做法，是在木隔栅上下铺钉木板，隔栅之间设有加强整体性和稳定性的剪力撑。木楼板自重小、构造简单、保温隔热性能好、舒适有弹性，但消耗木材较多，且耐火性、耐久性较差，目前已极少采用。

（2）砖拱楼板　用砖砌的拱形结构承受楼层的荷载。砖拱楼板节约钢材、水泥和木材，但自重大、抗震性能差、楼板占用空间较多、施工复杂，目前已很少采用。

（3）钢筋混凝土楼板　强度高、整体性好，有较强的耐久、防火和可塑性能，便于机械化施工和工业化生产，是目前应用最广泛的楼板类型。

（4）压型钢板组合楼板　是在钢筋混凝土楼板基础上发展起来的一种新型楼板。用压型钢板作为衬板与混凝土浇筑在一起而成。由于钢衬板作为楼板的受弯构件和底模，既提高了楼板的强度和刚度，又加快了施工速度，是目前大力推广的楼板形式。该楼板主要用于大空间建筑、高层民用建筑等。

（二）钢筋混凝土楼板

钢筋混凝土楼板按施工方法不同，有现浇式、装配式和装配整体式三种。

1. 现浇钢筋混凝土楼板

现浇钢筋混凝土楼板是在施工现场通过支模、绑扎钢筋、浇筑混凝土并养护、拆模等工序制作而成。由于楼板是整体浇筑成形，具有良好的整体性和刚度，但也存在模板用量大、施工速度慢等缺点。适用于对整体性和抗震性能要求较高的建筑；对平面布置不规整、尺寸不符合模数要求、有较多管道穿越和防水要求较高的楼面，适宜采用现浇钢筋混凝土楼板。

现浇钢筋混凝土楼板根据受力和传力情况可分为板式楼板、梁板式楼板、无梁楼板和压型钢板组合楼板等。

（1）板式楼板　指板内不设置梁，而被直接搁置在墙上的楼板。受力和传力途径：楼板上的荷载→楼板→墙体。优点：楼板底面平整、施工方便、建筑物净高与层高差异小。多用于跨度较小的房间（如厨房、卫生间、走廊等）。

对于四边支撑的楼板，根据受力特点，分为单向板和双向板。单向板的长边与短边之比大于 2，荷载主要沿板短边方向传递；双向板的长边与短边之比不大于 2，荷载沿板长边和短边两个方向传递。

（2）梁板式楼板　当房间尺寸较大时，为减小板的跨度，在板下设梁所形成的由板、梁组成的楼板，如图 4-49 所示。受力和传力途径：楼板上的荷载→板→梁（→次梁→主梁）→墙体或柱。优点：减小大尺寸房间板的跨度，使楼板结构受力和传力更加合理。

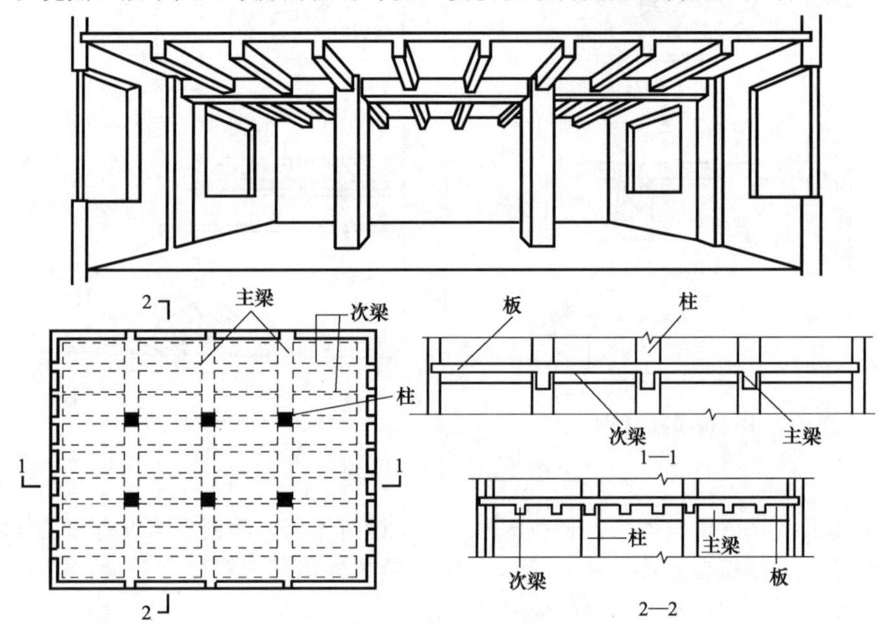

图 4-49　梁板式楼板

楼板中的梁分为主梁和次梁。主、次梁的布置对建筑的使用、造价和美观等有很大的影响。梁板式楼板常用的经济尺寸详见表 4-4。

表 4-4　梁板式楼板常用的经济尺寸

构件名称	跨度 l/m	H/m	截面宽度/m
主梁	5～8	$\left(\frac{1}{8}\sim\frac{1}{14}\right)l$	$\left(\frac{1}{3}\sim\frac{1}{2}\right)H$
次梁	4～6	$\left(\frac{1}{12}\sim\frac{1}{18}\right)l$	$\left(\frac{1}{3}\sim\frac{1}{2}\right)H$
板	1.7～2.5	板的最小厚度：单向板为 60mm；双向板为 80mm	

当房间尺寸较大（通常不小于 10m）且接近正方形时，常沿两个方向布置等距离、等截面尺寸的梁，不分主次，即形成梁板式楼板中的特殊形式——井式楼板。井式楼板有正井式和斜井式两种。梁与其支撑（墙或梁）之间成正交布置的为正井式，见图 4-50（a）；成斜交布置的为斜井式，见图 4-50（b）。井式楼板可用于较大的无柱空间，且楼板底部井格整齐划一，韵味十足，具有较好的装饰效果，常用在建筑的门厅、大厅、会议室、餐厅、小型礼堂和舞厅等处。

（3）无梁楼板　无梁楼板是将楼板直接支撑在柱子上，不设主次梁，如图 4-51 所示。

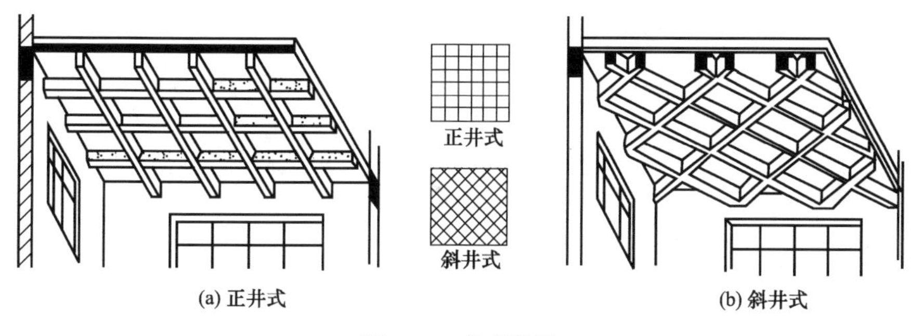

图 4-50 井式楼板

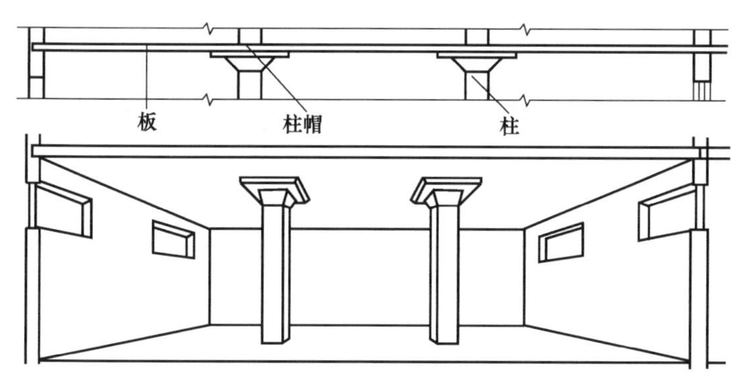

图 4-51 无梁楼板

无梁楼板分为有柱帽和无柱帽两种，当荷载较大时，为避免楼板太厚，同时为了提高楼板的承载能力、刚度和抗冲切能力，应采用有柱帽无梁楼板。

无梁楼板的柱网一般布置成方形或矩形，以方形柱网较为经济，跨度一般不超过 6m，板厚通常不小于 120mm。无梁楼板楼层净空较大，顶棚平整，采光通风和卫生条件较好，但厚度较大。多用于活荷载较大的商店、仓库、展览馆等建筑中。

（4）压型钢板组合楼板　是利用凹凸相间的压型薄钢板做衬板，与现浇混凝土浇筑在一起，支撑在钢梁上构成的整体型楼板。优点：由于压型钢板既起到现浇混凝土的永久性模板作用，同时与混凝土共同受力，可简化施工程序，加快施工速度，并且刚度大、整体性好；还方便敷设电力或通信管线，亦可在钢衬板底部焊接架设悬吊管道、通风管道和吊顶棚的支柱，使得楼板结构中的空间得到充分利用。缺点：耐火性和耐锈蚀性不如钢筋混凝土楼板，且用钢量大、造价较高。适用于大空间的建筑及高层建筑。

压型钢板组合楼板由钢梁、压型钢板和现浇混凝土三部分组成，压型钢板有单层和双层之分，其基本构造形式如图 4-52 所示。压型钢板之间可通过自攻螺栓连接、膨胀铆钉固接和压边咬接等方式连接，压型钢板组合楼板的整体连接由栓钉将钢筋混凝土、压型钢板和钢梁连接成整体，栓钉应与钢梁焊接。

2. 预制装配式钢筋混凝土楼板

预制装配式钢筋混凝土楼板是指在构件预制加工厂或施工现场制作，然后进行现场安装的楼板。优点：工期短、施工机械化程度高、建筑工业化水平高。缺点：楼板的整体性、防水性、灵活性较差。一般用于建筑设计中平面形状规则，尺寸符合模数要求和管道穿越楼板较少的建筑物。

预制装配式钢筋混凝土楼板可分为预应力和非预应力两种。与非预应力楼板相比，预应力楼板可推迟裂缝的出现并限制裂缝发展，具有较高的抗裂度和刚度，并可节约钢材30%～

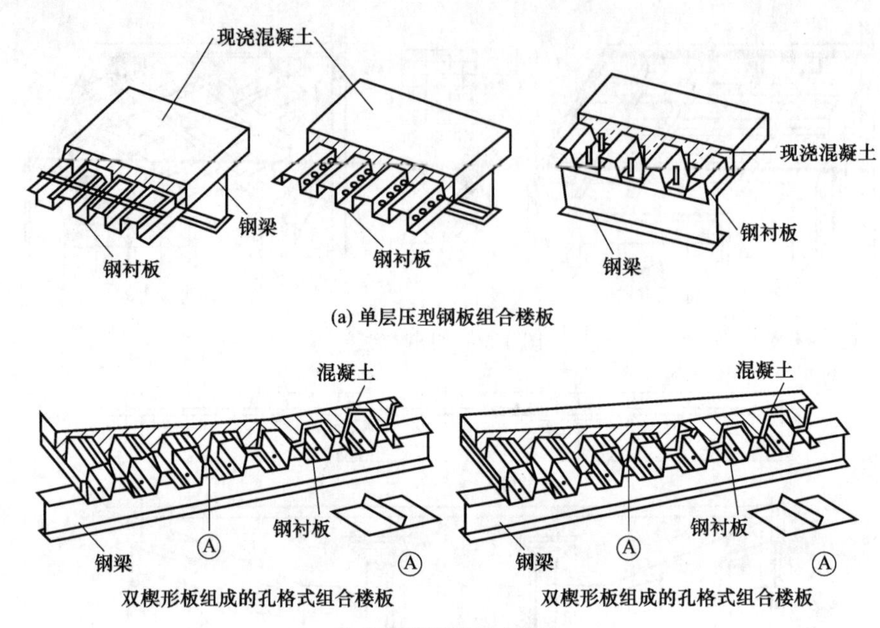

图 4-52 压型钢板组合楼板构造

50%，节约混凝土 10%～30%，使自重减轻、造价降低。

常用预制钢筋混凝土板有实心平板、槽形板和空心板等三种。

(1) 实心平板 实心板上下平整，制作简单，一般用在跨度较小的走道、楼梯平台、阳台等处，也可用做搁板或管道盖板等。

预制实心板的两端支撑在墙或梁上，其跨度一般不超过 2.5m，板宽多为 500～1000mm，板厚为跨度的 1/30，一般为 60～80mm。如图 4-53 所示。

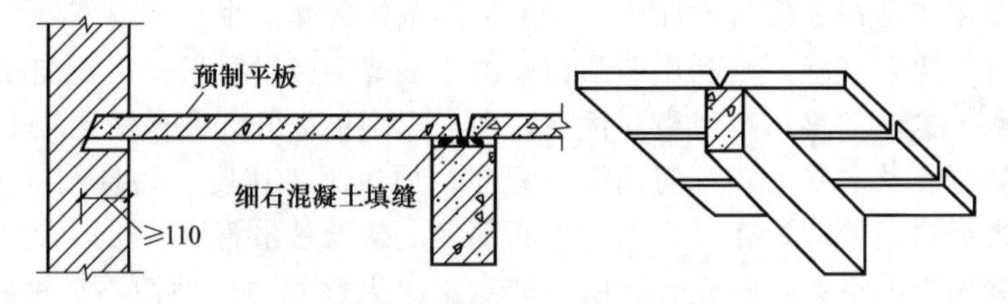

图 4-53 预制钢筋混凝土实心平板

(2) 槽形板 槽形板是一种梁板结合的预制构件，即在实心板的两侧设置相当于小梁的纵肋，构成槽形截面。作用在槽形板上的大部分荷载及其自重将首先传至两侧的纵肋来承受，因此，板可做得较薄，具有自重轻、省材料、造价低、便于开孔等优点，但隔声效果较差。

槽形板的厚度为 25～30mm，肋高为 150～300mm，跨度为 3～6m。为了增强槽形板的刚度且便于搁置，常在板的两端设与纵肋相连的端肋。当板跨超过 6m 时，应在板的中部每隔 500～700mm 处增设横肋一道。为避免端肋被挤压，可在板端深入墙内部部分堵砖填实。

槽形板的搁置方式有正槽板（板肋朝下）和倒槽板两种。正槽板板顶不平，常做吊顶遮盖；倒槽板则在槽内填充轻质材料，满足隔声、保温隔热等要求，但受力不甚合理，且必须做面板。如图 4-54 所示。

(3) 空心板 空心板是将平板沿纵向抽孔而成的一种梁板结合的预制构件。空心板上下

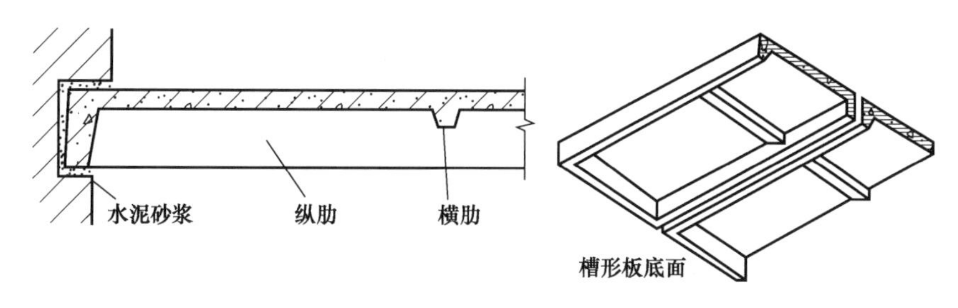

(a) 正置槽形板板端支承在墙上

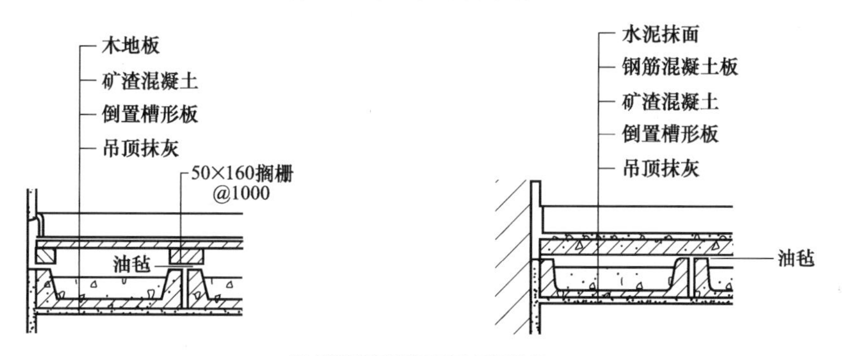

(b) 倒置槽形板楼面及顶棚构造

图 4-54　槽形板

板面平整、自重轻、省材料、隔声效果优于槽形板，是目前运用最为广泛的一种预制楼板。但空心板板面不能随便开洞，故不适用于管道穿越较多的房间。

空心板按板内抽孔方式有方孔板、椭圆孔板和圆孔板等三种，其中，圆孔板制作最为简单，运用最为广泛。如图 4-55 所示。

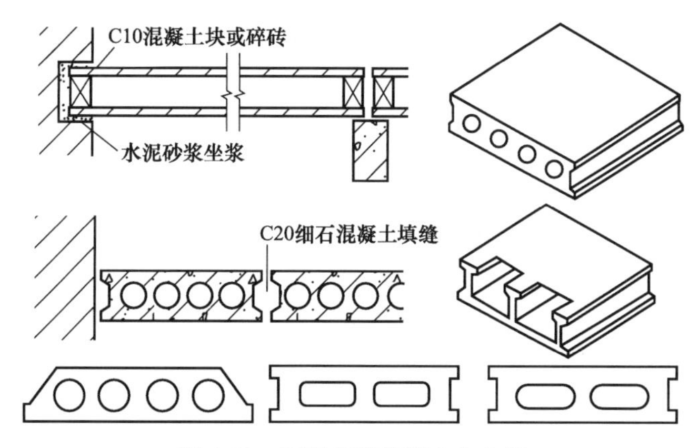

图 4-55　预制钢筋混凝土空心板

空心板有中型和大型之分，中型板板跨多在 4.5m 以下，板宽 500～1500mm，板厚 90～120mm。大型空心板板跨为 4.5～7.2m，板宽为 1200～1500mm，板厚为 180～240mm。空心板的两端端孔应以砖或混凝土填塞，以避免板端部被压坏及灌注端缝时漏浆。

（4）预制板的布置方式　板的支撑方式有板式结构和梁板式结构两种，各自受力特点及传力途径同现浇板。当预制板直接搁置在墙上时称为板式结构布置，一般多用于横墙较密的住宅、宿舍和办公楼等建筑；当预制板搁置在梁上时为梁板式结构布置，多用于教学楼和实验楼等开间进深都较大的建筑。

当采用梁板式结构时，板在梁上的搁置方式有两种，一种是直接搁置在梁顶上；一种是搁置在梁（如十字梁或花篮梁）两侧的挑耳上，这时板的顶面与梁顶面平齐，在梁高不变的情况下，梁底净高相应增加一个板厚，板的跨长应减去梁宽。

（5）预制楼板的结构布置原则　尽量减少板的规格、类型；优先选择宽板，窄板作为调剂使用；有上下水管线、烟道、通风道穿过楼板时，尽量做成现浇钢筋混凝土板或局部现浇；在板的布置时，空心板应避免三边简支，即板的长边不得搁置在墙体或梁上，否则会引起板的开裂。

（6）板的搁置及锚固　预制板直接搁置在墙上或梁上应有足够的搁置长度。在墙上的搁置长度：内墙不小于 100mm、外墙不小于 120mm；梁上的搁置长度：应不小于 80mm。板在搁置前应在墙或梁上铺厚度为 20mm 厚 M5 水泥砂浆，即坐浆，以保证板的平稳与受力均匀。如图 4-56 所示。

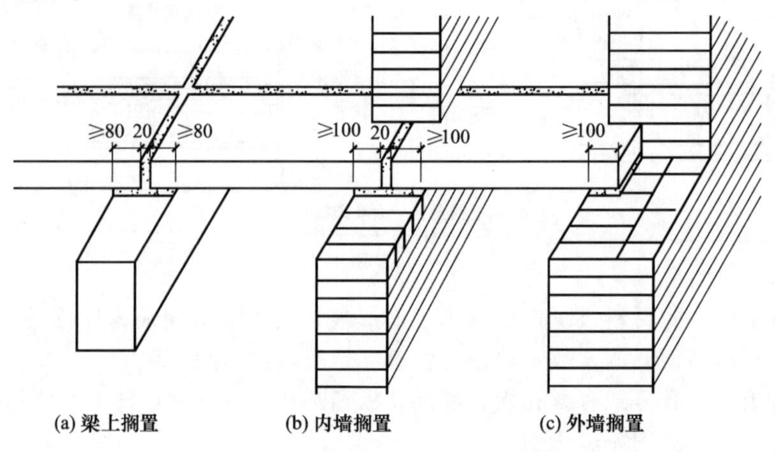

图 4-56　预制板在梁、墙上的搁置要求

此外，为增强房屋的整体刚度和抗震性能，板与墙、梁之间及板与板之间常用拉结钢筋予以锚固。拉结钢筋的设置与锚固构造做法应满足抗震要求。

在抗震设防的建筑物中，圈梁应紧贴预制楼板板底设置，外墙则应设缺口圈梁，将预制板箍在圈梁内，以免地震发生时，墙体倾倒致使楼板失去支撑而塌落伤人。

（7）板缝处理　板的接缝分侧缝和端缝两种，为了加强板的整体性，通常用砂浆或细石混凝土填入板缝，即对板缝做灌缝处理。具体如下所述。

① 侧缝。侧缝一般有 V 形缝、U 形缝和凹槽缝三种形式，如图 4-57（a）、（b）、（c）所示。V 形缝和 U 形缝容易灌浆，适用于厚度较薄的板；凹槽缝连接牢固、整体性好，但灌浆捣实困难。在排板过程中板宽方向不够整块数的尺寸称为板缝差，一般可通过调整板缝、局部现浇等办法解决板缝差。板缝处理如图 4-57（d）所示。当板缝差超过 200mm 时，需重新选择板的规格。

② 端缝。一般只需将板缝内填实细石混凝土，使之相互连接。对于整体性、抗震性要求较高的房间，可将板端外露的钢筋交错搭接在一起，然后浇筑细石混凝土灌缝。

（8）楼板上隔墙的处理　当预制楼板上的隔墙为轻质隔墙时，可搁置在楼板的任何位置。当隔墙的自重较大时（如黏土砖隔墙、砌块隔墙等），如果隔墙与板跨平行，不宜将隔墙的重量完全由一块板来承担。可采用设置小梁、配筋现浇板带或将搁板搁在槽形板的纵肋上等方法；如果隔墙与板跨垂直，应通过结构计算选择合适的预制板型号，并在板面加配构造钢筋。如图 4-58 所示。

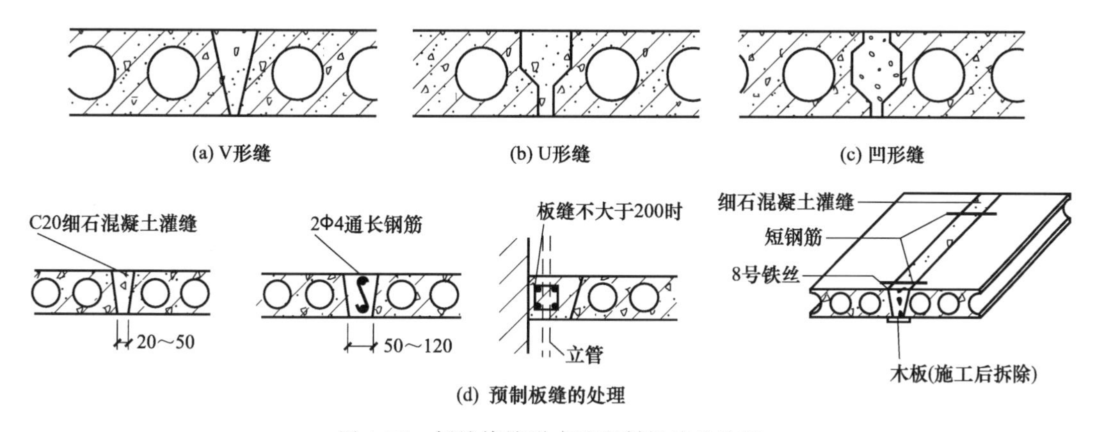

图 4-57 侧缝接缝形式及预制板缝的处理

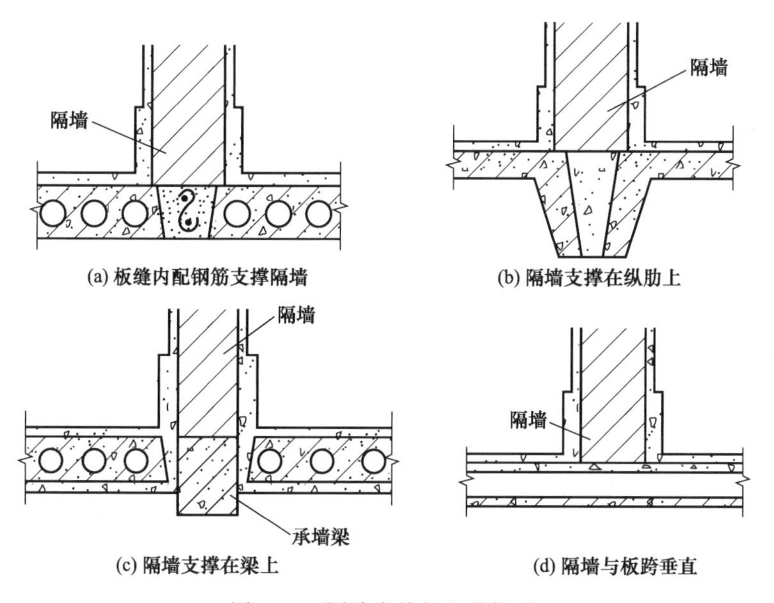

图 4-58 隔墙在楼板上的搁置

3. 装配整体式钢筋混凝土楼板

装配整体式钢筋混凝土楼板是将楼板中的部分构件预制、安装后，再通过现浇的部分连成整体，兼有现浇楼板及装配式楼板的优点。常用的装配式楼板有叠合楼板和密肋填空块楼板两种。

(1) 叠合楼板　在预制板吊装就位后，再现浇一层钢筋混凝土与预制板结合成整体的楼板。预制板部分通常采用预应力或非预应力薄板，其表面通常做刻槽处理或露出较规则的三角形结合钢筋。适用于住宅、宾馆、学校、办公楼、医院等建筑中。

(2) 密肋填充块楼板　密肋填充块楼板的密肋有现浇和预制两种，前者是在填充块之间现浇密肋小梁和面板，其填充块有空心砖、轻质块或玻璃钢壳等，见图 4-59 (a)；后者的密肋常见的有预制倒 T 形小梁、带骨架芯板等，见图 4-59 (b)、(c)。这种板充分利用不同材料的性能，能适应不同跨度和不规则的楼板，并有利于节约模板。

三、地面

楼层、地层的面层统称为地面，地面是楼层、地层中人、设备和家具直接接触的部分，也是建筑中直接承受荷载、经常受到摩擦、清扫和冲洗的部分。地面应具有足够的坚固性；

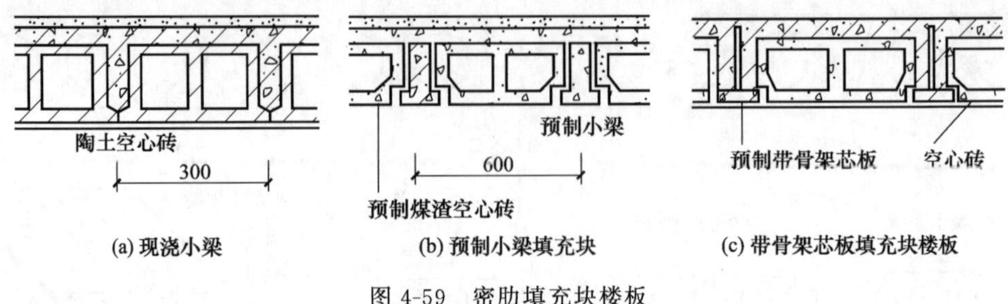

图 4-59 密肋填充块楼板

具有不易被磨损、破坏，易清洁、不起灰等优点；并依据房间的功能要求，还应具有一定的保温、隔热性能，一定的防潮、防水、防火、耐燃烧和防腐蚀能力；满足室内装饰的美观要求。按材料和施工方式不同，有整体地面、块材地面、卷材地面和涂料地面等。

1. 整体地面

整体地面是指用现场现浇的方法做成整体的地面。常见的有水泥砂浆地面、细石混凝土地面、水磨石地面等。

（1）水泥砂浆地面　简称水泥地面。优点：坚固耐磨、防水、构造简单、施工方便、造价低廉，是目前应用最广泛的一种低档地面作法；缺点：易结露、易起灰、无弹性、热传导性高等。常见的有普通水泥地面、干硬性水泥地面、磨光水泥地面、防滑水泥地面和彩色水泥地面等。

水泥砂浆地面有单层和双层之分。单层作法为 15～20mm 厚（1∶2）～(1∶2.5）水泥砂浆抹光压平；双层作法是先以 15～20mm 厚 1∶3 水泥砂浆打底找平，再用 5～10mm 厚(1∶1.5)～(1∶2）水泥砂浆抹面。如图 4-60 所示。

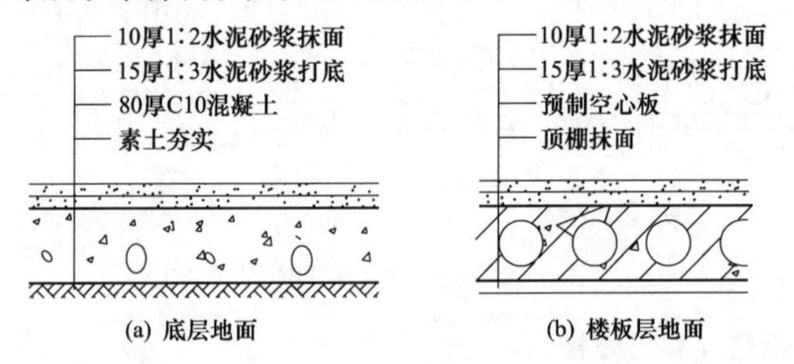

图 4-60 水泥砂浆地面

（2）水磨石地面　又称磨石子地面，是将天然石料的石屑用水泥砂浆拌和在一起，浇筑抹平结硬后再磨光、打蜡而成的地面。优点：表面光洁、美观，不易起灰；缺点：造价较高，易返潮。常用于公共建筑的大厅、走廊、楼梯及卫生间等地面。做法：先在找平层上嵌固分格条，高度同面层的厚度；再用 15～20mm 厚水 1∶3 水泥砂浆打底找平，刷素水泥浆结合层，铺 15～20mm 厚（1∶1.5)～(1∶2.5）水泥石屑浆抹面，待水泥凝到一定硬度后，用磨光机打磨，再用草酸清洗，打蜡保护，如图 4-61 所示。分格条将面层按设计分隔成正方形、长方形、多边形等各种图案，有玻璃条、铜条、铝条等，视装修要求而定。

（3）细石混凝土地面　是浇筑 30～40mm 厚 C20 细石混凝土层，在混凝土初凝时用铁滚压出浆水抹平，终凝前用铁板压光直接形成的地面。优点：刚度好、强度高、不易起尘。通常在细石混凝土中加配双向Φ4@200 的钢筋网片，以增加地面的整体性和抗震性能。

2. 块材地面

块材地面又称镶铺类地面，是利用各种人造或天然的预制块材、板材镶铺在基层上的地

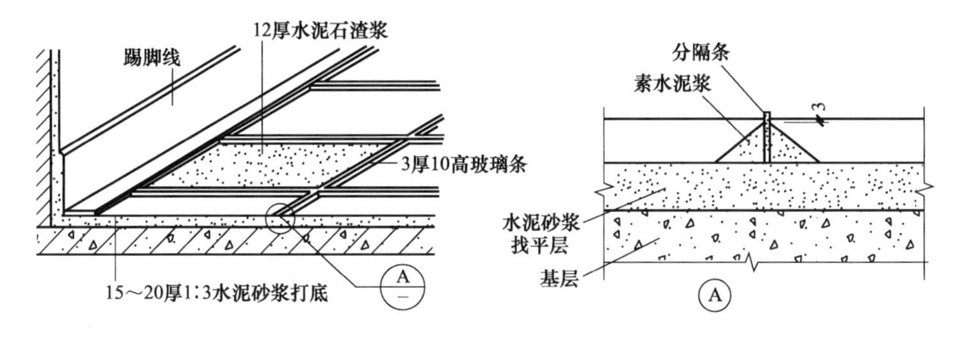

图 4-61 水磨石地面的构造

面。常用的块材地面有普通黏土砖、水泥砖、缸砖、陶瓷锦砖、人造石板、天然石板及木地板等。块材用胶结材料铺砌或粘贴在结构层或垫层上。胶结材料既起粘接作用，又起找平作用，常用的胶结材料有水泥砂浆、沥青胶以及各种聚合物改性黏结剂等。按块材材料分有陶瓷板块地面、石板地面、木地面。

(1) 陶瓷板块地面 用于地面的陶瓷板块有缸砖、釉面砖、无釉防滑地砖、抛光同质地砖和陶瓷锦砖等类型。特点：表面光洁、质地坚硬、耐压耐磨、抗风化、耐酸碱等。做法：在结构层或垫层找平的基础上，用 5～10mm 厚 1：1 水泥砂浆粘贴，必要时在砖块间留有一定的灰缝，如图 4-62 (a) 所示。

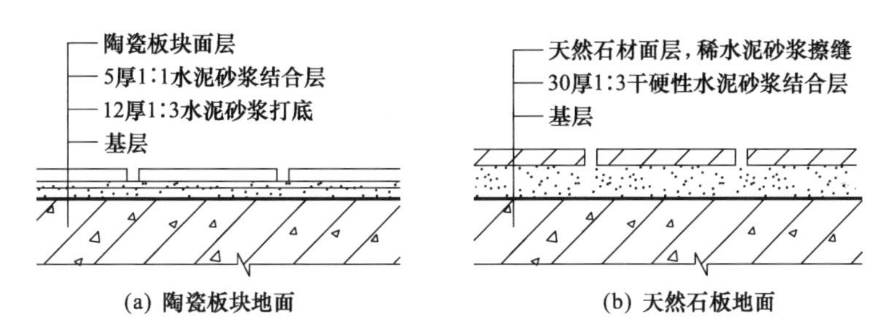

图 4-62 水磨石地面的构造

(2) 石板地面 石板地面包括天然石材地面和人造石板地面，多用于高级宾馆、会堂、公共建筑的大厅等处。常用的天然石板指大理石和花岗岩石板，质地坚硬、色泽丰富艳丽但造价昂贵，属高档涤棉装饰材料；人造石板有预制水磨石板、人造大理石板等，较天然石材造价低廉。做法：在基层上刷素水泥浆一道，30 厚 (1：3)～(1：4) 干硬性水泥砂浆结合层粘接，板缝用稀 (素) 水泥砂浆擦缝。如图 4-62 (b) 所示。

(3) 木地面 主要特点是有弹性、保温性好、不起尘、不返潮、易清洁，但耗费木料较多、造价高。木地面常用于高级住宅、体育馆、健身房、剧院舞台等建筑中。木地面按构造方式可分为空铺、实铺和粘贴三种，其构造如图 4-63 所示。

3. 卷材地面

卷材地面主要是指粘贴各种卷材、半硬质块材的地面。常见的有塑料地板、橡胶地毡和化纤、纯毛麻地毯等。

(1) 塑料地板地面 常用塑料地板为聚氯乙烯塑料地板革和聚氯乙烯石棉地板两种，其中前者又称地板胶，是软质卷材，既可直接干铺在地面上，又可用黏结剂粘贴；后者质地较硬，常做成 300mm×300mm 的小块地板用黏结剂对缝粘接。

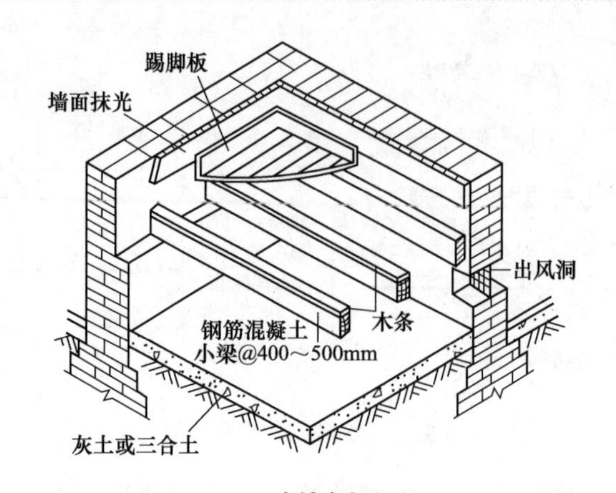

(a) 空铺式木地面

踢脚 通风口 盖缝条 硬木地板 木搁栅 结构层 刷冷底子油和热沥青各一道

盖缝条 水泥砂浆找平层 冷底子油一道热沥青粘接层 钢筋混凝土板

(b) 实铺式木地面　　(c) 粘贴式木地面

图 4-63　木地面的构造

塑料地板地面具有步感舒适、柔软而富有弹性，轻质、耐磨、防水、防潮、耐腐蚀、绝缘、隔声、易清洁、施工方便、色泽明亮、图样多样等优点。多用于住宅、公共建筑及工业厂房中要求较高清洁环境的房间，其缺点是不耐高温、怕明火、易老化。

(2) 橡胶地毡地面　橡胶地毡是以橡胶为基料，掺入填充料、防老剂、硫化剂等制成的卷材。可直接干铺于地面上，也可用黏结剂粘贴在水泥砂浆找平层上。

橡胶地毡地面具有耐磨、柔软、有弹性、吸声、防滑、防水、防潮、绝缘、价格低廉等优点。

(3) 地毯地面　地毯类型较多，按地毯面层材料不同，有化纤地毯、羊毛地毯、棉织地毯等。铺设方法有固定和不固定两种，固定式通常是将地毯用黏结剂粘贴在地面上，或将地毯四周定牢；不固定式即干铺法，是直接将地毯摊铺在地面上。地毯地面具有柔软舒适、吸声、隔声、保温、美观、施工方便等优点，是理想的地面装修材料，但价格较高。通常用于装饰格调要求较高的建筑中。

4. 涂料地面

涂料地面是为了改善水泥地面和混凝土地面易开裂、易起尘、不美观等使用上和装饰上的不足，而对其进行的一种处理形式，即在其地面上涂布一层溶剂性涂料或聚合物涂料，硬化后形成一整体无缝的面层。

常见的涂料包括水乳型、水溶型和溶剂型等涂料。这些涂料与水泥地面粘接力强，具有耐磨、耐酸、耐碱、抗冲击、防水、无毒、施工方便、价格低廉等优点，适合于一般建筑水泥地面的装修。

5. 踢脚板构造

地面与墙面交接处的垂直部位，在构造上通常按地面的延伸部分来处理，这一部分被称为踢脚板，也称踢脚线。踢脚板具有保护墙面，防止墙面因受外界的碰撞而损坏，或在清洗地面时，防止污染墙面的作用。所用材料一般与地面相同或一致，踢脚板的高度一般为100～200mm。

四、顶棚

顶棚又称平顶或天花，是楼板层的最下面部分，也是室内的一个饰面。要求顶棚表面光洁、美观、能起反射和改善室内照度等，以提高室内装饰效果；对某些有特殊要求的房间，还要具有隔声或反射声音、防水、保温、隔热、管道敷设等功能，以满足使用要求。

顶棚一般多为水平式，但依据房间用途及装修要求，还可做成弧形、凹凸形、高低形、折线形等；顶棚按构造方式不同又有直接式顶棚和悬吊式顶棚两种。

1. 直接式顶棚

直接式顶棚是指直接在楼板结构层下喷刷、抹灰、粘贴装修材料而成的顶棚。具有构造简单、施工方便、造价较低、节省室内空间等的特点，广泛运用于各类建筑中。

（1）直接喷刷顶棚　楼板底面勾缝刮平后直接喷、刷大白浆、石灰浆等涂料。通常用于观瞻性要求不高的房间。

（2）抹灰顶棚　楼板底面勾缝刷水泥浆后抹灰再喷刷涂料的顶棚。适用于一般装修标准的房间。抹灰顶棚一般有麻刀灰（或纸筋灰）、水泥砂浆、混合砂浆顶棚等，其中麻刀灰顶棚运用最为普遍，其构造如图 4-64（a）所示。

（3）贴面顶棚　楼板底面用砂浆打底找平后，用胶黏剂粘贴墙纸、装饰吸声板或泡沫塑胶板而成的顶棚，如图 4-64（b）所示。适用于楼板底部平整、不需要顶棚敷设管线而装修标准较高或有吸声、保温隔热等要求的房间。

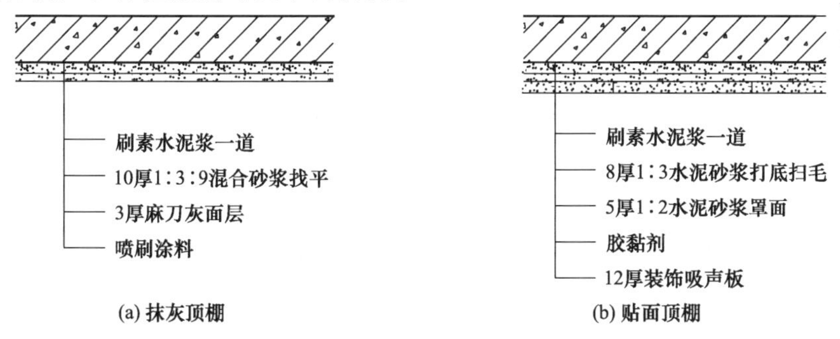

图 4-64　直接式顶棚

2. 吊顶棚

吊顶棚又称吊天花，简称吊顶，是指悬挂在楼板下，由骨架和面板所组成的顶棚。构造复杂、施工麻烦、造价较高，一般用于装修标准较高而楼板地面不平或楼板下需敷设空调管、灭火喷淋、传感器、广播设备等管线及其装置的建筑物房间，或有特殊要求的房间。

（1）木龙骨吊顶　木龙骨吊顶主要是借预埋于楼板内的金属吊件或锚栓将吊筋（又称吊头）固定在楼板下部，吊筋下固定木主龙骨（又称吊档），主龙骨下钉次龙骨（又称平顶筋或吊顶搁栅）。吊件间距及主龙骨间距、截面据标准规格选用。次龙骨间距的选用视面板规格而定。面板有木质板、纤维板面、胶合板面和各种装饰吸音板、石膏板、钙塑板等板材，板材一般用木螺钉或圆钢钉固定在次龙骨上。常用于防火要求较低的建筑中。

（2）金属龙骨吊顶　金属龙骨吊顶主要由金属龙骨基层与装饰面板构成。金属龙骨由吊筋、主龙骨、次龙骨和横撑龙骨组成。吊筋固定在楼板下，吊筋借吊挂配件悬吊主龙骨，然后再在主龙骨下悬吊次龙骨，在次龙骨之间增设小龙骨，小龙骨间距视面板规格而定。主龙骨有［形截面和⊥形截面两种，次龙骨和小龙骨截面有U形和⊥形，如图4-65所示。最后在次龙骨和横撑上铺、钉面板。装饰面板有人造板和金属板等。

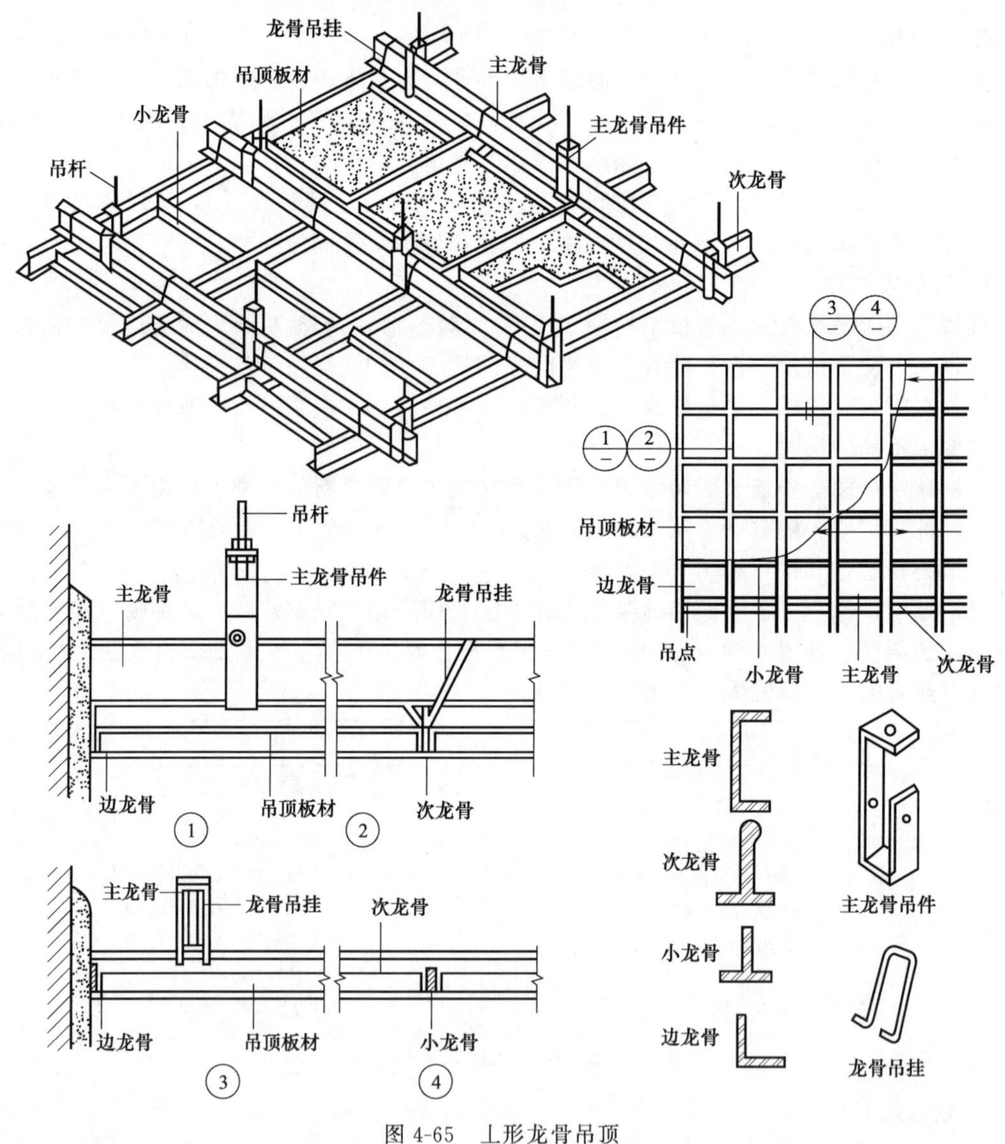

图4-65　⊥形龙骨吊顶

五、阳台与雨篷

（一）阳台

阳台是楼房各层与房间相连并设有栏杆的室外小平台，有观景、纳凉、休息、晒衣、娱乐等多种作用，是建筑联系室内外空间改善居住条件的重要组成部分。阳台的外观造型丰富，并可改善建筑立面效果。

1. 阳台的组成、类型、要求

（1）组成　阳台主要由阳台板和栏杆扶手组成。阳台板是阳台的承重构件；栏杆扶手是阳台的维护构件，设于阳台临空一侧。

（2）类型 阳台按其与外墙的相对位置关系可分为挑阳台、凹阳台、半挑半凹阳台及转角阳台等几种形式。如图 4-66 所示。

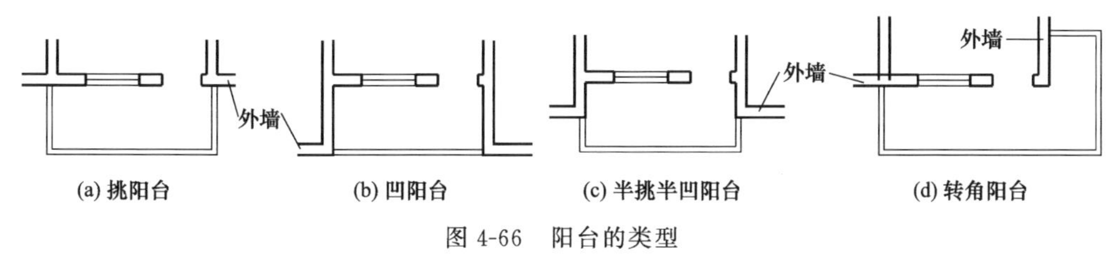

图 4-66 阳台的类型

（3）设计要求 要求安全适用、坚固耐久、排水通畅、施工方便及形象美观并和建筑物相协调等。

2. 阳台的结构布置

（1）墙承式 将阳台板直接搁置在墙上，阳台荷载直接传递到墙上，如图 4-67（a）所示。其板型和跨度通常与房间楼板一致，具有结构简单、施工方便等特点，多用于凹阳台。

（2）悬挑式 将阳台板挑出外墙，有挑梁式和挑板式两种。适用于挑阳台、半挑半凹。综合考虑结构与使用要求，一般悬挑长度为 1.0～1.5m，以 1.2m 最常见。

① 挑梁式。是从横墙或柱子上挑出悬臂梁，阳台板搁置在悬臂梁上。阳台荷载通过悬臂梁（或边梁→挑梁）传给墙体或柱子。该结构受力合理，阳台长度可延长到几个房间形成通长阳台。如图 4-67（b）所示。

② 挑板式。是将阳台板悬挑的方式。特点：阳台底部平整，外形轻巧。有如下两种做法。

a. 楼板悬挑：将房间楼板直接向墙外悬挑形成阳台板，如图 4-67（c）所示。特点：构造简单但楼板受力复杂。

b. 墙梁悬挑：将阳台板与墙梁现浇到一起，利用梁上部墙体或楼板重量平衡阳台板，防止阳台倾覆，如图 4-67（d）所示。特点：阳台长度不受房间开间限制但梁受力复杂，阳台悬挑不宜过长，一般在 1.2m 以内。

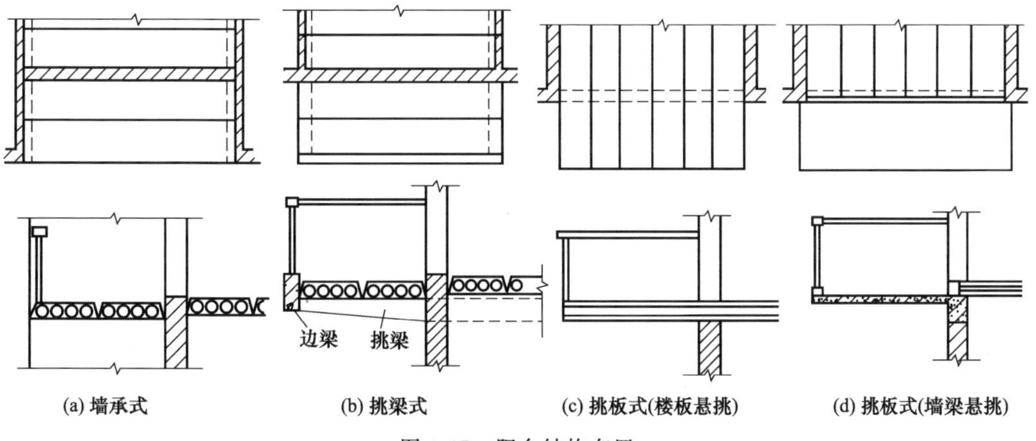

图 4-67 阳台结构布置

3. 阳台的细部构造

（1）阳台栏杆与扶手 栏杆主要供人们扶倚之用，作为阳台的维护构件，栏杆与扶手应具有足够的刚度、可靠的连接和适合的高度。作为建筑立面的一部分，应考虑其装饰性。

① 形式。栏杆形式多样，按栏杆的立面形式有实体式、空花式、组合式等，如图 4-68 所示；按材料有砖砌栏杆、钢筋混凝土栏杆和金属栏杆等。阳台扶手按材料有金属扶手和混凝土扶手。选择栏杆与扶手时，其风格应与整体建筑协调统一。

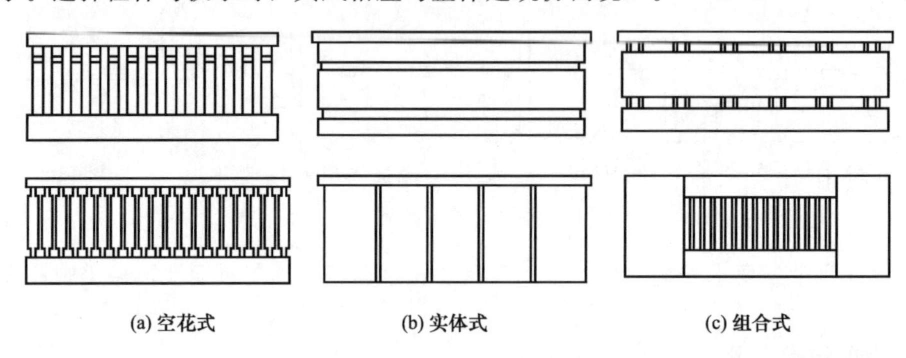

图 4-68 阳台栏杆的形式

② 栏杆扶手的净高。一般建筑物不小于 1.05m；中高层建筑物不小于 1.1m。栏杆垂直杆件之间的净距离不大于 120mm。

③ 连接。栏杆与扶手之间、栏杆与边梁之间要有可靠连接，以保证阳台栏杆扶手的强度和稳定性，其连接如图 4-69 所示。

(2) 阳台的排水处理 为避免落入阳台的雨水泛入室内，阳台地面应低于室内地面20～50mm。并应沿排水方向做排水坡，阳台栏杆的外缘设挡水边坎。阳台的排水方式有外排水和内排水两种方式。对于底层和多层建筑，采用外排水，即在阳台外侧埋设泄水管直接将雨水排出，泄水管可采用镀锌钢管或塑料管，管口外伸至少 80mm。对于高层建筑采用内排

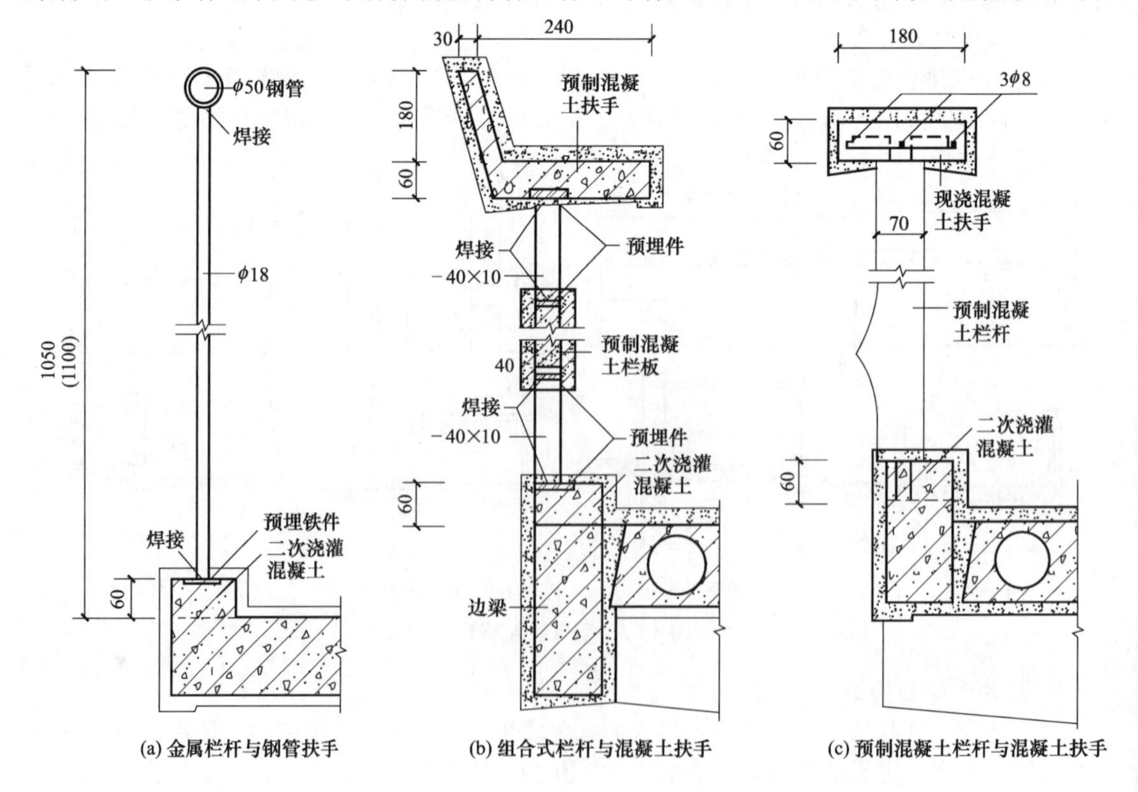

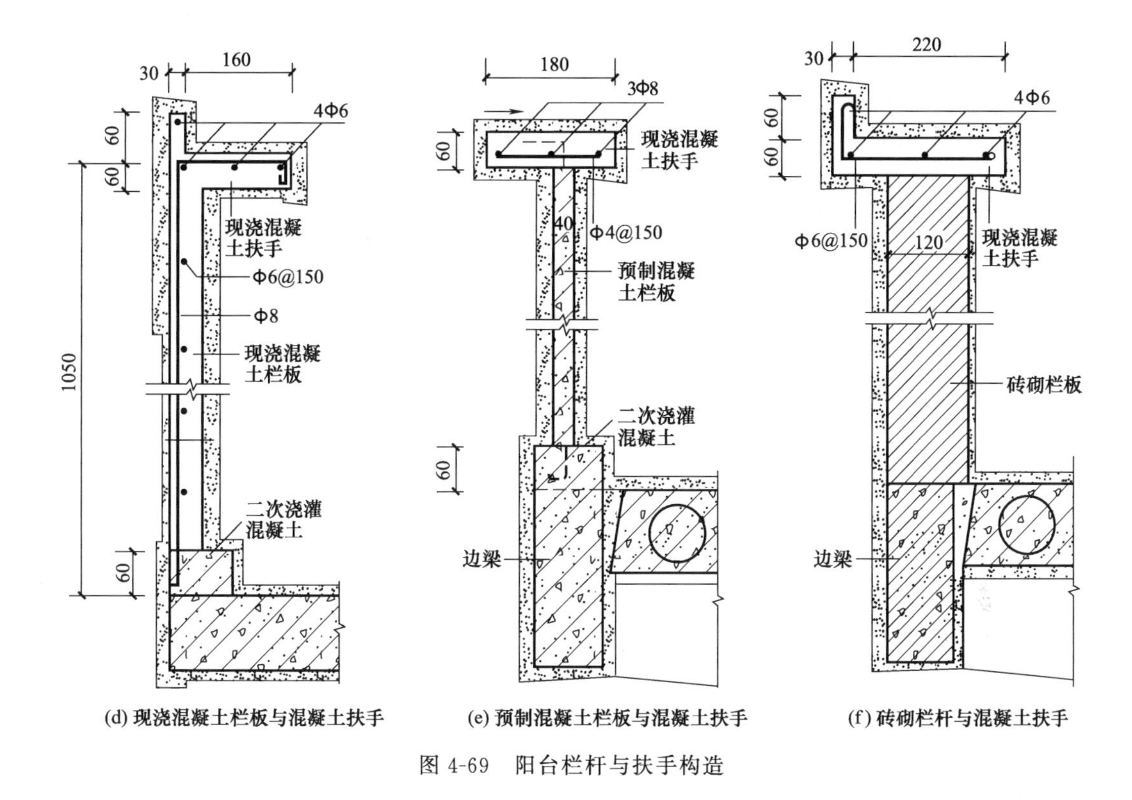

(d) 现浇混凝土栏板与混凝土扶手　(e) 预制混凝土栏板与混凝土扶手　(f) 砖砌栏杆与混凝土扶手

图 4-69　阳台栏杆与扶手构造

水，即在阳台内侧设置地漏和排水立管，将雨水导入排水立管引入地下管网，如图 4-70 所示。

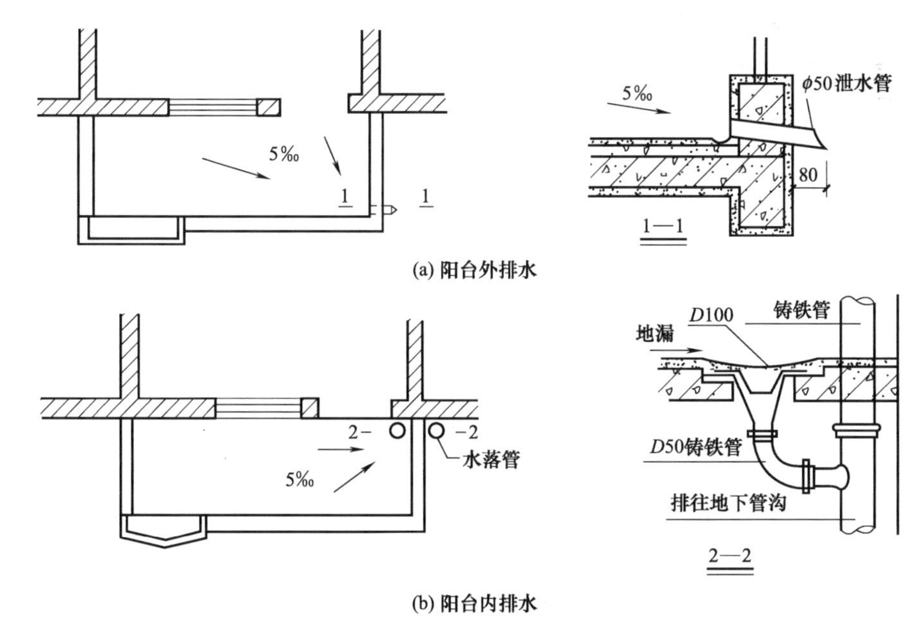

(a) 阳台外排水

(b) 阳台内排水

图 4-70　阳台的排水处理

（二）雨篷

雨篷是建筑物入口处位于外门上部用以遮挡雨水、保护外门免受雨水侵蚀的水平构件，多为现浇钢筋混凝土悬臂板式和悬挑梁板式，如图 4-71 所示。大型雨篷下常加立柱形成

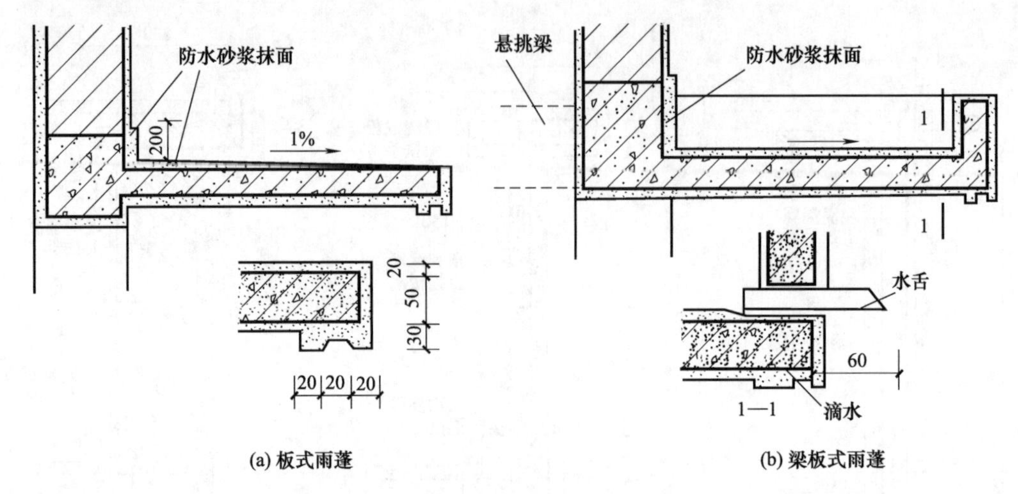

图 4-71　雨篷构造

门廊。

六、管道穿过楼层的防水构造

当房间内有设备管道穿过楼板层时，必须做好防水密封，如图 4-72 所示。对于常温普通管道的做法是将管道穿过的楼板孔洞用 C20 干硬性细石混凝土捣实，再用二布二油橡胶酸性沥青防水涂料作密封，也可在管道上焊接钢板止水片；当热力管道穿过楼板时，需增设防止温度变化引起混凝土开裂的热力套管，保证热力管自由伸缩，套管应高出楼地面面层 30mm。

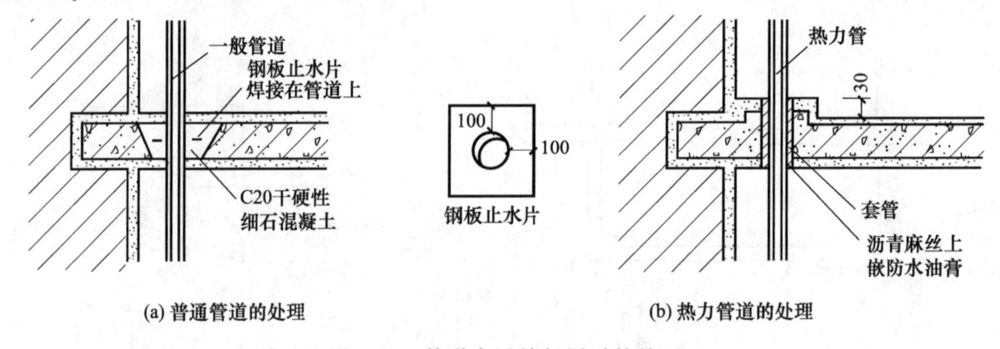

图 4-72　管道穿过楼板层时的处理

第五节　楼　　梯

建筑空间的竖向交通设施有楼梯、电梯、自动扶梯、台阶、坡道和爬梯等。电梯主要用于高层和部分多层建筑中；自动扶梯主要用于人流量较大的公共建筑中；坡道用于通行汽车或有无障碍交通要求的建筑物中高差之间的联系；爬梯专用于检修；台阶用于室内外高差之间和室内局部高差之间的联系。楼梯使用最为广泛：在一般多层建筑中是竖向交通的主要交通设施，在已设有电梯、自动扶梯的建筑中为人员紧急疏散的辅助竖向交通设施。

一、楼梯的组成、形式、设计要求

1. 楼梯的组成

楼梯一般由楼梯梯段、平台、栏杆和扶手、梯井组成。如图 4-73 所示。

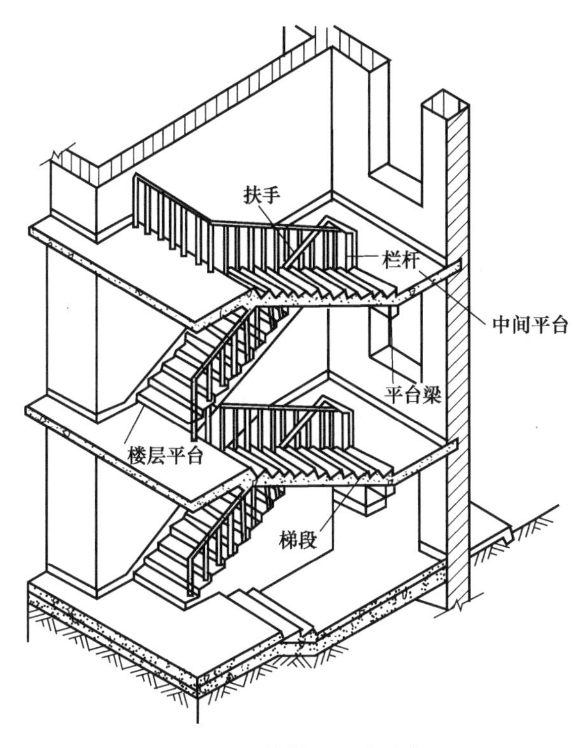

图 4-73 楼梯的组成示意

(1) 梯段　由若干个踏步组成的、联系两个不同标高平台的倾斜构件。是楼梯的主要使用和承重部分。从适用和安全方面考虑，每个梯段的踏步数不应超过 18 级，也不应少于 3 级。公共建筑中装饰性弧形楼梯可略超过 18 级。

(2) 平台　联系两个相邻梯段的水平构件，按其位置有中间平台和楼层平台之分。作用：解决楼梯的转向、楼层的连接、人流的缓冲与重新分配等问题；使人们在上下楼梯时得到短暂休息，故楼梯平台又称休息平台。

(3) 栏杆和扶手　栏杆扶手是设在梯段及平台边缘的安全保护构件，其材料、形式、色彩、质感等的选用，对楼梯具有一定的装饰效果。当梯段和平台不大时，可只在它们的临空面设置栏杆扶手；当梯段宽度达三股人流时，非临空面也应设置靠墙扶手；当梯段宽度达到四股人流时，在梯段中间还应加设中间栏杆扶手。栏杆扶手必须坚固可靠，并保证有足够的安全高度。

(4) 梯井　两段楼梯之间的空隙称为梯井，其主要作用是方便施工，宽度一般为 100mm。当在某些特殊情况下梯井宽度较大时，应采取安全防护措施。

2. 楼梯的类型

根据不同的分类方法，楼梯有多种类型。按其所处位置有室内楼梯和室外楼梯；按其使用性质有主要楼梯、辅助楼梯、疏散楼梯和消防楼梯等；按其材料有木楼梯、钢筋混凝土楼梯、钢楼梯楼及其他材料楼梯等；按楼梯的平面形式有直跑式、双跑式、折角式、多跑式、剪刀式、曲线式等，如图 4-74 所示。

3. 楼梯的设计要求

楼梯的设计应满足如下要求：足够的强度、刚度和整体稳定性以保证安全使用；足够的宽度、合适的坡度，以保证通行顺畅、行走舒适；构造措施合理，以方便施工；造型美观，造价合理。

二、楼梯的尺度

1. 梯段坡度及踏步尺寸

梯段坡度及踏步尺寸应根据建筑物的使用性质和人流行走的舒适度、安全感、楼梯间的进深或面积等因素进行综合权衡来确定。

(1) 梯段坡度　梯段坡度是指梯段中各级踏步前缘的假定连线与水平面形成的夹角，或以夹角的正切表示。

常用梯段坡度范围在 23°～45°之间；一般取 30°左右，即正切为 1∶2 左右；坡度小于 23°时可做成台阶（10°～23°）、坡道（≤10°）；大于 45°时可做成爬梯，爬梯最适宜坡度为 75°。对使用人数较少的居住建筑或某些辅助性楼梯，其坡度可适当陡些，以利节约楼梯间

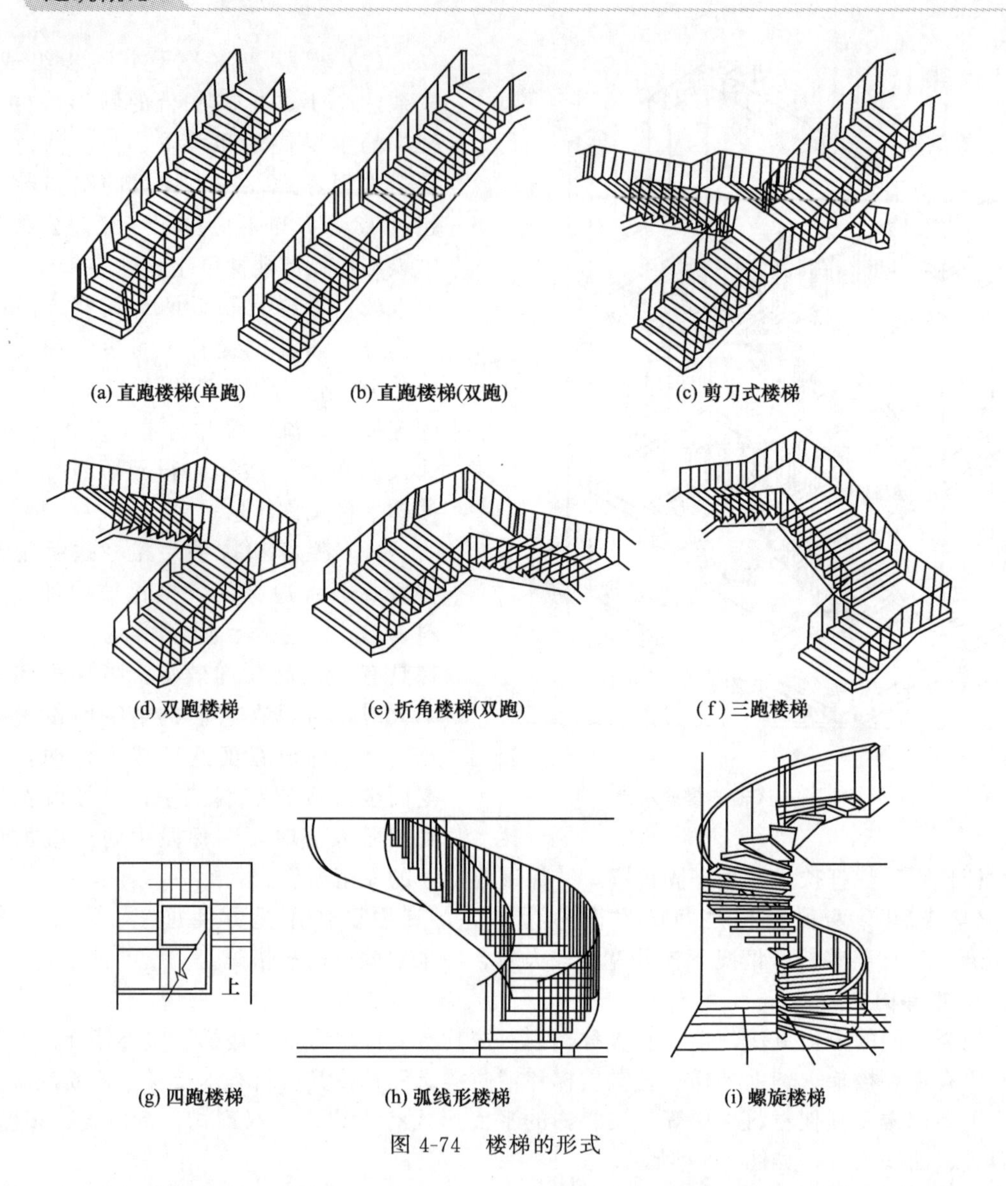

图 4-74 楼梯的形式

的面积；对公共建筑中使用频繁、人流密集、安全要求高的楼梯坡度宜平缓些。楼梯坡度的具体取值由踏步的高宽比决定。

（2）踏步尺寸 踏步由踏步面和踏步踢板组成，踏步尺寸包括踏步宽度和踏步高度，踏步面的宽度应大于成人男子脚的长度，可使行走舒适，当宽度不大时，可利用突缘增加踏步面的宽度。如图 4-75 所示。

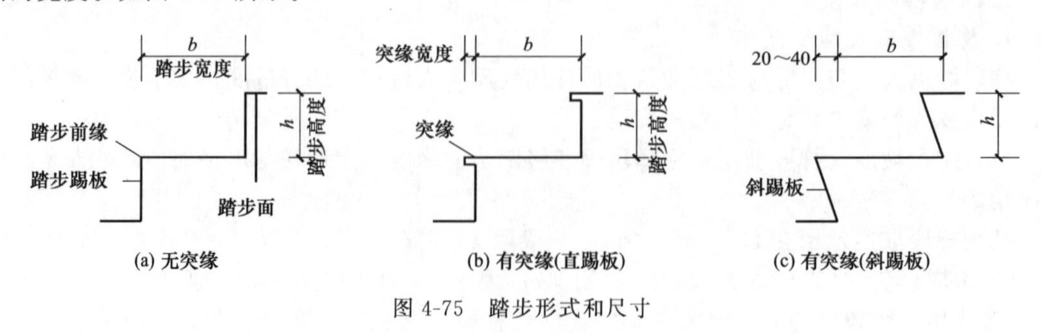

图 4-75 踏步形式和尺寸

踏步的尺寸与楼梯坡度有着直接的关系，踏步的高宽比即构成梯段最后的坡度。一般采用如下经验公式计算踏步宽度和高度：$(b+2h)$ 为 600～630mm，其中踏步高 h 不应大于 180mm。表 4-5 为常用适宜踏步的参考尺寸。

表 4-5　踏步常用高宽尺寸

名称	住宅	幼儿园	学校、办公楼	医院(病人用)	剧院、会堂
踏步高 h/mm	156～175	120～150	140～160	150	120～150
踏步宽 b/mm	250～300	260～300	280～340	300	300～350

2. 梯段尺度和平台宽度

(1) 梯段尺度　梯段尺度指梯段宽度和梯段长度。梯段宽度是指楼梯间墙体内表面至梯段边缘之间的水平距离；梯段长度是指踏面宽度的总和，如图 4-76 (a) 所示。梯段宽度应满足各类建筑设计规范中对梯段宽度的限定，通常按防火规范（即紧急疏散时，要求通过的人流股数多少)、人流量大小和使用要求来确定；梯段长度一般由楼层层高及踏步尺寸决定。

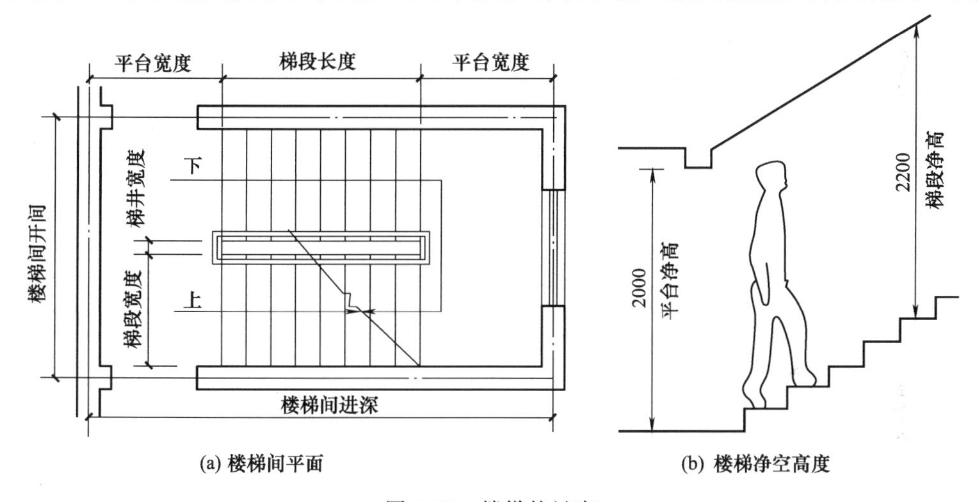

(a) 楼梯间平面　　(b) 楼梯净空高度

图 4-76　楼梯的尺度

通常情况下，为了确保上下人流及搬运物品的需要及安全，楼梯梯段净宽有如下要求：供单股人流通行时，不小于 850mm；供双股人流通行时，不小于 1100mm；供三股人流通行时，不小于 1500mm。

对于如图 4-76 (a) 所示的双跑楼梯，梯段长度与楼层层高、踏步尺寸的关系如下。其中 l_1、l_2分别为同一楼层中梯段 1 与梯段 2 的长度；H 为楼层高度；h、b 分别为踏步高度、宽度。

$$l_1+l_2=\left(\frac{H}{h}-2\right)\times b$$

(2) 平台宽度　为了满足梯段中通行大型物品的回转要求，平台宽度不应大于等于梯段宽度，楼梯平台净宽不得小于 1.2m；楼层平台宽度应大于中间平台宽度，以保证人流缓冲、分配和停留。平台宽度还应符合相关设计规范中对平台要求的限定及具体的使用要求。如医院主楼建筑的梯段宽度不应小于 1650mm，主楼梯和疏散楼梯的平台宽度不应小于 2000mm。

3. 栏杆扶手高度

栏杆扶手高度是从踏步中心点至扶手顶面的距离。其高度是根据人体重心高度、楼梯坡度大小及使用要求等因素确定的。一般不小于 900mm；供儿童使用的楼梯应在 500～600mm 高度增设儿童扶手。顶层平台的水平安全栏杆扶手高度不应小于 1000mm；室外楼梯栏杆扶手高度适当加高，通常不应小于 1050mm。

4. 楼梯净空高度

楼梯净空高度包括楼梯梯段净高和平台部位的净高。前者指踏步前缘线（包括最底和最高一级踏步前缘以外 0.3m 范围内）量至正上方突出物下缘间的垂直距离，应不小于 2.2m；后者指平台梁梁底至其正下方踏步面或楼地面的垂直距离，应不小于 2.0m。如图 4-76（b）所示。

在多数建筑中，常利用楼梯间作为出入口，当楼梯底层平台下作通道而不能满足上述净高要求时，常用下面办法解决。

（1）将底层第一梯段加长，底层形成步数不等的梯段，见图 4-77（a）。

（2）第一梯段不变，降低楼梯间室内地坪标高，见图 4-77（b）。

（3）将上述两种方法结合，一般用在楼梯间净深有限，室内外地坪高差不能满足要求的情况，见图 4-77（c）。

（4）底层用直跑楼梯，直接上到二楼，见图 4-77（d）。

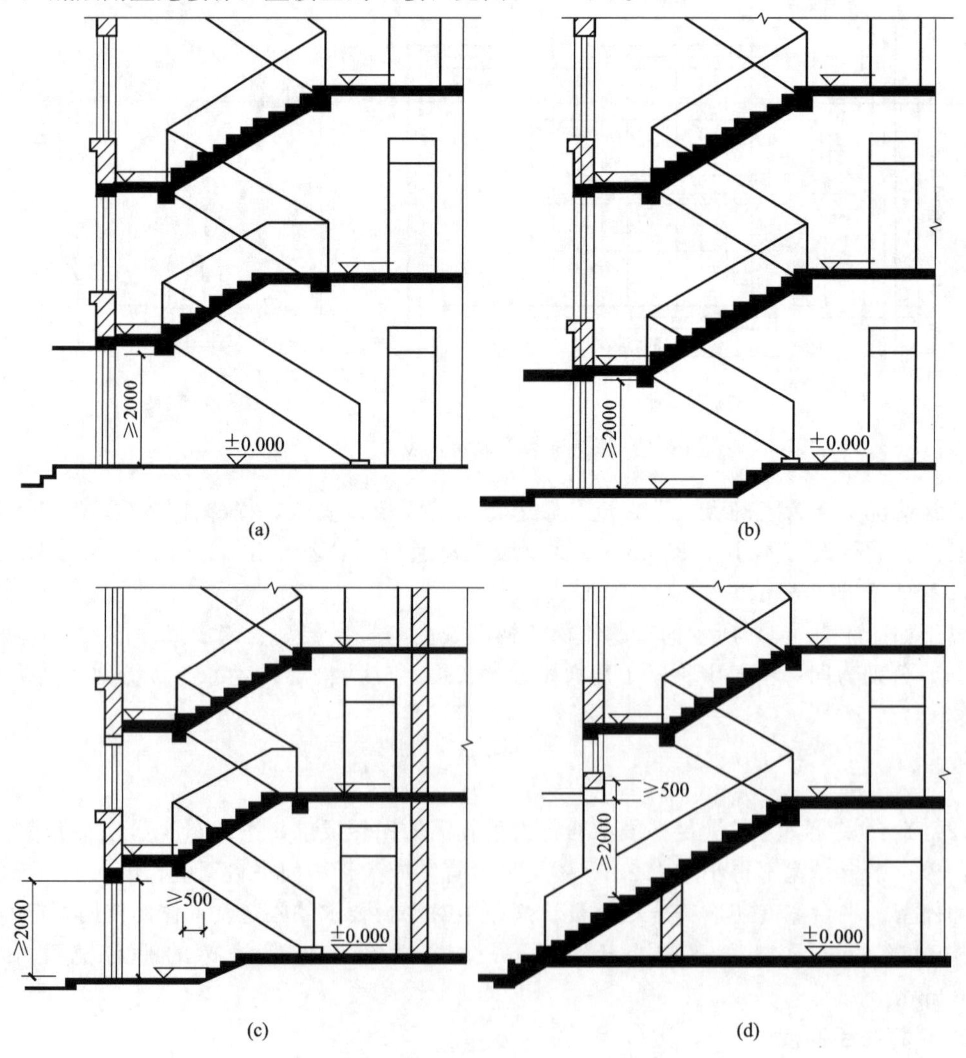

图 4-77 平台下作入口的几种处理方式

三、钢筋混凝土楼梯的构造

在木质、钢筋混凝土和钢等不同材料的楼梯中，钢筋混凝土楼梯的耐久性和耐火性都较木楼梯、钢楼梯好，所以，在一般建筑中应用最为广泛。钢筋混凝土楼梯按施工方式分为现浇整体式和预制装配式两种。

1. 现浇式钢筋混凝土楼梯

该楼梯具有整体性好、刚度大、设计灵活、利于抗震等优点，但施工速度慢、模板耗量大。适用于对抗震要求较高或异形特殊的楼梯中。有板式和梁板式两种结构形式楼梯。

(1) 板式楼梯　通常由梯段板、平台板和平台梁构成。梯段板是一块带有踏步的斜板，同平台板共同、直接支撑在平台板端部的平台梁上。梯段的传力途径：梯段板上的全部荷载→梯段板→两端的平台梁→墙或梁或柱→基础。该种楼梯具有结构简单、底面平整、便于装修等优点，但自重大、耗材多，适用于荷载较小的住宅等建筑。如图 4-78 (a) 所示。

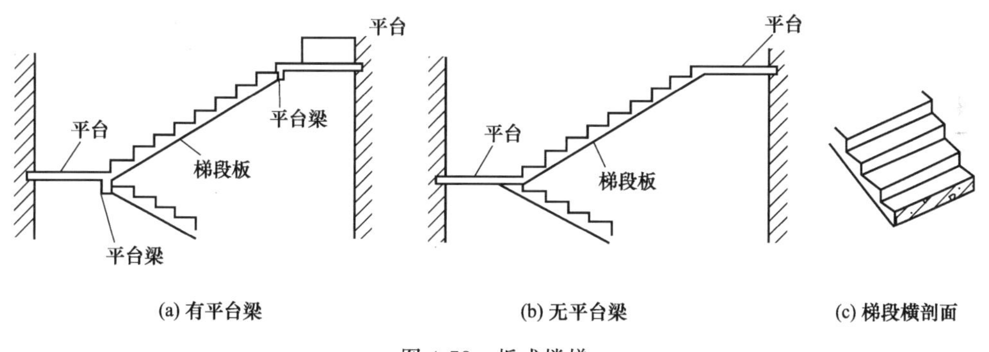

(a) 有平台梁　(b) 无平台梁　(c) 梯段横剖面

图 4-78　板式楼梯

必要时，也可取消梯段板一端或两端的平台梁，使平台与梯段连为一体，形成折线形板，直接支撑于墙上或梁上。如图 4-78 (b) 所示。

(2) 梁板式楼梯　通常在梯段板两侧布置两根斜梁，如图 4-79 所示。梯段的传力途径：梯段板上的全部荷载→梯段板→梯段两侧斜梁→梯段两端平台梁→墙或梁或柱→基础。梁板式楼梯较板式楼梯自重轻、经济；但支模、钢筋绑扎等操作工艺复杂。一般用于荷载或梯段跨度较大的建筑中。

梁板式楼梯也可在梯段的一侧布置斜梁，梯段板一侧搁置在斜梁上，另一侧直接搁置在承重墙上；个别梁板式楼梯的斜梁设置在梯段中部，形成梯段板向两侧悬挑的状态。

斜梁与梯段板在竖向的相对位置有两种：一种是斜梁在梯段板之下，踏步外露，为正梁式（也称明步），如图 4-79 (a) 所示；一种是斜梁在梯段板之上，形成反梁，踏步包在里面，为反梁式（也称暗步），如图 4-79 (b) 所示。

2. 预制装配式钢筋混凝土楼梯

预制装配式钢筋混凝土楼梯是指用预制厂生产或现场制作的构件安装拼合而成的楼梯，按其构造方法有梁承式、墙承式和墙悬臂式三种。和现浇式相比，具有工业化施工水平高、节约模板、操作工艺简单、工期较短等优点，但其整体性、抗震性、灵活性均不及现浇式钢筋混凝土楼梯。

(1) 梁承式　指梯段由平台梁支撑的楼梯构造方式，如图 4-80 所示。该方式具有受力合理，整体性好，施工安装方便，装配化程度较高等优点，常用于一般大量性民用建筑中。

预制构件分梯段、平台梁和平台板等三部分。

① 梯段。分板式梯段和梁板式梯段两种。

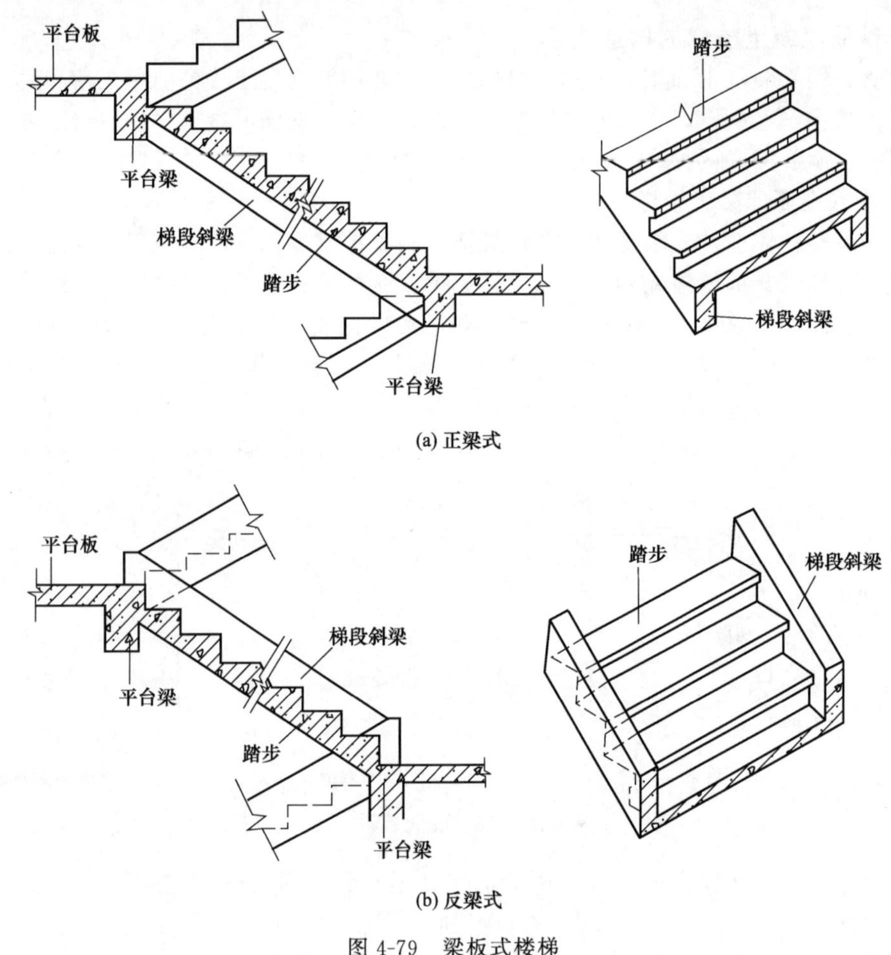

(a) 正梁式

(b) 反梁式

图 4-79 梁板式楼梯

② 平台梁。有矩形、L 形断面，考虑方便支撑斜梁或梯段板，平衡梯段水平分力、减少平台梁占用结构空间，常用 L 形。梁大小经计算确定，通常构造高度可按跨度的 1/12 估算。

③ 平台板。一般采用钢筋混凝土空心板、槽板或平板。通常平台板平行于平台梁布置，此时选用空心板或槽板直接搁置在楼梯间墙上；当平台板垂直于平台梁布置时，一般用小平板。

a. 板式梯段：为整块带踏步的钢筋混凝土锯齿形板构成梯段，其上下端直接支撑在平台梁上，如图 4-80（a）所示。梯段底面平整，结构厚度小，且无斜梁，使平台梁截面高度相应减小，从而增大了平台下净空高度。板式梯段有实心板和空心板两种类型，其中空心板自重轻，有横向抽空和纵向抽空两种形式，适用于荷载或梯段跨度较大的楼梯；实心板自重大，只用于梯段跨度不大、荷载较小的楼梯。

b. 梁板式梯段：由梯斜梁和踏步板组成的梯段。踏步板支撑在两侧梯斜梁上，梯斜梁两端支撑在平台梁上，平台梁支撑在墙上或柱上，如图 4-80（b）所示。踏步板有一字形、L 形、三角形等断面形式；梯斜梁有矩形断面、L 形断面和锯齿形变断面等三种。一字形断面踏步板制作简单，踢面通常用砖填充，但其受力不太合理，仅用于简易楼梯、室外楼梯等，通常搁置在锯齿形变断面梯斜梁上；L 形断面踏步板较一字形断面踏步受力合理，可正置和倒置，但底面呈折线形，不平整，通常也搁置在锯齿形变断面梯斜梁上；三角形踏步板梯段底面平整、简洁，但自重大，故常把三角形断面踏步板抽空，形成自重较轻的空心构件，一般搁置在矩形和 L 形断面梯斜梁上。

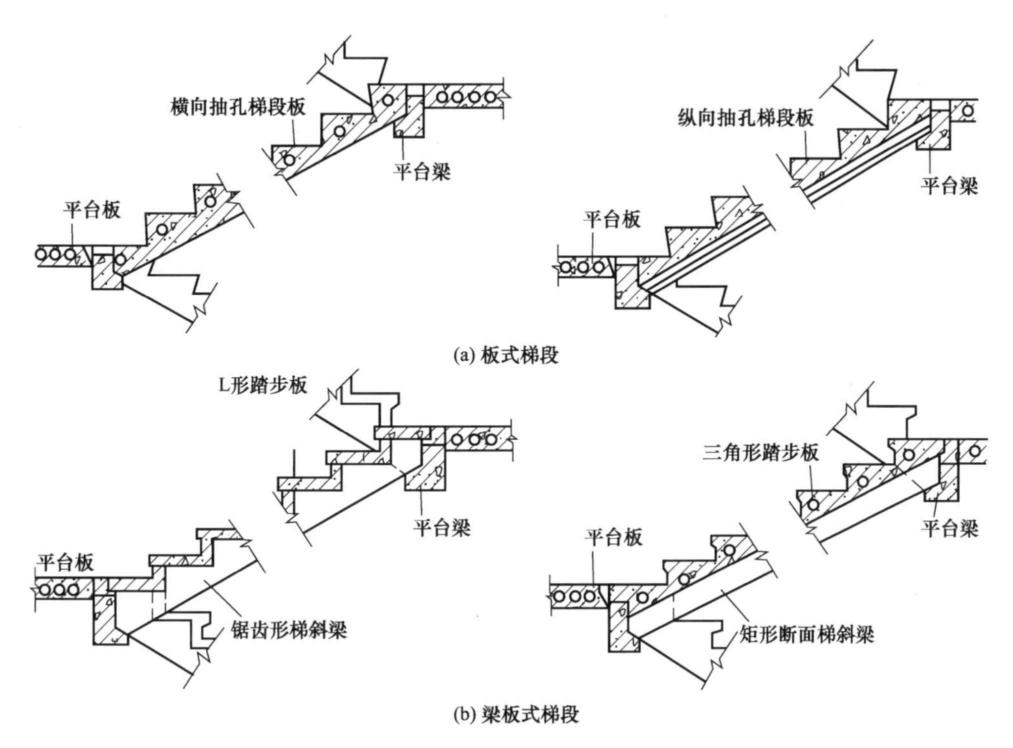

图 4-80 预制装配式梁承式楼梯

有时将由踏步板和梯斜梁组成的梯段制成一个构件，利用起吊设备现场进行拼装。有明步和暗步两种，一般采用暗步，即梯斜梁上翻包住踏步，形成槽板式梯段。

(2) 墙承式 指整个梯段由一个个单独的踏步板组成，两端直接支撑在墙上的一种楼梯形式。不需设置平台梁、梯斜梁、栏杆，根据要求可设置靠墙扶手。其踏步板一般有一字形、L 形或三角形等几种断面。虽然楼梯本身构造简单，但由于每块踏步板直接装入墙体，对墙体砌筑及其砌体强度和施工速度影响较大，且对抗震不利，多用于非抗震区建筑或抗震标准较低的建筑中。

由于梯段两侧均有墙体，这种楼梯多用于直跑楼梯或与电梯井组合设计的三折楼梯等；若用于双折形楼梯，为避免中间承重墙遮挡上下人员的视线，影响通行，可在中间墙上开设观察孔。

(3) 悬挑楼梯 指预制钢筋混凝土踏步板一端嵌固于楼梯间侧墙上，另一端凌空悬挑的楼梯形式，全部荷载通过踏步传到墙体。该楼梯不需设置平台梁、梯斜梁，但施工时需设临时支撑，且整体性差，常用于无抗震设防要求地区的住宅建筑中。楼梯的悬挑长度一般不大于 1500mm，嵌固踏步板的墙体厚度不应小于 240mm。踏步板通常采用 L 形或倒 L 形带肋断面或一字形式。如图 4-81 所示。

四、楼梯细部构造

1. 踏步面层及防滑构造

(1) 踏步面层 楼梯踏步应具有耐磨、防滑并便于行走、美观、不起尘、易洁净等特性。踏步面层的做法与楼地面装修层做法基本相同，踏步面层的材料一般与门厅或走道的楼地面材料一致，常用的有普通或彩色水磨石、缸砖、大理石、花岗岩等材料装修，讲究的建筑还可铺地毯。

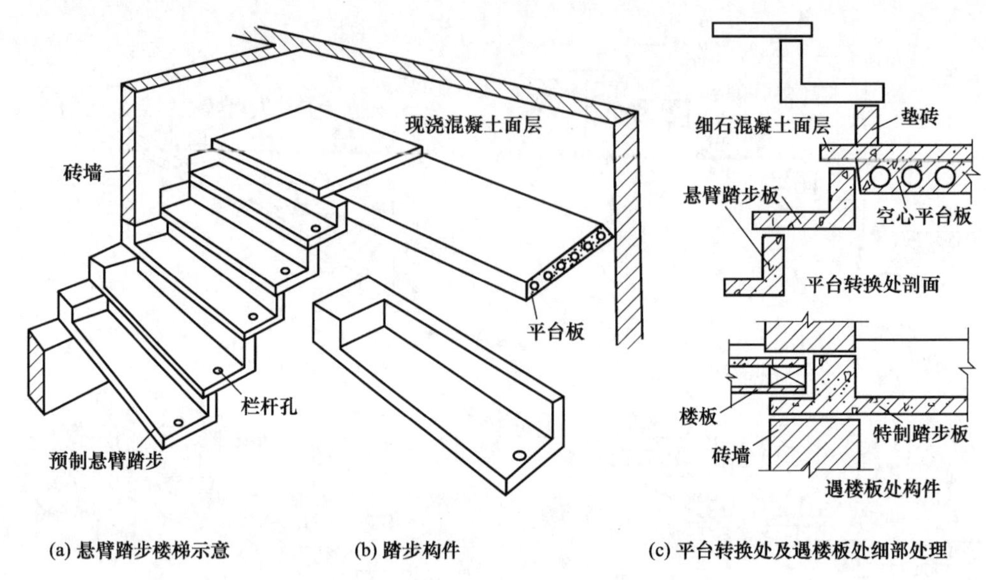

图 4-81 悬挑式预制钢筋混凝土楼梯的构造

（2）防滑构造 为防止行走滑跌，尤其对人流量大或踏步表面光滑的楼梯，踏步表面必须进行防滑处理。通常在踏步靠近阳角的前缘部位设置防滑条，如图 4-82 所示。防滑条一般采用水泥铁屑、金刚砂、金属条、马赛克、带防滑条缸砖等材料。防滑条凸出踏步面不能太高，一般低于 3mm。

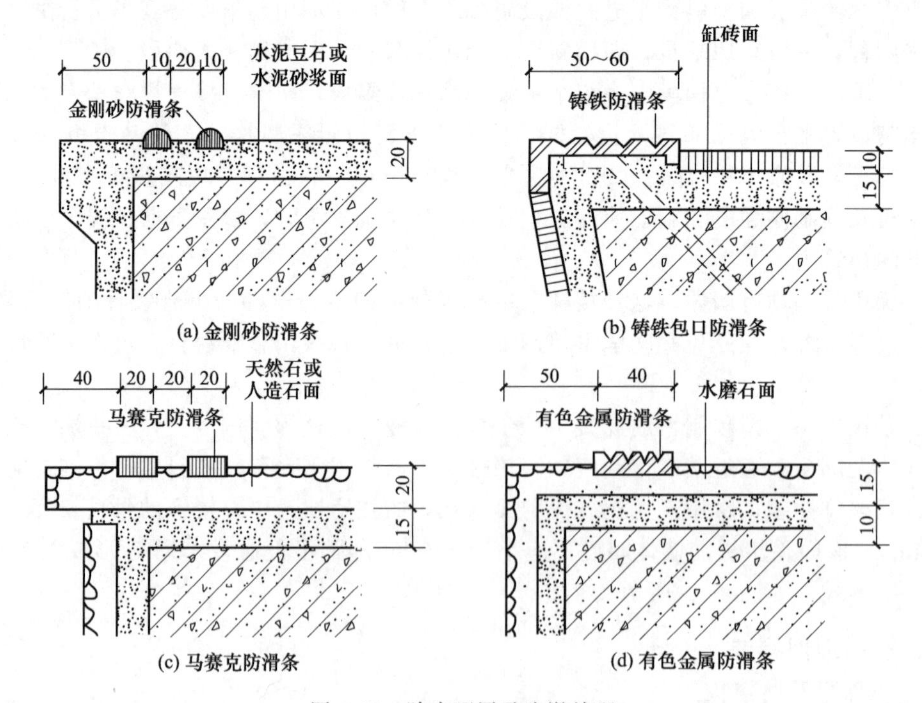

图 4-82 踏步面层及防滑处理

2. 栏杆与扶手

（1）栏杆 根据构造形式，楼梯栏杆有空花式、实心式和组合式栏杆三种。

① 空花式栏杆。一般采用钢材、木材、铝合金型材和不锈钢型材等制作。断面有圆形

和方形，分为实心和空心两种。为了安全，尤其是供少年儿童使用的楼梯应特别注意：杆件不得做成横向花格，且竖向花格不宜过大，通常不应大于 110mm。空花式栏杆空透轻巧、施工方便、形式美观，是楼梯栏杆的主要形式，一般用于室内楼梯。

② 栏板式栏杆。以栏板代替空花栏杆，可用透明的钢化玻璃或有机玻璃镶嵌于栏杆立柱之间；也可用预制或现浇钢筋混凝土板、钢丝网水泥、砖等制作。栏板式栏杆节约钢材，无锈蚀问题，且较安全，多用于室外楼梯。

③ 组合式栏杆。由空花式与栏板式两种形式栏杆组合而成。栏板为防护和装饰构件，常采用砖、钢筋混凝土、木板、塑料贴面板、铝板、有机玻璃和钢化玻璃等材料；空花部分一般采用金属材料。

④ 栏杆竖杆与梯段、平台的连接。栏杆的垂直构件必须与楼梯梯段或平台连接牢固。通常有预埋铁件焊接、预留孔洞用砂浆或细石混凝土捣实固定和膨胀螺栓固定等构造方法，如图 4-83 所示。

考虑增加梯段净宽，竖杆可从侧面连接，如图 4-83（e)、(f）所示；为了保护栏杆和增强美观，常在竖杆下部装设套环，覆盖住栏杆与梯段或平台接头处，如图 4-83（a)、(b)、(e）所示。

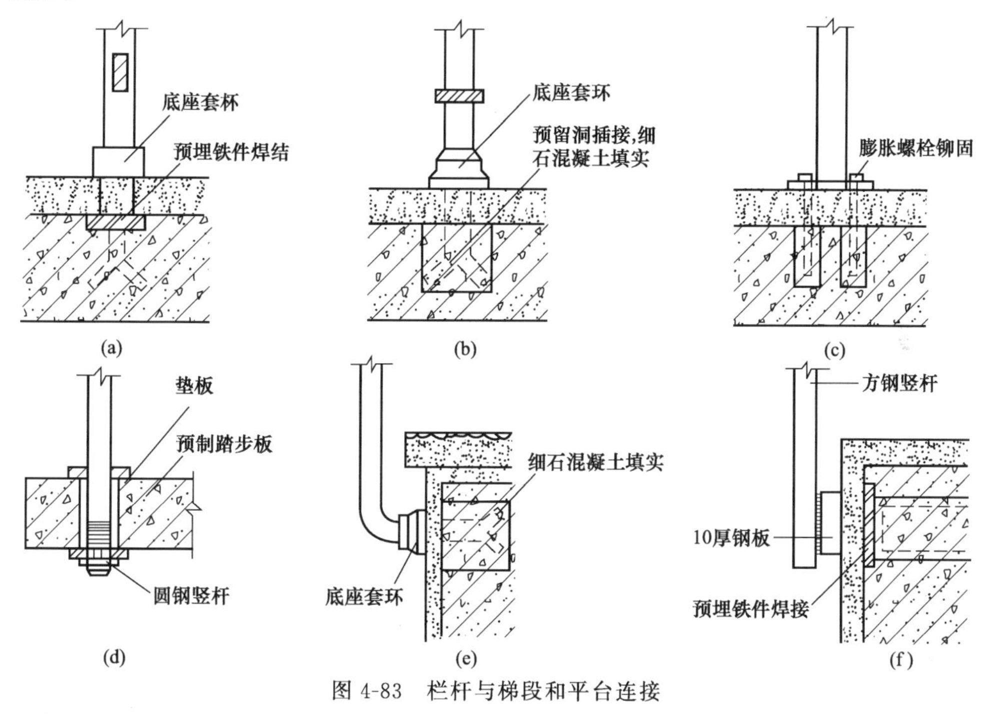

图 4-83 栏杆与梯段和平台连接

(2) 扶手 扶手位于栏杆顶部或中部，常用硬木、工程塑料、金属型材、水泥砂浆抹面、水磨石和天然石材等制作，为防淋雨后变形开裂，室外扶手不宜使用木质扶手。

当采用木材或塑料扶手时，一般在栏杆竖杆顶部设通长扁钢与扶手底面或侧面槽口连接，用木螺钉固定；当采用金属型材扶手时，一般用焊接或铆接与栏杆竖杆连接。墙上设置扶手时，将扶手连接杆件伸入砖墙预留洞内，用细石混凝土嵌固；当扶手与钢筋混凝土墙或柱连接时，一般采取预埋钢板焊接。

五、台阶和坡道

台阶与坡道是联系标高不同地面的交通构件。解决车辆通行、行人行走和无障碍设计的问题。通常将台阶与坡道同时设置。要求室外台阶和坡道坚固耐磨、具有较好的耐久性、抗冻性和抗水性。

1. 台阶

台阶有室内台阶和室外台阶之分。室外台阶是建筑出入口处室内外高差之间的交通联系部件；室内台阶用于联系室内不同功能区之间的高差，同时，还起到室内空间变化的作用。

（1）室外台阶尺寸　台阶踏步应平缓，一般踏步高为100～150mm，踏步宽为300～400mm。室外台阶与建筑入口大门之间，应设置缓冲平台，平台靠门一侧的宽度应大于所连通的门洞宽度，一般至少每边宽出500mm；平台深度至少1000mm；平台面宜比室内地面低20～60mm，并向外做1%～4%的坡度，以利于排水。

（2）室外台阶构造　多采用抗冻性能好和表面结实的材料，如混凝土、天然石材、缸砖等。为防止台阶与建筑物间出现沉降差而开裂，台阶应在建筑物主体基本建成并有一定的沉降后再施工；严寒地区，台阶应做好防冻处理，当台阶尺寸较大或土冻胀严重时，可改换砂、石类土，或采用钢筋混凝土架空台阶。如图4-84所示的台阶构造。

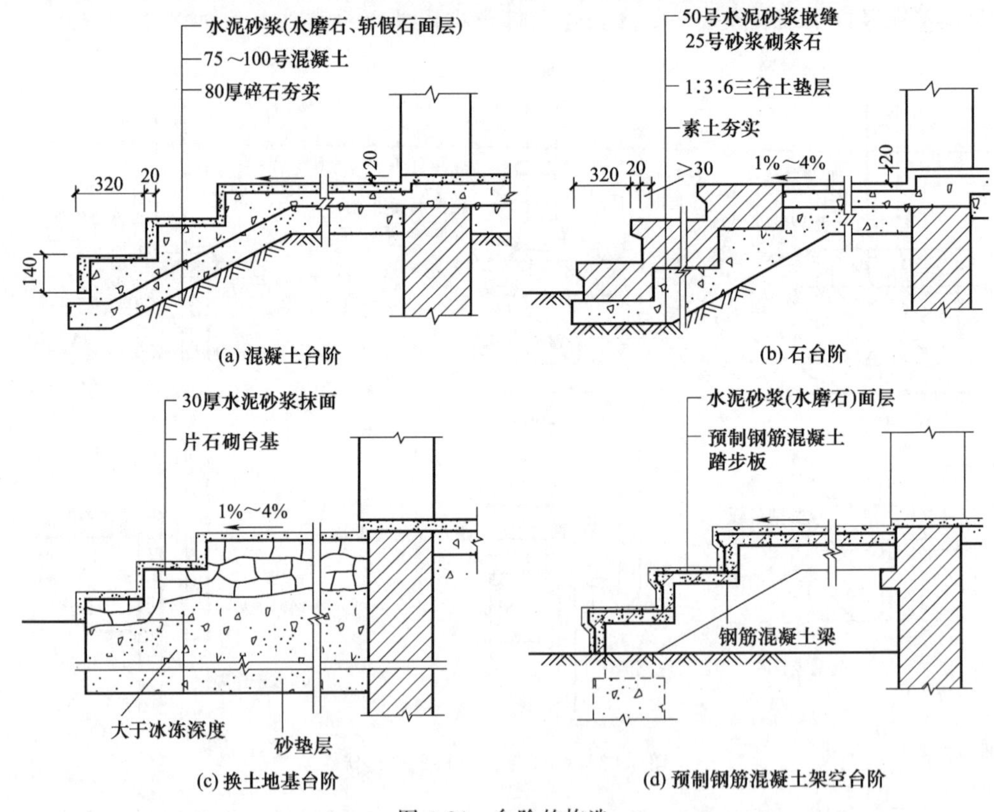

图4-84　台阶的构造

2. 坡道

（1）一般坡道　供车辆行驶坡道，坡度一般在1/12～1/6，面层光滑的坡道坡度不宜大于1/10。坡度大于1/8时需做防滑条处理，一般把表面做成锯齿形或设防滑条。

（2）无障碍设计坡道　最适合于残疾人轮椅通过的设施，最适用于借助拐杖和导盲棍行走的残疾人。其构造除符合一般坡道外，其坡度必须较为平缓，同时必须保证有一定的宽度。

① 坡道的坡度　我国规定便于残疾人通行的坡道的坡度不应大于1/12，与之相匹配的

每段坡道的最大高度为750mm；最大坡段水平长度为9m。

② 坡道的宽度和平台的深度　为了便于轮椅通过，室内坡道的最小宽度应不小于1000mm；室外坡道的最小宽度应不小于1500mm。

六、电梯与自动扶梯

1. 电梯

电梯主要设置在多层和高层建筑中。在一些层数不多但建筑等级较高（如宾馆）或有特殊要求（如医院）的公共建筑中，也应设置电梯；部分高层及超高层建筑中为了满足疏散和救火的需要，还要专门设置消防电梯。

（1）电梯的分类　电梯按使用性能分，有客梯、货梯、病房电梯、消防电梯、观光电梯等，如图4-85所示；按电梯行驶速度分，有高速电梯（速度大于2m/s）、中速电梯（速度小于等于2m/s）和低速电梯（速度小于等于1.5m/s）等；按动力拖动的方式，有交流拖动电梯、直流拖动电梯和液压电梯等。

（2）电梯的组成　电梯由电梯箱（轿厢）、电梯井道和运载设备等三部分组成。电梯井道根据用途有不同的平面形式，如图4-85所示，作为电梯运行的通道，内部除有轿箱，还安有组成电梯的相关部件：导轨、平衡重锤及缓冲器等；电梯箱是直接载人、运货的箱体，沿导轨滑行，其规格依额定起重量不同而定，要求造型美观，经久耐用；运输设备包括动力、传动和控制系统等部分。

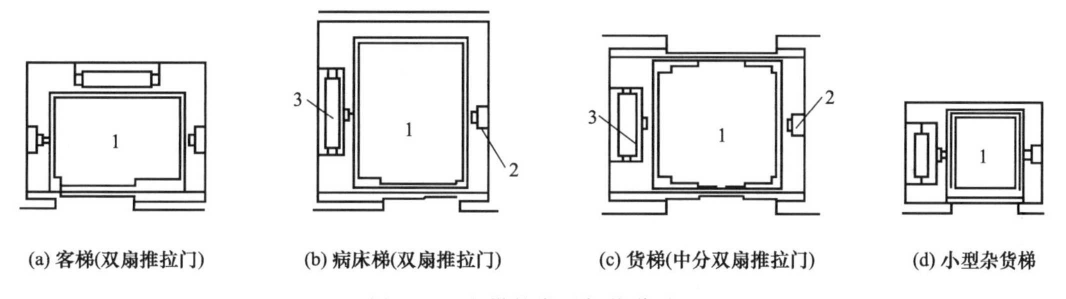

(a) 客梯(双扇推拉门)　(b) 病床梯(双扇推拉门)　(c) 货梯(中分双扇推拉门)　(d) 小型杂货梯

图4-85　电梯的类型与井道平面

1—梯箱；2—轨道；3—平衡块

（3）电梯的建筑设计要求

① 尺寸要求。要满足电梯运行要求，建筑须设有井道、地坑、机房，它们的具体尺寸及要求应根据电梯的型号、运行速度、设备大小和检修的需要综合确定。

② 电梯井道。应满足防火、隔声与隔振、通风与检修等方面的要求，如为防止火灾事故中火焰及烟气的蔓延，井道壁应符合相关的防火规范的要求，多为钢筋混凝土井壁或框架填充墙井壁。

③ 电梯门套。即井道出入口（即电梯厅门）的门套，其装修构造做法应同电梯厅的装修统一考虑。可用水泥砂浆抹灰、水磨石或木板装修；高档的还可用大理石或金属。

2. 自动扶梯

自动扶梯适用于大量人流上下的建筑物，如火车站、地下铁道站、大型商场、展览馆等。自动扶梯可以正、逆运行，当机械停止运转时，可作为普通楼梯使用。

自动扶梯由电动机械牵动梯级踏步连同扶手带同步运行，机房设在地面以下或悬在楼板下面，楼层下做装饰外壳处理；底层做地坑并做好防水处理，此外这部分楼板应做成活动的。当悬在楼板下面时，上部的楼板应做成活动的。自动扶梯的倾角一般为30°，按输送能力分为单人扶梯和双人扶梯两种。图 4-86 为自动扶梯的示意图。

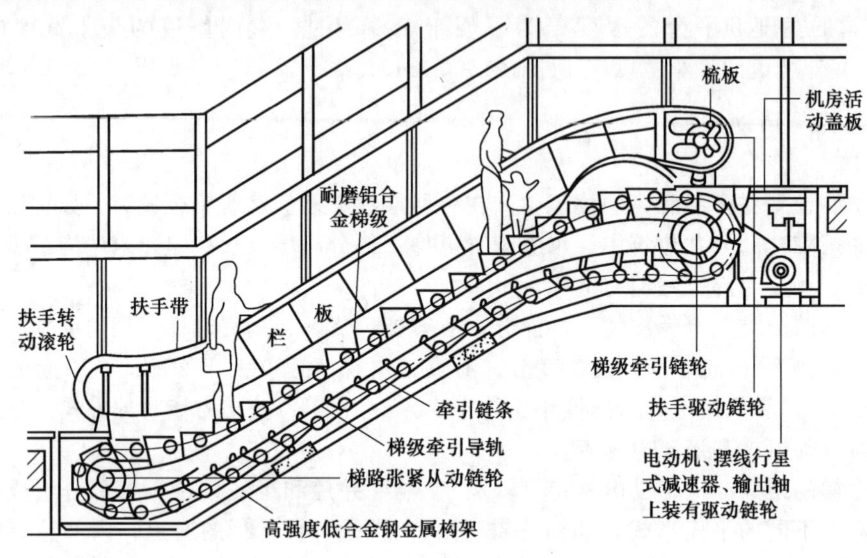

图 4-86 自动扶梯示意图

第六节 屋 顶

屋顶是建筑物最上部的覆盖构件，由屋面、承重结构、保温隔热层和顶棚等部分组成，如图 4-87 所示；主要有维护、承重、排水防水、保温隔热、美观等作用；需满足承重、排水防水、保温隔热、美观等要求。

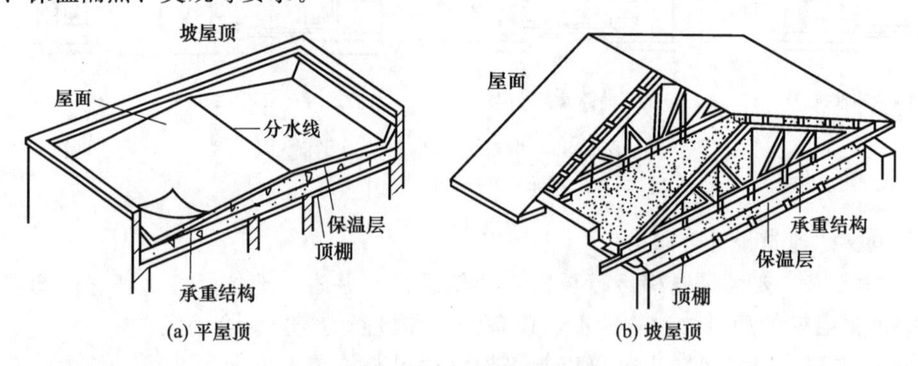

图 4-87 屋顶的组成

一、屋顶的组成、类型、设计要求

1. 屋顶的组成及其作用

（1）屋面 即屋顶的面层，是屋顶的最顶层，直接受自然界的各种因素影响和作用。

（2）承重结构 承受屋面传来的各种荷载和屋顶自重。

（3）保温隔热层 防御室内温度散失和室外高温对室内影响的构造层次。我国北方等寒冷地区为防止冬节采暖时，室内热量通过屋顶向外散失，需设置保温层以增强屋顶的保温能力而使热量不至散失过快；我国南方等地区，夏季时为避免屋顶吸收大量辐射热并传至室内，需对屋顶做隔热处理。

（4）顶棚 屋顶的底面，用来满足室内对顶部平整度和美观的要求。构造方法与楼层顶棚相同，有直接抹灰顶棚和悬吊式顶棚。

2. 屋顶的类型

屋顶的类型与房屋的使用功能、屋面材料、结构类型及建筑造型等有关。按使用材料不同，屋顶有钢筋混凝土屋顶、瓦屋顶、金属屋顶、玻璃屋顶等；按结构类型和坡度不同，有平屋顶、坡屋顶和其他形式的屋顶，如图 4-88 所示。

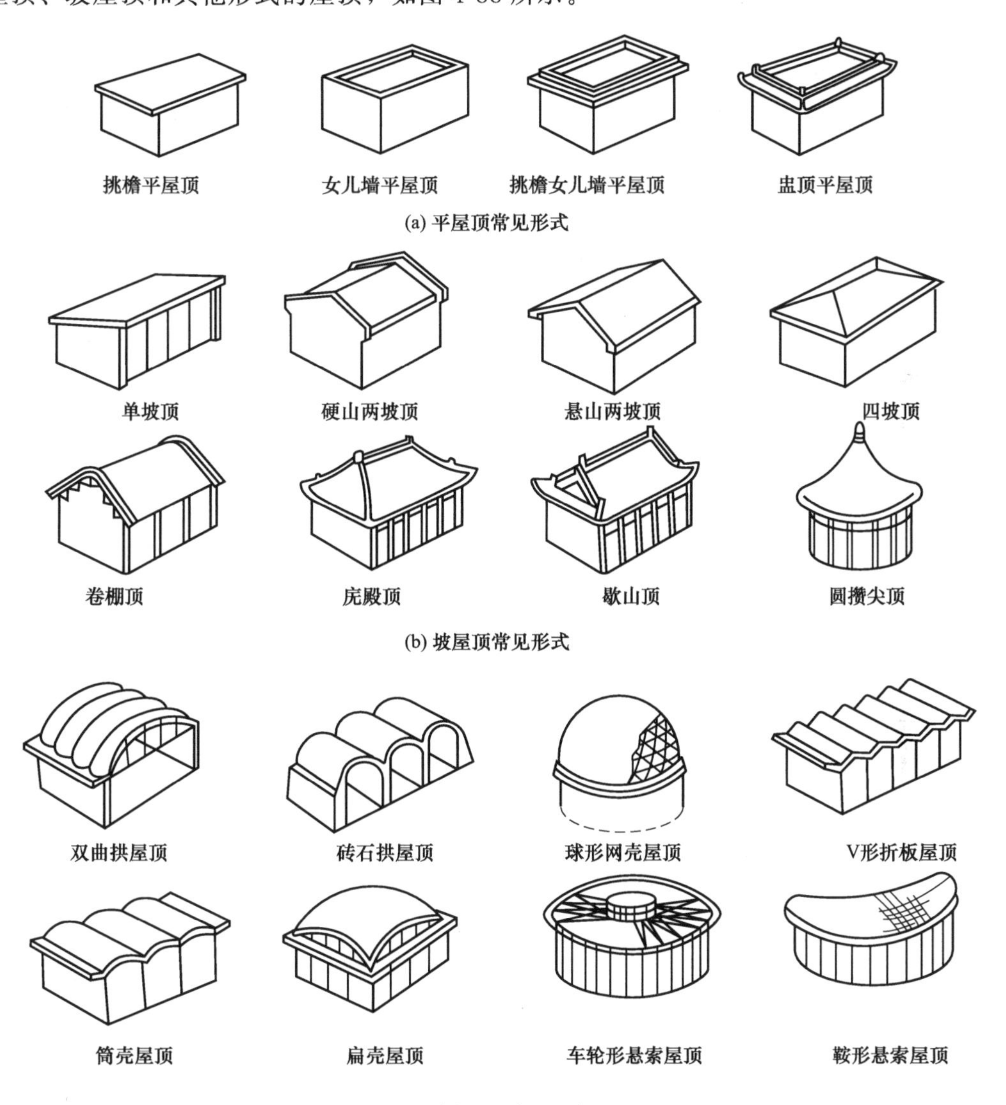

图 4-88　屋顶类型

3. 屋顶的设计要求

(1) 防水要求　防水是屋顶的基本要求。一方面，屋顶应有足够的排水坡度和相应的排水设施，使屋面积水后能尽快、顺利排除（通常称之为“导”）；一方面，采用相应材料，采取可靠的构造措施，防止渗漏（通常称之为“堵”）。屋顶防水应做到“导”、“堵”两方面相结合；综合考虑结构形式、防水材料、屋面坡度等因素；经构造设计和精心施工而实现。

(2) 承重要求　屋顶应能承受屋面的各种荷载和屋顶自重，应具有足够的强度、刚度和稳定性，以使荷载顺利传递到墙柱等结构构件，并防止因结构变形引起防水层漏水。

(3) 保温隔热要求 屋顶作为维护结构，应具有良好的保温隔热性能，保证室内的正常使用温度，减少能耗。保温是寒冷地区为防止室内热量散失而采取的构造措施；隔热是防止太阳辐射和室外高温对室内的影响的构造方法，根据需要有多种形式。

(4) 建筑艺术要求 屋顶是建筑外部形体的重要组成部分，屋顶的形式和细部构造对建筑风格、特征、艺术有很大的影响。如变化多样的屋顶外形、装饰精美的屋顶细部，是中国传统建筑的重要特征之一。建筑设计时，应充分运用新型的建筑结构和选择种类繁多的装饰材料来处理好屋顶的形式和细部，以提高建筑的整体艺术效果。

二、屋顶排水

屋顶排水包括屋顶坡度的选择、屋顶坡度的形成及排水方式的选用等方面。

(一) 屋顶的坡度

1. 屋顶坡度的表示方法

屋面坡度大小的表示方法有斜率法、角度法和百分比法，如图 4-89 所示。

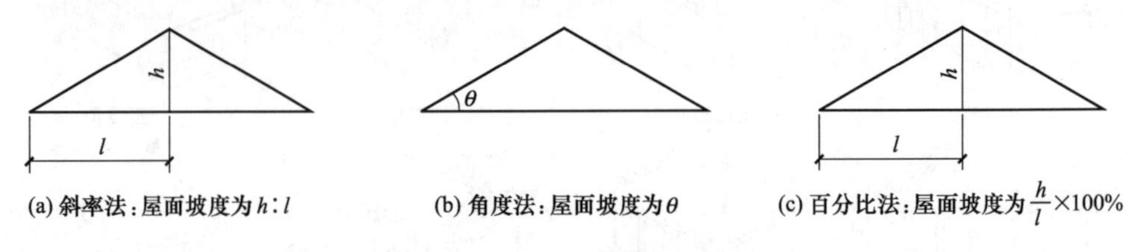

(a) 斜率法：屋面坡度为 $h:l$　(b) 角度法：屋面坡度为 θ　(c) 百分比法：屋面坡度为 $\frac{h}{l}\times100\%$

图 4-89 屋面坡度的表示方法

(1) 斜率法 坡度以屋顶斜面的垂直投影高度与水平投影长度之比表示，如 1∶2、1∶10 等。广泛运用于平屋顶或坡屋顶中。如图 4-89 (a) 所示。

(2) 角度法 坡度以倾斜屋面与水平面夹角表示，如 30°、45°等。多用于坡度较大的坡屋顶中。如图 4-89 (b) 所示。

(3) 百分比法 坡度以屋顶斜面的垂直投影高度与水平投影长度的百分比值表示，如 2%、3%等。多用于坡度较小的平屋顶中。如图 4-89 (c) 所示。

2. 屋顶坡度的确定

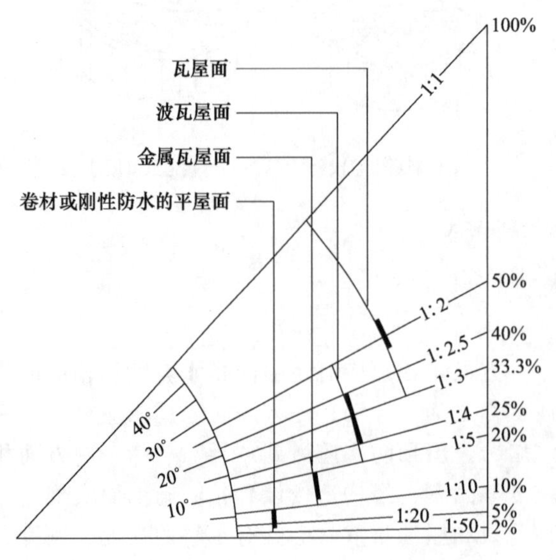

图 4-90 屋顶坡度（注：粗线段为常用坡度）

屋顶坡度的确定与屋面防水材料、当地降雨量大小、屋顶结构形式、建筑造型和经济条件等因素有关。屋顶坡度大小要适当，过大会造成材料和空间的浪费；过小会排水不畅，容易引起渗漏。

(1) 屋顶坡度与屋面防水材料关系 屋顶坡度的大小与屋面防水材料的性能和单块防水材料面积大小等有直接的关系。若屋面采用防水性能好、单块面积大、接缝少的如油毡、镀锌铁皮等防水材料，屋顶坡度可以小一些；如采用黏土瓦、小青瓦等单块面积小、接缝多的防水材料时，屋顶坡度应大些。图 4-90 为常用防水材料的适宜坡度范围。

(2) 屋顶坡度与本地区降雨量关系

由于屋顶坡度和排水速度成正比关系，而降雨量大时容易造成屋顶积水，为迅速排除积水，防止渗漏，屋顶坡度要大些；反之则可小些。我国南方地区年降雨量和每小时最大降雨量都高于北方地区，因此即使采用相同的屋面防水，一般南方地区的屋面坡度都大于北方地区。

通常，平屋顶屋面较平缓，坡度不超过10%，常用坡度为2%～5%；坡屋顶一般由斜屋面组成，屋面坡度一般大于10%。

（二）屋顶坡度的形成

坡屋顶坡度由斜屋面形成；平屋顶坡度的形成主要有材料找坡和结构找坡两种方式。如图4-91所示；其他屋顶坡度由各自的屋顶结构形式自然形成坡度。

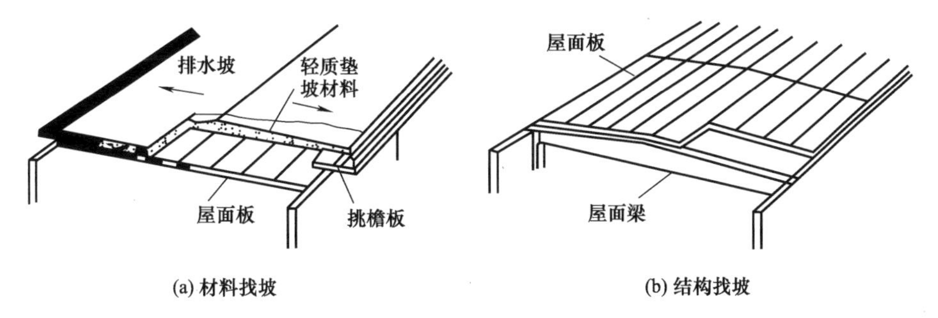

图4-91 平屋顶找坡方式

（1）材料找坡 又称垫置坡度、构造找坡或建筑找坡，是在水平搁置的屋面板上铺设厚度有变化的找坡层而形成的屋顶坡度。找坡材料一般为煤渣混凝土、矿渣混凝土等轻质材料。当屋顶设有保温层时，可将保温层兼作找坡层，但要注意找坡层最薄处应符合保温的厚度要求。

（2）结构找坡 又称搁置坡度或撑坡，是指把支撑屋面板的墙、梁或屋架等构件按要求做成一定的坡度，屋面板铺设在其上而形成的屋顶坡度。

材料找坡可使室内获得水平的顶棚层，利于改建或加层，但屋面自重较大，广泛应用于民用建筑中；结构找坡屋面较材料找坡屋面自重小、施工简单、造价低、可形成较大的坡度，但室内顶棚面是倾斜的，不利于加层或改造，多用于生产性建筑和有吊顶的公共建筑或要求不高的建筑物。

（三）屋顶排水方式

屋顶排水方式分为有组织排水和无组织排水两种。

（1）无组织排水 又称自由落水，是指屋顶不设排水装置，雨水直接由檐口自由落到地面的一种排水方式。具有构造简单、经济的优点；但落水时，雨水会浇淋墙面和门窗，故适用于标准较低的低层建筑和雨水较少地区的建筑。

（2）有组织排水 又称沟管排水，是指将屋面分成若干排水区，按一定的排水坡度把屋面雨水有组织地排到天沟或檐沟中去，通过雨水管排到散水或明沟中，最后进入城市地下排水系统。有组织排水有外排水和内排水之分。一般外排水适用于大量性民用建筑；内排水适用于屋顶面积较大的大型公共建筑、严寒地区的建筑、高层建筑及多跨建筑的中间跨排水等。

一般根据气候条件、建筑物的高度、质量等级、使用性能、屋顶面积大小等因素综合考虑建筑物屋顶排水方式。

（四）排水坡度

屋面同屋顶坡度；檐沟纵向坡度为1%左右；天沟纵向坡度：外排水不宜小于0.5%

(1∶200)，内排水不宜小于0.8%（1∶125）。

（五）屋面排水分区

屋面排水分区一般按一个雨水立管能排 200m² 积水面积来划分，一个雨水管立管能承担的最大集水区域面积。如表 4-6 所示。

表 4-6 一个雨水管能承担的最大集水区域面积表 单位：m²

雨水管内径/mm	100	150	200
外排水(明管)	150	400	800
内排水(明管)	120	300	600
内排水(暗管)	100	200	400

有时还用如下经验公式进行验算。

$$F=438D^2/H \tag{4-2}$$

式中 F——允许的排水面积，m²；

D——雨水管的直径，mm；

H——每小时计算的降雨量，mm。

雨水口的位置和间距要尽量使其排水负荷均匀，并有利落水管的安装和不影响建筑美观。雨水口的数量主要根据屋面集水面积和表 4-6 计算确定，再运用上述公式验算；雨水口的间距除经计算确定外，还应不超过 18m，以防垫置纵坡过厚而增加檐沟、天沟或屋顶的荷载。

三、平屋顶

（一）平屋顶的特点与构造组成

1. 平屋顶的特点

平屋顶构造简单，室内顶棚平整，能适应各种建筑平面形状，提高预制装配化程度、方便施工、节省空间；屋面坡度平缓，利于防水、排水、保温和隔热的构造处理，且屋顶表面便于利用。但由于平屋顶坡度小，会造成排水慢而增加屋面积水的机会，易产生渗漏现象。

2. 平屋顶的构造组成

平屋顶组成一般除面层、结构层、保温隔热层和顶棚等主要组成部分外，还包括保护层、结合层、找平层、隔气层等。屋顶的承重结构层通常采用钢筋混凝土梁板，要求有足够的强度和刚度；屋顶顶棚常采用板底抹灰及吊顶棚两类，其用材和构造与楼板层的顶棚做法基本相同；根据面层所用防水材料不同屋面有刚性防水、卷材防水、涂膜防水等屋面，屋面因防水材料不同，其面层构造组成不同，具体详见下面相关章节。

由于地区和屋顶功能不同，屋面组成略有不同，如我国南方地区一般不设保温层，而北方地区却很少设置隔热层；有上人功能的屋顶则应设置有较好强度和整体性能的屋面面层。如图 4-92 所示，为普通卷材防水屋面和刚性防水屋面构造组成示意图。

（二）卷材防水屋面

卷材防水屋面属柔性防水屋面，具有一定的延展性，能适应屋面和结构的变形，是利用卷材如沥青类卷材（如沥青油毡）、高聚物改性沥青防水卷材、合成高分子防水卷材等纤维材料以及再生胶和合成橡胶等材料作为屋面防水层，冷底子油、沥青胶等作为黏合剂材料而形成的柔性卷材防水屋面。

沥青类卷材因其造价低、防水性能较好等特点，一直以来是我国的屋面主要防水材料，

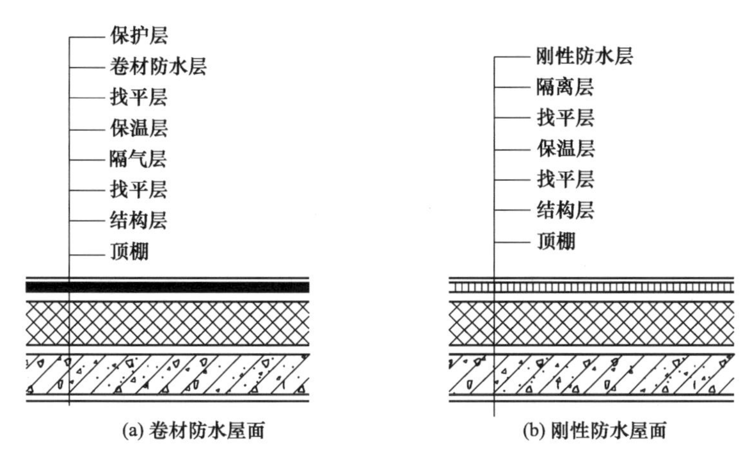

图 4-92 卷材防水和刚性防水屋面组成示意

但其低温脆裂、高温流淌、热施工、污染环境、使用寿命短，一般只有 6～8 年，故现在正逐渐被冷施工、弹性好、寿命长的高聚物改性沥青防水卷材、合成高分子防水卷材等新型防水卷材所代替。

1. 卷材防水屋面面层

卷材防水屋面面层由基层、防水层、结合层和保护层等组成，如图 4-93（a）所示。

（1）常规做法 以油毡卷材防水为例：先在结构层（或保温层）上做 20mm 厚 1∶3 水泥砂浆或 1∶8 沥青砂浆找平层（现浇钢筋混凝土整体结构可不做）形成基层；然后，在其上满涂一层冷底子油（稀释的沥青）结合层；再做卷材防水层，如高聚物改性沥青防水层；最后还应做一层防止卷材过速老化、防止沥青流淌的保护层。如图 4-93（b）所示。

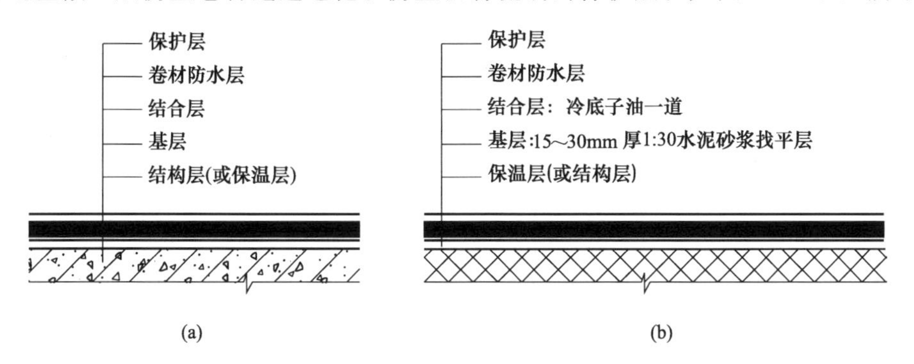

图 4-93 卷材防水屋面面层构造

（2）结合层 结合层的作用是使卷材防水层与基层连接牢固，所用材料应根据卷材防水层材料的不同来选择。常见的油毡卷材用冷底子油在基层上涂刷一至两道作为结合层。冷底子油是用沥青加入汽油或煤油等溶剂稀释而成，由于配置时不用加热，在常温下操作，由此而得名。

（3）防水层 是用防水卷材和胶结材料交替粘接、上下左右可靠搭接而形成的不透水层。当屋面坡度较平缓时，卷材宜平行屋脊从檐口到屋脊向上铺贴并按水流方向搭接；当屋面坡度较大或受振动荷载时，易垂直于屋脊铺贴，并按年最大频率风向搭接。铺贴卷材搭接时应满足所选卷材的搭接长度；对于多层卷材铺贴的情形，上下卷材的接缝应错开。

（4）保护层 保护层的作用是保护防水层，延缓卷材老化，增加使用年限。保护层的做法，应根据防水层所用材料和屋面的利用情况而定。

① 上人屋面保护层。由于屋面上要承受人的活动荷载，故保护层应有一定的强度和耐磨度。一般在防水层上面浇筑 30～40mm 厚细石混凝土，每 2m 左右留一分仓缝并用沥青胶填缝；或在防水层上用水泥砂浆或沥青砂浆粘贴地砖或预制混凝土板；也可用预制板或大介砖架空铺设，形成板材架空面层，利于通风。

② 不上人屋面保护层。不需考虑人在屋面活动情况。对于石油沥青防水层，一般在最上面的油毡上涂沥青胶后，满粘一层 3～6mm 的粗砂，俗称绿豆砂保护层；或将铝银粉、清漆、熟桐油和汽油调和后，直接涂刷在油毡表面。对于高聚物改性沥青防水卷材、合成高分子防水卷材在出厂时，卷材表面已做好铝箔面层、彩砂或涂料保护层，则不需要再专门做保护层。

(5) 隔蒸汽层　为避免油毡层由于内部空气或湿气在阳光照射下膨胀形成鼓泡，而在防水层与结合层之间建立的一个能使水蒸气扩散的渠道，成为隔蒸汽层。如对于沥青类卷材作防水层时，浇涂防水层的第一道热沥青时，采用点状或条状涂刷（也称花油法）即可。

2. 卷材防水屋面的细部构造

防水屋面在处理好大面积屋面防水的同时，通常还应在泛水、檐口、雨水口、变形缝等防水薄弱部位做加铺卷材等细部处理，防止渗漏。

(1) 泛水　是指屋面与垂直墙面如女儿墙、山墙、烟囱、变形缝等相交处的处理。对于卷材防水屋面，具体做法：首先将屋面的卷材防水层铺至垂直面上不小于 250mm 的高度，并加铺一层卷材，形成卷材防水，并把转角处卷材下的找平层做成圆角或 45°斜角，最后把泛水上口的卷材收头固定。如图 4-94 所示。

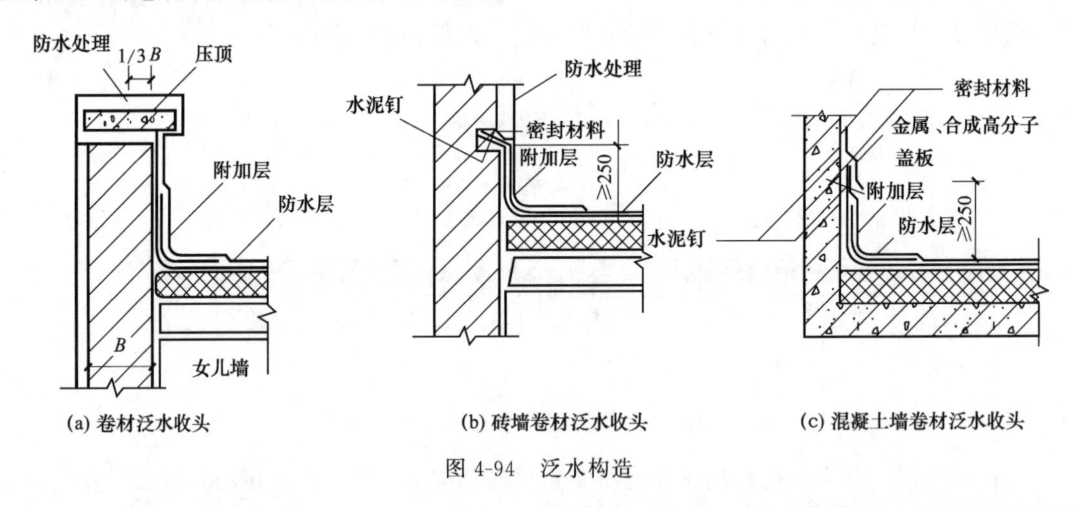

图 4-94　泛水构造

(2) 檐口　对于卷材防水屋面，檐口有无组织排水挑檐、有组织排水的挑檐沟和女儿墙檐口等形式。檐口应处理好卷材的收头固定，使屋顶四周的卷材封闭，避免雨水侵入。对于女儿墙檐口构造首先做好泛水处理，再在其顶部做混凝土等压顶，并设坡度坡向屋面。如图 4-95 所示。

(3) 雨水口　雨水口是有组织排水方式中用来将屋面雨水排至雨水管而在檐口处或檐沟内开设的洞口，构造上要求排水通畅，不易堵塞和渗漏。雨水口是定型产品，有两类：用于檐沟排水的直管式雨水口和用于女儿墙外排水的弯管式雨水口。直管式雨水口应加铺一层防水卷材连同四周的卷材防水层一起贴入连接管内不小于 100mm，雨水口上用定型铁罩或铅丝球盖住，油膏嵌缝；弯管式雨水口穿过女儿墙预留孔内，屋面防水层及泛水的卷材应铺贴

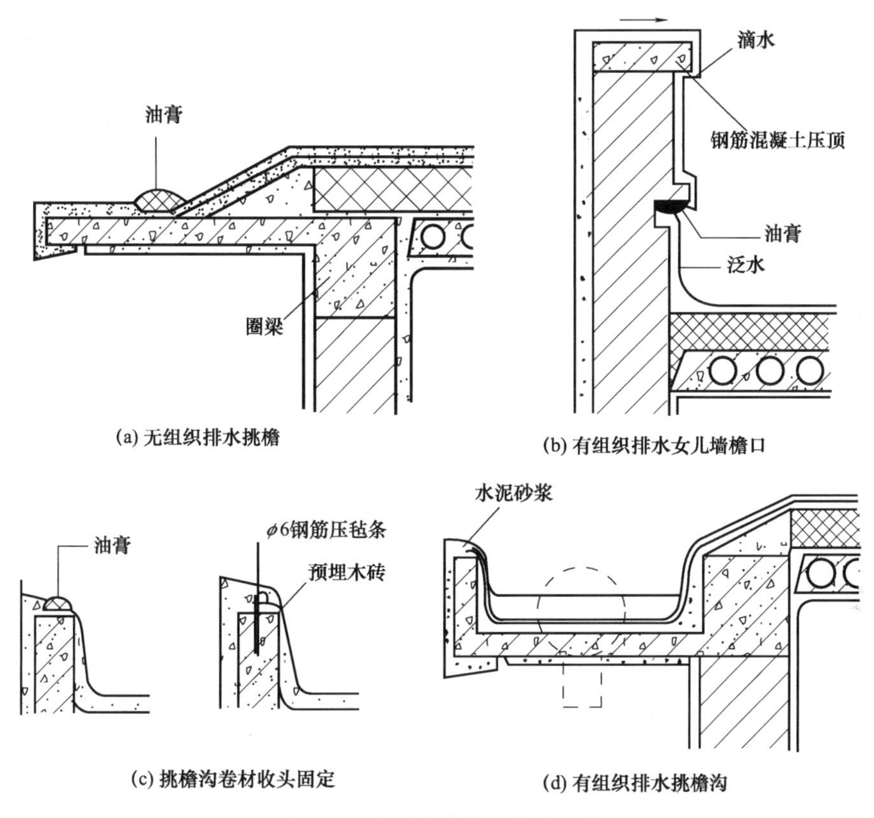

图 4-95 卷材防水檐口构造示意

到雨水口内壁四周不小于 100mm，并安铸铁篦子，以防杂物流入造成堵塞。雨水口构造如图 4-96 所示。

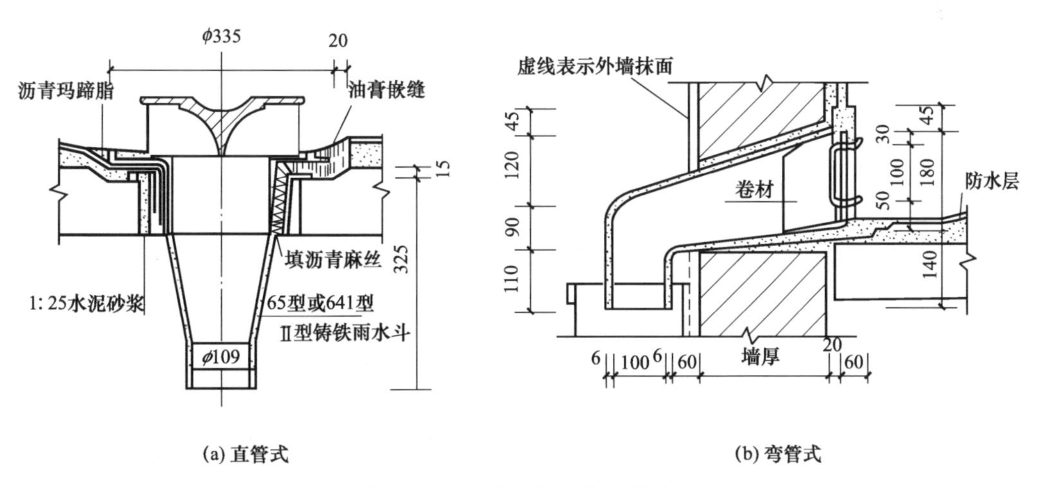

图 4-96 卷材防水雨水口构造

有关变形缝的构造详见第八节。

（三）刚性防水屋面

刚性防水屋面是以密实性混凝土或防水砂浆等刚性材料作为防水层的屋面，常用于形式复杂或上人的屋面。刚性防水构造简单、施工方便、造价较低、维修方便，但对施工技术要求较高，对温度变化和结构变形敏感，易产生裂缝，故此屋面较常用于我国的南方地区。

1. 刚性防水屋面面层

刚性防水屋面面层由找平层、隔离层和防水层等组成，如图 4-97（a）所示。

（1）面层常规做法　先在结构基层上做 20mm 厚 1∶3 水泥砂浆找平层，接着在找平层上用纸筋灰或低标号的水泥砂浆（或薄砂层上干铺一层油毡）设置一层隔离层，再现浇一层 50mm 厚 C20 的细石混凝土，内配Φ4～Φ6 间距为 100～200mm 的双向钢筋网。如图 4-97（b）所示。

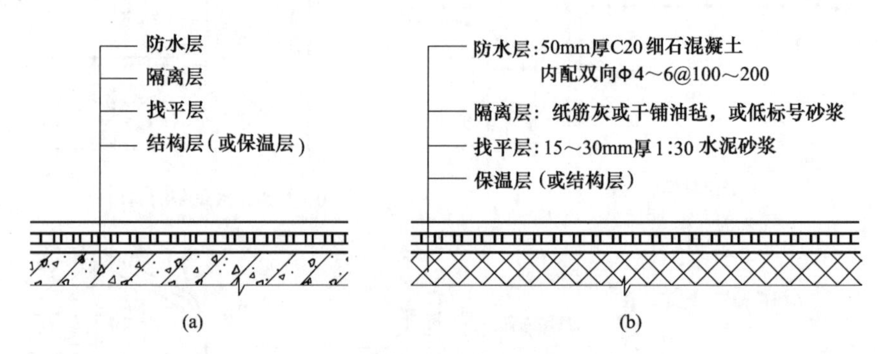

图 4-97　刚性防水屋面面层构造

（2）找平层　做法同卷材防水屋面的基层，是为了保证防水层厚薄均匀。若采用先浇钢筋混凝土整体结构时，也可不做找平层。

（3）隔离层　也称浮筑层，设置在防水层之下，以防防水层受结构层的变形影响。当防水层中加有膨胀剂类材料时，可不做隔离层；也可利用保温层或找坡层作为隔离层。

（4）防水层　由于细石混凝土防水层和防水砂浆防水层极易开裂而渗水，故目前运用较多的是钢筋细石混凝土防水层，如图 4-97（b）所示，其厚度不宜小于 40mm，钢筋保护层厚度不应小于 10mm。其中的钢筋网可防止混凝土收缩时产生裂缝；在混凝土内掺入膨胀剂、防水剂等外加剂还可提高其密实性，使混凝土的抗裂、抗渗性能提高。

2. 刚性防水屋面的细部构造

刚性防水屋面的细部构造包括屋面分格缝、泛水、檐口、雨水口等部位的构造处理。

（1）分格缝　又称分仓缝，为防止刚性防水层因结构变形、温度变化和混凝土收缩等引起开裂，而在屋面所设置的“变形缝”。通常在支座、板缝、屋脊、屋面与女儿墙的交接处等结构变形的敏感部位设置，分格缝的间距应控制在刚性防水层受温度影响产生变形的许可范围之内，一般不宜大于 6m。

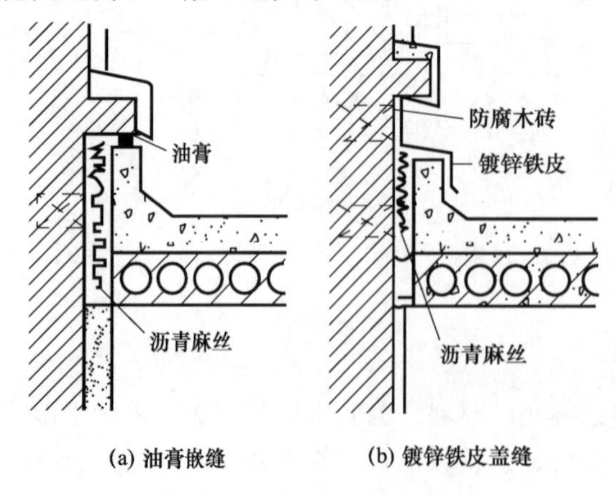

图 4-98　刚性防水层泛水构造

分格缝的具体构造详见第八节“变形缝”章节。

（2）泛水　刚性防水屋面的泛水是将刚性防水层直接引申到垂直墙面，且不留施工缝。泛水与垂直墙面之间须设置分格缝，如图 4-98 所示。

（3）檐口　刚性防水屋面常用的檐口形式有无组织排水檐口和有组织排水檐口。无组织排水檐口通常直接由刚性防水层挑出形成，挑出尺寸一般不大于 450mm；也可设置挑檐板，防水层伸到挑檐板之外，如图

4-99（a）所示。有组织排水檐口包括挑檐沟檐口、女儿墙檐口和斜板挑檐檐口等做法，图4-99（b）为挑檐沟檐口构造示意，其中檐口的底部用找坡材料垫置形成排水坡度，铺好隔离层后再做防水层，防水层一般采用1∶2水泥砂浆。

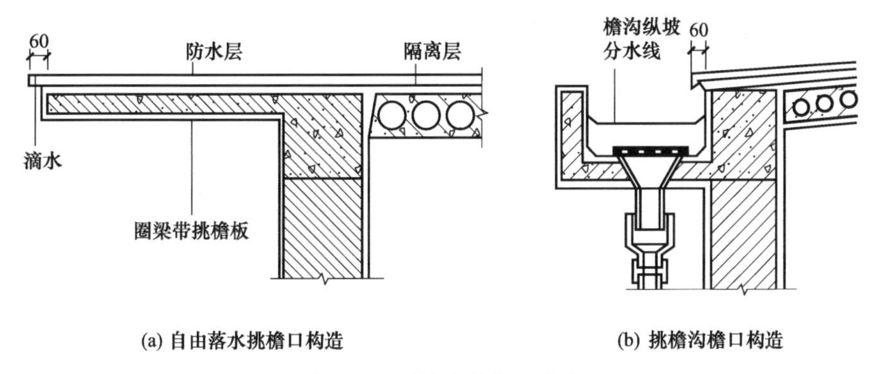

图4-99　刚性防水檐口构造

（4）雨水口　对于刚性防水屋面，应在雨水口四周加铺附加卷材铺入直管式雨水口连接管内或弯管式雨水口内壁内，四周的刚性防水层应盖在卷材的上面，并用油膏嵌缝，其余构造处理同卷材防水屋面相应构造处理，如图4-100所示。

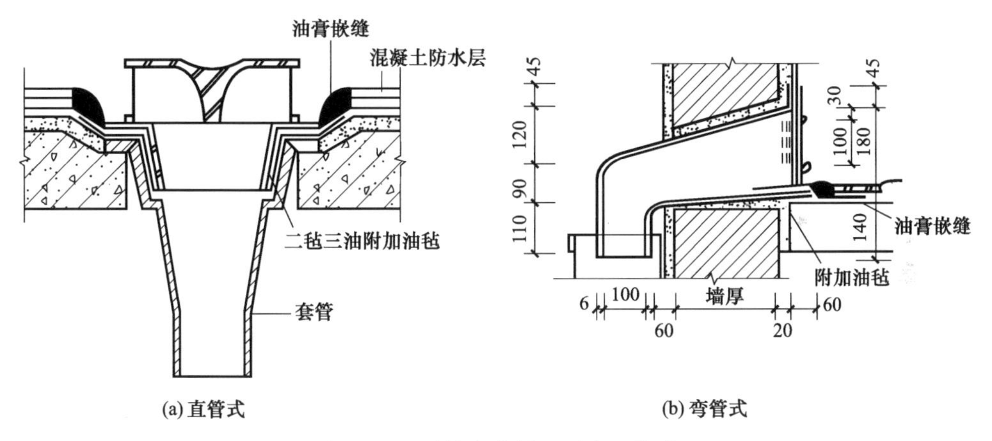

图4-100　刚性防水屋面雨水口构造

（四）涂膜防水屋面

涂膜防水屋面是将高分子防水涂料刷在屋面基层上，形成一层满铺的不透水薄膜层，使屋面达到防水的目的。涂膜的基层应为混凝土或水泥砂浆，要求平整干燥。常用的防水涂料主要有氯丁橡胶类、丙烯酸树脂类、乳化沥青类等。

涂膜防水屋面具有防水、抗渗、黏结力强、耐腐蚀、耐老化、延伸率大、弹性好、无毒、冷作业、施工方便等优点，广泛应用于建筑个别部位的防水工程中，并具有很好的发展前景。

（五）平屋顶的保温与隔热

1. 平屋顶的保温

（1）屋面保温材料　保温层的材料应选用轻质多孔、热导率小的材料，屋面保温材料一般有散料类、现场浇筑类、板块料三种形式。

散料类有膨胀陶粒、膨胀蛭石、膨胀珍珠岩以及炉渣、矿渣等工业废料等；现浇类是指将陶粒、蛭石、珍珠岩和矿渣等轻骨料与石灰或水泥拌和，现场浇筑而成的保温材料；板块类是以轻骨料和胶结材料由工厂制作而成的板块状保温材料，如预制膨胀珍珠岩、膨胀蛭石、加气混凝土和泡沫塑料等块材或板材。

（2）保温层的设置　目前较常用的保温层位置有两种，一种是将保温层设在防水层之下、结构层之上，如保温层与防水层之间设有空气间层时，称“冷屋顶保温体系”保温，否则称“热屋顶保温体系”保温；一种设在防水层之上，称“倒铺法”保温。

（3）“冷屋顶保温体系”保温　如图 4-101 所示，因室内采暖的热量不能直接影响到屋面防水层而得名。常用做法是用垫块架空预制板，形成空气间层，再在上面做找平层和防水层。空气间层可以带走穿过顶棚、保温层的蒸汽和保温层散发出来的水蒸气，并防止屋顶深部水的凝结、带走太阳辐射热通过屋面防水层传下来的部分热量。空气间层必须保证通风流畅，否则会降低保温效果。

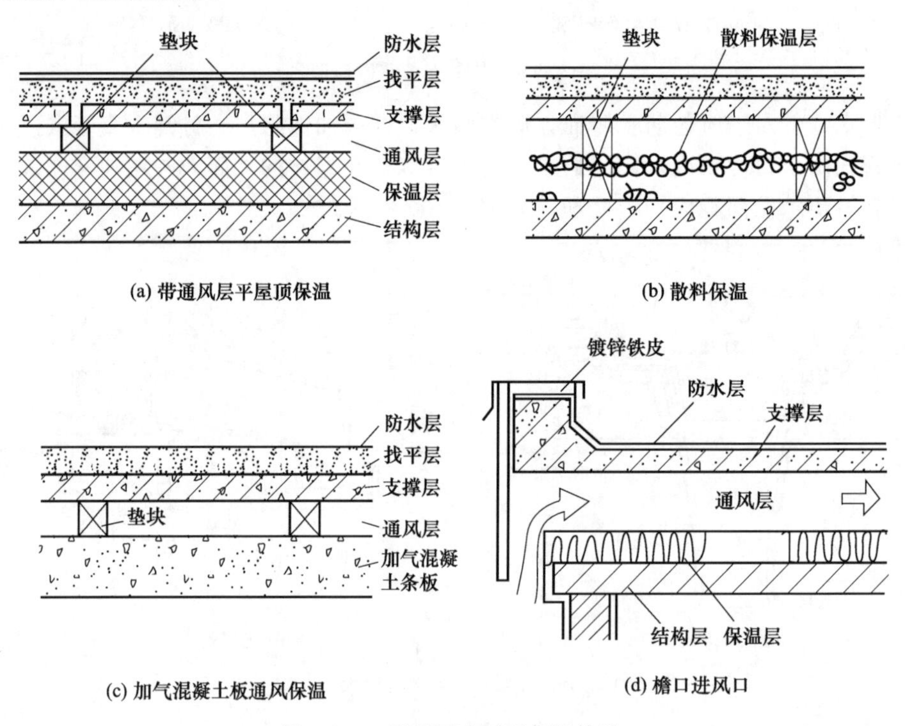

图 4-101　平屋面冷屋顶保温构造

（4）“热屋顶保温体系”保温　因室内采暖的热量直接影响到屋面防水层而得名。此时，由于保温层上直接做防水层，室内的水蒸气可能透过结构层渗透到保温层内形成的冷凝水会降低保温材料的保温效果，故应在保温层下设置一道一毡一油或一毡两油的隔蒸汽层；同时，由于隔蒸汽层和防水层将保温层上下完全密闭，为将保温层中残余的湿气排除，应采用花油法铺设防水层的第一层油毡；也可在保温层上加一层砾石或陶粒作为透气层，或在保温层中间设排气通道，排除保温层中残余的水汽。透气层的通风口一般设在檐口和屋脊等部位。如图 4-102 所示。这种形式构造简单，施工方便，目前广为采用。

（5）“倒铺法”保温　如图 4-103 所示，可使防水层不受阳光辐射和剧烈气候变化的直接影响，不易受外来的损伤，但需选用吸湿性低、耐气候性强的保温材料，如聚苯乙烯泡沫塑料板或聚氨酯泡沫塑料板等，但造价较高。在保温层上应设置保护层，防止表面破损和延缓保温材料的老化。

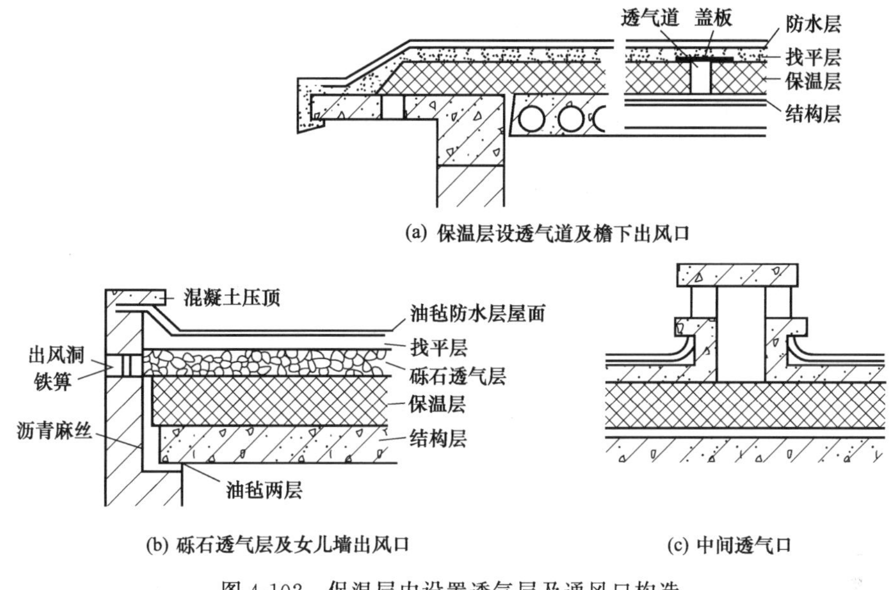

图 4-102　保温层内设置透气层及通风口构造

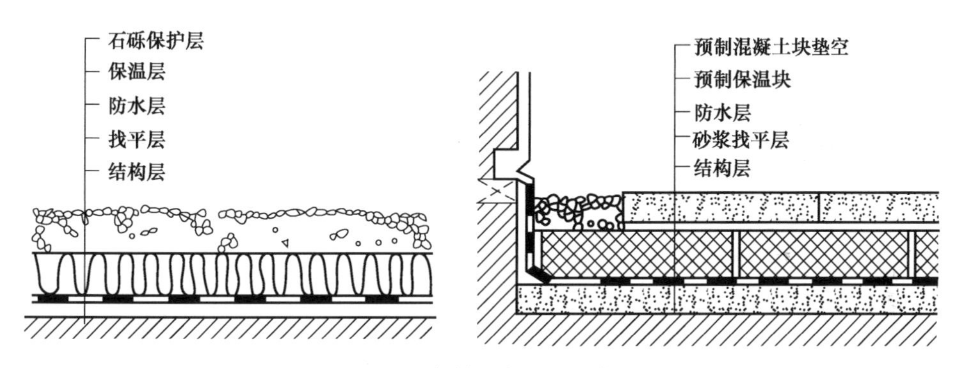

图 4-103　倒铺法保温屋面构造

2. 平屋顶的隔热

平屋顶隔热的基本原理是减少太阳辐射直接作用于屋顶表面，达到降温目的。常用的构造做法有实体材料隔热、通风隔热、反射降温隔热和蒸发散热隔热等。

(1) 实体材料隔热　是利用材料的蓄热性、热稳定性和传热过程中时间延迟性达到隔热降温的目的。有大介砖或混凝土实铺隔热、蓄水隔热及堆土植被隔热等。这种做法使屋面荷载增大。

(2) 通风隔热　有架空通风层隔热和顶棚通风层隔热两种。前者是在屋面上用预制板、大介砖等适当的材料或构件制品做通风的架空隔热层，利用架空层中空气的流动带走热量而达到降低屋顶内表面温度的目的，这种做法降温效果好，且对其下的防水层还起到一定的保护作用，架空层净高为 180～240mm，架空层周边应设一定的通风口以保证通风流畅，如图 4-104 所示；后者是利用顶棚与屋顶之间的空间进行通风降温，需设置一定的通风孔，并注意解决好屋面防水层的保护，以免防水层开裂引起渗漏。

(3) 反射降温隔热　是利用材料的颜色和光滑度对热辐射的反射作用，将一部分热量反射回去，从而达到降温的目的。一般可采用浅色的砾石或金属板铺面，或在屋面上直接刷白色涂料。

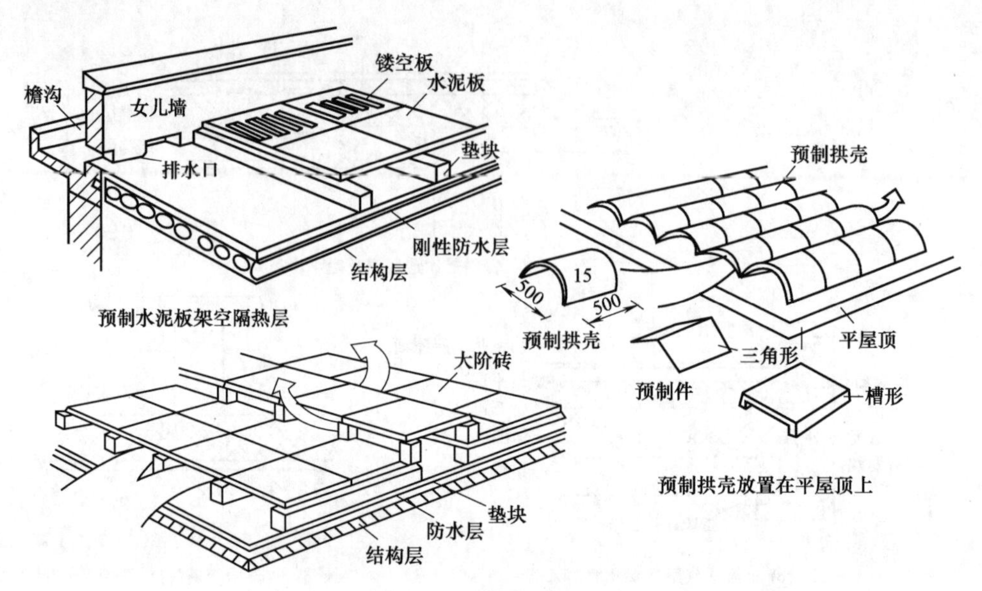

图 4-104 架空通风层隔热示意图

(4) 蒸发散热隔热 利用屋面上的流水层或水雾层的排泄或蒸发来降低屋面温度，如淋水屋面或喷雾屋面。

四、坡屋顶

(一) 坡屋面的特点与构造组成

1. 坡屋顶的特点

坡屋顶由带有坡度的倾斜面相交而成，相交的阳角称为脊，阴角称为沟，如图 4-105 所示。常见的形式有单坡顶、双坡顶和四坡顶等，如图 4-105 (b) 所示。

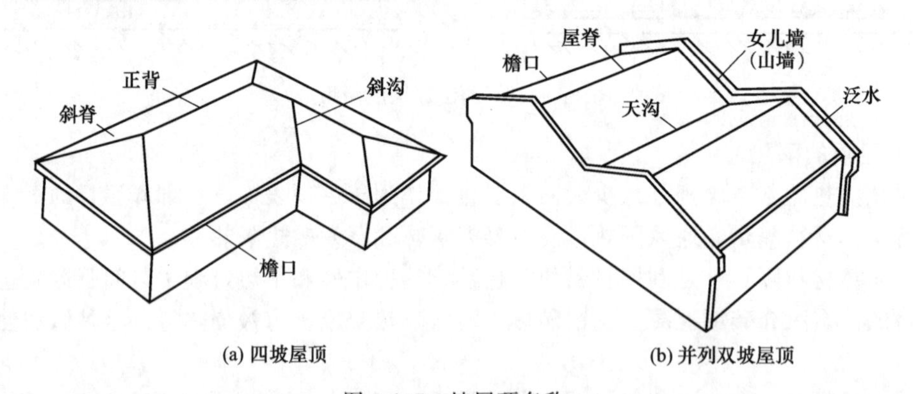

(a) 四坡屋顶 (b) 并列双坡屋顶

图 4-105 坡屋顶名称

坡屋顶一般采用瓦材防水，瓦材块小、接缝多、易渗漏，故坡屋面的坡度大于 10°，通常为 30°左右。坡屋顶坡度大、排水快、防水性能好，但结构复杂、耗材多。

2. 坡屋顶的构造组成

坡屋顶主要由承重结构和屋面两部分组成，必要时还须设置保温层、隔热层和顶棚等。

(1) 承重结构 主要是承受屋面荷载并把它传递到墙或柱上，一般有椽子、檩条、屋架或大梁等。常见坡屋顶承重结构体系有屋架支撑、山墙（即横墙）支撑和梁架支撑等。如图 4-106 所示。

① 屋架支撑 指用三角形屋架来搁置檩条以支撑屋面荷载的结构形式，常用于要求有

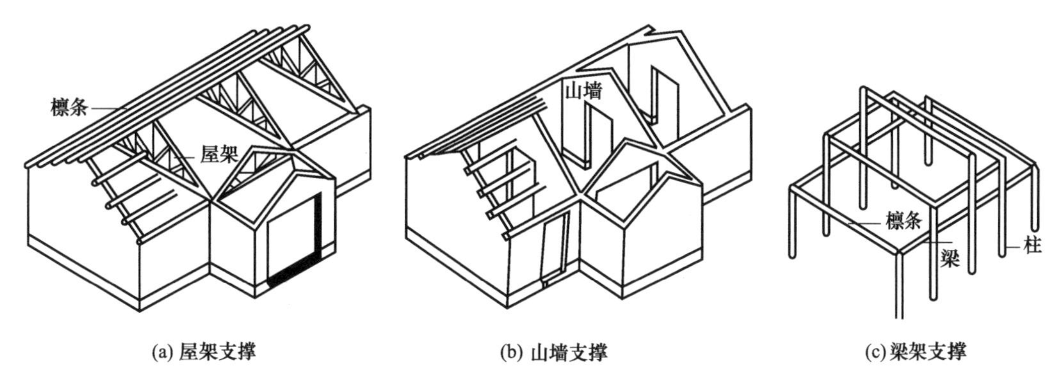

图 4-106 坡屋顶承重结构形式示意图

较大使用空间的建筑。

② 山墙支撑 也叫山墙承重或硬山搁檩，是指把横墙上部砌成三角形直接搁置檩条以支撑屋面荷载的结构形式，具有施工简单、经济等优点，常用于宿舍、办公室等多数相同开间并列的建筑。

③ 梁架支撑 指柱和梁组成排架，檩条搁置于梁间承受屋面荷载并将排架联系成一个完整的整体骨架。梁架支撑是我国屋顶传统的结构形式，墙体不承重，只起分隔与维护作用，具有整体性强和抗震性能好等特点，但其总体耗木材较多、耐火及耐久性均差，维修费用高，现已很少采用。

(2) 屋面 坡屋顶的覆盖层，直接承受雨、雪、风和太阳辐射等作用。一般由屋面材料和基层组成。屋面按基层的组成方式有无檩体系和有檩体系两种。根据屋面防水材料不同，有小青瓦、平瓦、波形瓦、平板金属皮、构件自防水及草顶、灰土顶等屋面。

(3) 顶棚 是屋顶下面的覆盖层，可使室内上部平整，有装饰和反射光线等作用。

(4) 保温隔热层 设置在屋面层或顶棚层处，根据需要有选择地设置。

(二) 平瓦屋面

1. 平瓦屋面构造做法

平瓦又称机平瓦，属黏土瓦，一般尺寸为长 380～420mm、宽 240mm、净厚 20mm；与平瓦配合使用的还有脊瓦，用于屋脊处的防水。平瓦下部一般有挂瓦钩，可以挂在挂瓦条上以防下滑；其上穿有小孔，在风大的地区或屋面坡度较大时，可用铅丝将瓦绑扎在挂瓦条上。

(1) 冷摊瓦屋面 是在椽子上钉挂瓦条后直接挂瓦的屋面，如图 4-107 (a) 所示。这种

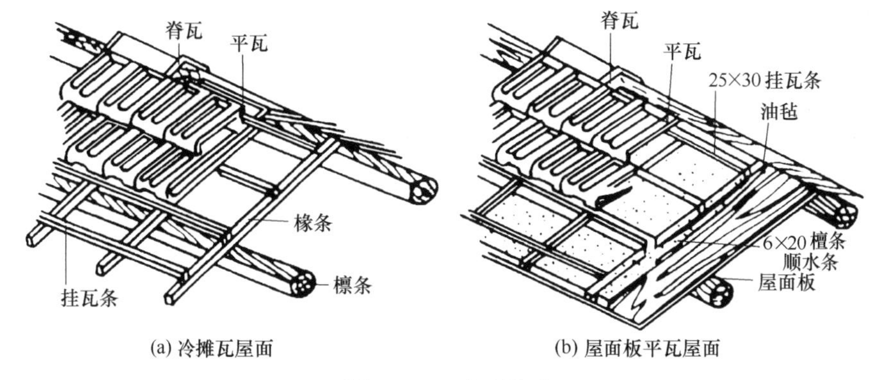

图 4-107 平瓦屋面

做法构造简单、造价低、省木材，但密闭性差，瓦缝容易渗漏，屋顶的保温效果差。

（2）屋面板平瓦屋面　是在檩条或椽木上钉屋面板，板上平行屋脊方向加铺一层油毡，用顺水条将卷材钉在屋面板上，再在顺水条上钉挂瓦条挂瓦的平瓦屋面。这种做法较冷摊瓦防水、保温效果均有所提高。如图 4-107（b）所示。

（3）钢筋混凝土挂瓦板平瓦屋面　属无檩体系，是把钢筋混凝土挂瓦板直接搁置在屋架或山墙（横墙）上，在其上直接挂瓦的屋面。这种做法具有底面平整的优点，但瓦缝中渗漏的雨水不易排除，会导致挂瓦板底渗水。常用的挂瓦板有 T 形、F 形和倒 Π 形等。

（4）钢筋混凝土板基层平瓦屋面　也属无檩体系，有两种形式。一种是在钢筋混凝土板上的找平层上铺油毡一层，用毡条钉在嵌入板缝内的木楔上，再钉挂瓦条挂瓦；另一种是在屋面板上直接粉刷防水砂浆并贴平瓦，有时也贴陶瓷等饰面材料，多用于仿古建筑中。

2. 平瓦屋面的细部构造

（1）檐口构造　坡屋顶檐口有挑檐无组织排水和包檐有组织排水等。

① 挑檐无组织构造。一般有如图 4-108 所示几种。（a）为砖砌挑檐，在檐口处将砖逐皮向外挑出 1/4 砖长至强厚的 1/2；（b）为屋面板挑檐，将屋面板直接挑出不大于 300mm 的长度；（c）为挑檐木挑檐，将挑檐木置于屋架下或承重横墙内出挑至不大于 400mm 的长度；（d）为挑檩檐口，在檐墙外檐口下加一檩条，用屋架下弦的托木或承重横墙砌入的挑檐木作为檐檩的支托；（e）为椽木挑檐，椽子直接外挑至不大于 300mm 的长度；（f）为檩式屋顶加挑椽檐口，在檐口边另加椽子挑出作为檐口的支托。

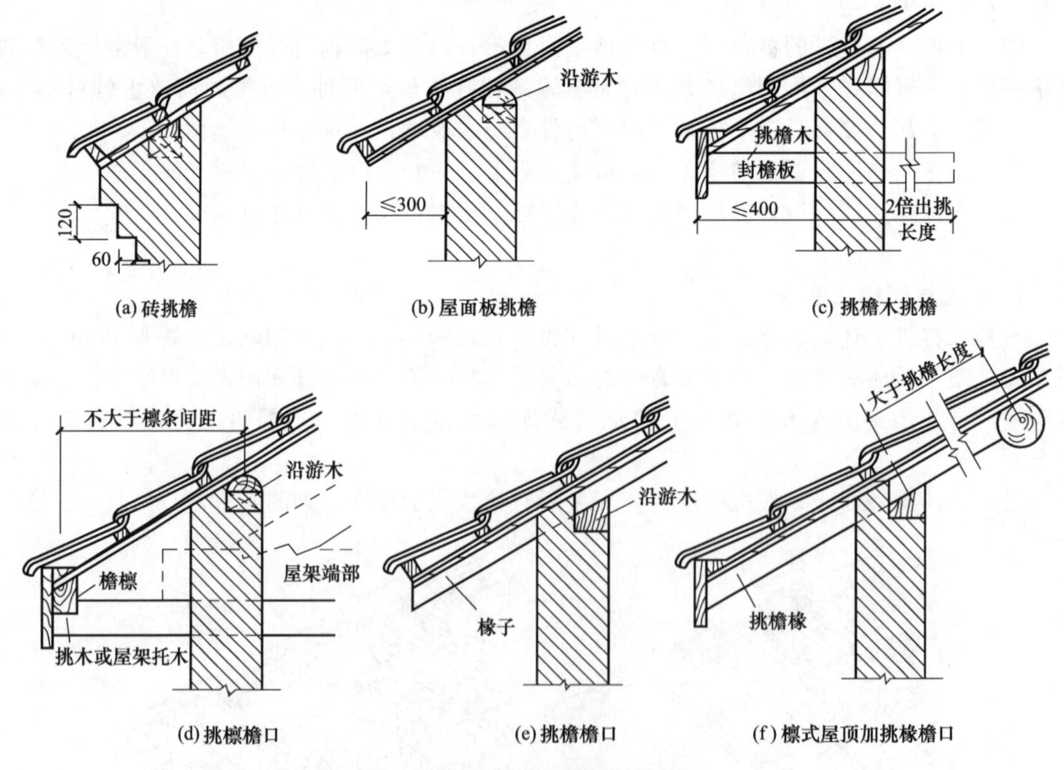

图 4-108　平瓦屋面纵墙挑檐构造

② 檐沟构造。坡屋面檐沟有挑檐檐沟和包檐檐沟，如图 4-109 所示。

（2）山墙泛水构造　坡屋顶山墙有悬山、硬山、山墙出屋顶三种形式，如图 4-110 所示。

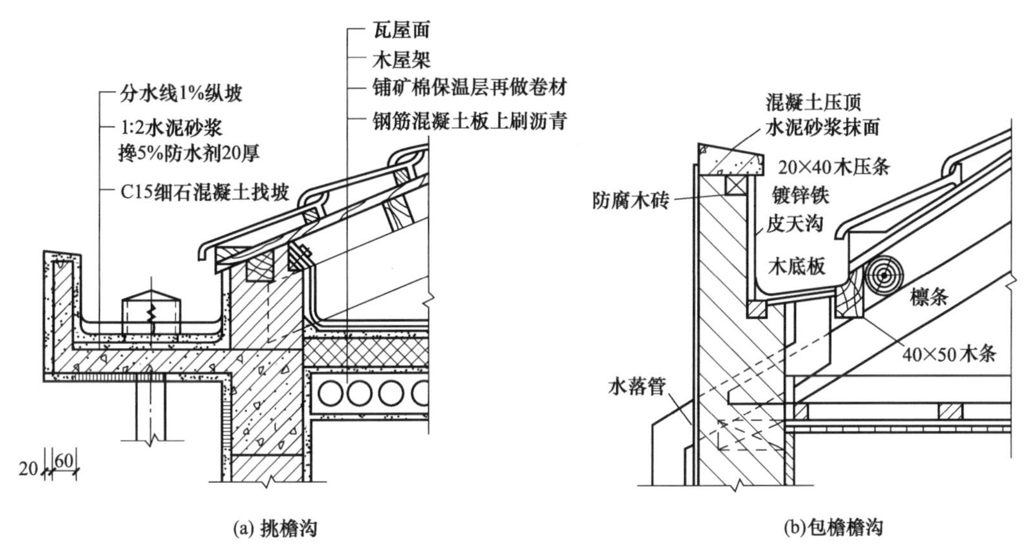

图 4-109　坡屋面檐沟构造

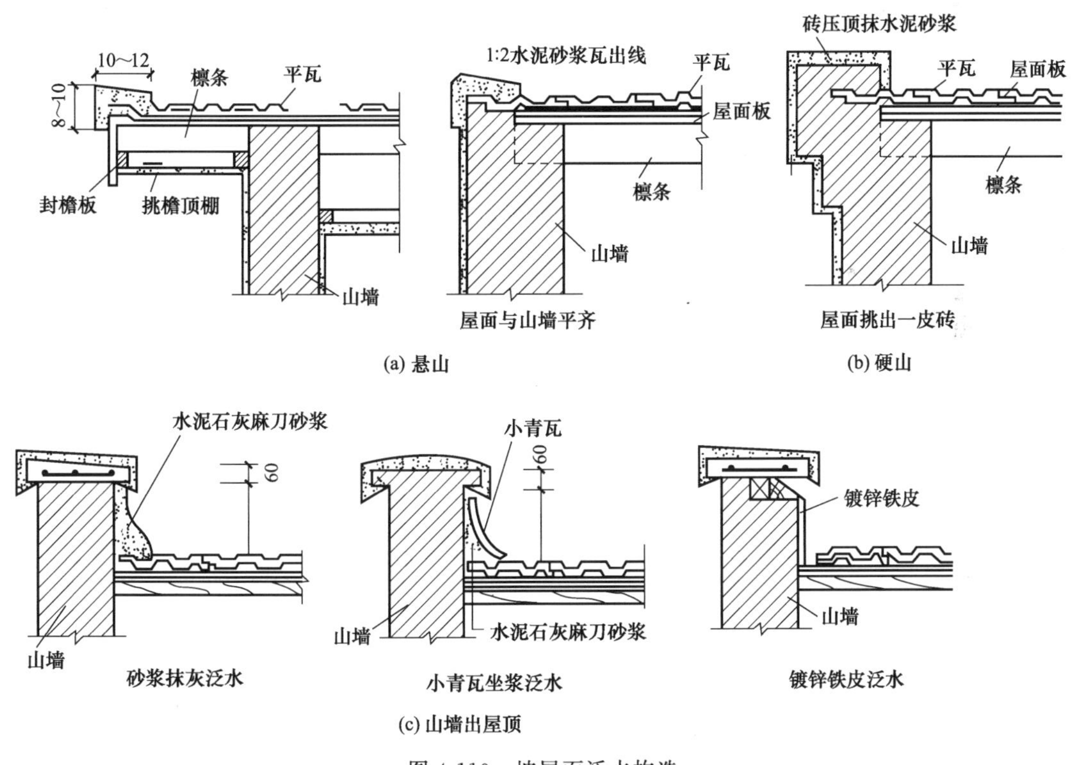

图 4-110　坡屋面泛水构造

(3) 屋脊与斜天沟构造　坡屋顶屋脊一般用 1∶2 水泥砂浆窝脊瓦；斜天沟可用镀锌铁皮或弧形瓦、缸瓦制作。

(三) 坡屋顶的保温隔热

1. 坡屋顶的保温

有屋面层保温和顶棚层保温两种做法，如图 4-111 所示。屋面层保温的保温层可设在屋面层中、檩条之间和檩条之下等部位；对于顶棚层保温，保温层设在吊顶棚上，可兼作保

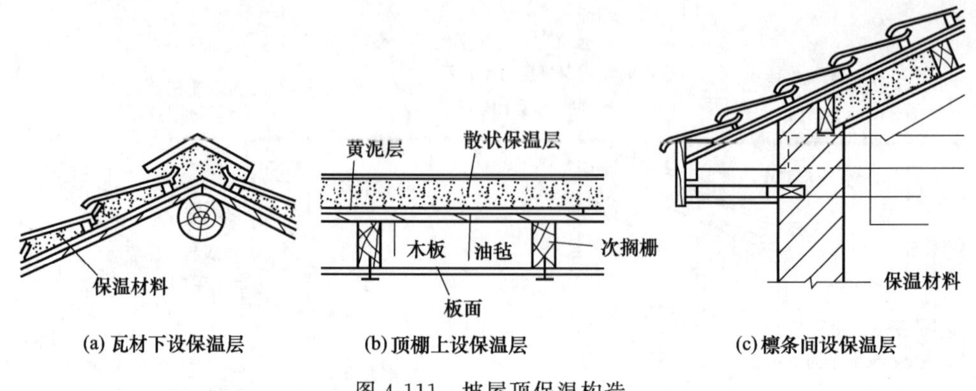

(a) 瓦材下设保温层　(b) 顶棚上设保温层　(c) 檩条间设保温层

图 4-111　坡屋顶保温构造

温、隔热的双重作用。保温材料可选用矿渣、膨胀珍珠岩和膨胀蛭石等。

对于顶棚层保温应在顶棚板上、保温层下铺一层油毡作隔气层，且还应组织屋顶通风，其作用和平屋顶中的隔气层和透气层相同。

2. 坡屋顶的隔热

一般是在坡屋顶中设进风口和出气口，利用屋顶内外的热压差和迎风面的风压差，组织空气对流，形成屋顶的自然通风以减少传入室内的辐射热而达到隔热降温的目的。进风口一般设在檐墙上、屋檐上或室内顶棚上；出气口最好设在屋脊处，以增大高差，加速空气流通。

第七节　门　　窗

门和窗是房屋建筑中的维护构件。其中窗的主要功能是采光、通风及观望；门的主要功能是交通出入、分隔联系建筑空间，也起通风、采光的作用。在不同的使用要求下，门窗还应具有保温、隔热、隔声、防水、防火、防尘和防盗的功能，此外，也影响着建筑物的外形及室内装修效果。常用的门窗材料有木材、钢材、铝合金、塑料、玻璃钢和彩色钢板等。

一、门窗的类型与尺寸

（一）门

1. 门的类型

门按开启方式分类，主要有平开门、弹簧门、推拉门、转门、折叠门、卷帘门等，如图 4-112 所示。

（1）平开门　门扇由边侧铰链固定，门扇绕铰链转动水平开启，有单扇、双扇、多扇组合和向内开、向外开等形式。在寒冷地区可以做成内、外开的双层门以满足保温要求；需要安装纱门的建筑，门与纱门为内、外开。平开门构造简单，开启灵活，安装和维修方便，是建筑中广泛使用的一种门。

（2）弹簧门　开启方式与平开门相同，采用弹簧铰链，可单向或双向开启并保持自动关闭。有单扇、双扇、多扇组合，适用于有自关要求和公共建筑中人流出入频繁的场所，但幼儿园等儿童用建筑不宜采用。弹簧门使用方便，但关闭不严，密闭性较差。

（3）推拉门　门扇由设置在门上部或下部的轨道固定，可沿轨道左右滑动，有单扇和双扇的形式。门扇可隐藏于墙内或悬于墙外，有普通推拉门、电动推拉门两种。推拉门不占用空间，可用于尺寸较大的门洞，但密闭性较差。

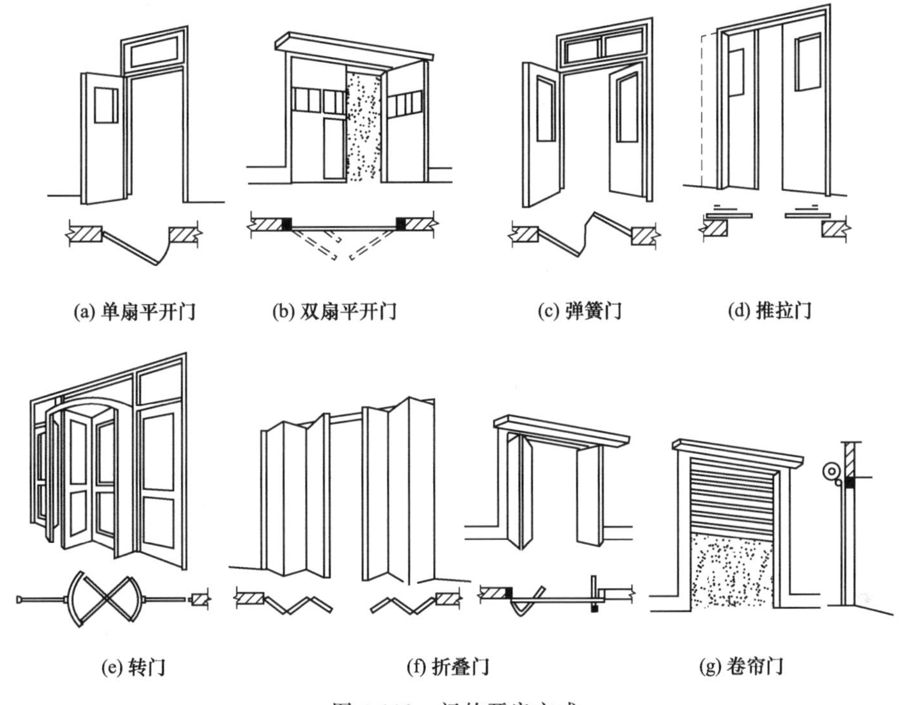

图 4-112　门的开启方式

（4）转门　一般由固定的弧形门套和垂直旋转的门扇组成，门扇由三扇或四扇用同一竖轴组合而成。转门具有隔绝空气对流的作用，适用于人员进出频繁、有采暖或空调设备的公共建筑外门，当转门设置在疏散口时，需在其两旁另设疏散专用门。

（5）折叠门　一般门扇由边侧铰链固定，但对于复杂的折叠门，需在门的上侧或下侧安装导轨及转动五金配件。一般由多个门扇组成，门扇折叠推移到洞口的一侧或两侧。折叠门开启时占用的空间少，但构造较复杂。

（6）卷帘门　在门洞上部设置卷轴，利用卷轴的转动将门扇开启。卷帘门的门扇由一块块连锁金属片或木条帘板组成，帘板两端放置在门两边的滑槽内，有手动和电动两种形式。卷帘门开启时不占用室内外空间，适用于商场、车库、车间等大尺寸洞口。

2. 门的尺寸

门尺寸的确定应考虑人的通行、设备搬运、通风、采光和建筑造型等因素。一般单扇门宽 700～1000mm，双扇门宽 1200～1800mm，宽度在 2000mm 以上的门采用四扇或双扇带固定扇的门；门扇高度 2100～3000mm。

（二）窗

1. 窗的类型

窗按照开启方式分类，主要有平开窗、推拉窗、悬窗、立转窗、固定窗和百叶窗等多种形式，如图 4-113 所示。

（1）平开窗　窗扇有铰链固定在窗樘侧边，有单扇、双扇、多扇组合和向内开、向外开等形式。该窗具有构造简单、开启灵活、制作维修方便和通风面积大等特点，是建筑中广泛使用的一种窗。

（2）悬窗　窗扇由水平轴固定并可旋转开启，根据旋转轴位置不同，有上悬窗、中悬窗、下悬窗之分。上悬窗和中悬窗防雨效果好、利于通风，多用于外门窗的亮子及大面积的

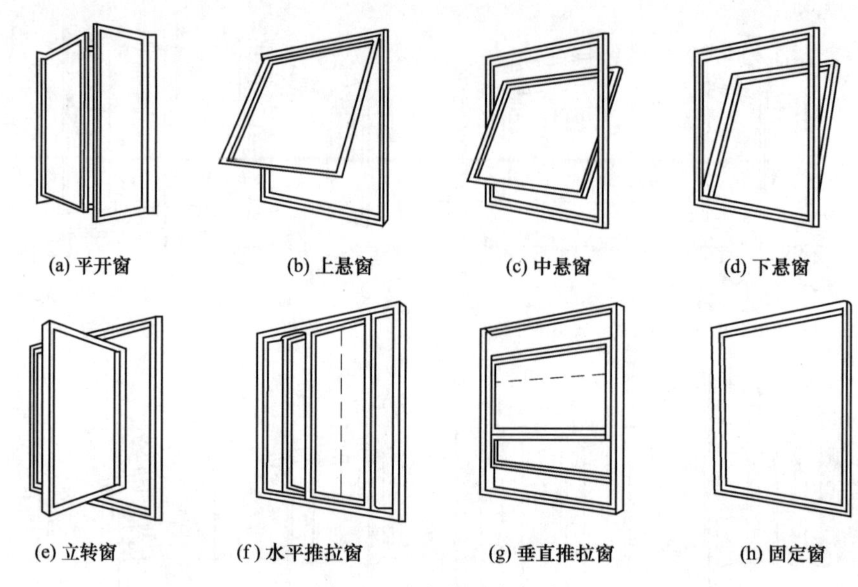

图 4-113 窗的开启方式

幕墙。

(3) 立转窗 窗扇由垂直轴固定并可旋转开启，转轴可设在窗扇的中部或偏于一侧。该窗通风采光效果好、开启方便，但密闭性较差。

(4) 推拉窗 窗扇可沿滑轨槽滑动，有水平和垂直推拉两种形式。该窗窗扇受力合理、构造简单、不易变形、不占用室内外空间，被广泛运用于大量性民用建筑中。

(5) 固定窗 没有窗扇，只供采光、不能通风。该窗构造简单、密闭性能好。

(6) 百叶窗 窗扇由斜置的木片或金属片等组成，通过百叶角度的调节来控制采光量和通风量。该窗能挡光而又不影响通风，主要用于有特殊要求的窗。

2. 玻璃的种类

窗用玻璃的种类很多，有普通平板玻璃、吸热平板玻璃、压花玻璃、夹丝玻璃、钢化玻璃、镀膜玻璃和中空玻璃等。其中中空玻璃适用于有采暖和空调的建筑物，具有节约能源、玻璃表面不结露、隔热、隔声等性能。

3. 窗的尺寸

窗的尺寸取决于房间的采光通风、建筑造型和构造做法等要求，窗洞口尺寸应符合 3M 模数系列尺寸，常用的有 600mm、900mm、1200mm、1500mm、1800mm、2100mm 等。

二、门窗的构造要求

门窗的构造应满足使用功能并坚固耐用，具有足够的强度、交通安全、采光通风和抵抗风雨侵蚀等能力；尺寸规格应统一，符合《建筑模数协调统一标准》的要求；并做到经济、美观；使用上应开启方便、不影响交通、便于擦洗并维修方便。

三、木门窗

木门窗通常用经过干燥、不易变形的木材制成。木材是传统而又现代的门窗用料，适合手工加工、构造简单、制作方便灵活，但防水防火性能差、易变形。

(一) 平开木门

平开木门主要由门樘（门框）、门扇、亮子、五金配件和必要的附件组成，如图 4-114 所示。亮子是为通风采光、调整门的尺寸和比例而在门的上部设置的，也称腰窗，有固定、平开及上、中、下悬等形式，其构造做法与窗相同；五金零件有铰链、门锁、插销、门碰头等；其他附件有门下槛、贴脸板和筒子板等。

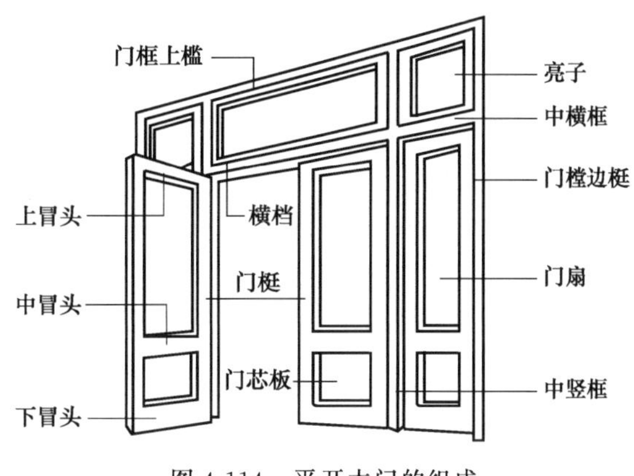

图 4-114　平开木门的组成

1. 门框

(1) 组成　门框一般有两根边梃和上槛组成，有亮子的门还有中横档；多扇门还有中竖梃；外门及特殊需要的门有些还有下槛，可用于防风、隔尘、挡水、保温和隔声等。

(2) 断面形状与尺寸　与门的开启方式、门扇层数和宽度有关，如图 4-115 所示。

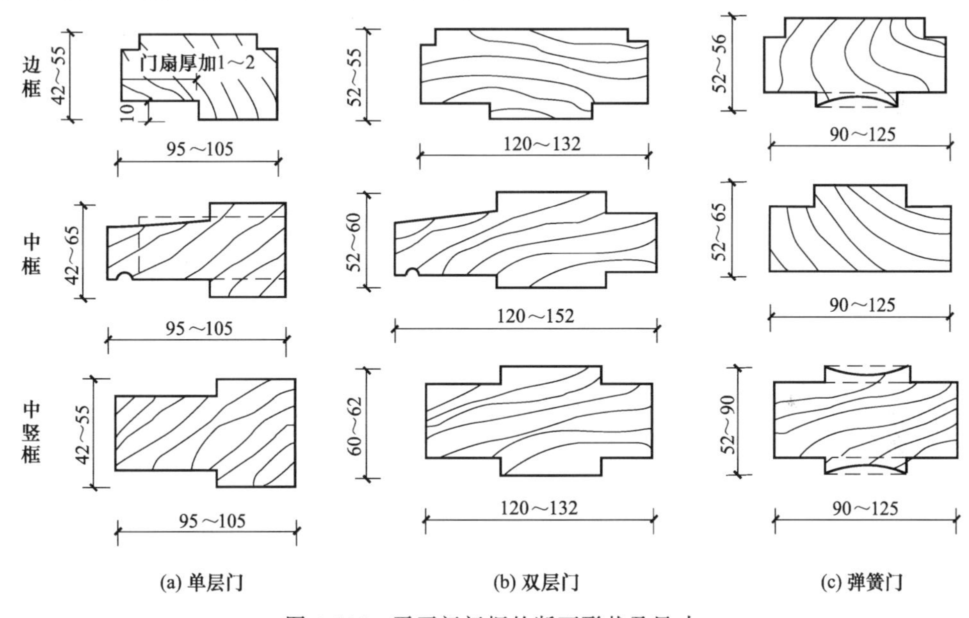

图 4-115　平开门门框的断面形状及尺寸

(3) 门框在墙中的位置　门框在墙中的位置有立中、内平、外平和内外平等形式，一般选择门扇与开启方向一侧的墙平齐，以使门扇开启角度最大，门框与墙面抹灰的接缝处用贴脸板或木条盖缝；对较大尺寸的门，为安装牢固，应居中设置。当装修规格较高时，可在门洞两侧或上方设筒子板。

(4) 门框的安装　门框的安装和窗框一样有立口和塞口两种，具体见窗框章节。应在门框靠墙的一面开 1～2 道背槽并做防腐处理，以防门框靠墙一侧受潮变形。

2. 门扇

民用建筑中常用门扇有镶板门、夹板门等。

(1) 镶板门　包括玻璃门、百叶门和纱门，构造简单，制作方便，是最常用的一种门扇形式，由边梃、上、中、下、冒头组成骨架，内镶门芯板。门芯板可用 10～15mm 厚木板拼装成块镶入边框，其拼装方式有四种，如图 4-116 (a) 所示；也可用胶合板、木板、硬质纤维板、玻璃等代替。如图 4-116 (b)、(c) 所示为门芯板、玻璃板与边框的镶嵌。

(2) 夹板门　是中间为轻型骨架双面贴薄板的门。骨架一般用厚 30mm，宽 30～60mm

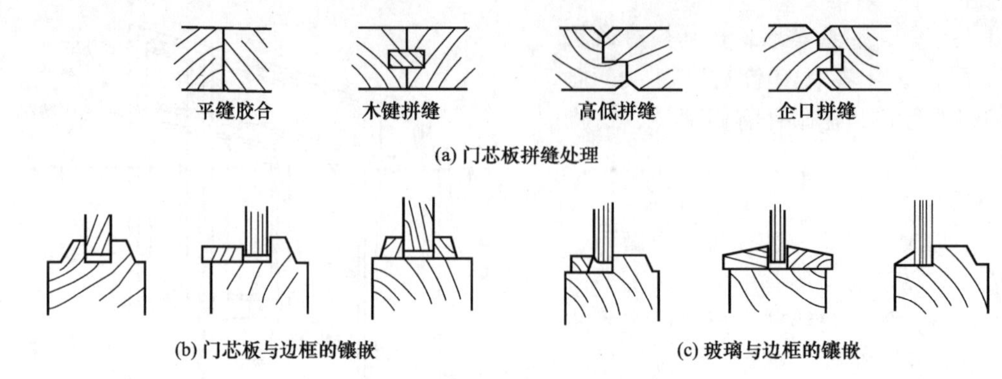

图 4-116 门芯板与玻璃的镶嵌结合构造

的木料做边框，内为格形肋条，肋条厚同框料，宽为 10～25mm，间距为 200～400mm，装销处需另加附加锁木；面板一般用胶合板、硬纤维板或塑料板，用胶结材料双面胶结。有全夹板门、带玻璃或带百叶夹板门等形式。

夹板门构造简单，可用小料和短料，自重轻、外形简洁，便于工业化生产，故被广泛用作民用建筑中的内门。

（二）平开木窗

窗主要由窗框和窗扇组成。在窗扇和窗框间装有各种铰链、风钩、插销、拉手及导轨、转轴、滑轮等五金零件，有时还加设窗台、贴脸、窗帘盒等。为保温或隔声需要，还可设置双层窗。如图4-117所示。

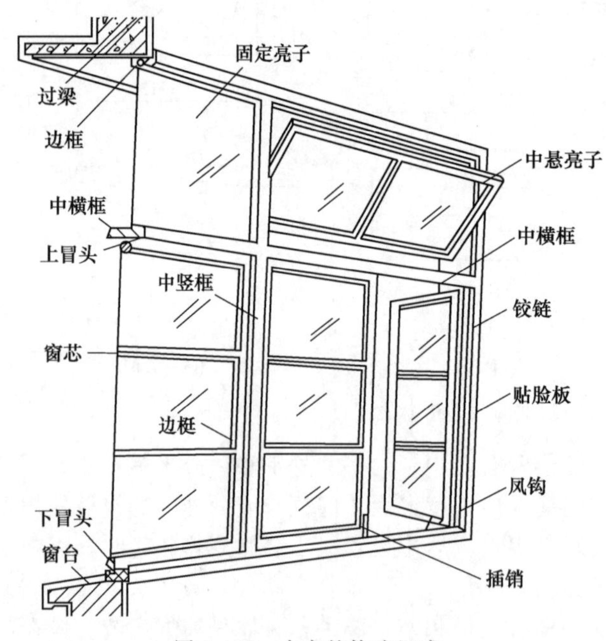

图 4-117 木窗的构造组成

1. 窗框

又称窗樘，由上框、下框、边框、中横框、中竖框组成，位于墙和窗扇之间，其主要作用是与墙连接并通过五金件固定窗扇。

(1) 断面形状与尺寸　窗框的断面形状与窗扇的层数、厚度、开启方式、洞口大小和承受风压大小等有关；其尺寸一般为经验尺寸；中横框宜加披水或滴水槽防止雨水流入室内。设计时可根据实际情况参照各地标准详图进行选择。

(2) 窗框的位置　窗框在墙中的位置有居中、内平、外平三种形式，如图 4-118 所示。窗框立中是一种普遍应用的形式；窗框外平多用于板材墙或厚度较薄的外墙；窗框内平，应做贴脸，以防止窗框与内墙表面的接缝开裂。

(3) 窗框的安装　安装方法有立口和塞口两种。立口是在施工时先立好窗框，后砌筑窗间墙，窗框与墙体结合牢固紧密，但由于窗框的安装与砖墙工序交叉，会影响墙体施工；塞口又称后立口，是在砌墙时预留出窗洞口，以后再安装窗框，该方法施工方便，但要对窗框与洞口间的缝隙做处理。窗框要做防腐处理，方法同门框。

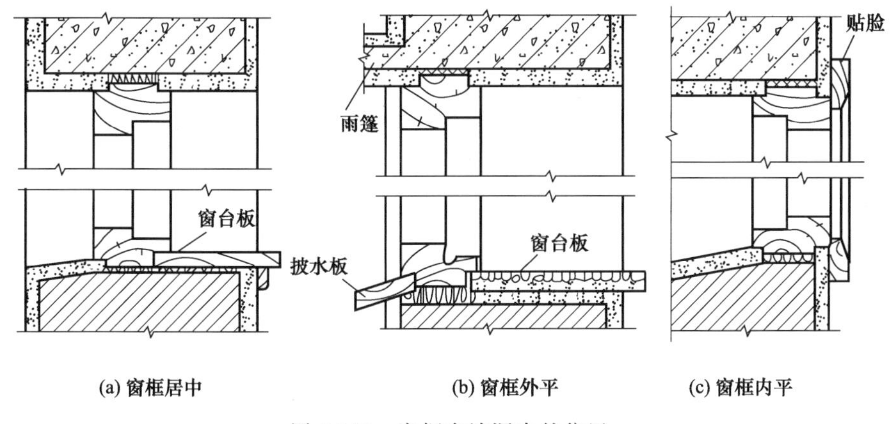

图 4-118 窗框在墙洞中的位置

2. 窗扇

窗扇由上、下冒头和左右边梃榫接而成，有的中间还设窗芯（窗棂）。主要有玻璃窗扇、纱窗扇等。

（1）玻璃窗扇 玻璃窗扇由上冒头、下冒头、边梃、窗芯和玻璃等构成。为镶嵌玻璃，在冒头、边梃和窗芯上要做 8～12mm 宽的铲口，铲口深度一般为 12～15mm，不超过窗扇厚度的 1/3，通常设在窗扇的外侧以利防水、抗风和美观。两扇窗的接缝处一般做高低盖口，必要时加钉盖缝条。如图 4-119 所示。

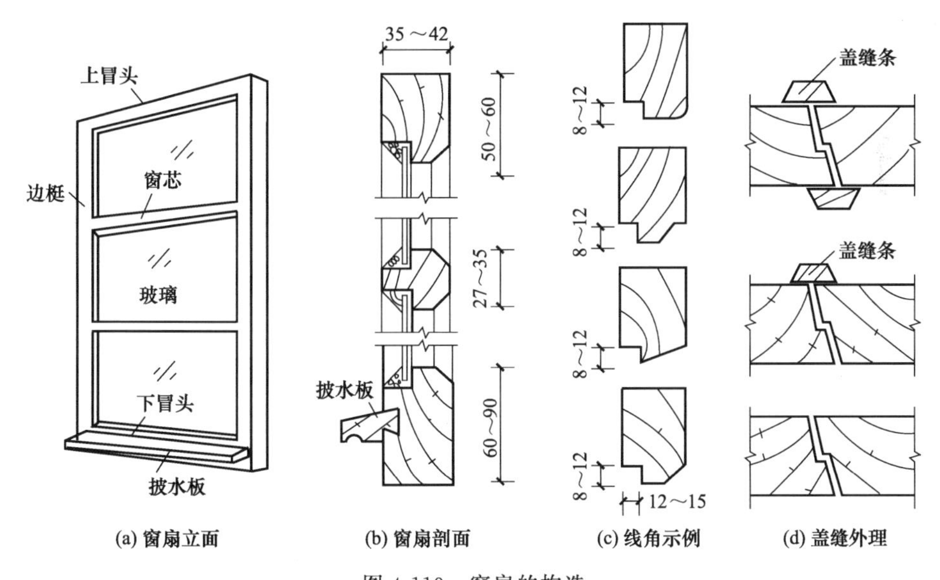

图 4-119 窗扇的构造

常用窗扇玻璃是无色透明平板玻璃，厚度有 3mm、5mm、6mm 等，可根据窗玻璃面积大小加以选择。此外，还有可遮挡视线的磨砂、压花玻璃；安全性较好的夹丝玻璃、钢化玻璃以及有机玻璃等；有色、变色、涂层吸热等特殊种类的玻璃；隔声、保温隔热的中空玻璃等。玻璃的安装一般先用小铁钉固定在窗扇上，再采用油灰或玻璃密封膏嵌固或木压条镶钉。

（2）纱窗扇 纱窗轻，纱窗框料截面尺寸较小，一般用小木条将窗纱固定在裁口内。

（3）窗框与窗扇的连接 一般窗扇用铰链、转轴或滑轨固定在窗框上，窗扇与窗框之间要求关闭紧密、开启方便、防风雨。通常在窗框上做裁口或留槽，形成空腔的回风槽以提高防风雨能力。对于防水薄弱处：外开窗的上口和内开窗的下口，一般须做挡水板和滴水槽以防雨水内渗，并在窗框内槽和窗台处做积水槽和排水孔将渗入的雨水排除。如图 4-120 所示。

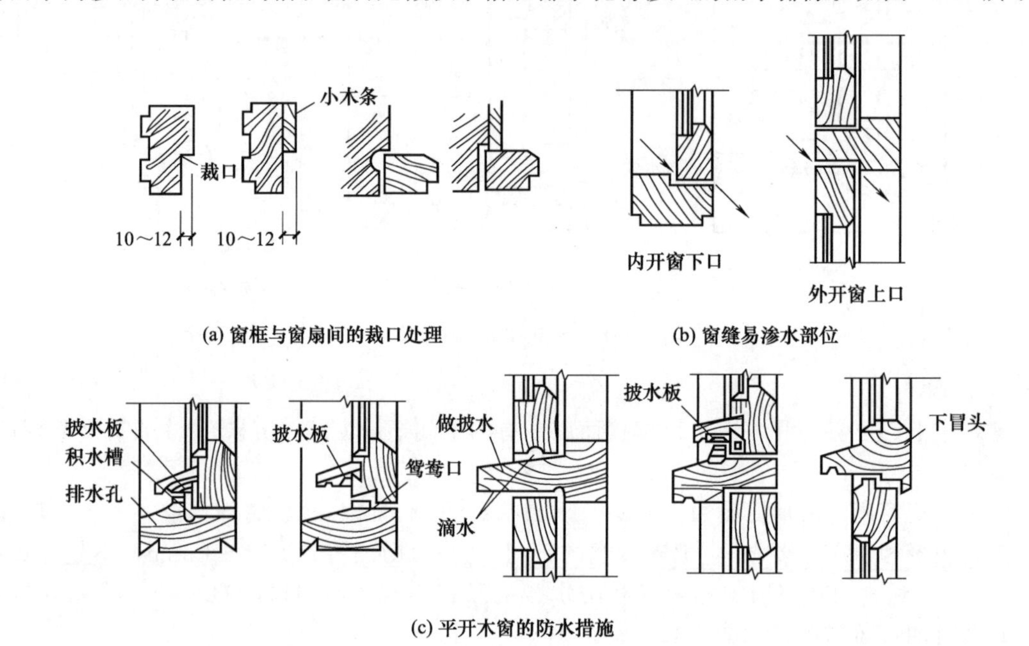

图 4-120 窗樘与窗扇的连接及构造措施

四、金属门窗

金属门窗主要有钢门窗、铝合金门窗和彩钢门窗等，最常用的是前两种。

1. 钢门窗

钢门窗按所用钢料分有实腹式和空腹式两大类，是分别用型钢和薄壁空腹型钢在工厂制作而成；按大小和形式有基本钢门窗和组合钢门窗之分，其中基本钢门窗是标准化的最小基本单元。因此钢门窗具有工业化、定型化、标准化的特点，使用时，可根据需要从我国各地发行的钢门窗标准图集直接选用或组合出所需大小和形式的门窗。此外，钢门窗强度、刚度较好，但在潮湿环境下易锈蚀、易变形、耐久性差，在民用建筑中已逐渐被铝合金门窗所代替。

钢门窗与墙、梁、柱的连接一般采用铆、焊两种方式，钢门窗上镶嵌玻璃时，必须用钢卡或钢夹卡住，再嵌油灰固定，也可用木条、塑料条加压固定。

2. 铝合金门窗

铝合金门窗具有强度大、耐蚀性好、密封性强、易于着色和修饰等优点，虽然其造价较钢门窗和木门窗高，但由于其造型美观、寿命长、节约能源而得以广泛的应用。

铝合金门窗框外侧用螺钉固定着钢质钢固件，安装时与墙柱中的预埋钢件焊牢或铆固。

五、塑钢门窗

塑钢门窗是将改性聚氯乙烯材料用挤出成型的塑料异型材，内腔装入钢肋衬后，以专门的组装工艺制造而成。塑钢门窗刚性强、耐冲击、抗腐蚀能力强；水密性、气密性、隔声和隔热性能好；装饰性好、价格合理、易保养、热膨胀变形小、使用寿命长；具有良好的阻燃和电绝缘性能。目前，塑钢门窗被广泛运用于办公、住宅、医院等民用性建筑中。

1. 塑钢门窗的分类

塑钢窗的分类：按窗的开启方式有平开窗、推拉窗、旋转窗和固定窗等；按窗扇结构有单玻、双玻、三玻、百叶窗和气窗等。

塑钢门有框板门、折叠门、整体门和贴塑门等。

2. 塑钢门窗的构造

塑钢门窗与墙体的连接是用连接件将塑钢门窗框固定在墙（柱、梁）上，连接件固定可采用焊接、膨胀螺栓或射钉方法。门窗框四周的缝隙应采用泡沫塑料条、泡沫聚氨酯条、矿棉粘条等软质保温材料分层填塞，外表留 5～8mm 深的槽口用密封膏密封。

安装玻璃采用密封条固定，也可采用密封胶固定。塑钢门窗下框靠外侧应开若干 150mm×50mm 排水孔，间距为 500～700mm。

第八节 变 形 缝

变形缝是为了防止由于温度变化、地基不均匀沉降和地震等因素的影响，建筑物产生变形，导致开裂，甚至破坏而预留的构造缝。变形缝有伸缩缝、沉降缝和防震缝三种。

一、变形缝设置

1. 伸缩缝

伸缩缝又称温度缝，是指为防止建筑物因受温度变化影响产生热胀冷缩使建筑物出现裂缝或破坏，在沿建筑物长度方向相隔一定距离预留的缝隙。这种缝隙是因温度变化而设置的，而基础埋于地下，受温度影响较小，因此，伸缩缝要求把建筑物的墙体、楼板层、屋顶等地面以上部分全部断开。

伸缩缝的位置和间距与建筑物的材料、结构形式、使用情况、施工条件及当地温度变化情况等有关，设计时应根据有关规范的规定设置。伸缩缝的宽度一般为 20～30mm。

2. 沉降缝

为防止建筑物各部分由于地基不均匀沉降引起房屋发生错动开裂，将建筑物划分为若干个可以独立自由沉降的单元，这种单元间的垂直缝称为沉降缝。

建筑物凡具备下列条件之一者应考虑设置沉降缝：

① 建筑物建造在不同的地基土壤上；

② 同一建筑物相邻部分高度相差在两层以上或部分高差超过 10m；

③ 建筑物部分的地基底部压力值有很大差别；

④ 原有建筑物加建扩展建筑物；

⑤ 相邻的基础宽度和埋置深度相差悬殊；

⑥ 建筑物平面形状较复杂。

设置沉降缝的目的是将建筑物划分为几个可自由沉降的单元，因此，沉降缝要求从建筑物基础至屋顶全部断开。沉降缝可兼起伸缩缝的作用，但伸缩缝不可代替沉降缝。

沉降缝的宽度同地基情况和建筑物高度有关，地基越软弱、建筑物高度越高，宽度越大，如表 4-7 所示。

3. 防震缝

在地震区，为防止建筑物的各部分在地震力作用下震动、摇摆引起变形裂缝，造成破坏，而将建筑物分成若干个体型简单、结构刚度均匀的独立单元，这种单元间的垂直缝称为防震缝。

表 4-7 沉降缝的宽度 单位：mm

地基情况	建筑物高度	沉降缝宽度	地基情况	建筑物高度	沉降缝宽度
一般地基	$H<5$m	30	软弱地基	2～3 层	50～80
	H 为 5～10m	50		4～5 层	80～120
	H 为 10～15m	70		5 层以上	>120
			湿陷性黄土地基		≥30～70

在地震设防区，当建筑物属于下列情况之一时，应考虑设置防震缝：

① 建筑物平面体型复杂，有较长的突出部位，如 L 形、U 形、T 形和山字形等；

② 毗邻建筑物立面高差在 6m 以上；

③ 建筑物有错层且楼板高差较大；

④ 建筑物相邻部分的结构刚度和质量相差悬殊。

设置防震缝时基础一般可不断开，但在平面复杂的建筑中，当基础各相连部分的刚度差别很大时；或与沉降缝合并设置时，也需要将基础分开。

防震缝的宽度与地震设防烈度和建筑物高度有关。当建筑物高度不超过 15m 时，宽度为 70mm；当超过 15m 时，设防烈度分别为 7 度、8 度、9 度时，对应每增加 4m、3m、2m，宽度在 70mm 基础上增加 20mm。

建筑物设置变形缝的原则是：温度缝、沉降缝、防震缝应协调布置，做到一缝多用。当沉降缝兼做温度缝，或防震缝与沉降缝结合设置时，基础也应断开。

二、变形缝构造做法

变形缝应能将建筑物构件全部断开，保证缝两侧能自由变形，并应尽量隐蔽，且能防止风雨对室内的侵袭。

1. 墙体变形缝

变形缝的形式因墙厚、材料等不同可做成平缝、错口缝、企口缝（即凹凸缝）等，如图 4-121 所示。外墙变形缝应保证自由变形，并防止风雨影响室内，常用浸沥青的麻丝填嵌缝隙，当变形缝宽度较大时，缝口可采用镀锌铁皮或铅板盖缝调节；内墙变形缝着重表面处理，可采用木条或铝合金盖缝，盖缝条仅一边固定在墙上，允许自由移动，如图 4-122 所示。

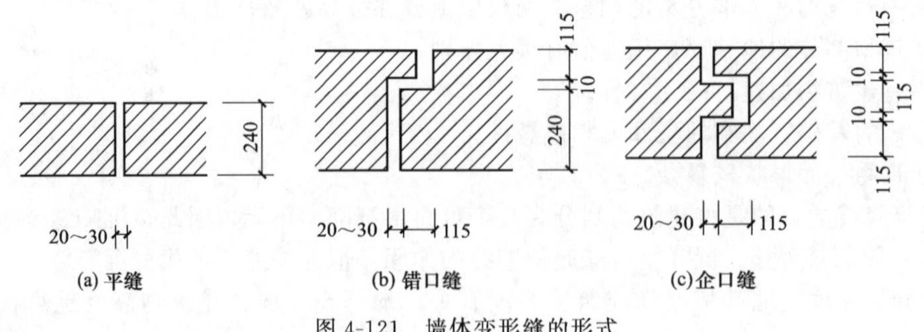

图 4-121 墙体变形缝的形式

2. 楼地层变形缝

楼地层变形缝的位置与缝宽大小应与墙体、屋顶变形缝一致，缝内应用可压缩性的材料（如沥青麻丝、油膏、橡胶、金属或塑料调节片等）做密封处理，上铺活动盖板或橡、塑地板等地面材料，以保证面层平整、光洁、防滑、防水及防尘等要求。顶棚的盖板条在构造上

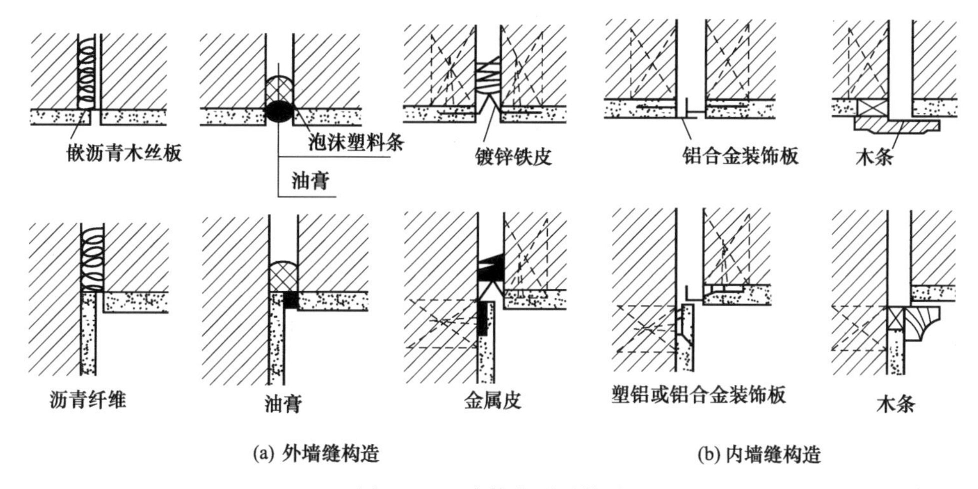

图 4-122 墙体变形缝构造

应保证顶棚美观，并应使缝两边的构件能自由变形。如图 4-123 所示。

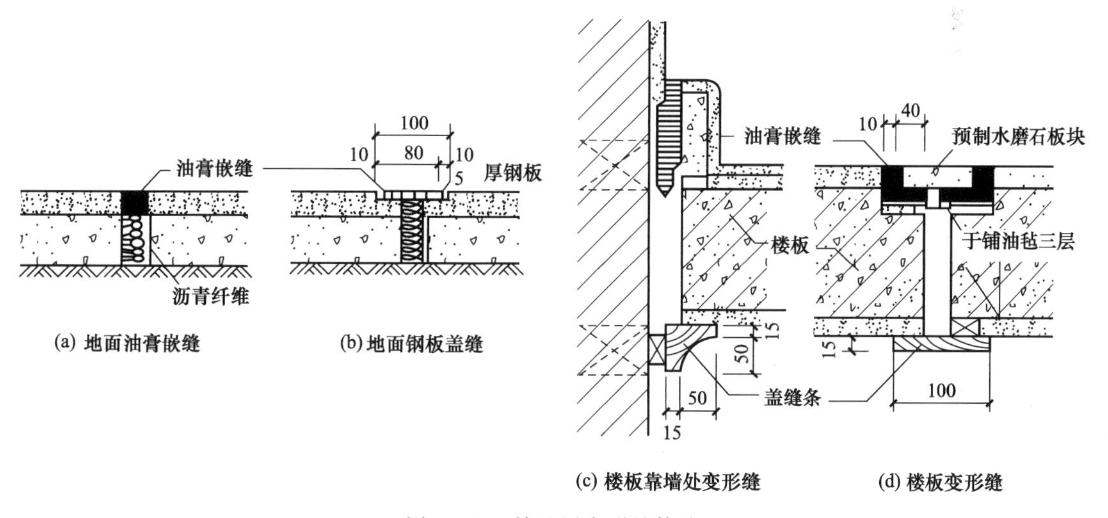

图 4-123 楼地层变形缝构造

3. 屋顶变形缝

屋顶上变形缝有高低屋顶变形缝和等高屋顶变形缝，如图 4-124、图 4-125 所示。处理原则为既不能影响屋面的变形，又要防止雨水从变形缝渗入室内。

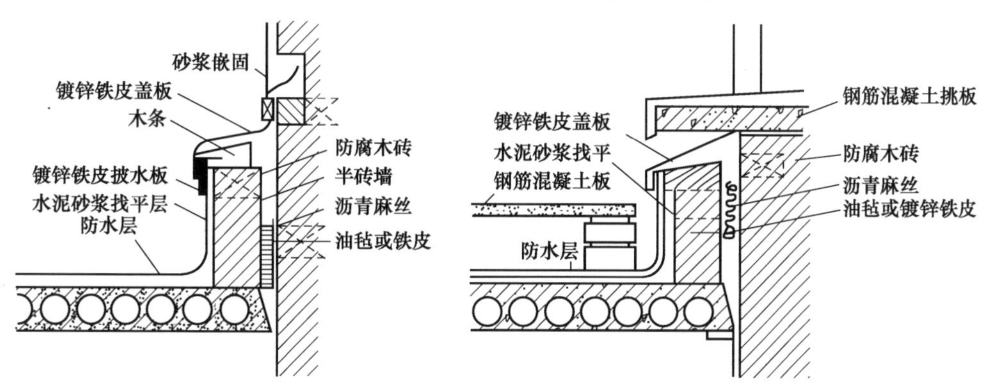

图 4-124 高低屋顶变形缝构造

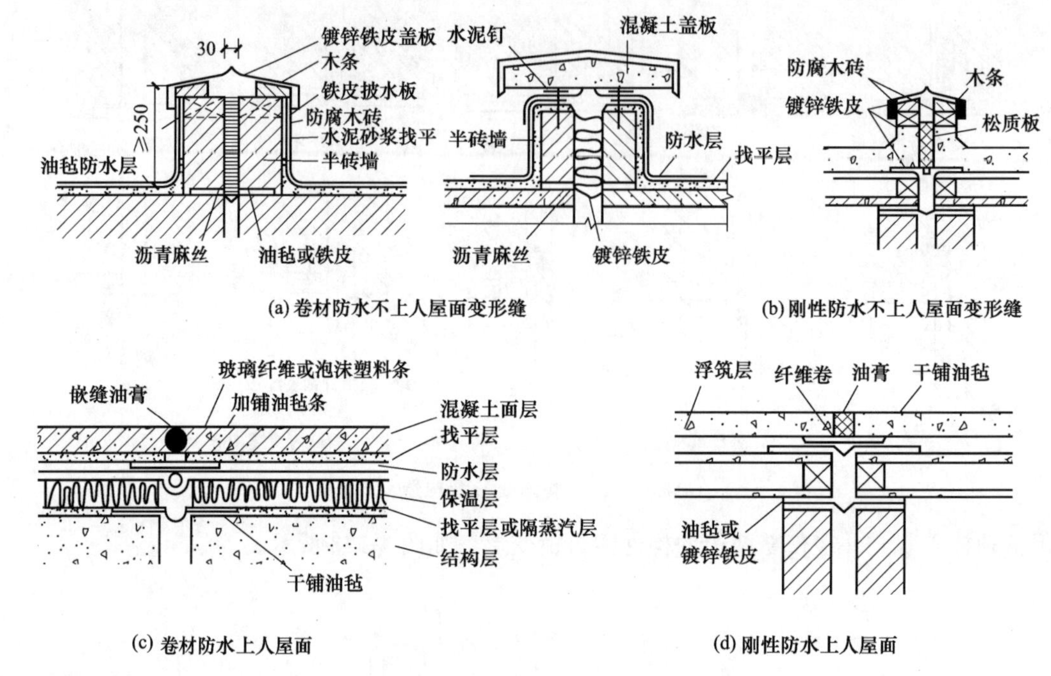

(a) 卷材防水不上人屋面变形缝　(b) 刚性防水不上人屋面变形缝

(c) 卷材防水上人屋面　(d) 刚性防水上人屋面

图 4-125　等高屋顶变形缝构造

对于不上人屋面，一般在伸缩缝处加砌矮墙，并做好屋面防水和泛水处理；上人屋面，则用油膏嵌缝处理。

4. 基础变形缝

因对基础构造影响较大的是沉降缝，故基础变形缝构造就是沉降缝的构造处理。

基础变形缝应断开并应避免因不均匀沉降造成的相互干扰。常见砖墙条形基础处理方法有双墙偏心基础、挑梁基础和交叉式基础等三种，如图 4-126 所示。

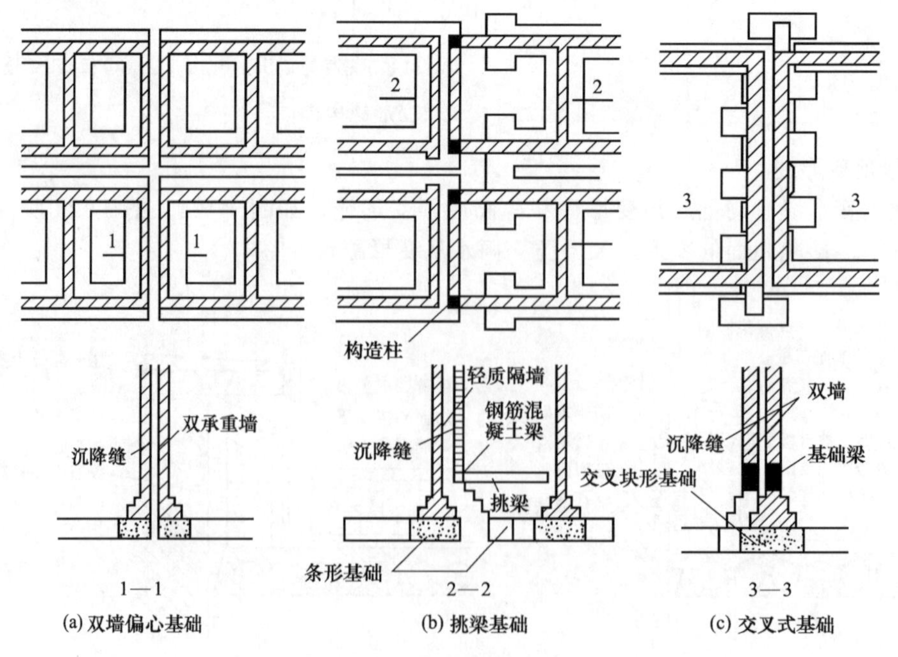

(a) 双墙偏心基础　(b) 挑梁基础　(c) 交叉式基础

图 4-126　基础变形缝构造

双墙偏心基础整体刚度大，但偏心受力，并在沉降时产生一定的挤压力；采用双墙交叉式基础，基础受力有所改善；挑梁基础能使两侧基础分开较大距离，相互影响较少，常用于沉降缝两侧基础埋深相差较大或新建筑与原有建筑毗邻时的情况。

5. 地下结构变形缝处防水处理

当地下结构出现变形缝时，必须做好地下结构的防水构造处理，以使变形缝处能保持良好的防水性。

地下结构变形缝处的防水处理一般有防水卷材伸缩条片做法，如图 4-127 (a)、(b)、(c) 所示；橡胶或塑料止水带做法，如图 4-127 (d)、(e) 所示；金属止水带做法，如图 4-127 (f)、(g) 所示。

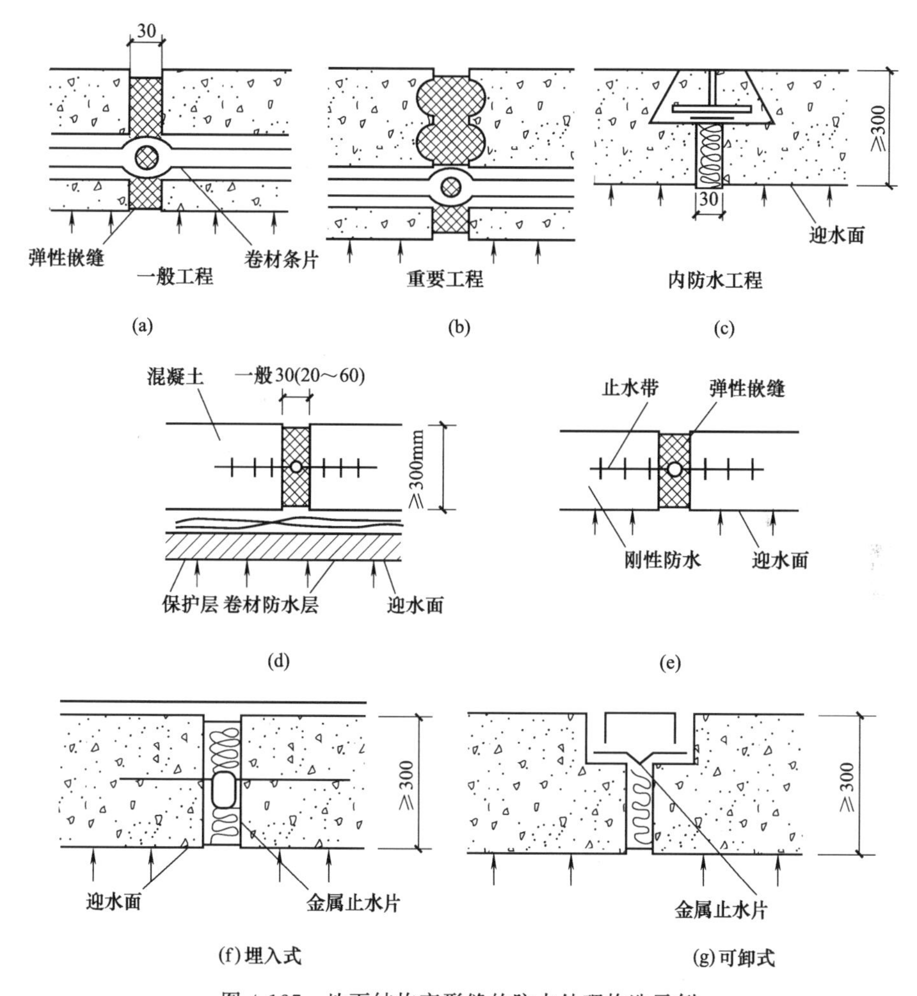

图 4-127 地下结构变形缝的防水处理构造示例

本 章 小 结

民用建筑构造	概述	建筑构造组成	基本组成：基础、墙或柱、楼地面、楼梯、屋顶、门窗
		影响建筑构造因素	外力、自然环境、人为因素、技术经济条件等
		建筑构造设计原则	坚固适用、技术先进、经济合理、美观大方

续表

<table>
<tr><td rowspan="28">民用建筑构造</td><td rowspan="4">基础与地下室</td><td>概述</td><td>基础与地基相关概念、设计要求</td><td>设计要求：足够的强度、刚度和稳定性；良好的耐久性能；较高的经济合理性</td></tr>
<tr><td>基础的类型与构造</td><td>典型基础的构造组成、要求、选择</td><td>对于具体建筑物，应综合考虑地基水文地质、建筑物上部结构形式、经济等因素合理选择基础形式</td></tr>
<tr><td>地下室构造</td><td colspan="2">地下室的防潮和防水构造</td></tr>
<tr><td>管道构造处理</td><td colspan="2">固定式、活动式构造组成及其细部处理</td></tr>
<tr><td rowspan="3">墙体</td><td>概述</td><td>分类、作用、要求</td><td rowspan="2">墙体具有承重、维护、分隔等作用，应注意墙体的防水、防潮、加固等细部构造措施</td></tr>
<tr><td>砖墙、砌块墙、隔墙</td><td>分类、材料、组砌、细部构造等</td></tr>
<tr><td>墙体饰面</td><td>典型饰面的特点、组成、工序</td><td>具有增强墙体的使用功能和美观性等作用。应保证墙面材料和墙体之间连接牢靠，饰面平整、不剥(脱)落、起泡</td></tr>
<tr><td rowspan="6">楼层与地层</td><td>概述</td><td colspan="2">分类、组成、作用、设计要求</td></tr>
<tr><td>楼板</td><td rowspan="5">分类、构造组成、细部处理</td><td>建筑楼板层的选择与建筑功能要求、结构抗震整体性要求、经济、施工条件等因素有关</td></tr>
<tr><td>地面</td><td rowspan="2">构造上应能使饰面材料和结构层有牢靠连接，且满足各自的使用功能和美观性的要求</td></tr>
<tr><td>顶棚</td></tr>
<tr><td>阳台与雨篷</td><td>安全适用、坚固耐久、排水通畅、施工方便及形象美观并和建筑物相协调</td></tr>
<tr><td>管道构造处理</td><td>必须做好防水密封处理</td></tr>
<tr><td rowspan="5">楼梯</td><td>概述</td><td>组成、形式、设计要求</td><td rowspan="5">构造组成、尺寸及细部构造处理应满足其使用功能及安全性的要求</td></tr>
<tr><td>楼梯的尺度</td><td>相关规范要求</td></tr>
<tr><td>钢筋混凝土楼梯</td><td>构造组成、要求及选择</td></tr>
<tr><td>细部构造</td><td>构造组成间连接</td></tr>
<tr><td>台阶和坡道、电梯与自动扶梯</td><td>构造组成、细部构造</td></tr>
<tr><td rowspan="3">屋顶</td><td>概述</td><td>组成、类型、设计要求</td><td rowspan="3">屋顶主要有维护、承重、美观等作用。屋顶应解决好屋面排水和防水及檐口、泛水、女儿墙等细部构造措施。北方地区屋顶应有保温构造措施；南方炎热地区屋顶应有通风隔热构造措施</td></tr>
<tr><td>屋顶排水</td><td>屋顶坡度及其形成、屋顶排水原理、构造</td></tr>
<tr><td>平屋顶、坡屋顶</td><td>构造组成、细部构造处理</td></tr>
<tr><td rowspan="4">门窗</td><td>概述</td><td>门窗的类型与尺寸、构造要求</td><td rowspan="4">门的主要作用是交流出入、分隔联系建筑空间，由门框、门扇、亮窗、五金和其他附件组成；窗的主要作用是通风采光，由窗框、窗扇、五金和其他附件组成。门窗应开启方便、关闭紧密、坚固耐久、便于擦洗和维修</td></tr>
<tr><td>木门窗</td><td rowspan="3">构造组成、适用范围、细部构造处理</td></tr>
<tr><td>金属门窗</td></tr>
<tr><td>塑钢门窗</td></tr>
<tr><td rowspan="3">变形缝</td><td>概述</td><td>类型、要求</td><td rowspan="3">温度缝、沉降缝和抗震缝应协调布置，尽量做到一缝多用。除建筑设计时应考虑抗震外，还应加强建筑构造措施。以增强建筑物的抗震性能，达到“小震不动、中震可修、大震不倒”的抗震原则</td></tr>
<tr><td>变形缝设置</td><td>原则、位置、要求</td></tr>
<tr><td>变形缝构造做法</td><td>构造组成、细部构造处理</td></tr>
</table>

复习思考题

1. 建筑物有哪些基本组成？各组成部分的主要作用是什么？
2. 影响建筑构造的主要因素是什么？
3. 什么是地基与基础？两者有何区别？
4. 什么是基础的埋深？其影响因素有哪些？
5. 什么是刚性基础和柔性基础？各有何特点？
6. 基础构造形式分为哪几类？一般适用于什么情况？
7. 地下室由哪几部分组成？地下室的防水和防潮构造各有何特点？
8. 砖墙组砌的构造要点是什么？
9. 建筑物为何要设置防潮层？墙体水平防潮层和垂直防潮层应如何设置？
10. 墙身加固应采取哪些措施？
11. 常用隔墙的类型有哪些？各自有何特点？
12. 试述楼层和地层的组成及各自的作用。
13. 现浇钢筋混凝土楼板有哪些类型？各有何特点？
14. 预制钢筋混凝土楼板常用的类型有哪些？各有何特点？
15. 吊顶有何作用？有哪两种形式？
16. 轻钢龙骨吊顶如何构造？面板有哪些形式？如何固定？
17. 屋顶用哪几部分组成？它们的主要功能是什么？
18. 屋顶的排水方式有哪几种？简述各自的优缺点和适用范围。
19. 什么是刚性防水屋面和柔性防水屋面？各自基本构造层次有哪些？
20. 什么是泛水？试用图表示平屋顶女儿墙泛水的构造做法。
21. 平瓦屋面的檐口构造有哪些形式？
22. 平瓦屋面的常见做法有哪些？简述各自优缺点。
23. 楼梯由哪几部分组成？各部分的要求和作用是什么？
24. 现浇钢筋混凝土常见的结构形式有哪些？各有何特点？
25. 预制装配式钢筋混凝土楼梯有何特点？其构造形式有哪些？
26. 平开门、窗有哪些构造组成部分？门、窗框是怎样安装的？
27. 简述伸缩缝、沉降缝和防震缝的概念及其特征。
28. 变形缝的设置原则是什么？其宽度如何确定？

第五章

工业建筑设计

知识目标

• 了解工业建筑的分类及特点；掌握工业建筑设计的要求，掌握工业建筑的定位轴线的作用、划分原则方法及表示方法等，明确定位轴线的定义和作用。

• 掌握单层厂房建筑设计中平面、剖面和立面设计。平面重点掌握生产工艺、运输设备与平面设计的关系，以及如何进行柱网选择。剖面应掌握厂房高度确定的原则和方法，以及自然采光、自然通风的选择方式。

• 理解单层厂房立面设计及内部空间处理。

• 掌握多层厂房建筑设计，多层厂房的特点和适用范围，多层厂房平面、剖面设计及立面设计。

能力目标

• 能写出工业建筑设计的要求掌握定位轴线划分的原则和方法，能在图上正确表示定位轴线。

• 能解释厂房形式及特点；初步学会选择柱网。解释厂房高度确定的方法，能正确运用自然采光和自然通风的方式。

• 能解释单层厂房平面、剖面和立面的设计的任务和要求。

• 能根据工艺布置要求进行单层工业厂房平面、剖面和立面的设计。

第一节　概　　述

工业建筑是指从事各类工业生产及直接为生产服务的房屋，是工业建设必不可少的物质基础。从事工业生产的房屋主要包括生产厂房、辅助生产用房以及为生产提供动力的房屋等，这些房屋称为“厂房”或“车间”。直接为生产服务的房屋是指为工业生产存储原料、半成品和成品的仓库，以及存储与修理车辆的用房，这些房屋均属工业建筑的范畴。

工业建筑物既为生产服务，也要满足广大工人的生活要求。随着科学技术及生产力的发展，工业建筑的类型越来越多，工业生产工艺对工业建筑提出的一些技术要求更加复杂，为此，工业建筑要符合安全适用、技术先进、经济合理的原则。

一、工业建筑的分类

（一）按用途分

按用途分为主要生产厂房、辅助生产厂房、动力用厂房、储存用房、运输用房及其他用房等。

1. 主要生产厂房

在这类厂房中进行生产工艺流程的全部生产活动，一般包括从备料、加工到装配的全部过程。例如钢铁厂的烧结、焦化、炼铁、炼钢车间。

2. 辅助生产厂房

辅助生产厂房是为主要生产厂房服务的厂房，例如机械修理、工具等车间。

3. 动力用厂房

动力用厂房是为主要生产厂房提供能源的场所，例如发电站、变电所、锅炉房、煤气站等。

4. 储存用房

储存用房是为生产提供存储原料、半成品、成品的仓库，例如炉料、油料等原料库、半成品库房、成品库房等。

5. 运输用房

运输用房屋是为生产或管理用车辆提供存放与检修的房屋，例如汽车库、消防车库、电瓶车库等。

6. 其他

包括技术设备用的建筑物和构筑物，例如解决厂房给水排水问题的水泵房、水塔、污水处理站等。还包括为生产服务的全厂性建筑，例如厂区办公室、食堂、中央试验室等。

（二）按层数分

按层数分为单层厂房、多层厂房、层次混合的厂房。

1. 单层厂房

单层厂房（如图 5-1 所示）广泛地应用于各种工业企业，它对于具有大型生产设备、振动设备、地沟、地坑或重型起重运输设备的生产有较大的适应性。

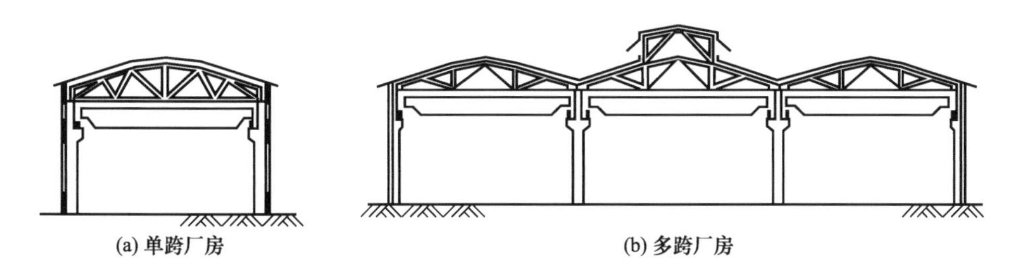

图 5-1 单层厂房剖面图

单层厂房按跨数有单跨与多跨之分。多跨大面积厂房在实践中采用的较多，单跨用得较少。但有的厂房，如飞机装配车间和飞机库常采用跨度很大（36～100m）的单跨厂房。

2. 多层厂房

多层厂房（如图 5-2 所示）适用于垂直方向组织生产和工艺流程的生产企业（如面粉厂），以及设备与产品较轻的企业。因它占地面积少，更适用于在用地紧张的城市建厂及老厂改建。

3. 层次混合的厂房

层次混合的厂房（如图 5-3 所示）即在同一厂房内既有单层跨，又有多层跨。

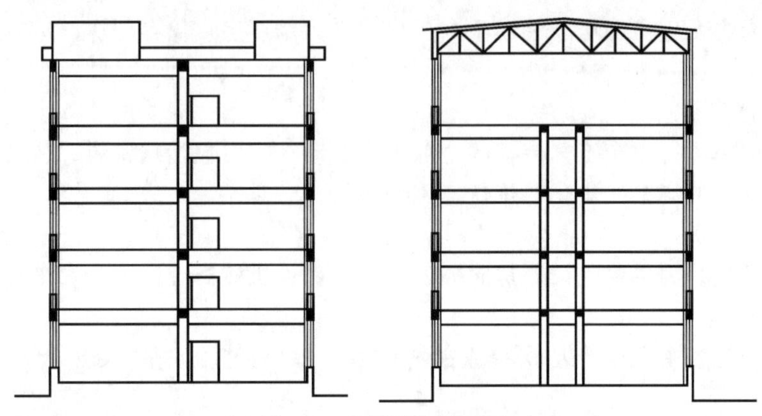

图 5-2　多层厂房剖面图

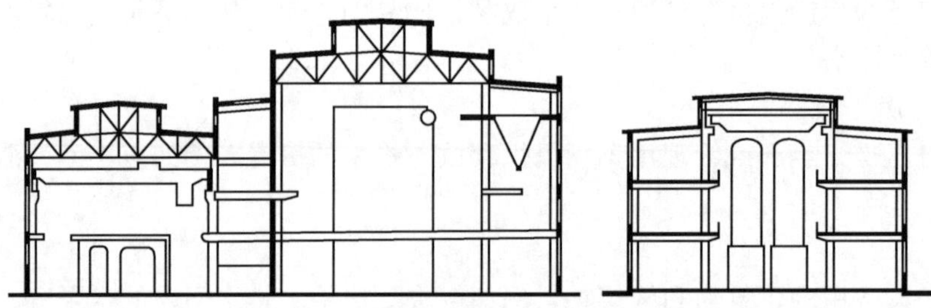

图 5-3　层次混合厂房剖面图

（三）按生产状况分

按生产状况分为冷加工车间、热加工车间、恒温恒湿车间、洁净车间、其他特种状况的车间等。

1. 冷加工车间

用于在常温状态下进行生产，例如机械加工车间、金工车间等。

2. 热加工车间

用于在高温和熔化状态下进行生产，可能散发大量余热、烟雾、灰尘、有害气体，例如铸工、锻工、热处理车间。

3. 恒温恒湿车间

用于在恒温（20℃左右）、恒湿（相对湿度为 50％～60％）条件下进行生产的车间，例如精密机械车间、纺织车间等。

4. 洁净车间

洁净车间要求在保持高度洁净的条件下进行生产，防止大气中灰尘及细菌对产品的污染，例如集成电路车间、精密仪器加工及装配车间、食品、药品车间等。

5. 其他特种状况的车间

其他特种状况指生产过程中有爆炸可能性、有大量腐蚀物、有放射性散发物、防微振、防电磁波干扰等情况。

二、工业建筑的特点

工业建筑与民用建筑一样，要体现适用、安全、经济、美观的方针；在设计原则、建筑用料和建筑技术等方面，两者也有许多共同之处。但在设计配合、使用要求、室内采光、通风、屋面排水等方面，工业建筑又具有如下特点。

1. 厂房设计应符合生产工艺的要求

厂房的建筑设计在符合生产工艺特点的基础上进行，厂房的平面、剖面空间尺度也是由生产工艺要求决定的。

2. 厂房内部空间较大

由于厂房内生产设备多而且尺寸较大，一般都有较笨重的机器设备和起重运输设备（吊车）；同时厂房内有各种工程技术管网；而厂房生产过程中也常有大量的原料、加工零件、半成品、成品等需搬进运出，因此，在设计时应考虑所采用的汽车、火车等运输工具的运行问题等，因而厂房内部大多具有较大的开敞空间。

3. 厂房的建筑构造比较复杂

大多数单层厂房采用多跨的平面组合形式，内部有不同类型的起吊运输设备，由于采光通风等缘故，采用组合式侧窗、天窗，使屋面排水、防水、保温、隔热等建筑构造的处理复杂化，技术要求比较高。

4. 厂房骨架的承载力比较大

厂房结构会承受较大静荷载、动荷载及振动荷载、撞击荷载等。单层厂房常采用体系化的排架承重结构或刚架承重结构，多层厂房常采用钢筋混凝土或钢框架结构。

5. 采光通风要求较高

厂房在使用中会产生大量的热、烟尘、有害气体、有侵蚀性的液体、噪声等，要求有良好的通风和采光，有害气体等还需要进行收集处理后才能排放。

三、工业建筑设计的要求

工业建筑设计的主要任务是按生产工艺的要求，合理确定厂房的平、立、剖面形式；选择承重结构和围护结构方案、材料及构造形式；进行细部构造设计，解决采光、通风、生产环境、卫生条件等问题；协调建筑、结构、水、暖、电、气、通风等各工种。工业建筑设计应满足如下要求：

① 满足生产工艺的要求；

② 满足建筑技术的要求；

③ 满足建筑经济的要求；

④ 满足卫生及安全的要求；

⑤ 具有良好的建筑外形及内部空间。

第二节　工业建筑的定位轴线

厂房定位轴线是确定厂房主要承重构件的平面位置及其标志尺寸的基准线，同时也是工业建筑施工放线和设备安装的定位依据。确定厂房定位轴线必须执行我国《厂房建筑模数协调标准》(GBJ 6-86) 的有关规定。厂房长轴方向的定位轴线称为纵向定位轴线，相邻两条纵向定位轴线间的距离为该跨的跨度。将短轴方向的定位轴线称为横向定位轴线，相邻两条横向定位轴线之间的距离为厂房的柱距，纵向定位轴线自下而上用 A、B、C…顺序进行编号（I、O、Z 三个字母不用，以避免和 1、0、2 混淆）；横向定位轴线自左至右按 1、2、3、4…顺序进行编号，如图 5-4 所示。本节以单层厂房为例，介绍定位轴线的相关规定和要求。

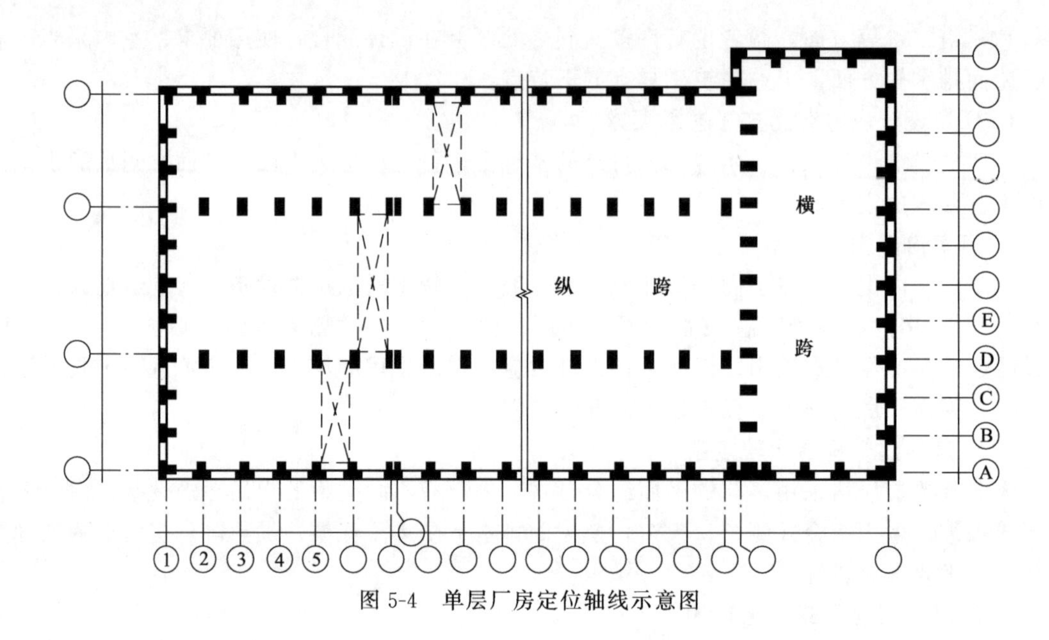

图 5-4 单层厂房定位轴线示意图

一、横向定位轴线

横向定位轴线标定了纵向构件的标志端部，如吊车梁、联系梁、基础梁、屋面板、墙板、纵向支撑等。

1. 柱与横向定位轴线

除两端的边柱外，中间柱的截面中心线与横向定位轴线重合，而且屋架中心线也与横向定位轴线重合，中柱横向定位轴线如图 5-5 所示。纵向的结构构件如屋面板、吊车梁、联系梁的标志长度皆以横向定位轴线为界。

在横向伸缩缝处一般采用双柱处理，为保证缝宽的要求，应设两条定位轴线，缝两侧柱截面中心均应自定位轴线向两侧内移 600mm，横向伸缩缝的双柱处理如图 5-6 所示。两条定位轴线之间的距离称为插入距，用 a_i 表示，在这里插入距 a_i 等于变形缝的宽度 a_e。

2. 山墙与横向定位轴线

(1) 当山墙为非承重山墙时，山墙内缘与横向定位轴线重合（如图 5-7 所示），端部柱截面中心线应自横向定位轴线内移 600mm，这是因为山墙内侧设有抗风柱，抗风柱上柱应符合屋架上弦连接的构造需要（有些刚架结构厂房的山墙抗风柱直接与刚架下面连接，端柱不内移）。

(2) 当山墙为承重山墙时，承重山墙内缘与横向定位轴线的距离应按砌体块材的半块或者取墙体厚度一半（如图 5-8 所示），以保证构件在墙体上有足够的支撑长度。

二、纵向定位轴线

单层厂房的纵向定位轴线主要用来标注厂房横向构件，如屋架或屋面梁长度的标志尺寸。纵向定位轴线应使厂房结构和吊车的规格协调，保证吊车与柱之间留有足够的安全距离。

1. 外墙、边柱的定位轴线

在支撑式梁式或桥式吊车厂房设计中，由于屋架和吊车的设计制作都是标准化的，建筑设计应满足：

$$L = L_k + 2e \tag{5-1}$$

式中 L——屋架跨度，即纵向定位轴线之间的距离；

L_k——吊车跨度，也就是吊车的轮距，可查吊车规格资料；

e——纵向定位轴线至吊车轨道中心线的距离，一般为 750mm，当吊车为重级工作制需要设安全走道板或吊车起重量大于 50t 时，可采用 1000mm。

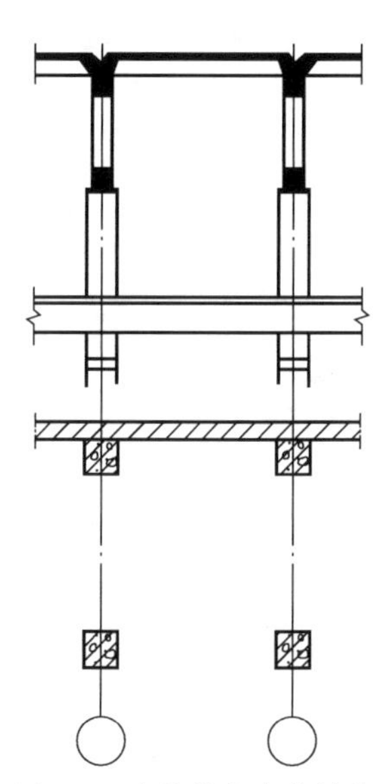

图 5-5 中柱横向定位轴线

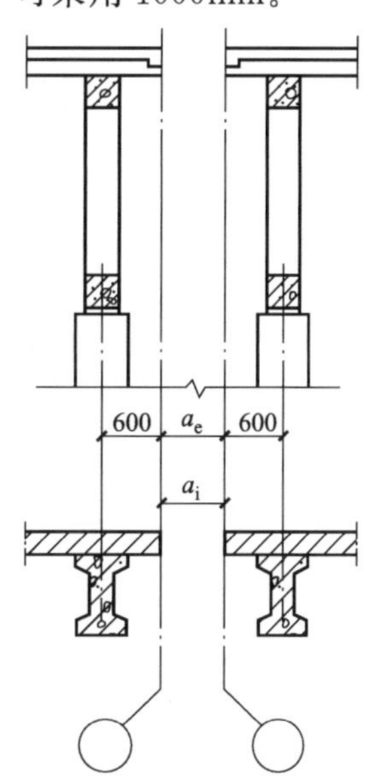

图 5-6 横向伸缩缝双柱处理

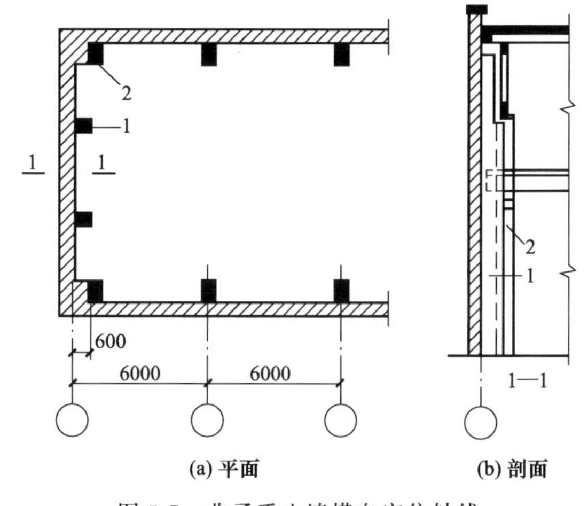

图 5-7 非承重山墙横向定位轴线

1—抗风柱；2—端柱

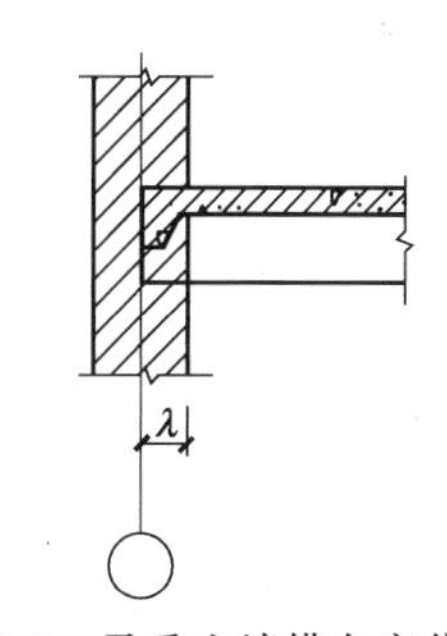

图 5-8 承重山墙横向定位轴线

如图 5-9（a）所示可知：

$$e=h+K+B \tag{5-2}$$

式中 h——上柱截面高度；

K——吊车端部外缘至上柱内缘的安全距离；

B——轨道中心线至吊车端部外缘的距离，自吊车规格资料查出。

由于吊车起重量、柱距、跨度、有无安全走道板等因素的不同，边柱与纵向定位轴线的联系有两种情况。

（1）封闭式结合 在无吊车或只有悬挂式吊车，桥式吊车起重量 Q 小于等于 20t/5t，

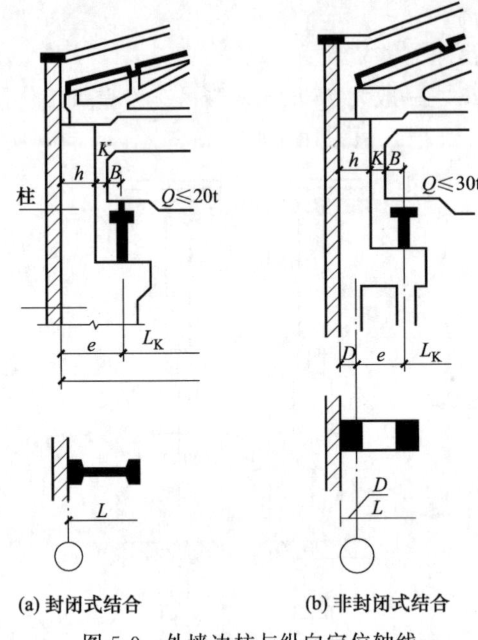

图 5-9 外墙边柱与纵向定位轴线

柱距为 6m 条件下的厂房，其定位轴线一般采用封闭式结合，如图 5-9（a）所示。此时相应的参数为：B 小于等于 260mm，h 一般为 400mm，e 等于 750mm，$K=e-(h+B)$ 大于等于 90mm，满足大于等于 80mm 的要求，封闭式结合的屋面板可全部采用标准板，不需设补充构件，具有构造简单、施工方便等优点。

（2）非封闭式结合　在柱距为 6m、吊车起重量 Q 大于等于 30t/5t，此时 $B=300$mm，如继续采用封闭式结合，已不能满足吊车运行所需安全间隙的要求。解决问题的办法是将边柱外缘自定位轴线向外移动一定距离，这个距离称为联系尺寸，用 D 表示。如图 5-9（b）所示。为了减少构件类型，D 值一般取 300mm 或 300mm 的倍数。采用非封闭结合时，如按常规布置屋面板只能铺至定位轴线处，与外墙内缘出现了非封闭的构造间隙，需要非标准的补充构件板，非封闭式结合构造复杂，施工也较为麻烦。

2. 中柱与纵向定位轴线的关系

多跨厂房的中柱有等高跨和不等高跨（也称为高低跨）两种情况。等高跨厂房中柱通常为单柱，其截面中心与纵向定位轴线重合。此时上柱截面一般取 600mm，以满足屋架和屋面大梁的支撑长度。

高低跨中柱与定位轴线的关系也有两种情况。

（1）设一条定位轴线　当高低跨处采用单柱时，如果高跨吊车起重量 Q 小于等于 20t/5t，则高跨上柱外缘和封墙内缘与定位轴线相重合，单轴线封闭结合如图 5-10 所示。

（2）设两条定位轴线　当高跨吊车起重量较大，如 Q 大于等于 30t/5t 时，应采用两条定位轴线。高跨轴线与上柱外缘之间设联系尺寸 D，为简化屋面构造，低跨定位轴线应自上柱外缘、封墙内缘通过。此时同一柱子的两条定位轴线分属高低跨，当高跨和低跨均为封闭结合，而两条定位轴线之间设有封墙时，则插入距等于墙厚，当高跨为非封闭结合，且高跨上柱外与低跨屋架端部之间设有封墙时，则两条定位轴线之间的插入距等于墙厚与联系尺寸之和，如图 5-10 所示。

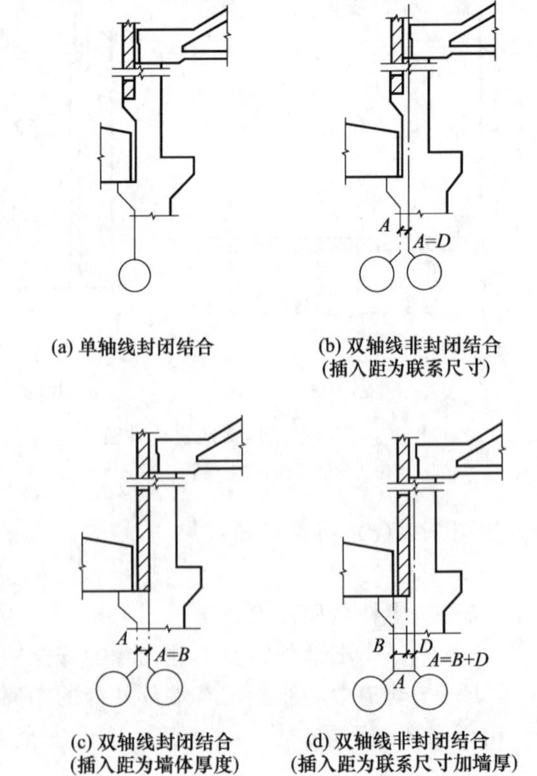

(a) 单轴线封闭结合　(b) 双轴线非封闭结合（插入距为联系尺寸）

(c) 双轴线封闭结合（插入距为墙体厚度）　(d) 双轴线非封闭结合（插入距为联系尺寸加墙厚）

图 5-10 无变形缝不等高跨中柱纵向定位轴线

三、纵横跨交接处的定位轴线

厂房纵横跨相交，常将纵跨和横跨的结构分开，并在两者之间设变形缝，使纵横跨各自独立，即纵横跨有各自的柱列和定位轴线。纵横跨连接处设双柱、双定位轴线。两条定位轴线之间设插入距 A，纵横跨连接处的定位轴线如图 5-11 所示。

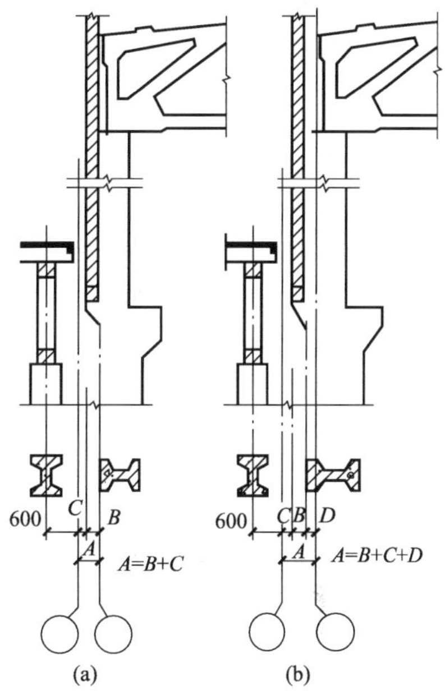

图 5-11　纵横跨连接处的定位轴线

当纵跨的山墙比横跨的侧墙低，长度小于或等于侧墙，横跨又为封闭式结合时，则可采用双柱单墙处理［如图 5-11 (a) 所示］，插入距 A 为墙体厚度与变形缝宽之和。当横跨为非封闭结合时，仍采用单墙处理［如图 5-11 (b) 所示］，这时，插入距 A 为墙体厚度、变形缝宽度与联系尺寸 D 之和。

有纵横相交跨的单层厂房，其定位轴线编号常以跨数较多部分为准编排。

本节所述定位轴线，主要适用于装配式钢筋混凝土结构或混合结构的单层厂房，对于多层厂房和钢结构厂房的定位轴线，按照国家标准《厂房建筑模数协调标准》(GBJ 6-86) 中的相关规定执行。

第三节　单层厂房建筑设计

一、单层厂房平面设计

单层厂房平面设计的主要任务包括平面形式确定、柱网选择以及生活间布置等。

(一) 单层厂房的平面形式

1. 生产工艺流程与平面形式

民用建筑设计主要根据建筑的使用功能，而工业建筑设计，则是在工艺设计的基础上进行的。工业生产种类繁多，每一种生产都有它一定的生产程序，把产品从原材料到半成品到成品的全过程，称之为生产工艺流程。生产工艺流程一般是通过水平生产运输来实现的，因此厂房平面设计反映出工艺流程的顺序。如图 5-12 所示是机械加工车间的生产工艺平面图。

生产工艺流程有直线式、直线往复式和垂直式三种，与此相适应的单层厂房的平面形式如图 5-13 所示。

2. 生产状况与平面形式

生产状况也影响着厂房的平面形式，如热加工车间对工业建筑平面形式的限制最大。热加工车间如机械厂的铸造、锻造车间，钢铁厂的轧钢车间等，在生产过程中散发出大量的余热和烟尘，要在设计中创造良好的自然通风条件，因此厂房不宜太宽。

为了满足生产工艺的要求，除了常见的矩形、方形之外，有时将厂房平面设计成 L 形、U 形、或 E 形等。如图 5-13 (f)、图 5-13 (g)、图 5-13 (h) 所示。

3. 生产设备布置与平面形式

生产设备的大小和布置方式直接影响到厂房的跨度和开间数，同时也影响到大门尺寸和柱距尺寸等。

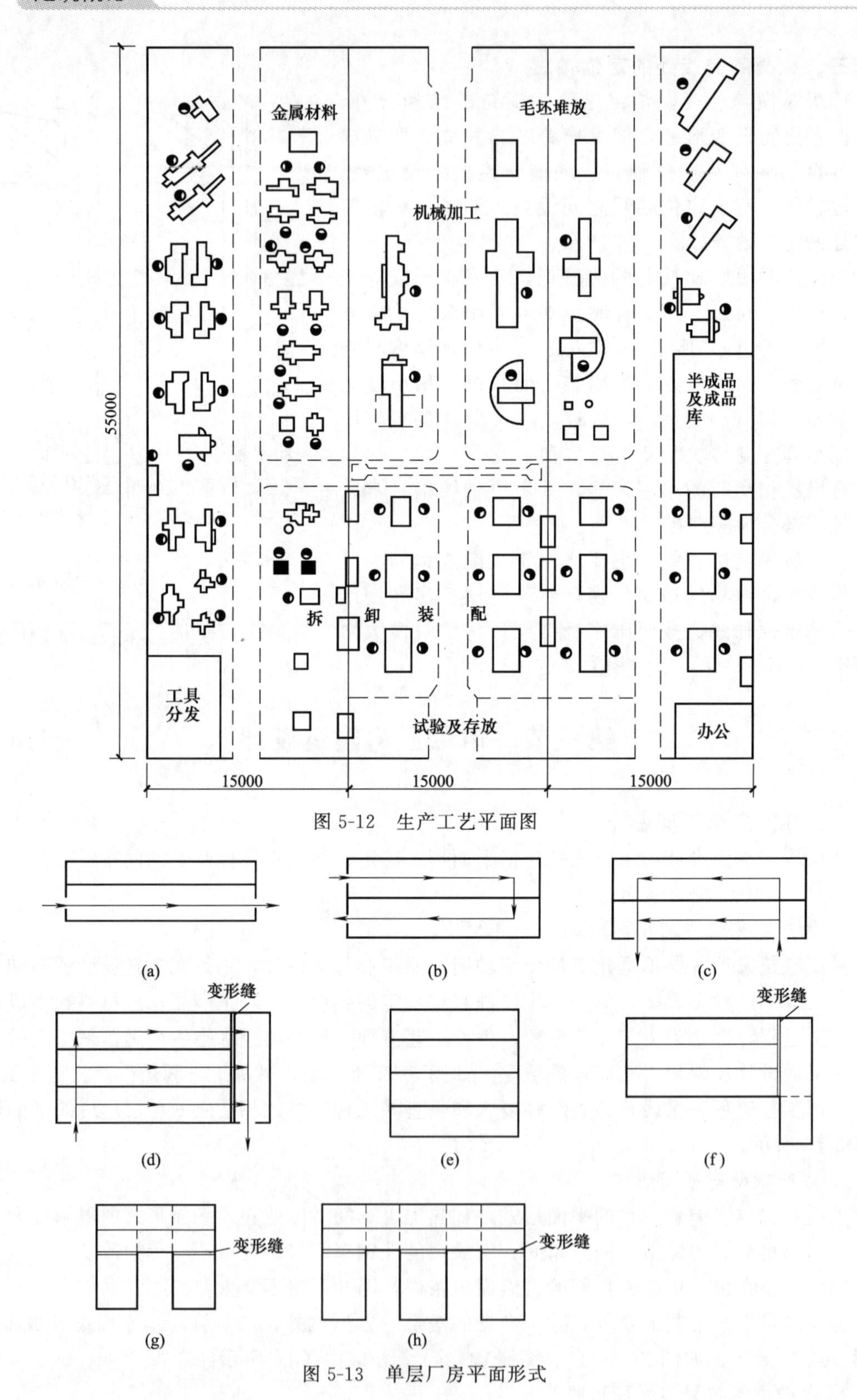

图 5-12　生产工艺平面图

图 5-13　单层厂房平面形式

4. 厂房内部交通运输组织与平面形式

为了运输原材料、半成品、成品及安装、检修、操作和改装设备，厂房内需设置起重运输设备。起重运输设备的布置直接影响厂房的平面布置和平面尺寸。厂房内起重运输设备有以下几种。

(1) 单轨悬挂吊车　单轨悬挂吊车是在屋顶承重结构下部悬挂梁式工字形钢轨，轨梁布置为直线或可转弯的曲线，在轨梁上设有可移动的滑轮组（或称神仙葫芦），沿轨梁水平移动，利用滑轮组升降起重。起重量一般在3t以下，最多不超过5t，有手动和电动两种类型。

(2) 梁式吊车　梁式吊车包括悬挂式和支撑式两种类型，悬挂式是在屋顶承重结构下悬挂钢轨，钢轨布置为两行直线，在两行轨梁上设有可滑行的单梁。支撑式是在排架柱上设牛腿，牛腿上设吊车梁，吊车梁上安装钢轨，钢轨上设有可滑行的单梁，在滑行的单梁上装备可滑行的滑轮组，在单梁与滑轮组行走范围内均可起吊重物。梁式吊车起重量一般不超过5t。

(3) 桥式吊车　桥式吊车由起重行车及桥架组成。通常是在厂房排架柱上设牛腿，牛腿上搁吊车梁，吊车梁上安装钢轨，钢轨上放置能滑行的双榀钢桥架，桥架上支撑小车；小车能沿桥架滑移，并有供起重的滑轮组。在桥架和小车行走范围内均可起吊重物。

根据工作班时间内的工作时间，桥式吊车的工作制分重级工作制（工作时间＞40%）、中级工作制（工作时间25%～40%）、轻级工作制（工作时间15%～25%）这三种情况。

起重量从5t至数百吨不等，它在工业建筑中应用很广，起重时为电动。吊车上设有驾驶室，常设在桥架一端或根据要求确定其位置。

(4) 落地龙门吊车　这种吊车的荷载可直接传到地基上，因而大大地减轻了承重结构的负担，便于扩大柱距以适应工艺流程的需要。但龙门吊车行驶速度缓慢，且多占厂房使用面积。

厂房内、外还应根据生产和需要不同而采用火车、汽车、电瓶车、叉车、手推车、输送带、进料机、升降机、提升机等运输设备。

(二) 柱网选择

柱子在建筑平面上排列所形成的网格称为柱网。柱网布置示意图如图5-14所示，柱网尺寸主要包括跨度、柱距。柱子纵向定位轴线之间的距离称为跨度，横向定位轴线之间的距离称为柱距。柱网的选择实际上就是选择厂房的跨度和柱距。

根据国家标准《厂房建筑模数协调标准》（GBJ 6-86）的要求，当工业建筑跨度小于18m时应采用扩大模数30M的尺寸系列，即跨度可取9m、12m、15m。当跨度大于等于

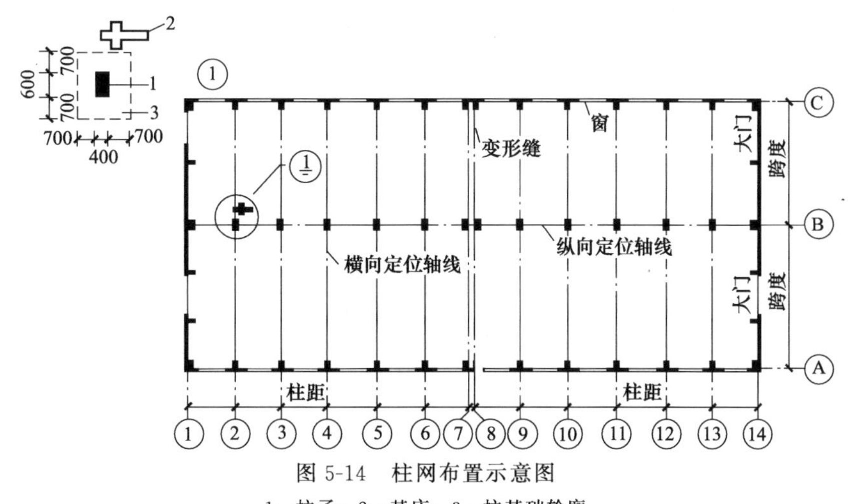

图5-14　柱网布置示意图

1—柱子；2—基床；3—柱基础轮廓

18m时，按60M模数递增，即跨度可取18m、24m、30m和36m。柱距采用60M模数，即6m、12m、18m等。

柱网尺寸的确定应根据生产设备大小、设备布置方式、加工部件运输、生产操作所需的空间等要求。

（三）厂房生活间设计

为了满足工人的生产、卫生及生活的需要，保证产品质量，提高劳动生产率，为工人创造良好的劳动卫生条件，除在全厂设有行政管理及生活福利设施外，每个车间也应设有生活辅助用房，称之为生活间。

1. 生活间的组成

生活间的组成包括：①生产卫生用房，包括存衣室、浴室、盥洗室等；②生活卫生用房，包括休息室、卫生间、饮水室、进餐室、保健站等；③行政办公室，包括党、政、工、团等办公室以及会议室、学习室、值班室、调度室等；④生产辅助用房，如工具库、材料库、计量室等。

2. 生活间的布置

生活间的布置方式，根据地区气候条件、工厂规模、性质、总体布置和车间的生产卫生特征以及使用方便、经济合理等因素来确定。生活间的布置有毗邻式、独立式和厂房内部式。

（1）毗邻式生活间　毗邻式生活间紧靠厂房外墙，贴建在厂房一侧或一端。毗邻式生活间平面组合的基本要求是：员工上下班的路线应与服务设施的路线一致，避免迂回，其位置应结合厂房的总平面设计；厕所、休息室、吸烟室等生活卫生房间应相对集中，位置恰当。

（2）独立式生活间　距厂房有一定距离、分开布置的生活间称为独立式生活间。其优点是：生活间和车间的采光、通风互不影响；生活间的布置灵活。它的缺点是：占地较多，生活间离车间的距离较远，联系不够紧密、便捷。独立式生活间适用于散发大量生产余热、有害气体及易燃、易爆物质的车间。

（3）厂房内部式生活间　厂房内部式生活间是将生活间布置在车间内部可以充分利用的空间内，只要在生产工艺和卫生条件允许的情况下均可采用。它具有使用方便、经济合理的优点，缺点是只能将生活间的部分房间布置在车间内，如更衣室、休息室等。

二、单层厂房剖面设计

厂房剖面设计的具体任务是根据生产工艺对厂房建筑空间的要求，确定厂房的高度；处理厂房的采光、通风及屋面排水等问题。

（一）厂房高度的确定

厂房高度是指由室内地坪到屋顶承重结构最低点的距离，通常以柱顶标高来代表。

1. 柱顶标高的确定

（1）在无吊车的工业建筑中，柱顶标高是按最大生产设备高度及安装检修所需的净空高度来确定的，且应符合《工业企业设计卫生标准》（TJ 36-79）的要求，同时柱顶标高还必须符合扩大模数3M模数的规定。无吊车厂房柱顶标高一般不得低于3.9m。

（2）有吊车工业建筑（如图5-15所示）的柱顶标高可按下式计算：

$$H=H_1+h_6+h_7 \tag{5-3}$$

式中　H——柱顶标高，m，必须符合3M的模数；

H_1——吊车轨顶标高，m，一般由工艺要求提出；

h_6——吊车轨顶至小车顶面的高度，m，根据吊车资料查出；

h_7——小车顶面到屋架下弦底面之间的安全净空尺寸，mm，按国家标准及根据吊车起重量可取 300、400 或 500。

关于吊车轨顶标高 H_1，实际上是牛腿标高与吊车梁高、吊车轨高及垫层厚度之和。当牛腿标高小于 7.2m 时，应符合 3M 模数，当牛腿标高大于 7.2m 时应符合 6M 模数。

2. 工业建筑的高度对造价有直接的影响

在确定厂房高度时，注意有效地利用空间，合理降低厂房高度，对降低厂房造价具有重要意义。如图 5-16 所示为某厂房变压器修理工段，修理大型变压器芯子时，需将芯子从变压器中抽出，设计人员将其放在室内地坪下 3m 深的地坑内进行抽芯操作，使轨顶标高由 11.4m 降到 8.4m，节约了厂房的空间高度。有时，也可以利用两榀屋架间的空间布置特别高大的设备。

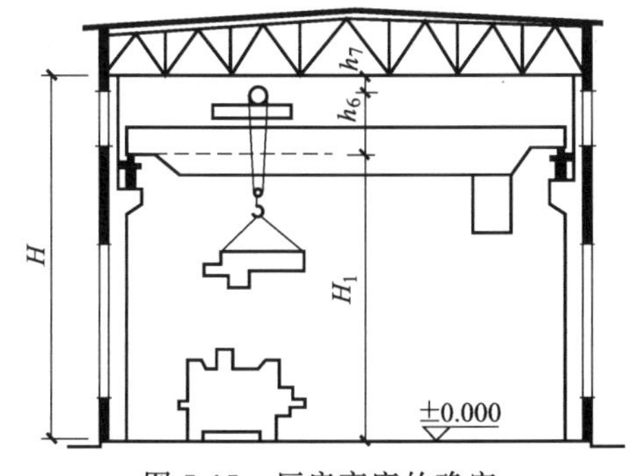

图 5-15 厂房高度的确定

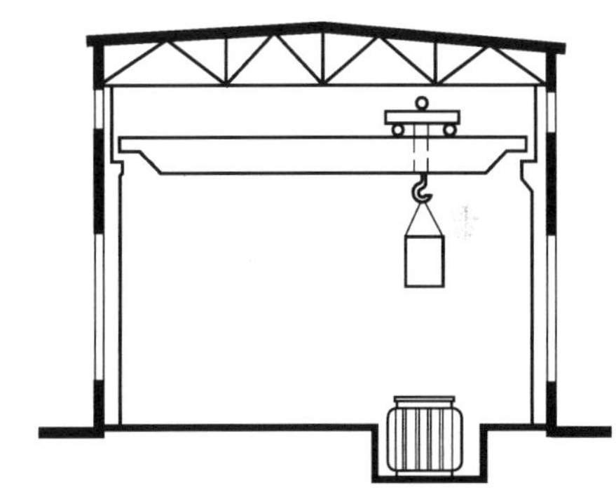
图 5-16 某厂房变压器修理工段

3. 室内外地面标高的确定

为了使厂房内外运输方便，厂房室内外高差较小，并在室外入口处设坡道。但是应防止雨水进入室内。故室内外高差常为 100～150mm，一般取 150mm。

（二）厂房的天然采光

天然采光方式主要有侧面采光、顶部采光（天窗）和混合采光（侧窗＋天窗）。工业建筑大多采用侧面采光或混合采光，很少单独采用顶部采光方式。

1. 侧面采光

侧面采光通过外墙上的窗口实现。侧面采光分单侧采光和双侧采光。单侧采光房间的进深一般不超过窗高的 1.5～2.0 倍为宜，单侧窗光线衰减情况如图 5-17 所示。如果厂房的宽高比很大，超过单侧采光所能解决的范围时，就要用双侧采光或辅以人工照明。在有吊车的厂房中，常将侧窗分上下两层布置，上层称之为高侧窗，下层称为低侧窗（如图 5-18 所示）。

为不使吊车梁遮挡光线，高侧窗下沿距吊车梁顶面应有适当距离，一般取 600mm 左右为宜（如图 5-18 所示）。低侧窗下沿即窗台高一般应略高于工作面的高度，工作面高度一般取 800mm 左右。沿侧墙纵向工作面上的光线分布情况和窗及窗间墙分布有关，窗间墙以等于或小于窗宽为宜。如沿墙工作面上要求光线均匀，可减少窗间墙的宽度或取消窗间墙做成带形窗。

2. 顶部采光

顶部采光通过屋顶上的采光口（天窗）来实现。它适用于多跨或跨度较大厂房中部的采光。常用的顶部采光形式包括矩形天窗、锯齿形天窗、下沉式天窗等。

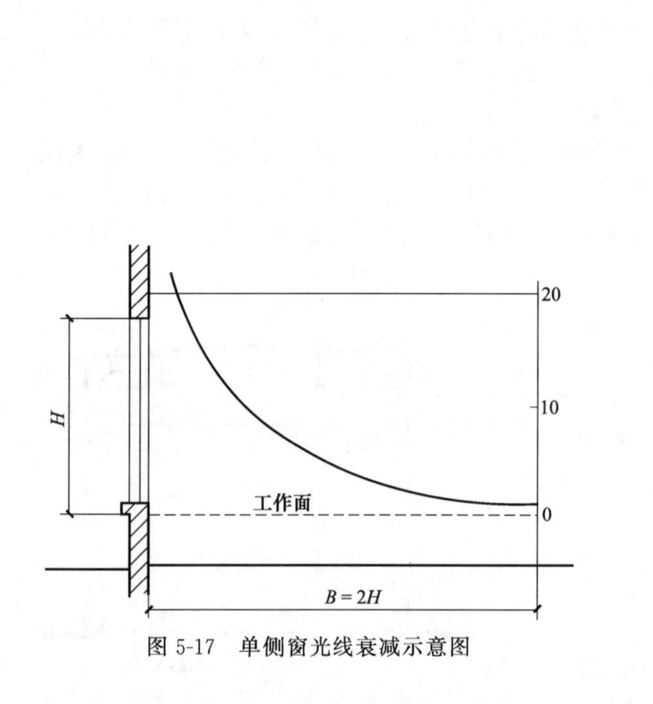

图 5-17 单侧窗光线衰减示意图

图 5-18 高、低侧窗示意图

1—高窗；2—低窗

(1) 矩形天窗 矩形天窗一般朝向南北方向，室内光线均匀，直射光较少。由于玻璃面是垂直的，可以减少污染，宜于防水，有一定的通风作用，矩形天窗厂房剖面如图 5-19 所示。为了获得良好的采光效果，合适的天窗宽度为厂房跨度的 1/3～1/2。两天窗的边缘距离 L 应大于相邻天窗高度和的 1.5 倍，矩形天窗宽度与跨度的关系如图 5-20 所示。

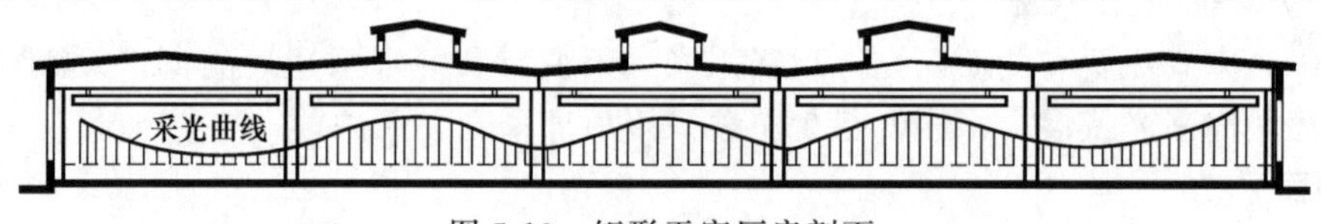

图 5-19 矩形天窗厂房剖面

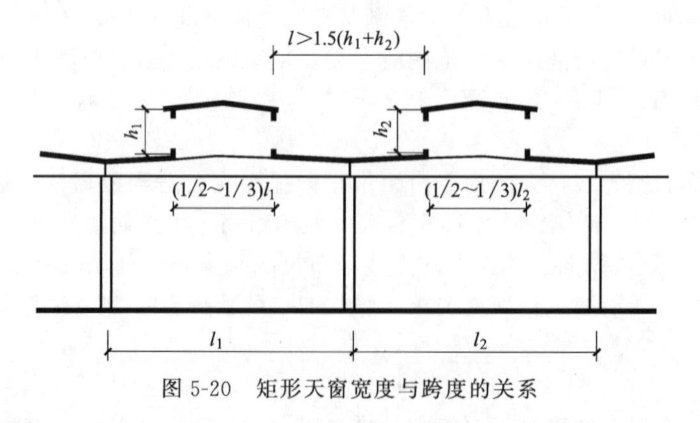

图 5-20 矩形天窗宽度与跨度的关系

(2) 锯齿形天窗 由于生产工艺的特殊要求，在某些厂房如纺织厂等，为了使纱线不易断头，厂房内要保持一定的温湿度，厂房要有空调设备。同时要求室内光线稳定、均匀，无直射光进入室内，避免产生眩光，不增加空调设备的负荷。因此这种厂房常采用窗口向北的锯齿形天窗，锯齿形天窗的厂房剖面如图 5-21 所示。

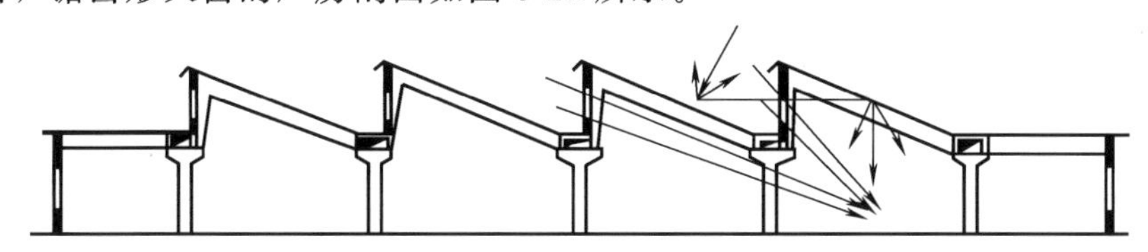

图 5-21　锯齿形天窗厂房剖面（窗口向北）

(3) 下沉式天窗　下沉式天窗是在一个柱距内，将一定宽度的屋面板从屋架上弦下沉到屋架的下弦上，利用上下屋面板之间的高度差作采光和通风口。

3. 混合采光

混合采光是边跨靠侧窗采光来解决，而中间跨则靠顶部天窗来满足。

（三）厂房的自然通风

厂房的自然通风是利用自然风力作为空气流动的动力来实现厂房的通风换气，这是一种既简单又经济的办法，但易受外界气象条件的限制，通风效果不够稳定。除个别的生产工艺有特殊要求的厂房和工段采用机械通风外，一般厂房主要采用自然通风或以自然通风为主，辅之以简单的机械通风。在剖面设计中要正确选择厂房的剖面形式，合理布置进、排风口的位置，使外部气流不断地进入室内，迅速排除厂房内部的热量、烟尘及有害气体，创造良好的生产环境。自然通风设计中应注意以下内容。

1. 合理选择建筑朝向

为了充分利用自然通风，应限制厂房宽度并使其长轴垂直于当地夏季主导风向。

2. 合理布置建筑群

建筑群的平面布置有行列式、错列式、斜列式、周边式、自由式等，从自然通风的角度考虑，行列式和自由式均能争取到较好的朝向，自然通风效果良好。

3. 厂房开口与自然通风

一般来说，进风口直对着出风口，会使气流直通，风速较大，但风场影响范围小。如果进出风口错开，风场影响的区域会大些。高窗和天窗可以使顶部热空气更快散出。为了获得舒适的通风，开口的高度应低些，使气流能够作用到人身上。室内的平均气流速度只取决于较小的开口尺寸。通常，取进出风口面积相等为宜。

4. 导风设计

中轴旋转窗扇、水平挑檐、挡风板、百叶板、外遮阳板及绿化均可以起到挡风、导风的作用，可以用来组织室内通风。

三、单层厂房立面设计及内部空间处理

单层厂房的立面与生产工艺、厂房规模，厂房的结构类型等有密切的关系。

（一）厂房的立面设计

厂房的工艺特点对厂房的立面有很大的影响。例如轧钢、造纸等工业由于其生产工艺流程是直线式的，厂房多采用单跨或单跨并列的形式，厂房的形体呈线形水平构图的特征，立面往往采用竖向划分以求变化。

厂房规模对厂房的立面有较大的影响。一般中小型机械工业多采用垂直式生产流程，厂房体型多为长方形或长方形多跨组合，造型平稳，内部空间宽敞，立面设计灵活。大型工业厂房为节约用地和投资，常采用方形或长方形大型联合厂房，其宏大的规模，要求立面设计

在统一完整中又有变化。

结构形式及建筑材料对厂房体型有直接的影响。同样的生产工艺，可以采用不同的结构方案。如排架、刚架、拱形、壳体、折板、悬索等结构的厂房有着形态各异的建筑造型。同时结合外围护材料的质感和色彩，设计出使人愉悦的工业建筑。

环境和气候条件对厂房的形体组合和立面设计有一定的影响。例如寒冷地区，由于防寒的要求，开窗面积较小，厂房的体型一般比较厚重，而炎热地区，由于通风散热的要求，厂房的开窗面积较大、立面开敞、形体显得轻巧。

厂房立面处理的关键还在于墙面的划分及开窗的方式、窗墙的比例等，并利用柱子、勒脚、窗间墙、挑檐线、遮阳板等，按照建筑构图原理进行设计，做到厂房立面简洁大方、比例恰当、色彩质感协调统一。例如开带形窗形成水平划分，开竖向窗形成垂直划分，开方形窗形成有特色的几何构图或较为自由的混合划分，如图 5-22 所示为墙面划分示意图。

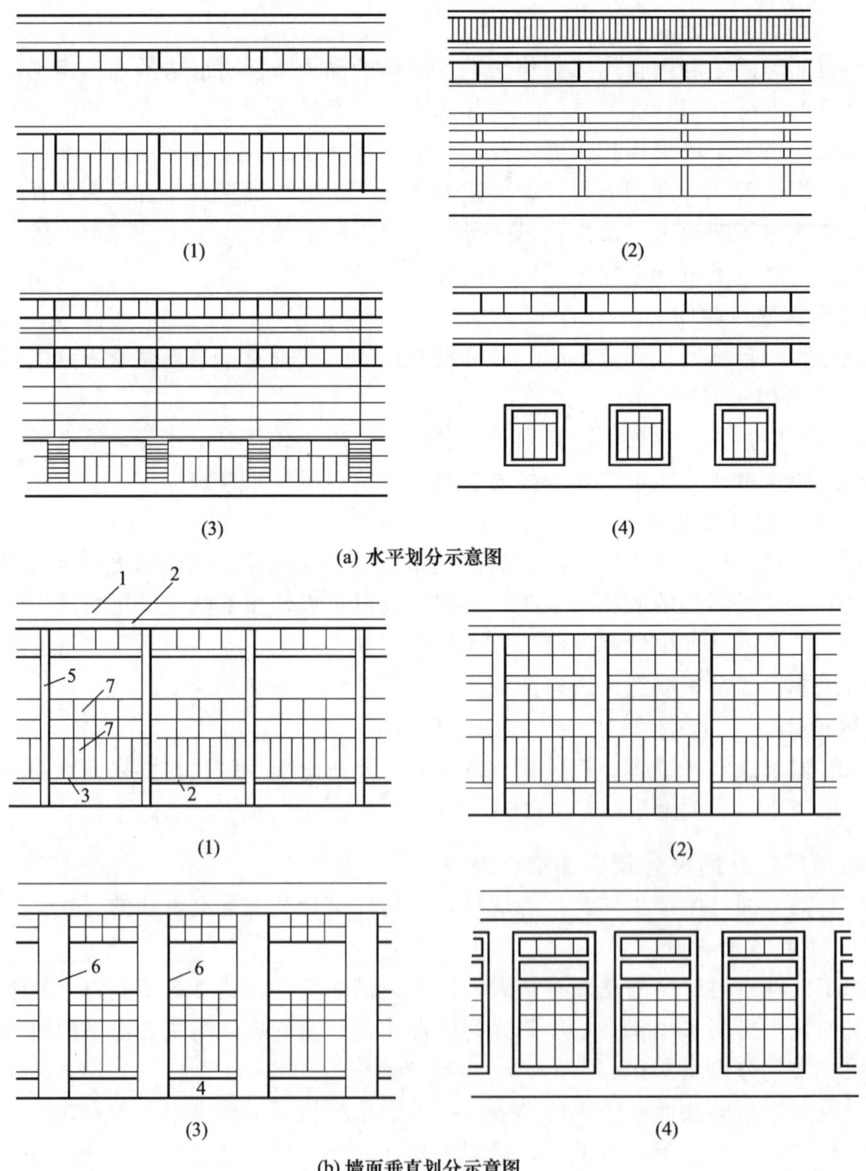

(a) 水平划分示意图

(b) 墙面垂直划分示意图

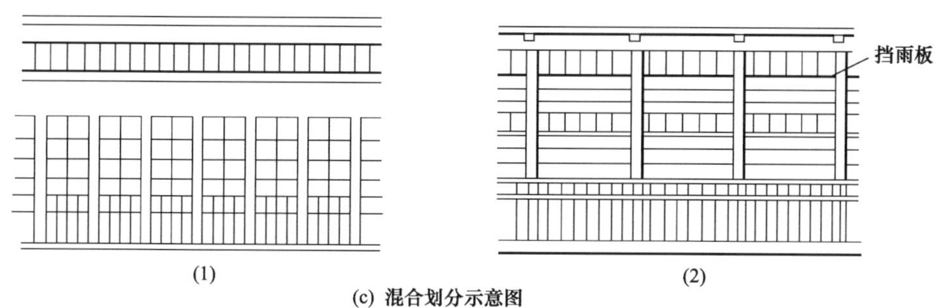

(1)　　(2)

(c) 混合划分示意图

图 5-22　墙面划分示意图

1—女儿墙；2—窗眉线或遮阳板；3—窗台线；4—勒脚；5—柱；6—窗间墙；7—窗

（二）厂房的内部空间处理

生产环境直接影响着生产者的身心健康，优良的室内环境除有良好的采光、通风外，还要室内布置井然有序，使人愉悦，对提高劳动生产效率十分重要。

厂房内部空间处理应注意以下几个方面。

1. 突出生产特点

厂房内部空间处理应突出生产特点、满足生产要求，根据生产顺序组织空间，形成规律，机器、设备的布置合理，厂房内部设计应有新意，避免单调的环境使人产生疲劳感。

2. 合理利用空间

单层厂房的内部空间一般都比较高大、高度也较为统一，在不影响生产的前提下，厂房的上部空间有条件的话，可做局部吊顶；在厂房的下部可利用柱间、墙边、门边、平台下等生产工艺不便利用的空间布置生活设施，给厂房内部增添一些生活的因素。

3. 集中布置管道

集中布置管道便于管理和维修。

4. 色彩的应用

工业厂房体量大能够形成较大的色彩背景，在室内，色彩的冷暖、深浅的不同给人以不同的心理感觉，可以利用色彩的视觉特性调整空间感。同时，色彩的标志及警戒作用，在工业建筑设计中也很重要。

第四节　多层厂房建筑设计

一、多层厂房的特点和适用范围

促使多层厂房获得发展的原因是多方面的。首先，是由于节约用地的要求。将 2～14 层的各类多层厂房和单层厂房相比较，一般能够节约用地 25％～80％，这在保护自然环境和国民经济方面具有重大的意义。其次，一些旧的工业企业，不能满足现代化生产发展的要求，需要进行改建和扩建，往往又受到地皮的限制，因而将厂房改建成多层厂房。第三，随着知识经济时代的到来，无线电电子工业、精密仪表工业、轻工业等不断发展壮大，而这类工业企业都适宜采用多层厂房。第四，现代建筑科技成果的开发和应用，也为选用多层方案开拓了广阔的前景。

（一）多层厂房的特点

(1) 多层厂房与大多数民用建筑有很多共同点，但是它作为生产性工业建筑与民用建筑相比较，具有下列特点。

① 在功能上，民用建筑是满足人们生活上的需要，而多层工业建筑则是满足生产上的需要。在工业建筑中，由于生产类别非常多，涉及经济建设的各个部门，即使在同一部门中，由于工艺不同、生产工序不同，对厂房的要求也不尽相同。产品加工过程各个工序之间的衔接及其对建筑的要求往往左右着建筑布局，所以设计中必须有工艺设计人员密切配合，共同协作。即使是统建的商品性多层厂房，也应适当考虑市场信息与未来租（购）者的需要。

② 在技术上，多层厂房建筑比一般民用建筑复杂。在设计中它除了满足复杂的工艺要求外，在厂房中一般都配有各种动力管道以及各种运输设施。有时为了保证产品质量，还需要提供一定的生产环境，如防尘、防振、恒温、恒湿等，这些都为工业建筑的设计和建造带来了复杂性。

(2) 多层厂房与单层厂房相比较，具有下列特点。

① 占地面积小，可以节约用地。因缩短了工艺流程和各种工程管线的长度，减小了道路交通的面积，故可节约基本建设投资。

② 生产在不同楼层进行，能适应不同生产工艺的要求。

③ 外围护结构面积小。同样面积的厂房，随着层数的增加，单位面积的外围护结构面积随之逐渐减小。在北方地区，可以减少冬季采暖费用，在空调房间则可以减少空调费用，且容易保证恒温、恒湿的要求，从而获得节能的效果。

④ 屋盖构造简单，施工管理也比单层厂房方便。多层厂房宽度一般都比单层的小，可以利用侧面采光，不设天窗。因而简化了屋面构造，清理积雪及排除雨雪水都比较方便。

⑤ 柱网尺寸小，工艺布置灵活性受到一定限制。由于柱子多，结构所占面积大，因而生产面积使用率较单层的低。

⑥ 增加了垂直交通运输设施——电梯和楼梯。在多层厂房中，不仅有水平向运输，而且出现了竖向的垂直交通运输，人流货流组织都比单层厂房复杂，还增加了交通辅助面积。

⑦ 在利用侧面采光的条件下，厂房的宽度受到一定的限制。如果生产上需要宽度大的厂房，则需提高厂房的高度或辅以人工照明。

(二) 多层厂房的适应范围

在实际工作中，接到设计任务书后，究竟是采用单层厂房还是多层厂房，必须根据生产工艺、用地条件、施工技术等具体情况，进行综合比较，才能获得合理的方案。

在多层厂房中必然有大部分车间（或工部）分别布置在各个楼层上，各车间之间以楼、电梯或其他形式的运输工具保证竖向联系，因而设备（产品）过重或过大以及不宜采用垂直运输的企业就不宜采用多层厂房。

宜于布置在多层厂房内的企业，基本上可分为五类。

(1) 生产上需要垂直运输的企业。这类工厂的原材料大部分直接送到顶层，靠自重向布置在下一层的车间传送，并在传送中加工，如面粉厂、啤酒厂等。

(2) 生产上要求在不同层高操作的企业。属于这类企业的，有化工厂和热电站主厂房。

(3) 工艺对生产环境有特殊要求的企业。如电子、精密仪表类企业为了保证产品的质量要求在恒温（湿）及洁净的条件下进行生产，多层建筑体积小，易于保证这些技术条件。

(4) 生产上无特殊要求，生产设备及产品轻、运输量不大的企业。

(5) 租售用商品性企业用房，性质不定型。

二、多层厂房平面设计

多层厂房平面设计是一项综合性工作。它的任务是以工艺原始资料为依据，综合解决各项土建问题。在做建筑设计时，必须与工艺、结构、电气、给水排水、暖通等专业密切配合。同时，确定建筑体型及人、货流出入口位置时，还必须与企业总体布置及周围环境相协调。

对平面设计的影响因素很多，下面仅就几个主要方面分别讲述。

（一）多层厂房的生产工艺流程布置

生产工艺流程的布置是厂房平面设计的主要依据。各种不同生产流程的布置在很大程度上决定着多层厂房的平面形状和各层之间的相互关系。

按生产工艺流向的不同，多层厂房的生产工艺流程布置可归纳为下面的三种类型（如图5-23所示）。

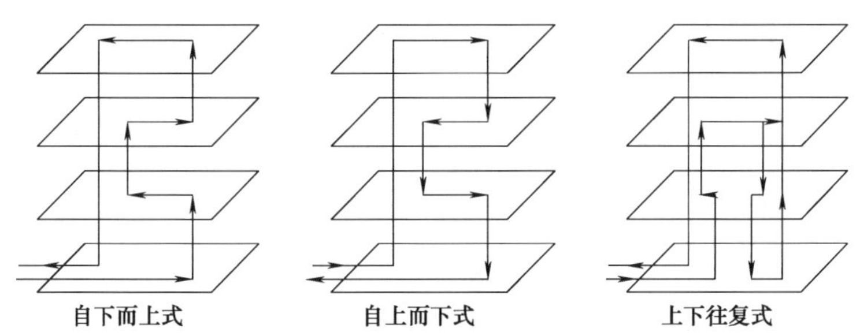

图5-23 三种类型的生产工艺流程

1. 自上而下式

这种布置的特点是把原料送至最高层后，按照生产工艺流程的程序自上而下地逐步进行加工，最后的成品由底层运出。这时常利用原料的自重，以减少垂直运输设备的设置。面粉加工厂的生产流程属于这一种类型。

2. 自下而上式

原料自底层按生产流程逐层向上加工，最后在顶层加工成成品。平板玻璃生产、轻工业类的手表厂、照相机厂或一些精密仪表厂的生产流程都属于这种形式。

3. 上下往复式

这是有上有下的一种混合布置方式。由于生产流程是往复的，不可避免地会引起运输上的复杂化，但它的适应性较强，是一种经常采用的布置方式。例如印刷厂，由于铅印车间印刷机和纸库的荷载都比较重，因而常布置在底层，别的车间如排字车间一般布置在顶层，装订、包装一般布置在二层。为适应这种情况，印刷厂的生产工艺流程就采用了上下往复的布置方式。

（二）平面布置形式

由于各类多层厂房生产特点不同，要求各层平面房间的大小及组合形式也不相同，通常布置方式有以下几种。

1. 内廊式

内廊式布置是以厂房每层的中间为走廊，在走廊两侧布置并用隔墙分隔各种大小不同的房间。适用于各种生产工段面积不大、联系不多、避免干扰的车间。

2. 统间式

统间式布置是厂房内只设承重柱，不设隔墙。适用于各生产工段面积大、联系紧密的车间。

3. 混合式

这种布置是根据不同的生产特点和要求，将多种平面形式混合布置，组成一有机整体，使其能更好地满足生产工艺的要求，并具有较大的灵活性，但这种布置的缺点是易造成厂房平、立、剖面的复杂化，使结构类型增多，施工较复杂，且对防震不利。

4. 套间式

通过一个房间进入另一个房间的布置形式为套间式。这是为了满足生产工艺的要求，或为保证高精度生产的正常进行（通过低精度房间进入高精度房间）而采用的组合形式。

（三）柱网布置

多层厂房的柱网由于受楼层结构的限制，其尺寸一般较单层厂房小。柱网的选择是平面设计的主要内容之一，选择时首先满足生产工艺的需要，并应符合《建筑模数协调统一标准》和《厂房建筑模数协调标准》（GBJ 6—86）的要求。此外，还应考虑厂房的结构形式、采用的建筑材料、构造做法、施工的可行性及在经济上是否合理等。其跨度采用扩大模数15M，常用的有6.0m、9.0m、10.5m、12m，柱距采用6M，常用的有6.0m、6.6m、7.2m等，走廊的跨度应采用扩大模数3M，常用的有2.4m、2.7m、3.0m。

现结合工程实践，将多层厂房的柱网概括为以下几种类型。

1. 内廊式柱网

这种柱网在平面布置上，采用对称式较多，中间为走道的形式，在仪表、光学、电子、电器等工业厂房中采用较多，主要用于零件加工和装配车间。这种柱网布置的特点是用走道、隔墙将交通与生产区隔离，满足生产上的互不干扰，同时可将空调等管道集中布置在走道天棚的夹层中，既利用了空间，又隐蔽了管道。

内廊式柱网常用尺寸有：(6＋2.4＋6)m×6m、(7.5＋3＋7.5)m×6m等。

2. 等跨式柱网

这种柱网在仓库、仪表、机械等工业厂房中采用较多，因为此类车间需要在较大面积的统间内进行生产。其特点是：除便于建筑工业化外，还便于生产流水线的更新，底层常布置机械加工、库房或总装配等。如果工艺需要，这种柱网可以是两跨以上连续等跨的形式。用轻质隔墙分隔后，亦可作内廊式的平面布置。

等跨式常采用的柱网尺寸有：(6＋6)m×6m、(7.5＋7.5)m×6m、(9＋9)m×6m等。

3. 对称不等跨式柱网

这种柱网的特点及适用范围基本和等跨式柱网相同，从建筑工业化角度看，厂房构件种类比等跨式多些，不如前者优越，但能满足生产工艺，合理利用面积。

常用的此类柱网尺寸有：(4.8＋6＋4.8)m×6m、(6.5＋7＋6.5)m×6m、(5＋8＋5)m×6m等。

4. 大跨度式柱网

这种柱网跨度一般大于等于9m，由于取消了中间柱子，为生产工艺的变革提供更大的适应性。

（四）楼、电梯布置及人、货流组织方式

1. 楼、电梯布置

多层厂房的平面布置常将楼、电梯组合在一起，成为厂房垂直交通运输的枢纽。它对厂房的平面布置、立面处理均有一定影响，处理得好还可丰富立面造型。

楼梯在平面设计中，首先应使人、货互不交叉和干扰，布置在行人易于发现的部位，从安全、疏散考虑在底层最好能直接与出入口相连接。

电梯在平面中的位置，主要应考虑方便货运，最好布置在原料进口或成品、半成品出口处。尽量减少水平运输距离，以提高电梯运输效率。电梯间在底层平面最好应有直接对外出人口。电梯间附近宜设楼梯或辅助楼梯，以便在电梯发生故障或检修时能保证运输。

2. 人、货流组织方式

结合楼、电梯布置，人、货流有以下两种组织方式。

（1）人、货流同门进出：在同门进出中，可组合成楼、电梯相对布置，楼、电梯斜对布置，楼、电梯并排布置。达到人、货同门进出，平行前进，互不交叉，直接通畅。

（2）人、货流分门进出：在设计厂房底层平面时，楼、电梯要分别设置人行和货运大门。这种布置的特点是：人、货流线分工明确，互不交叉，互不干扰。

三、多层厂房剖面设计

多层厂房的剖面设计主要是确定厂房的层数、层高等。

（一）层数的确定

多层厂房的层数选择，主要取决于生产工艺、城市规划和经济因素等三方面，其中生产工艺是起主导作用的。

1. 生产工艺对层数的影响

厂房根据生产工艺流程进行竖向布置，在确定各工段的相对位置和面积时，厂房的层数也相应地确定了。

2. 城市规划及其他条件的影响

多层厂房布置在城市时，层数的确定要符合城市规划、城市建筑面貌、周围环境及工厂群体组合的要求。此外，厂房层数还要随着厂址的地质条件、结构形式、施工方法及是否位于地震区等而有所变化。

3. 经济因素的影响

多层厂房的经济问题，通常应从设计、结构、施工、材料等多方面进行综合分析。从我国目前情况看，经济的层数为3～5层。

（二）层高的确定

多层厂房的层高是指由地面（或楼面）至上一层楼面的高度。它主要取决于生产工艺及生产设备、运输设备（有无吊车或悬挂传送装置）、管道的敷设所需要的空间；同时也与厂房的宽度、采光和通风要求有密切的关系。

1. 层高与工艺布置、生产和运输设备的关系

多层厂房的层高在满足生产工艺要求的同时，还要考虑起重运输设备对厂房层高的影响。一般只要在生产工艺许可的情况下，都应把一些重量大、体积大和运输量繁重的设备布置在底层，相应地加大底层层高。有时在遇到个别特别高大的设备时，还可以把局部楼层抬高，处理成参差层高的剖面形式。

2. 层高与采光、通风的关系

为了保证多层厂房室内有必要的天然光线和通风，一般采用双面侧窗天然采光居多。

当厂房宽度过大时，就必须提高侧窗的高度，相应地需增加建筑层高才能满足采光要求。

在确定厂房层高时，采用自然通风的车间，还应按照《工业企业设计卫生标准》的规定，保证每名工人所占容积大于40m^3。

3. 层高与管道布置的关系

生产上所需要的各种管道对多层厂房层高的影响较大。如图5-24所示为常用的几种管道的布置方式。其中图5-24（a）、（b）表示干管布置在底层或顶层，这时就需要加大底层或顶层的层高，以利集中布置管道。图5-24（c）、（d）则表示管道集中布置在各层走廊上部或吊顶层的情形。这时厂房层高也将随之变化。

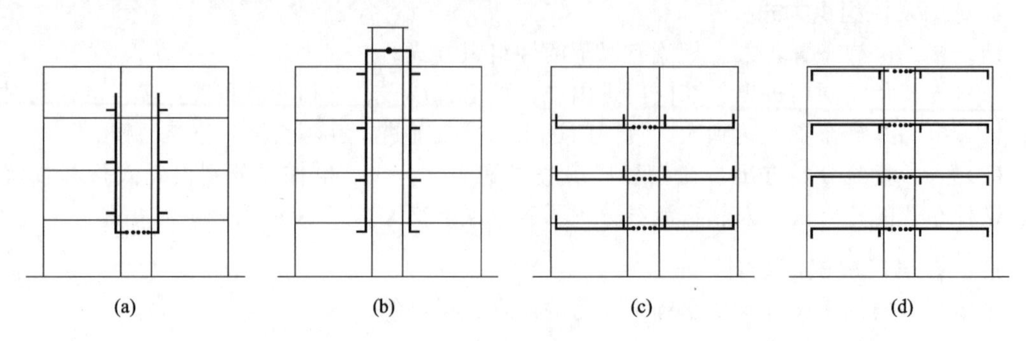

图 5-24 多种厂房的几种管道布置

4. 层高与室内空间比例关系

在满足生产工艺要求和经济合理的前提下，厂房的层高还应当考虑室内建筑空间的比例关系，具体尺度可根据工程的实际情况确定。

5. 层高与经济的关系

层高的增加会带来单位面积造价的提升，在确定厂房层高时，除需综合考虑上述几个问题外，还应从经济角度予以具体分析。目前，我国多层厂房层高需满足《厂房建筑模数协调标准》（采用 3M 数列，层高在 4.8m 以上时宜采用 6M 数列），常采用的层高有 3.9m、4.2m、4.5m、4.8m、5.4m、6.0m、6.6m、7.2m 等几种。

四、多层厂房的立面设计

多层厂房的立面设计，它不仅是个体建筑的形象问题，实际上，在进行总平面设计组合建筑群时，已经对其体型、体量等作了初步考虑，在平面、剖面设计时，根据生产工艺的特征、结构形式的选择以及其他技术、自然条件的影响等，对建筑的体型组合、门窗和室内空间布置进行了考虑，立面设计就是在这一基础上，进一步全面地将厂房的整个外貌形象地表现出来。

可以说多层厂房的立面设计是贯串在整个设计的全过程中，工业建筑的立面处理在不同程度上取决于生产工艺，因此在作厂房的立面设计时，一般建筑构图原则的运用必须与内部的生产使用要求统一起来，用简练的手法表现工业建筑的性格和特色，使厂房的外观形象和生产使用功能、物质技术应用达到有机的统一，给人以简洁、朴实、明亮、大方又富有变化的感觉，使多层厂房具有完整的艺术造型和完美的立面观瞻。

本章小结

<table>
<tr><td rowspan="6">工业建筑设计</td><td rowspan="3">概述</td><td>工业建筑的分类</td><td>按用途分、按层数分和按生产状况分类</td></tr>
<tr><td>工业建筑的特点</td><td>符合生产工艺的要求、内部空间较大、建筑构造比较复杂、骨架的承载力比较大、要求有良好的通风和采光</td></tr>
<tr><td>工业建筑设计的要求</td><td>生产工艺、建筑技术、建筑经济、卫生及安全、建筑外形及内部空间要求</td></tr>
<tr><td rowspan="3">工业建筑的定位轴线</td><td>横向定位轴线</td><td>柱与横向定位轴线以及山墙与横向定位轴线</td></tr>
<tr><td>纵向定位轴线</td><td>外墙、边柱的定位轴线以及中柱与纵向定位轴线的关系</td></tr>
<tr><td>纵横跨相交处的定位轴线</td><td>厂房纵横跨相交，常在相交处设变形缝，使纵横跨各自独立，即纵横跨应有各自的柱列和定位轴线</td></tr>
</table>

续表

<table>
<tr><td rowspan="12">工业建筑设计</td><td rowspan="6">单层厂房建筑设计</td><td rowspan="3">单层工业厂房平面设计</td><td>单层厂房的平面形式</td><td>考虑生产工艺流程、生产状况、生产设备布置、厂房内部交通运输组织的影响</td></tr>
<tr><td>柱网选择</td><td>跨度和柱距的确定</td></tr>
<tr><td>厂房生活间设计</td><td>组成、布置</td></tr>
<tr><td>单层工业厂房剖面设计</td><td>高度的确定、天然采光、自然通风</td><td>高度如何确定、天然采光方式、自然通风方式</td></tr>
<tr><td rowspan="2">单层厂房立面设计及内部空间处理</td><td>厂房立面设计</td><td>与生产工艺、厂房规模，厂房的结构类型等有密切的关系</td></tr>
<tr><td>内部空间处理</td><td></td></tr>
<tr><td rowspan="6">多层厂房建筑设计</td><td rowspan="2">多层厂房的特点和适用范围</td><td colspan="2">多层厂房的特点</td></tr>
<tr><td colspan="2">适应范围</td></tr>
<tr><td>多层厂房平面设计</td><td colspan="2">生产工艺流程布置；平面布置形式；柱网布置；楼、电梯布置及人、货流组织方式的影响</td></tr>
<tr><td rowspan="2">多层厂房剖面设计</td><td>层数的确定</td><td>主要取决于生产工艺、城市规划和经济因素</td></tr>
<tr><td>层高的确定</td><td>取决于生产工艺及生产设备、运输设备、管道的敷设所需要的空间；同时也与厂房的宽度、采光和通风要求有密切的关系</td></tr>
<tr><td>多层厂房立面设计</td><td colspan="2">用简练的手法表现工业建筑的性格和特色，使厂房的外观形象和生产使用功能、物质技术应用达到有机的统一</td></tr>
</table>

复习思考题

1. 什么叫工业建筑？工业建筑有哪些特点？
2. 工业建筑有哪些类型？
3. 工业建筑与民用建筑的区别是什么？
4. 工业建筑设计的要求有哪些？
5. 定位轴线的含义和作用是什么？横向定位轴线、纵向定位轴线及纵横跨交接处定位轴线是如何划分的？
6. 单层厂房纵向定位轴线标定时为什么会有联系尺寸和插入距？
7. 举例说明影响厂房平面形式的主要因素。
8. 什么是单层厂房的柱网？如何确定柱网的尺寸？常用的柱距、跨度尺寸有哪些？
9. 单层厂房生活间的布置方式有哪几种？
10. 如何解决单层厂房的天然采光问题？侧面采光具有哪些特点？常用的采光天窗及其布置方法有哪些？
11. 自然通风的基本原理是什么？
12. 单层厂房剖面设计应满足哪些要求？
13. 如何确定厂房高度？室内外高差宜取多少？为什么？
14. 影响厂房立面设计的主要因素有哪些？在厂房立面设计中应注意哪些问题？
15. 多层工业厂房的特点有哪些？
16. 多层厂房平面布置的形式有几种？
17. 多层厂房常采用的柱网类型有哪些？

第六章

单层厂房的构造

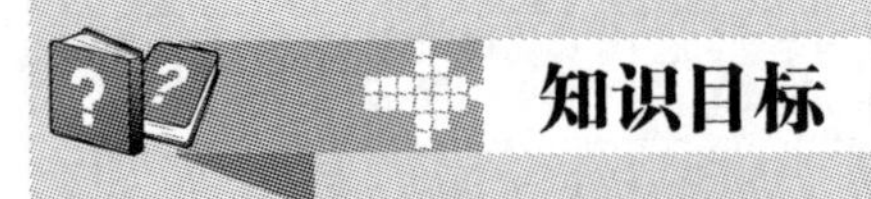

• 掌握单层厂房承重结构类型和构件名称及作用。

• 理解单层厂房砌块墙、板材墙的构造。

• 了解单层厂房屋面与民用建筑的区别，掌握厂房屋面基层类型、组成、排水、防水方式及细部构造。

• 理解大门和侧窗的构造，理解天窗的构造。

• 了解单层厂房地面的特点和常用地面的构造，了解金属梯、车间内部隔断的构造。

• 能写出单层厂房承重结构类型和构件名称及作用。

• 能根据使用条件，考虑厂房的构造，正确选用厂房的墙体、屋面、门窗、地面等构造形式。

第一节 单层厂房的承重结构

一、根据承重结构的不同分类

1. 墙承重结构

墙承重结构（砖混结构）由基础、砖墙（或柱）和钢筋混凝土屋架（或屋面梁）组成，也有由砖柱和木屋架或轻钢组合屋架组成的。这种结构构造简单，但承载力及抗地震和抗振动性能较差，故仅用于吊车起重量不超过 5t、跨度不大于 15m 的小厂房。

2. 骨架承重结构

（1）钢筋混凝土结构　此类结构的承重柱可选用钢筋混凝土的矩形截面柱、双肢形截面柱、圆管形截面柱、还可采用钢和钢筋混凝土组合的混合型柱等，屋面结构视情况可选用钢筋混凝土屋架或屋面梁、预应力混凝土屋架或屋面梁、钢屋架。这种结构坚固耐久，可预制、装配，与钢结构相比可节约钢材，造价较低，但其自重大，抗震性能不如钢结构。

（2）钢结构　是采用钢柱、钢屋架作为厂房的承重结构。这种结构抗地震和抗振动性能好、构件较轻（与钢筋混凝土结构相比）、施工速度快，除用于吊车荷载大、高温或振动大的车间以外，对于要求建设速度快、早投产早收益的工业厂房，也可采用钢结构。但钢结构易锈蚀、耐火性能差，使用时应采取相应的防护措施。

(3) 空间结构　这种结构体系充分发挥了建筑材料的强度和提高了结构的稳定性，使结构由单向受力的平面结构，成为能多向受力的空间结构体系。但施工复杂，现场作业量大、工期长。一般常见的有折板结构、网格结构、薄壳结构、悬索结构等。

二、根据承重结构的构造方式不同分类

根据厂房承重结构的构造方式的不同可以分为排架结构和刚架结构两类。

1. 排架结构

单层厂房中常用的一种钢筋混凝土结构是排架结构：即是将厂房承重柱的柱顶与屋架或屋面梁作铰接连接，而柱下端则嵌固于基础中，构成平面排架。各平面排架再经纵向结构构件连接组成为一个空间结构。它是目前单层厂房中最基本、应用最普遍的结构。钢筋混凝土排架结构多采用预制装配的施工方法（如图 6-1 所示）。

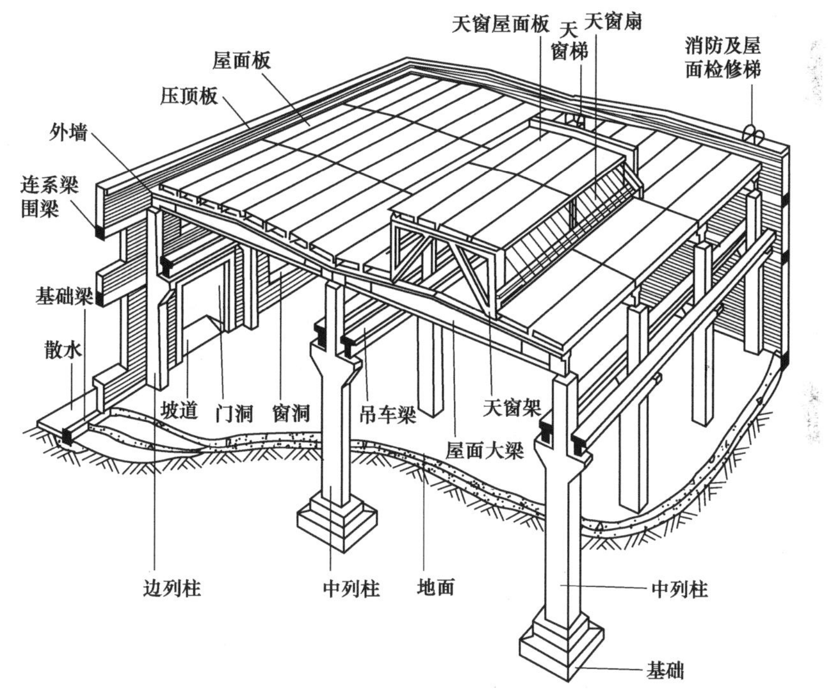

图 6-1　装配式钢筋混凝土排架及主要构件

厂房的排架结构主要由横向排架结构和纵向连系构件以及支撑等组成。

(1) 横向排架结构由基础-柱-屋面梁（或屋架）组成，横向排架的特点是把屋架或屋面梁视为刚度很大的横梁，它与柱的连接为铰接，柱与基础的连接为刚接。它的作用主要是承受屋面荷载、外墙及吊车梁等荷载作用。

(2) 纵向连系构件包括基础梁、吊车梁、连系梁、圈梁、大型屋面板等，这些构件的作用是联系横向排架并保证横向排架的稳定性，形成厂房的整个骨架结构系统，并将作用在山墙上的风力和吊车纵向制动力传给柱子。

(3) 支撑系统包括屋盖支撑和柱间支撑两大类。它的作用是保证厂房的整体性和稳定性。

(4) 单层厂房除骨架之外，还有外围护结构，它包括厂房四周的外墙、抗风柱等，它主

要起围护或分隔作用。

前面所说的砖混结构、钢筋混凝土结构以及钢-钢筋混凝土结构都属于排架结构。

2. 刚架结构

单层厂房中常用的一种钢结构是刚架结构（如图 6-2 所示）；此结构的基本特点是柱和屋架合并为一个刚性构件，如果跨度较大，为了便于吊装可制成三段。柱与基础的连接通常为铰接（也有作固接的）。钢筋混凝土刚架与钢筋混凝土排架相比，可节约钢材约 10%，混凝土约 20%。一般重型单层厂房多采用刚架结构。目前常用的刚架结构有两种。

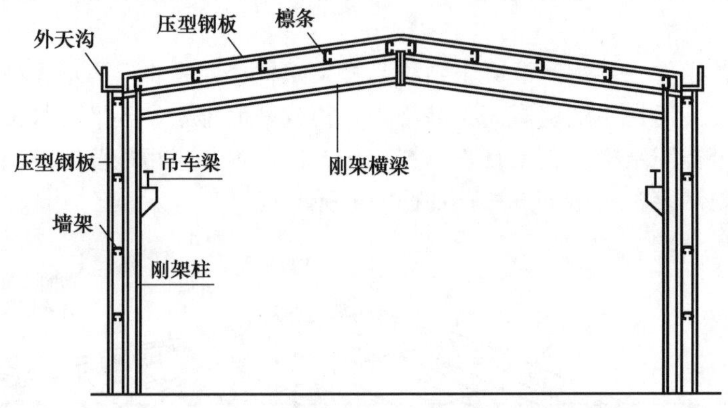

图 6-2 门式刚架（有檩体系）

（1）装配式钢筋混凝土门式刚架结构　这种结构适用于跨度不超过 18m，檐高不超过 10m 及吊车吨位在 10t 以下的中小型厂房、仓库，也可用于车站站台的雨篷骨架。

（2）钢结构　厂房中的屋架与柱之间的连接是刚接的形式，这可以提高厂房的横向刚度。

第二节　外墙构造

单层厂房的外墙主要是根据生产工艺、结构条件和气候条件等要求来设计的。一般冷加工车间外墙除考虑结构承重外，常常还有保温方面的要求。而散发大量余热的热加工车间，外墙则一般不要求保温，只起围护作用，可以做不封闭的外墙。精密生产的厂房为了保证生产工艺条件，往往有空间恒温、恒湿要求，这种厂房的外墙在设计和构造上比一般做法要复杂得多。有腐蚀性介质的厂房外墙又往往有防酸、碱等有害物质侵蚀的特殊要求。

单层厂房的外墙，按承重情况可分为承重墙、自承重墙及骨架墙等类型。

当厂房跨度和高度不大，且没有设置或仅设有较小的起重运输设备时，一般可采用承重墙直接承受屋盖与起重运输设备等荷载。承重墙一般用于中、小型厂房。当厂房跨度小于 15m，吊车吨位不超过 5t 时，可做成条形基础和带壁柱的承重砖墙。

当厂房跨度和高度较大，起重运输设备的起重量较大时，通常由钢筋混凝土排架柱来承受屋盖与起重运输等荷载，而外墙只承受自重，仅起围护作用，这种墙称为自承重墙。

骨架墙填充墙是利用厂房的承重结构作骨架，墙体仅起围护作用。与砖结构的承重墙相比，减少结构面积，便于建筑施工和设备安装，适应高大及有振动的厂房条件，易于实现建筑工业化，适应厂房的改建、扩建等。当前广泛采用。

自重承墙与骨架填充墙是厂房外墙的主要形式。

单层厂房的外墙，按材料分有块材墙、板材墙等。下面就介绍一下块材墙和板材墙的构造做法。

一、块材墙

1. 块材墙的位置

块材墙厂房围护墙与柱的平面关系有两种，一种是外墙位于柱子之间，能节约用地，提高柱列的刚度，但构造复杂，热工性能差；第二种是设在柱的外侧，具有构造简单、施工方便、热工性能好、便于统一等特点，应用普遍，如图 6-3 所示为围护墙与柱的平面关系。

2. 块材墙的相关构件及连接

块材围护墙一般不设基础，下部墙身支撑在基础梁上，上部墙身通过连系梁经牛腿将重量传给柱再传至基础，如图 6-4 所示为块材墙和相关构件。

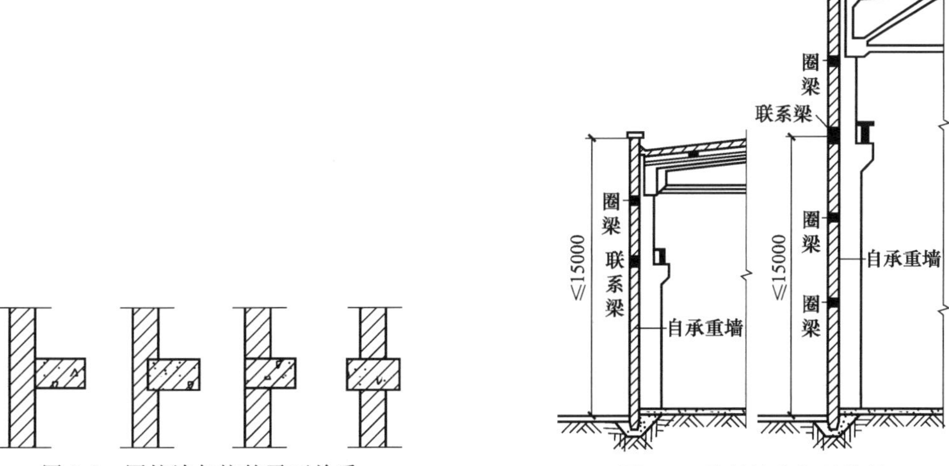

图 6-3 围护墙与柱的平面关系

图 6-4 块材墙和相关构件

(1) 基础梁 基础梁的截面形式有矩形和倒梯形，顶面标高通常比室内地面低 50mm，以便门洞口处的地面做面层保护基础梁。基础梁与柱基础的连接与基础的埋深有关，当基础埋置较浅时，可将基础梁直接或通过混凝土垫块搁置在柱基础杯口上，也可在高杯口基础上设置基础梁。当基础埋置较深时，一般用柱牛腿支托基础梁。

基础梁的防冻与受力：在保温厂房中，基础梁下部宜用松散保温材料填铺，如矿渣等。松散的材料可以保证基础梁与柱基础共同沉降，避免基础下沉时，梁下填土不沉或冻胀等产生反拱作用对墙体产生不利的影响。在温暖地区，可在梁下部铺砂或炉渣等结构层。

(2) 联系梁 联系梁的截面形式有矩形和 L 形。与柱的连接采用螺栓或焊接，它不仅承担墙身的重量，且能加强厂房的纵向刚度。

(3) 柱、屋架 柱和屋架端部常用钢筋拉接块材墙，由柱、屋架沿高度每隔 500～600mm，伸出 2Φ6 钢筋砌入墙内，为增加墙体的稳定性，可沿高度每 4m 左右设一道圈梁。

二、板材墙

发展大型板材墙是墙体改革和加快厂房建筑工业化的重要措施之一，能减轻劳动强度，充分利用工业废料，节省耕地，加快施工速度、提高墙体的抗震性能。目前适宜用的板材有钢筋混凝土板材和波形板材。

1. 钢筋混凝土板材墙

(1) 墙板的规格、类型 钢筋混凝土墙板的长度和高度采用扩大模数 3M。板的长度有

4500mm、6000mm、7500mm、12000mm 四种，可适用于常用的 6m 或 12m 柱距以及 3m 整数的跨距。板的高度有 900mm、1200mm、1500mm、1800mm 四种。常用的板厚度以 20mm 为模数进级，厚度为 160～240mm。

根据材料和构造方式，墙板分单一材料墙板和复合墙板。

单一材料墙板常见的有钢筋混凝土槽形板、空心板和配筋轻混凝土墙板。

复合墙板是指采用承重骨架、外壳及各种轻质夹芯材料所组成的墙板。常用的夹芯材料为膨胀珍珠岩、蛭石、陶粒、泡沫塑料等配制的各种轻混凝土或预制板材。复合墙板的优点是：材料各尽所长，重量轻，防水、防火、保温、隔热，且具有一定的强度；缺点是：制作复杂，仍有热桥的不利影响，需要进一步改进。

(2) 墙板布置　墙板的布置分横向布置、竖向布置和混合布置。其中横向布置用得最多，其次是混合布置。竖向布置因板长受侧窗高度的限制，板型和构件较多，故应用较少。横向布板以柱距为板长，可省去窗过梁和连系梁，板型少，并有助于加强厂房刚度，接缝处理也较易处理。混合布置墙板虽增加板型，但立面处理灵活。

(3) 墙板和柱的连接　墙板和柱的连接应安全可靠，并便于安装和检修，一般分柔性连接和刚性连接。

柔性连接是指墙板和柱之间通过预埋件和连接件将二者拉结在一起。连接方式有螺栓挂钩柔性连接和角钢搭接柔性连接。柔性连接的特点是墙板与骨架以及墙板之间在一定范围内

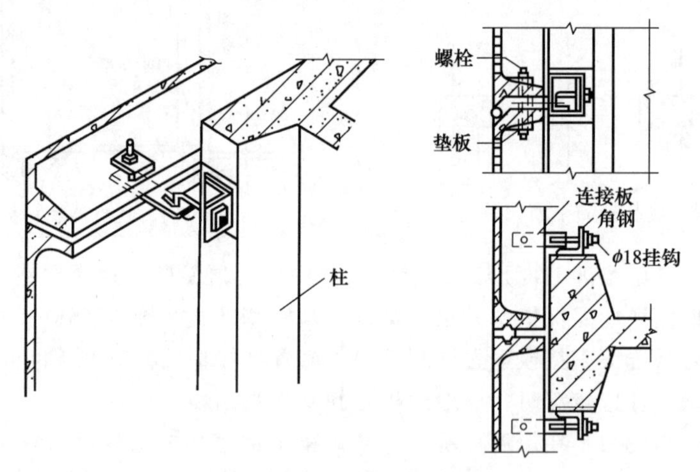

图 6-5　螺栓挂钩柔性连接

可相对位移，能较好地适应各种振动引起的变形。螺栓挂钩柔性连接如图 6-5 所示，它是在垂直方向每隔 3～4 块板在柱上设钢托支撑墙板荷载，在水平方向用螺栓挂钩将墙板拉结固定在一起。安装、维修也方便，但用钢量较多，暴露的金属多，易腐蚀。角钢柔性连接如图 6-6 所示，它是利用焊在柱和墙板上的角钢连接固定。比螺栓连接省钢，外露的金属也少，

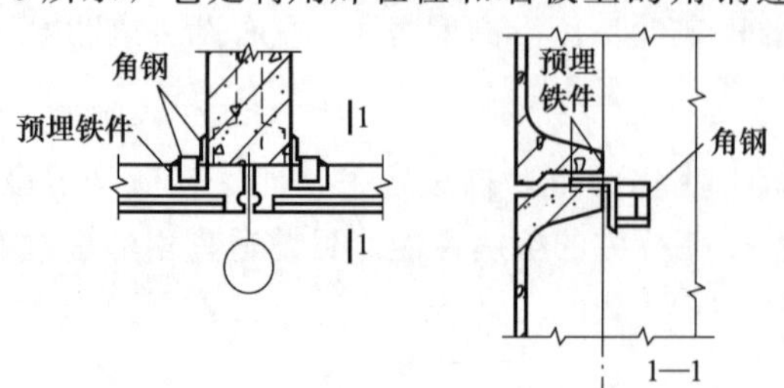

图 6-6　角钢柔性连接

施工速度快，因有焊接点安装不便，适应位移的程度差一些。

刚性连接就是通过墙板和柱的预埋铁件用型钢焊接固定在一起，如图 6-7 所示。特点是用钢少、厂房的纵向刚度大，但构件不能相对位移，在基础出现不均匀沉降或有较大振动荷载时，墙板易产生裂缝等现象。

2. 波形板材墙

波形板墙按材料可分为压型薄钢板、石棉水泥波形板、塑料玻璃钢波形板等，这类墙板主要用于无保温要求的厂房和仓库等建筑，连接构造基本类同。压型钢板是通过钩头螺栓连接在型钢墙梁上，型钢墙梁既可通过预埋件焊接也可用螺栓连接在柱子上。石棉水泥波形板是通过连接件悬挂在连系梁上的，连系梁的间距与板长相适应。

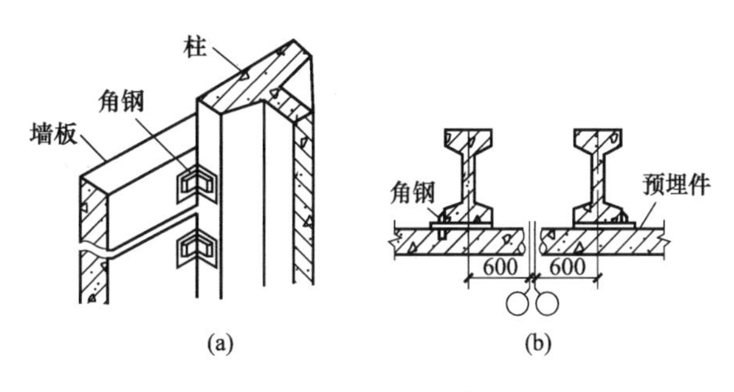

图 6-7 刚性连接

第三节 屋面构造

单层厂房屋面的作用、设计要求及构造与民用建筑屋面基本相同。但也存在一定的差异，主要有以下几个方面：一是单层厂房屋面在实现工艺流程的过程中会产生机械振动和吊车冲击荷载，这就要求屋面要具有足够的强度和刚度；二是在保温隔热方面，对恒温恒湿车间，其保温隔热要求更高，而对于一般厂房，当柱顶标高超过 8m 时可不考虑隔热，热加工车间的屋面，可不保温；三是单层厂房多数是多跨大面积建筑，为解决厂房内部采光和通风经常需要设置天窗，为解决屋面排水防水经常设置天沟、雨水口等，因此屋面构造较为复杂；四是厂房屋面面积大、重量大、构造复杂，对厂房的总造价影响较大。因而在设计时，应根据具体情况，尽量降低厂房屋面的自重，选用合理、经济的厂房屋面方案。但是由于单层厂房的屋面板采用装配式，接缝多，且直接受厂房内部的震动、高温、腐蚀性气体、积灰等因素影响，在某些方面存在差异。设计时应解决好屋面的排水、防水、保温、隔热等问题，其中以排水和防水最为重要。

一、屋面的结构

单层厂房屋面结构的主要构件有屋架（或者屋面梁）、屋面板、檩条和支撑体系等。根据其构件布置的不同，屋面结构分为有檩体系和无檩体系两种（如图 6-8 所示）。

有檩体系是指先在屋架上搁置檩条，然后放小型屋面板。这种体系构件小，重量轻、吊装容易，但构件数量多、施工周期长。多用于施工机械起吊能力小的施工现场。

无檩体系是指在屋架上直接铺设大型屋面板。这种体系虽然要求较强的吊装能力，但构件大、类型少，便于工业化施工。在工程实践中单层厂房较多采用无檩体系的大型屋面板。

单层厂房常用的大型屋面板和檩条形式如图 6-9 所示。

二、屋面的排水

单层厂房屋面的排水类同于民用建筑，需根据地区气候状况、工艺流程、厂房的剖面形式以及技术经济等确定排水方式。单层厂房屋面的排水方式分无组织排水和有组织排水两种。选择排水方式应以当地降雨量、气温、车间生产特征、厂房高度和天窗宽度等因素综合考虑。

无组织排水常用于降雨量小的地区，适合屋面坡长较小、高度较低的厂房。

有组织排水又分为内排水和外排水。内排水主要用于大型厂房及严寒地区的厂房，如图

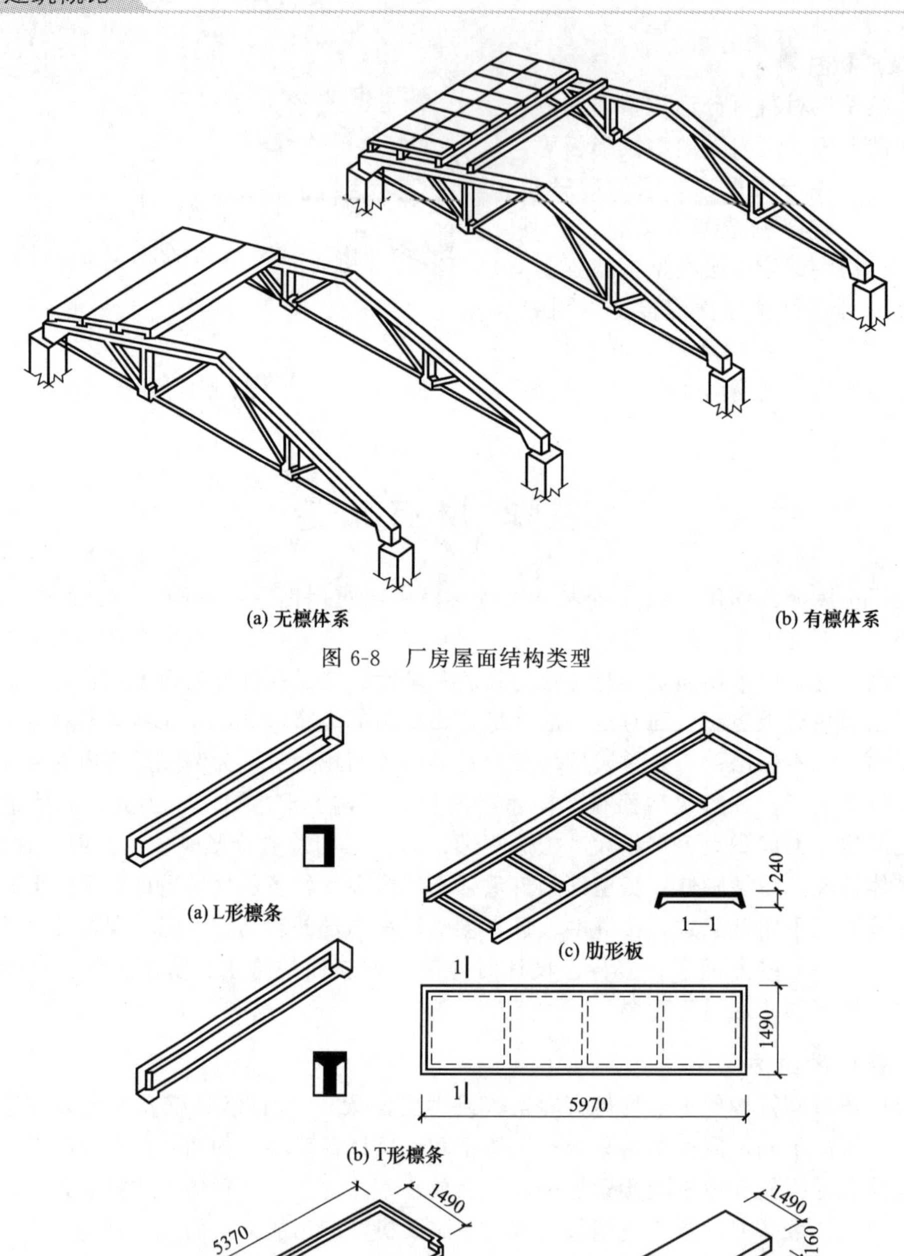

图 6-8 厂房屋面结构类型

图 6-9 檩条、屋面板形式

6-10 所示为女儿墙内排水；有组织外排水常用于降雨量大的地区，有檐沟外排水、长天沟外排水两种方式。如图 6-11 所示为挑檐沟外排水，如图 6-12 所示为长天沟外排水。

三、屋面的防水

单层厂房屋面的防水，依据防水材料和构造的不同，分为卷材防水屋面及钢筋混凝土构件自防水屋面等。

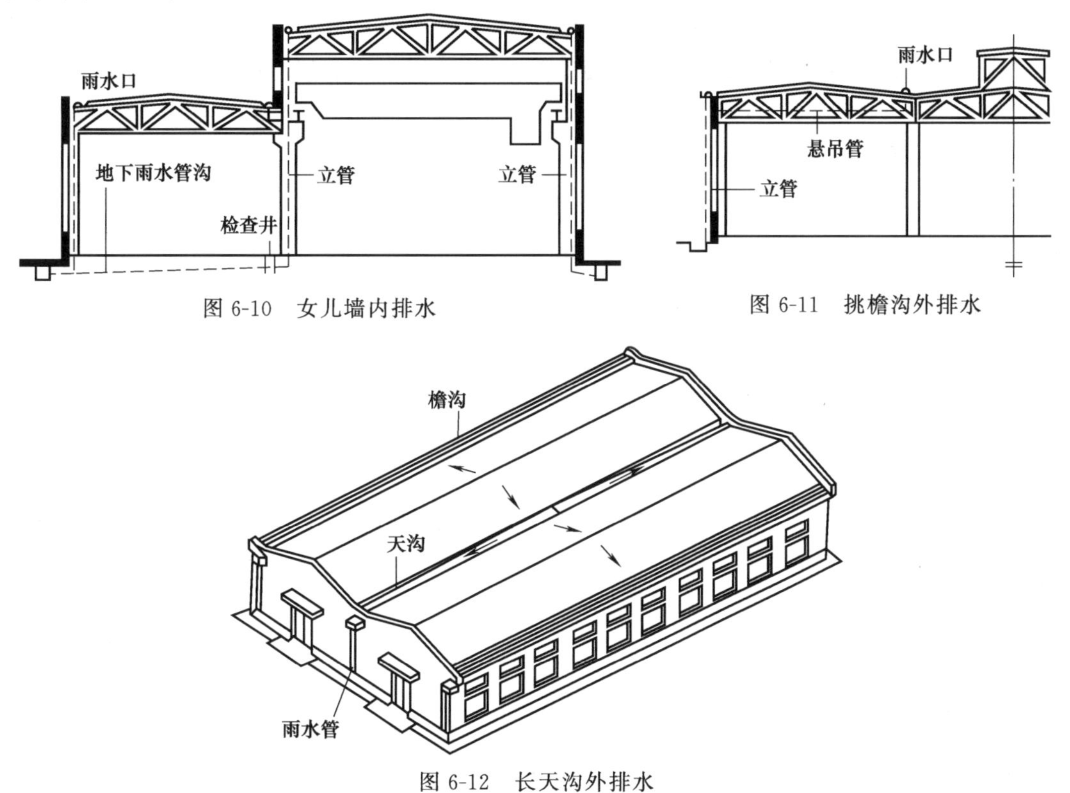

图 6-10 女儿墙内排水

图 6-11 挑檐沟外排水

图 6-12 长天沟外排水

1. 卷材防水

卷材防水屋面的防水构造做法类同于民用建筑。卷材防水屋面的防水卷材主要有油毡、合成高分子材料、合成橡胶卷材等。卷材防水的构造包括：屋面板横向接缝的构造、挑檐构造、中间天沟构造、长天沟外排水构造、纵向女儿墙构造、高低跨处泛水构造等。与民用建筑不同的是易出现防水层拉裂破坏。产生拉裂破坏的原因有：厂房屋面面积大，受到各种振动的影响多，屋面的基层变形情况较民用建筑严重，容易产生屋面变形而引起卷材的开裂和破坏。导致屋面变形的原因，一是由于室内外存在较大的温差，屋面板两面的热胀冷缩量不同，产生温度变形；二是在荷载的长期作用下，屋面板的自重引起挠曲变形；三是地基的不均匀沉降、生产的振动和吊车运行刹车引起的屋面晃动，都促使屋面裂缝的展开。

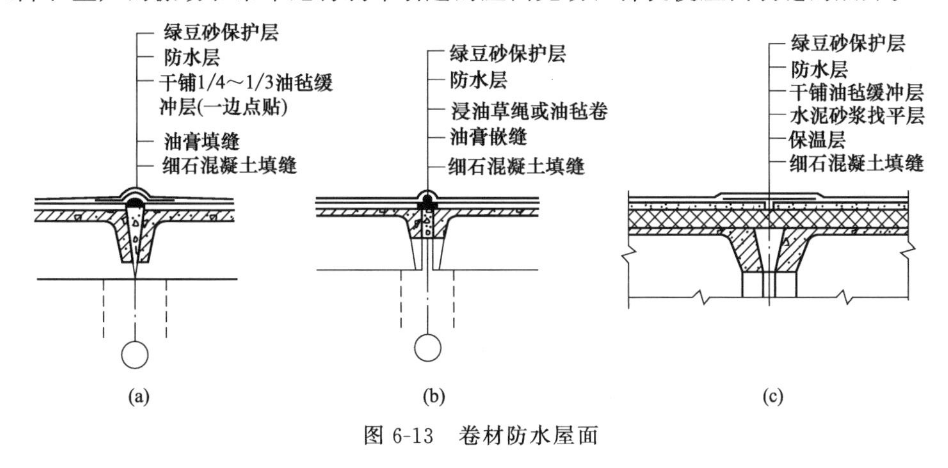

图 6-13 卷材防水屋面

为防止卷材防水屋面的开裂，应增强屋面基层的刚度和整体性，减小基层的变形；同时改进卷材在易出现裂缝的横缝处的构造，适应基层的变形。如在大型屋面板或保温层上做找平层时，应先在构件接缝处留分隔缝，缝中用油膏填充，其上铺 300mm 宽的油毡作缓冲层，然后再铺设卷材防水层，如图 6-13 所示。

2. 钢筋混凝土构件自防水屋面

钢筋混凝土构件自防水屋面是利用钢筋混凝土板本身的密实性，对板缝进行局部防水处理而形成的防水屋面。这种屋面适用于无保温要求的屋面。比卷材屋面轻，一般每平方米可减少 35kg 恒荷载，相应地也可减轻各种结构构件的自重，从而节省了钢材和混凝土的用量，可降低屋面造价，施工方便，维修也容易。但是板面容易出现后期裂缝而引起渗漏；混凝土暴露在大气中容易引起风化和炭化等。可通过提高施工质量，控制混凝土的配比，增强混凝土的密实度，从而增加混凝土的抗裂性和抗渗性；也可在构件表面涂以涂料（如乳化沥青），减少干湿交替的作用，改进性能。

第四节 门窗及天窗构造

一、大门

1. 大门的尺寸及种类

厂房大门主要用于生产运输、人流通行以及紧急疏散。大门的尺寸应根据运输工具的类型、运输货物的外形尺寸及通行方便等因素确定。一般门的尺寸比装满货物的车辆宽出 600～1000mm，高度应高出 400～600mm。门洞尺寸较大时，应当防止门扇变形，常用型钢作骨架的钢木大门或钢板门。厂房大门可用人力、机械或电动开关。

厂房大门的种类很多，按材料分为木门、钢木门、钢门、薄壁钢板门等；按大门的开启方式分为平开门、推拉门、折叠门、上翻门、升降门、卷帘门等；按用途分为保温门、防火门、隔声门、冷藏门等。

2. 大门的构造

厂房大门是由门扇、门樘、五金零件所组成。

常用的门扇是采用普通型钢做成骨架，用螺栓将门芯板固定在骨架上或焊以钢板，大门门樘有钢筋混凝土门樘和砖砌门樘两种形式，当门高宽较大时，采用钢筋混凝土门樘，门樘靠墙一侧伸出预留筋，砌入墙体内拉结。在门樘口根据门扇铰链的垃置预埋铁件。门洞顶部设置带有雨篷或不带雨篷的过梁，根据大门的类型，需配套各种所需的五金零件，除插销、门闩、拉手等五金零件外，平开门中门扇与门樘用铰链（或门轴）来连接，铰链的一部分焊接在门樘上，另一部分与门扇固定牢，以此转动。

二、窗

（一）侧窗

单层厂房的侧窗不仅要满足采光和通风的要求，还应满足工艺上的特殊要求，如泄压、保温、隔热、防尘等。由于侧窗面积较大，易产生变形损坏和开关不便，则对侧窗的坚固耐久、开关方便更应关注。通常厂房采用单层窗，但在寒冷地区或有特殊要求的车间（恒温、洁净车间等），应采用双层窗。

1. 侧窗的布置

单层厂房侧窗的布置形式有两种。一种是被窗间墙隔开的单独的窗口形式，另一种是厂房整个墙面或墙面大部分做成大片玻璃墙面或带状玻璃窗。

在有吊车梁的厂房中，因吊车梁会遮挡部分光线，在该段范围内通常不设侧窗。

侧窗的位置不同，室内的采光效果也不同。例如，侧窗位置越低，近墙处的照度越强，厂房深处的照度越弱；侧窗位置越高，虽然近墙处的照度低，但深处的照度得到提高，光的均匀性也得到了改善。

窗台的高度从通风、采光要求讲，一般以低些为好。侧窗洞口尺寸宽度在 900～6000mm 之间。其中，2400mm 以内，以 3M 为整倍数；2400mm 以上，以 6M 为整倍数。

2. 侧窗的类型

根据侧窗采用的材料可分为钢窗、木窗及塑钢窗等。多用钢侧窗。根据侧窗的开启方式可分为中悬窗、平开窗、垂直旋转窗、固定窗和百叶窗等。

根据厂房通风的需要，厂房外墙的侧窗，一般将悬窗、平开窗或固定窗等组合在一起如图 6-14 所示。

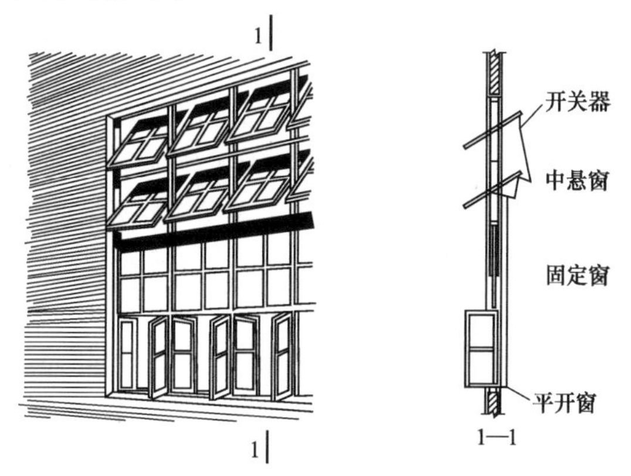

图 6-14 厂房外墙侧窗的组合

3. 钢侧窗构造

钢窗具有坚固耐久、防火、关闭紧密、遮光少等优点，对厂房侧窗比较适用。厂房侧窗的面积较大，多采用基本窗拼接组合，靠竖向和水平的拼料保证窗的整体刚度和稳定性。

钢侧窗的构造及安装方式同民用建筑部分，但厂房侧窗一般将悬窗、平开窗或固定窗等组合在一起。厂房侧窗高度和宽度较大，窗的开关常借助于开关器，有手动和电动两种形式。

（二）天窗

在单层厂房屋面上，为满足厂房天然采光和自然通风的要求，常设置各种形式的天窗，常见天窗形式有矩形天窗、平天窗及下沉式天窗等。

1. 矩形天窗

矩形天窗沿厂房的纵向布置，为简化构造和检修的需要，在厂房两端及变形缝两侧的第一个柱间一般不设天窗，在每段天窗的端部设上天窗屋面的检修梯。天窗的两侧根据通风要求可设挡风板。矩形天窗主要由天窗架、天窗扇、天窗檐口、天窗侧板、天窗屋面板及天窗端壁板等组成，如图 6-15 所示。

（1）天窗架 天窗架是天窗的承重构件，承受天窗屋面上所承受的全部荷载。它直接支撑在屋架上弦节点上，其材料一般与屋架一致。常用的天窗架有钢筋混凝土天窗架和钢天窗架两种形式，如图 6-16 所示。根据采光和通风要求，天窗架的跨度一般为厂房跨度的 1/3～1/2 左右，且应符合扩大模数 3M，如 6m 宽的天窗架适用于 16～18m 跨度的厂房。9m 宽的天窗架适用于21～30m 跨度的厂房。天窗架的高度结合天窗扇的尺寸确定，多为天窗架跨度的 0.3～0.5 倍。

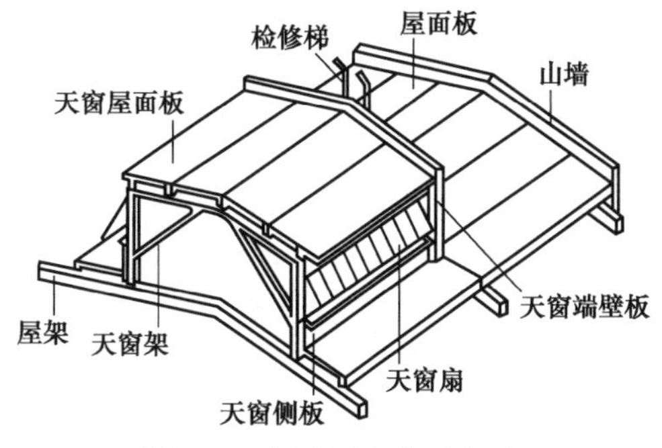

图 6-15 矩形天窗构造组成

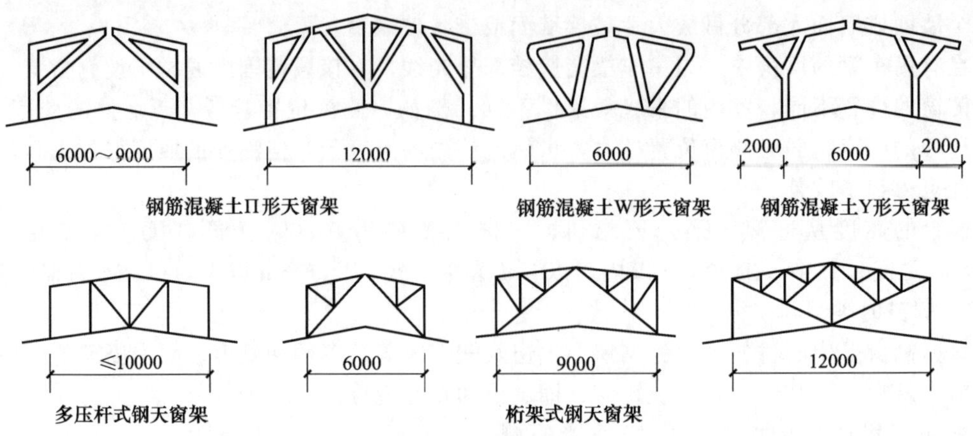

图 6-16 天窗架形式

（2）天窗扇 天窗扇有钢和木的。钢天窗扇具有耐久、耐高温、重量轻、挡光少、使用过程中不变形、关闭紧密等优点。因此，钢天窗扇在厂房天窗中应用最广。木天窗扇造价较低，但耐久性差、易变形、透光率较差、易燃，故只适用于火灾危险性不大、相对湿度较小的厂房。天窗的开启方式有上悬式和中悬式两种。为便于开启，宜使用上悬窗。

（3）天窗檐口 天窗屋面的构造与厂房屋面的构造相同，由于天窗宽度及高度较小，天窗檐口多采用无组织排水的带挑檐屋面板，出挑长度为300～500mm，如图 6-17 所示。

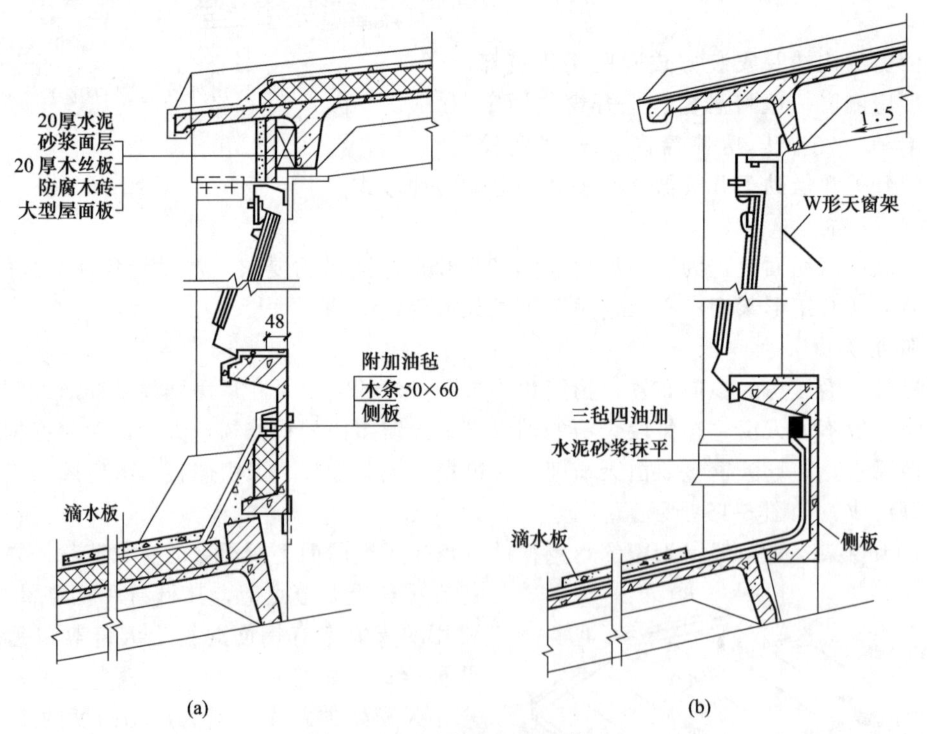

图 6-17 天窗檐口、侧板构造

（4）天窗侧板 为防止雨水溅入厂房和防止积雪遮挡天窗扇，在天窗扇下部设置天窗侧板。如图 6-18 所示。侧板的高度主要依据气候条件确定，一般高出屋面不小于 300mm。但也不宜太高，过高会增加天窗架的高度，增加屋架（屋面梁）的荷载。侧板的形式应与厂房屋面结构相适应，当屋面为无檩体系时，天窗侧板多采用与大型屋面板相同长度的钢筋混凝土槽形板。有檩体系的屋面常采用石棉水泥波形瓦等轻质小板作天窗侧板。侧板与屋面板交接处应做好泛水处理。

(5) 天窗端壁板　天窗两端的山墙称为天窗端壁板。钢筋混凝土端壁板预制成肋形板，在天窗端部代替天窗架支承屋面板，同时起维护作用。根据天窗的跨度，可由两至三块板拼接而成，如图 6-18 所示。端壁板与屋面板的交接处应做好泛水处理，端壁板内侧可根据需要设置保温层。

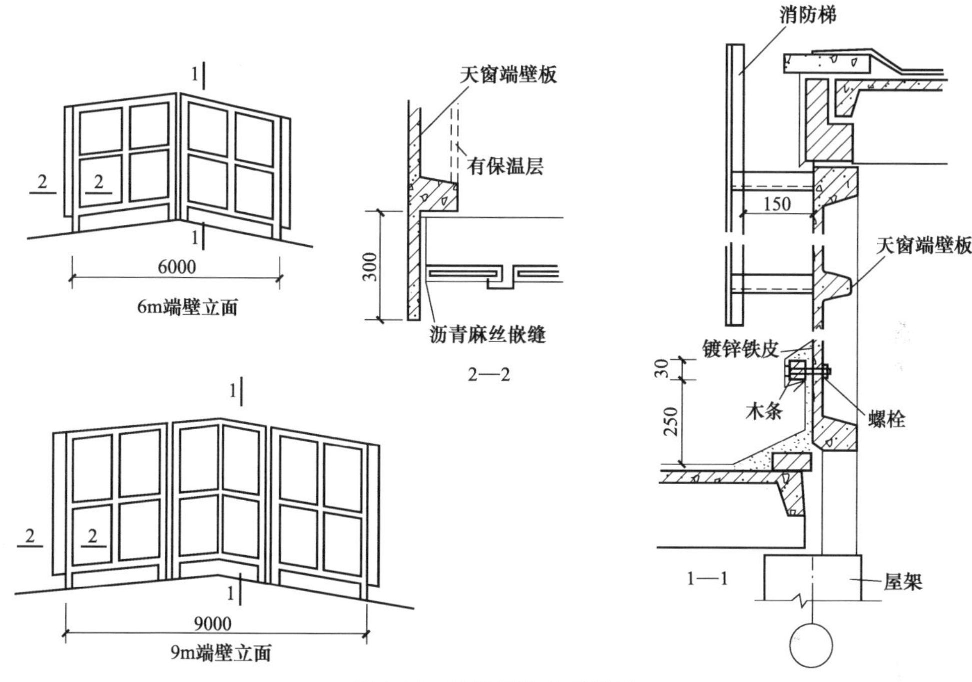

图 6-18　钢筋混凝土端壁板

2. 矩形通风天窗

矩形通风天窗是在矩形天窗两侧加挡风板组成的，如图 6-19 所示。多用于热加工车间。

为了提高通风效率，除寒冷地区有保温要求的厂房外，天窗一般不设窗扇，而在进风口处设挡雨片。矩形通风天窗的挡风板，其高度不宜超过天窗檐口的高度，挡风板与屋面板之间应留有 50～100mm 的间隙，兼顾排除雨水和清灰。在多雪地区，间隙可适当增加，但也不能太大，一般不超过 200mm。缝隙过大，易产生倒灌风，影响天窗的通风效果。挡风板端部要用端部板封闭。以保证在风向变化时仍可排气。在挡风板或端部板上还应设置供清灰和检修时通行的小门。

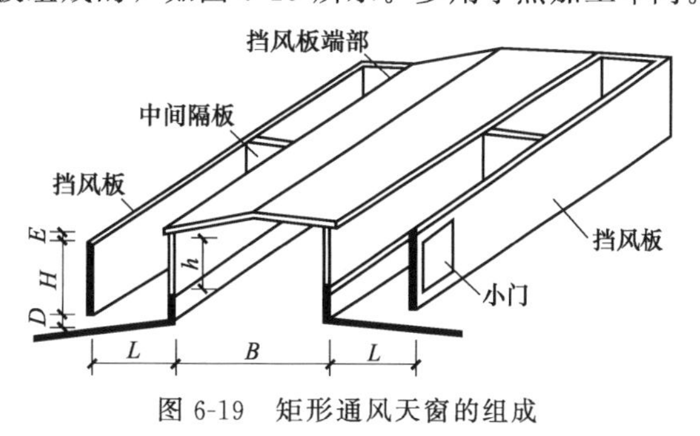

图 6-19　矩形通风天窗的组成

(1) 挡风板　挡风板的固定方式有立柱式和悬挑式，挡风板可向外倾斜或垂直布置，挡风板布置方式如图 6-20 所示。挡风板设置为向外倾斜，挡风效果更好。

立柱式是将钢筋混凝土或钢立柱支撑在屋架上弦的混凝土柱墩上，立柱与柱墩上的钢板件焊接，立柱上焊接固定钢筋混凝土檩条或型钢，然后固定石棉水泥瓦或玻璃钢瓦制成的挡

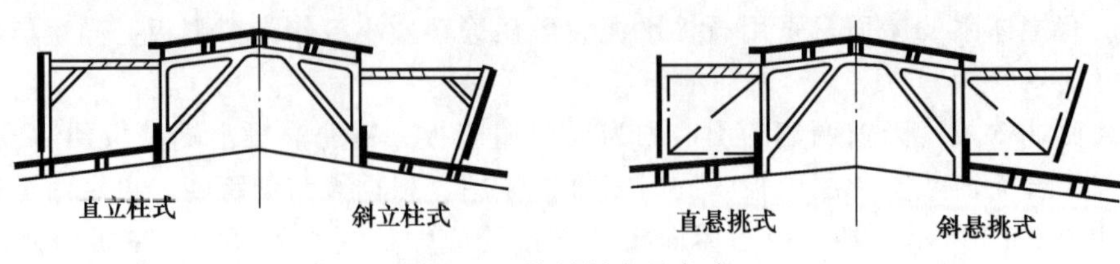

图 6-20 挡风板布置方式

风板。立柱式挡风板结构受力合理，但挡风板与天窗的距离受屋面板排列的限制，立柱处屋面防水处理较复杂。

悬挑式挡风板的支架固定在天窗架上，挡风板与屋面板完全脱开，这种布置处理灵活，但增加了天窗架的荷载，对抗震不利。

(2) 挡雨设施　矩形通风天窗的挡雨设施有屋面设置大挑檐、水平口设挡雨片和垂直口设挡雨板三种情况，如图 6-21 所示。屋面大挑檐挡雨，使水平口的通风面积减少，多在挡风板与天窗的距离较大时采用。水平口设挡雨片，通风阻力较小，挡雨片与水平面夹角有 45°、60°、90°，目前多用 60°角，挡雨片高度一般为 200～300mm。垂直口设挡雨板时，挡雨板与水平面夹角越小通风越好，兼顾排水和防止溅雨，一般不宜小于 15°，挡雨片的常用材料为石棉水泥瓦、钢丝网水泥板、钢筋混凝土板及薄钢板等。

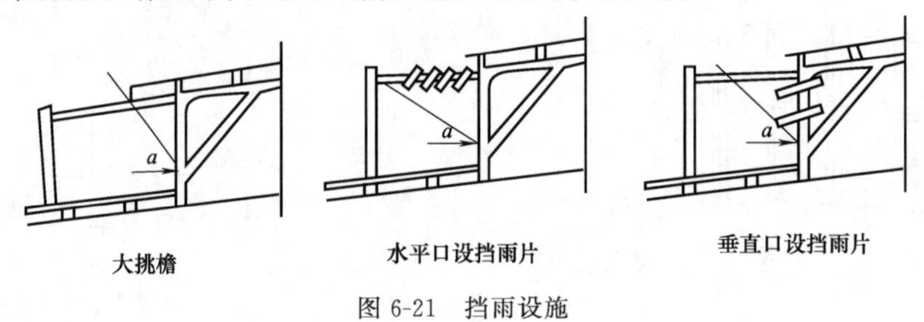

图 6-21 挡雨设施

3. 下沉式天窗

下沉式天窗是在一个柱距内，将一定宽度的屋面板从屋架上弦下沉到屋架的下弦上，利用上下屋面板之间的高度差作采光和通风口。

(1) 下沉式天窗的形式　下沉式天窗的形式有井式天窗、纵向下沉式天窗和横向下沉式天窗。这三种天窗的构造类似，下面以井式天窗为例。

井式天窗的布置方式有单侧布置、两侧布置和跨中布置，如图 6-22 所示。单侧或两侧布置的通风效果好，排水清灰比较容易，多用于热加工车间。跨中布置通风效果较差，排水

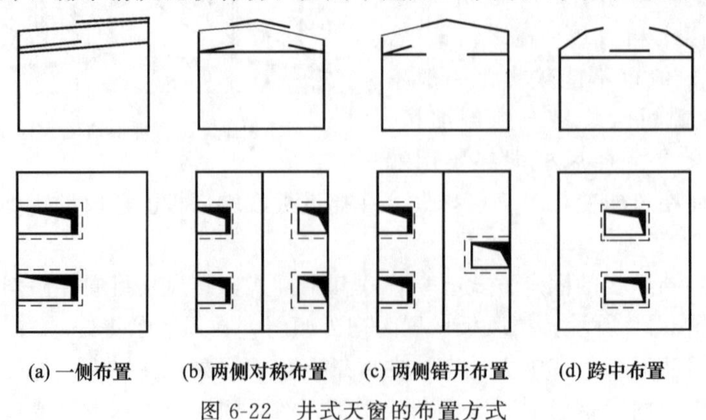

图 6-22 井式天窗的布置方式

处理也比较复杂，但可以利用屋架中部较高的空间做天窗，采光效果较好，多用于有一定采光通风要求，但余热、灰尘不大的厂房。井式天窗的通风效果与天窗的水平口面积与垂直口面积之比有关，适当扩大水平口面积，可提高通风效果。但应注意井口的长度不宜太长，以免通风性能下降。

（2）下沉式天窗的构造　下沉式井式天窗的构造组成有井底板、井底檩条、井口空格板、挡雨设施、挡风墙及排水设施等，如图 6-23 所示。

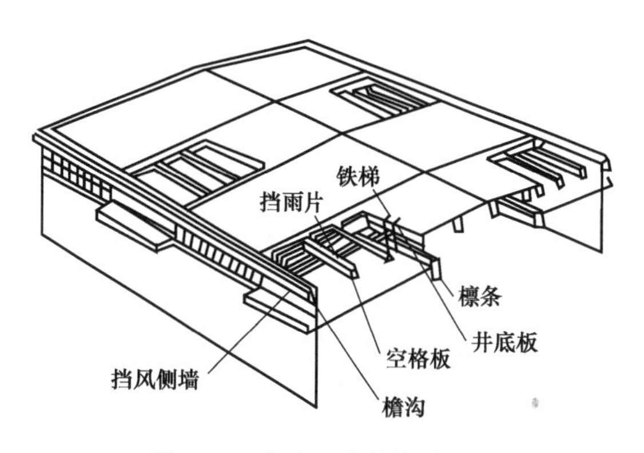

图 6-23　井式天窗的构造组成

第五节　地面及其他构造

一、地面

1. 厂房地面的特点与要求

单层厂房地面面积大，所承受的荷载重量大，如汽车载重后的荷载，因此，地面厚度也大，材料用量也多。

另外，厂房地面为了满足生产及使用要求，地面往往需要具备特殊功能，如防尘、防爆、防腐蚀、防水等，同一厂房内不同地段要求往往不同，这些都增加了地面构造的复杂性。因此正确而合理地选择地面材料及构造层次，不仅有利于生产，而且对节约材料和投资都有较大的影响。

2. 厂房地面的构造

厂房地面一般也是由面层、结构层、垫层、基层（地基）组成。为了满足一些特殊要求，还要增设找平层、结合层、隔离层、保温层、隔声层、防潮层、防水层等其他构造层次。

（1）面层选择　厂房地面的面层可分为整体式面层及块材面层两大类。面层是直接承受各种物理和化学作用的表面层，应根据生产特征、使用要求和影响地面的各种因素来选择地面，例如：生产精密仪器和仪表的车间，地面要求防尘；在生产中有爆炸危险的车间，地面应不致因摩擦撞击而产生火花；有化学侵蚀的车间，地面应有足够的抗腐蚀性；生产中要求防水、防潮的车间，地面应有足够的防水性等。

（2）结构层的设置与选择　结构层是承受并传递地面荷载至地基的构造层次，可分为刚性和柔性两类。刚性结构层（混凝土、沥青混凝土、钢筋混凝土）整体性好、不透水、强度大，适用于荷载较大且要求变形小的场所；柔性结构层（砂、碎石、矿渣、三合土等）在荷载作用下产生一定的塑性变形，造价较低，适用于有较大冲击和有剧烈震动作用的地面。结构层的厚度主要由地面上的荷载确定，地基的承载能力对它也有一定的影响，较大荷载则需经计算确定。

（3）垫层　地面应铺设在均匀密实的基土上。结构层下的基层土壤不够密实时，应对原土进行处理，如夯实、换土等，在此基础上设置灰土、碎石等垫层起过渡作用。

二、其他构造

1. 金属梯

在厂房中根据需求常设各种金属梯，主要有作业平台梯、吊车梯和消防检修梯等。金属梯的宽度一般为600～800mm，梯级每步高为300mm。根据形式不同有直梯和斜梯。金属梯易腐蚀，须先涂防锈漆后再刷油漆。

（1）作业平台梯　作业平台梯如图6-24所示，是供人上、下操作平台或跨越生产设备的交通联系构件。作业平台梯的坡度有45°、59°、73°及90°等。除90°的直梯外，其他扶梯均设有栏杆扶手。当梯段超过4～5m时，宜设中间休息平台。

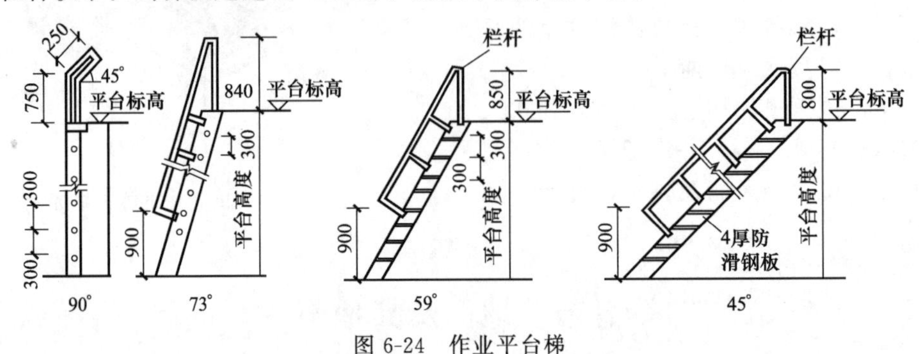

图6-24　作业平台梯

（2）吊车梯　吊车梯是为吊车司机上下吊车所设，常设置在厂房端部第二个柱距内。在多跨厂房中，可在中柱处设一吊车梯，供相邻两跨的两台吊车使用。

（3）消防检修梯　单层厂房屋面高度大于10m时，应有梯子自室外地面通至屋面，及由屋面通至天窗屋面，以作为消防检修之用。相邻屋面高差在2m以上时，也应设置消防检修梯。消防检修梯一般设在端部山墙处，形式多为直梯，当厂房很高时，可采用设有休息平台的斜梯。消防检修梯底端应高于室外地面1000～1500mm，以防儿童爬登。

2. 隔断

为了分隔空间，满足使用要求，厂房内常常需要设置隔断。

（1）金属网隔断　金属网隔断透光性好、灵活性大，但用钢量较多。金属网隔断由骨架和金属网组成，骨架可用普通型钢、钢管柱等，金属网可用钢板网或镀锌铁丝网。隔断之间用螺栓连接或焊接。隔断与地面的连接可用膨胀螺栓或预埋螺栓。

（2）装配式钢筋混凝土隔断　装配式钢筋混凝土隔断适用于有火灾危险或湿度较大的车间。由钢筋混凝土拼板、立柱及上槛组成，立柱与拼板分别用螺栓与地面连接，上槛卡紧拼板，并用螺栓与立柱固定。拼板上部可装玻璃或金属网，用以采光和通风。

（3）混合隔断　混合隔断适用于车间办公室、工具间、存衣室、车间仓库等不同类型的空间。采用240mm×240mm砖柱，柱距3m左右，中间砌以1m左右高度的240mm厚度的砖墙，上部装玻璃木隔断或金属隔断等。

本章小结

单层厂房的构造	单层厂房的承重结构	根据承重结构的不同分类	墙承重结构、骨架承重结构
		根据承重结构的构造方式不同分类	排架结构、刚架结构
	外墙构造	块材墙	位置、相关构件及连接
		板材墙	钢筋混凝土板材墙和波形板材墙的构造
	屋面构造	厂房屋面的类型与组成	有檩体系和无檩体系
		厂房屋面的排水	无组织排水、有组织排水的适用范围
		厂房屋面的防水	卷材防水屋面及钢筋混凝土构件自防水屋面的构造

续表

单层厂房的构造	门窗与天窗构造	大门	尺寸与种类、构造	
		窗	侧窗	布置、类型、构造
			天窗	矩形天窗、矩形通风天窗及下沉式天窗
	地面及其他构造	地面	厂房地面的特点与要求 厂房地面的构造	
		其他构造	金属梯、隔断的构造	

复习思考题

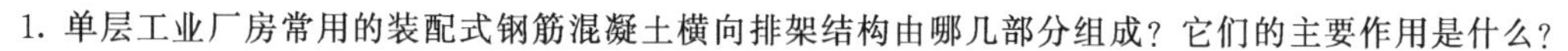

1. 单层工业厂房常用的装配式钢筋混凝土横向排架结构由哪几部分组成？它们的主要作用是什么？
2. 图示说明围护墙与柱的平面关系有哪几种。哪一种关系比较合理？
3. 绘制一简图，说明布置在厂房承重柱外侧的非承重砖墙的构造。
4. 单层厂房屋面排水有哪几种方式？屋面排水如何组织？
5. 单层厂房如何避免屋面变形而引起卷材的开裂？绘制其构造图。
6. 单层厂房屋面防水有几种类型？
7. 简述单层工业厂房侧窗的种类及构造特点。
8. 单层厂房为什么要设置天窗？天窗有哪些类型？
9. 常用的矩形天窗布置有什么要求？它有哪些构件组成？天窗架有哪些形式？
10. 厂房大门按门扇开启方式有哪几种？对大门的构造要求是什么？
11. 单层厂房地面有什么特点和要求？地面有哪些构造层次组成？

第七章

高层建筑简介

知识目标

- 掌握高层建筑各类结构体系的特点。
- 理解高层建筑电梯和楼梯的布置方式。
- 了解高层建筑的发展情况。

能力目标

- 能够进行高层建筑的结构体系选型。

第一节　概　　述

一、高层建筑的发展概况

自古以来，人类在建筑上就有向高空发展的愿望和需要。如公元前4世纪，古巴比伦建成的巴贝尔塔高达91.5m。我国古代在建筑方面也取得了很高的成就，集中体现在塔式建筑上，如建于公元523年的河南登封嵩岳寺塔，共10层，高41m，底层平面为12边形，外径10m，内径5m，由基台、塔身、15层叠涩砖檐和塔下地宫组成，为砖砌体单筒体结构。还有著名的陕西省西安市大雁塔，建于公元704年，是我国佛教建筑艺术中不可多得的杰作。塔高64.5m，共7层，塔体为方形锥体，造型简洁，气势雄伟，塔身用砖砌成，磨砖对缝坚固异常，塔内有楼梯，可以盘旋而上，每层四面各有一个拱券门洞，如图7-1所示。

19世纪以来，城市人口大量增加，人口的急剧增加和有限的土地形成了矛盾。为了缓解这一矛盾，建筑物进一步向空间发展，特别是1853年奥蒂斯发明了载客升降机，解决了垂直方面的交通问题，高层建筑开始出现。1884年诞生了世界上第一幢近代高层建筑——美国芝加哥的家庭保险公司大楼，该建筑高55m，共10层，距今已有120多年历史，家庭保险公司大楼是世界上第一幢按现代钢框架结构原理建造的高层建筑，开创了摩天大楼建造之先河，如图7-2所示。到了现代，受经济力量的驱使，高层建筑特别是摩天大楼已经成为公司、城市乃至国家的实力的象征，在全球范围内，引发了建筑界一场持久的高度竞赛。这一时期，高层建筑大量涌现，高度记录不断被刷新。如著名的芝加哥希尔斯大厦高442.3m，地上108层，地下3层，总建筑面积41.8万平方米，底部平面尺寸68.7m×68.7m，由9个边长为22.9m的正方形组成。希尔斯大厦在1974年落成时曾一度是世界上最高的大楼，

图 7-1 西安大雁塔

图 7-2 芝加哥家庭保险公司大楼

超越当时纽约的世界贸易中心，保持了世界上最高建筑物的纪录 25 年，如图 7-3 所示。到了 1996 年，马来西亚建成了吉隆坡石油大厦，刷新了希尔斯大厦的高度记录，楼高 452m，共 88 层，由外形及其相似的两座塔楼组成，一对一模一样大厦并肩耸立，中间有栈桥相连，外形独特，是当今世界最高的独立塔楼，也是新吉隆坡的象征，如图 7-4 所示。

20 世纪 50 年代，我国高层建筑开始发展起来，北京市建成了大陆地区较早的一批高层建筑，如高 14 层的民族饭店和 16 层的民航大楼等。截至 2005 年，上海市已建成的高层建筑已达到 7000 幢以上，总建筑面积超过 100 万平方米。发展最快时，每年建成 600 幢以上，数量上已经超过香港地区，居世界城市第一。截至 2010 年 1 月，世界第一高的高楼是阿联酋迪拜塔，高度为 828 米；世界第二高楼为中国台北的 101 大厦，总高 508 米；世界第三高楼是上海环球金融中心，位于上海市浦东陆家嘴金融贸易区，于 2008 年 8 月 29 日竣工，建筑面积为 38.16 万平方米。地上 101 层、地下 3 层，高 492.5m，建筑造价 83 亿人民币，为

图 7-3 希尔斯大厦

图 7-4 吉隆坡石油大厦

图 7-5 上海环球金融中心

钢筋混凝土结构和钢结构，其“最高使用楼层高度”和“最高楼顶高度”2 项位居全球第一，如图 7-5 所示。另外建于 1999 年的上海金茂大厦，地上 88 层，地下 3 层，高 420.5 m，总建筑面积 29 万平方米。

二、高层建筑按层数分类

高层建筑主要用于住宅、旅馆、办公楼、商业大楼和一些特殊建筑。我国现行《民用建筑设计通则》(JGJ 37—87) 对高层建筑作出了明确规定。

(1) 住宅建筑按照层数划分为：1～3 层为低层；4～6 层为多层；7～9 层为中高层；10 层以上为高层。

(2) 公共建筑及综合性建筑总高度超过 24m 为高层（不包括高度超过 24m 的单层主体建筑）。

(3) 建筑高度超过 100m 时，不论住宅或公共建筑均为超高层。1972 年，国际高层建筑会议将高层建筑分为四类。第一类：9～16 层，最高到 50m；第二类：17～25 层，最高到 75m；第三类：26～40 层，最高到 100m；第四类：40 层以上或高于 100m。

第二节　高层建筑的结构选型

一、高层建筑结构受力特点

建筑物除了受到自重等竖向荷载外，还受到风力、地震等水平荷载作用。对于高层建筑，无论是竖向荷载还是水平荷载都很大。在高层建筑中，荷载效应（轴向力、弯矩和剪力）最大值位于底层，侧向位移最大值位于最顶部，荷载效应——侧向位移（轴向力、弯矩和剪力）与建筑高度对应的关系如图 7-6 所示。

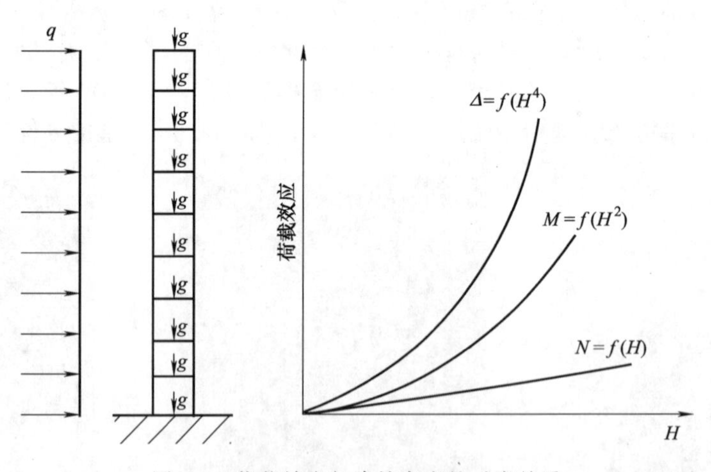

图 7-6　荷载效应与建筑高度的对应关系

由图 7-6 可以看出，随着建筑高度的增加，侧向力的影响增幅快于竖向荷载。因此水平荷载对高层建筑的影响远大于多层或低层建筑，对高层建筑而言，水平荷载（或称侧向力）已经成为影响结构内力和变形的主要因素，对高层建筑结构设计（结构体系、结构布置、结构尺寸等）起着控制作用，也成为影响高层建筑造价的主要因素。

二、高层建筑的类型

高层建筑类型很多，按承重结构所使用的主要材料不同可分砌体结构、钢筋混凝土结构、钢结构、钢-钢筋混凝土组合结构和混合结构等。

（一）砌体结构

由于砌体材料的抗压承载力较低，尤其是抗弯和抗剪承载力很差，当建筑高度较高时，水平荷载引起的弯矩和剪力都比较大，砌体材料难以满足要求，因此砌体结构在高层建筑中应用较少，砌体结构的高度不宜超过 9 层，而且在地震区不宜采用。

（二）钢筋混凝土结构

钢筋混凝土结构同砌体结构相比，具有承载力高、整体性和抗震性好、施工方便、可塑性好等优点。特别是高强钢筋和轻质高强混凝土的出现，使钢筋混凝土结构在高层建筑中应用越来越多。但钢筋混凝土结构也有自重大、占地面积大等一些缺点。建于 1989 年的我国广东国际大厦，高 63 层，楼高 200.18m，建筑面积 101632 平方米，其底层有 24 根柱，每根柱的截面尺寸达到了 1.8m×2.2m，这些柱占据了较大的底层空间。

（三）钢结构

钢结构具有自重轻、强度高、抗震性好、安装方便、施工速度快、跨越能力大的优点。但在我国应用较晚，随着我国钢产量的增大，钢结构高层建筑才不断增多。如北京京广中心，共 56 层，高 208m，如图 7-7 所示。中国国际贸易中心共 37 层，高 13m，建筑面积 56 万平方米，如图 7-8 所示。还有如上海锦江饭店，共 44 层，高 153m，为八角形钢框架。

图 7-7 北京京广中心

图 7-8 中国国际贸易中心

（四）钢-钢筋混凝土组合结构

钢-钢筋混凝土组合结构是用钢材来加强钢筋混凝土构件的承载力的一种结构。这种结构有两种形式，一种是将钢材（多为型钢，如工字钢、槽钢等）置于内部，外部由钢筋混凝土做成，称为钢骨混凝土（劲性混凝土构件）；另一种则在内部填充混凝土，用钢构件（如钢管）外包混凝土，称为钢管混凝土。这种组合结构可以使钢材和钢筋混凝土两种材料互补，达到经济合理、性能优良的效果。如北京香格里拉饭店的立柱就是采用的钢骨混凝土柱，如图 7-9 所示。

（五）混合结构

最常见的混合结构是结构的抗侧向力部分采用钢结构，其他部分则采用钢筋混凝土结构，或者在钢筋混凝土结构体系内部设置钢构件（钢构件用来分担钢筋混凝土构件承受的竖

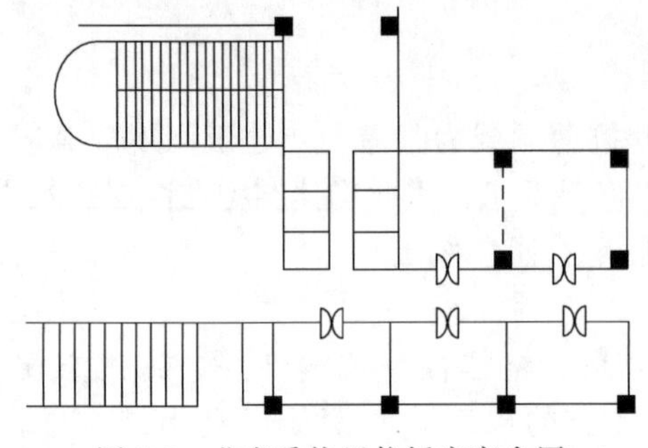

图 7-9 北京香格里拉饭店宴会厅

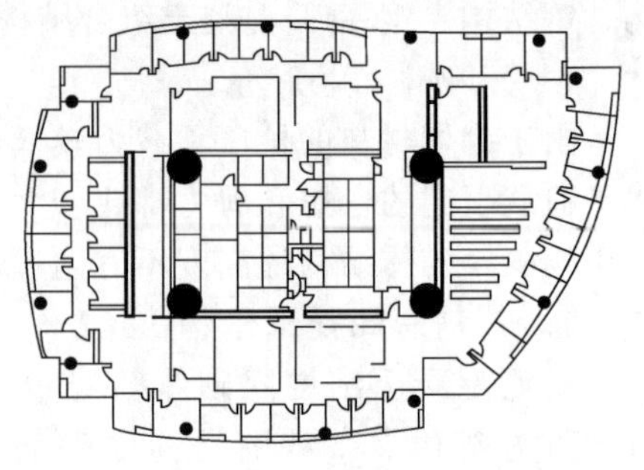

图 7-10 美国西雅图双联广场大厦

向荷载）。混合结构的形式一般是用钢筋混凝土构件做筒，用钢构件做框架。这种结构能发挥钢构件和钢筋混凝土构件各自的优势，现在应用越来越多。如美国西雅图双联广场大厦，如图 7-10 所示，共 58 层，中间四根大钢筋混凝土柱直径 3.05m，管壁厚 30mm，四个大柱承受了 60%以上的竖向荷载。

三、高层建筑的结构选型

一般低、多层建筑在结构设计时，竖向荷载是主要控制因素，水平荷载是次要因素，甚至可以不予考虑。但在高层建筑特别是超高层建筑结构设计时，水平荷载往往成为主要控制因素，因此高层建筑除了考虑竖向荷载之外，还应考虑水平荷载，如风力和地震荷载等。为了抵抗水平荷载和避免产生过大侧移，高层建筑应选用合理的结构体系。高层建筑中常用的结构体系有框架体系、剪力墙体系、框支剪力墙体系、框架-剪力墙体系和筒体体系五种。

（一）框架体系

框架体系是由框架柱和框架梁组成的承重骨架构成的体系，如图 7-11 所示。一般柱与梁的连接采用刚接的形式。框架多用钢筋混凝土作为主要承重材料（钢筋混凝土框架），当高度或跨度太大时，也可以用钢材作为主要承重材料（钢框架）。

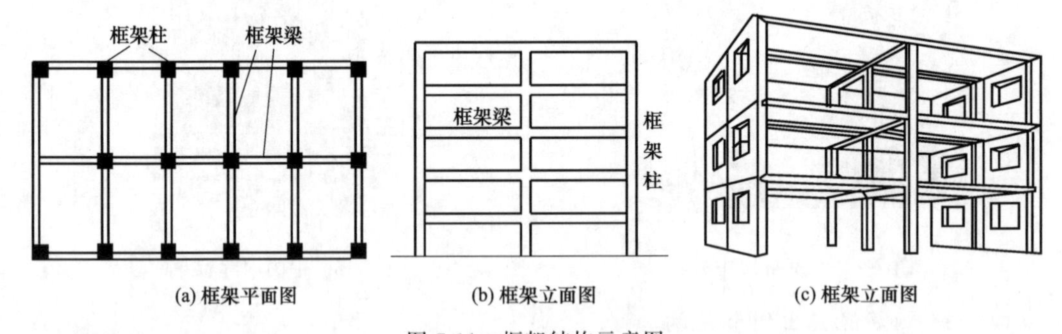

图 7-11 框架结构示意图

1. 框架体系特点

(1) 由框架梁和框架柱承受竖向荷载和水平荷载，墙体不承重，只起填充和隔断作用，可方便将空间改大或改小，因此平面布置灵活，可以做成有较大空间的建筑，能满足各类建筑不同的使用要求，如餐厅、会议室、商场、教室、住宅等。

(2) 竖向承载力较高，自重轻，整体性和抗震性比混合结构好。

(3) 梁是主要的受弯构件，但很多时候其截面高度较大，降低了室内净空高度。

(4) 框架柱是主要的竖向构件，其高度远大于截面尺寸，当建筑高度较高时，抗水平荷载能力有限，因此框架体系建筑高度受到限制，一般控制在 10～15 层，不宜超过 60m（非抗震 70m)。

2. 框架体系的形式

(1) 柱网布置　框架体系建筑的形式主要取决于框架柱网的布置方式，柱网布置的形式很多，以下是几种典型的柱网布置形式，如图 7-12 所示。

(2) 承重框架布置　有横向框架承重(横向采用框架梁，纵向采用连系梁)、纵向框架承重(横向采用连系梁，纵向采用框架梁)和纵横框架承重(纵横向均采用框架梁)三种。

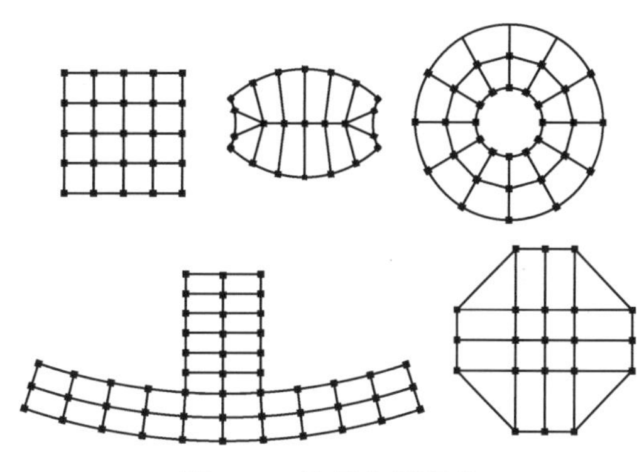

图 7-12　柱网布置形式

(二) 剪力墙体系

当建筑高度更高时，对抗水平荷载能力有更高的要求，此时可采用剪力墙体系，即体系纵横墙全部采用剪力墙，剪力墙是由钢筋混凝土材料建造的墙体，厚度一般在 160～500mm，高厚比一般不小于 8，因抗水平荷载能力强，称为剪力墙，在抗震结构中也称抗震墙。它在自身平面内的刚度大、整体性好、水平承载力高，在水平荷载作用下的侧向位移小，剪力墙受力示意图如图 7-13 所示。在我国，20～40 层的建筑大多采用剪力墙体系，目前剪力墙体系建筑最大高度达到 170m (非抗震地区达到 180m)。此外，外剪力墙兼起围护作用，内墙起分隔作用，剪力墙集承重与围护于一体，经济合理。采用大模板或滑升模板施工时，施工速度很快，可有效缩短工期，还可节省砌筑填充墙等工序。

常见的剪力墙体系有以下几种形式，如图 7-14 所示。

但剪力墙也有不足之处，如墙体密集且均是承重墙，因此房间面积比较小，且房间格局固定，空间布置不灵活，因此剪力墙体系多用于对空间要求不大的住宅、公寓或旅馆等高层建筑。

我国广州白云宾馆建于 1976 年，高 112.4m，地上 33 层，地下 1 层，采用的就是剪力墙体系，是我国第一座高度超过 100m 的高层建筑，如图 7-15 所示。

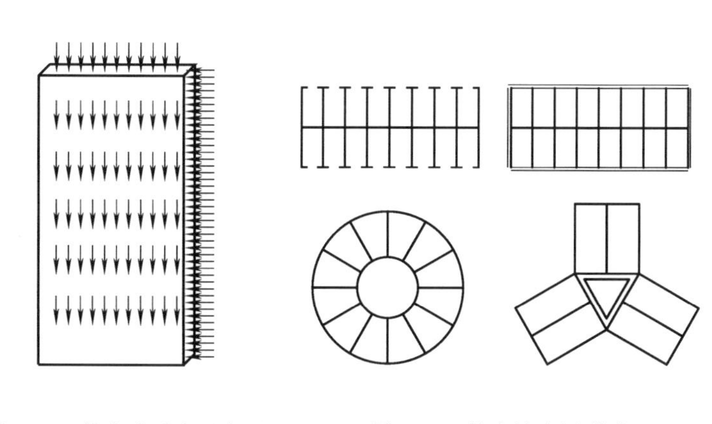

图 7-13　剪力墙受力示意图　　图 7-14　剪力墙布置形式

图 7-15　广州白云宾馆

(三) 框支剪力墙体系

剪力墙体系墙体多，房间面积小，格局固定，不容易布置面积较大的房间，这些限制了剪力墙体系的应用。为了更合理的利用土地，完善建筑的使用功能，对于宾馆、住宅等高层建筑，可以考虑将剪力墙体系底部的一层或数层用框架体系来代替，这样可以利用框架体系空间布置灵活易于布置较大面积的房间的优点，将宾馆、住宅等高层建筑底部几层布置成门厅、餐厅、商店、会议室等大面积用房，上部标准层仍然采用小面积房间。这样可以同时满足上部住宿办公，下部开设商店门厅两种功能要求，经济合理。这种下部采用框架上部采用剪力墙体系称为框支剪力墙体系，如图 7-16 所示。

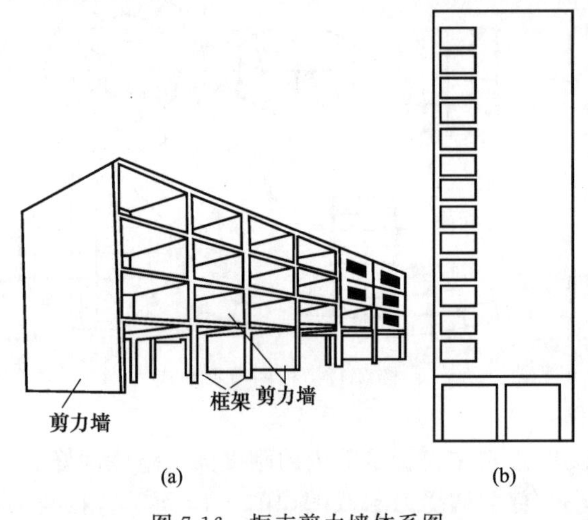

图 7-16　框支剪力墙体系图

图 7-17　北京兆龙饭店

我国建于 1985 年的北京兆龙饭店，高 71.8m，地上 22 层，采用的就是框支剪力墙体系，如图 7-17 所示。

框支剪力墙体系上下部分别采用了两种体系，因此上下部受力和变形特点不同，为了避免这一缺陷，通常要在剪力墙和框架交界位置设置巨型的转换大梁，这种转换大梁高度很大，通常设置成一个层高，可同时作为设备层，但转换层大梁应力复杂、材料耗用量大、自重大、施工复杂、造价高。

框支剪力墙体系上部剪力墙刚度大，而下部框架刚度小，造成结构上下刚度突变，在荷载作用下底层柱会产生很大的内力和变形，特别是在地震荷载作用时会造成严重的影响，因此在地震区不允许采用这种框支剪力墙体系，而需要设置部分落地剪力墙。

（四）框架-剪力墙体系

框架-剪力墙体系是在框架结构体系中适当位置布置一定数量的剪力墙，通过在自身平面内刚度很大的楼盖结构将框架与剪力墙这两类结构单元组合而成的结构体系，框架-剪力墙常见的形式如图 7-18 所示。

建筑物的竖向荷载由框架和剪力墙共同承担，而水平荷载主要有剪力墙承担，这种体系既有框架结构平面布置灵活，易于满足不同建筑功能的要求，又由于布置了剪力墙，结构避免了框架结构抗水平荷载能力差、抗震性差的缺点。框架-剪力墙体系一般适用于 15～30 层的高层建筑。

当建筑物较低时，配置少量的剪力墙即可满足水平承载力和抗震性的要求，当建筑物较高时可多布置剪力墙，根据框架和剪力墙的相对位置，框架-剪力墙体系的形式主要有两种布置方式。

（1）框架和剪力墙分开布置，如图 7-19 所示。

（2）在框架中嵌入剪力墙，如北京饭店，如图 7-20 所示，其采用的就是在框架中嵌入剪力墙的框架-剪力墙体系，其平面图如图 7-21 所示。

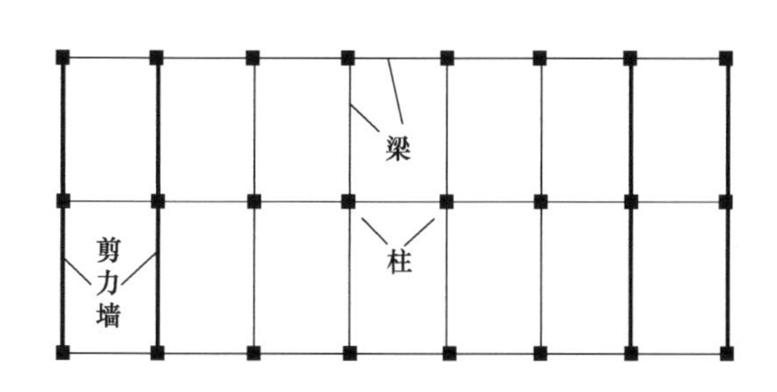

图 7-18 框架-剪力墙常见的形式

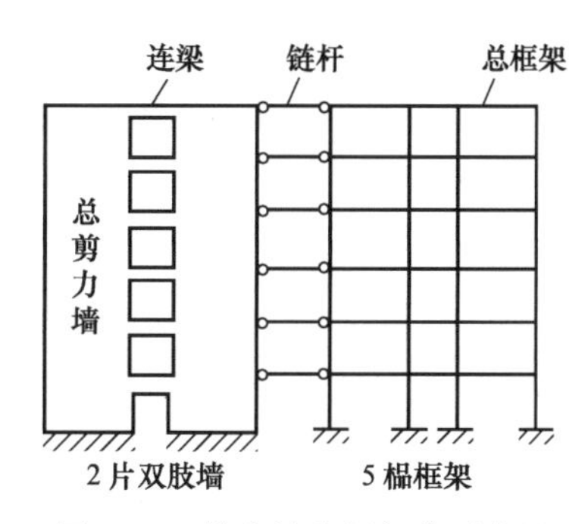

图 7-19 剪力墙和框架分开布置

图 7-20 北京饭店图

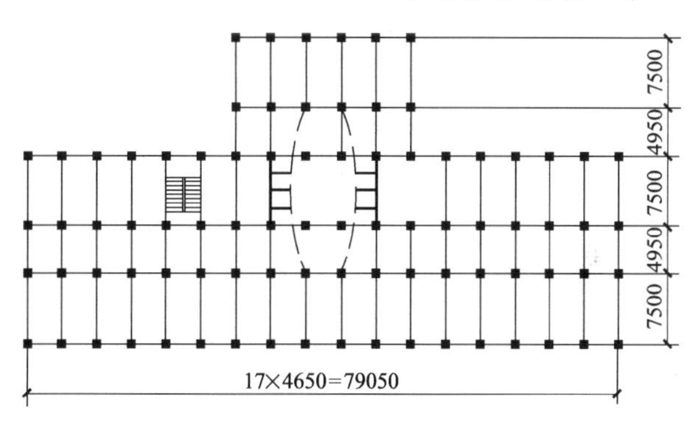

图 7-21 北京饭店平面图（在框架中嵌入剪力墙）

（五）筒体体系

随着建筑物高度的增加，框架体系、框支剪力墙体系和框架-剪力墙体系已不能很好地满足高层建筑在水平荷载作用下的承载力和刚度要求，若仍采用剪力墙体系，会导致剪力墙过于密集且难以满足较大空间的使用要求，此时可采用筒体体系。当剪力墙封闭或框架柱排列密集时（框架柱柱距不大于 4m，一般不大于 3m)，均可视为筒体。将密封剪力墙视为薄壁实心筒体，将密集柱视为空心筒体。筒体体系是由若干纵横交错的密集框架或封闭剪力墙围成的筒状封闭空间受力体系，比框架和剪力墙有更大的空间刚度，适用于超高层建筑。

筒体结构的特点是刚度大、整体性和抗震性很好、抗侧水平荷载能力非常强，在水平荷载作用下，其受力类似于箱形截面的悬臂梁。目前全世界最高的 100 幢高层建筑，约有三分之二采用筒体结构。

筒体结构可分为框筒体系、筒中筒体系、桁架筒体系和成束筒体系等。

1. 框筒体系

框筒体系有两种形式，如图 7-22 所示。

(1) 中心为核心薄壁剪力墙，外围为普通框架，如图 7-22 (a) 所示。

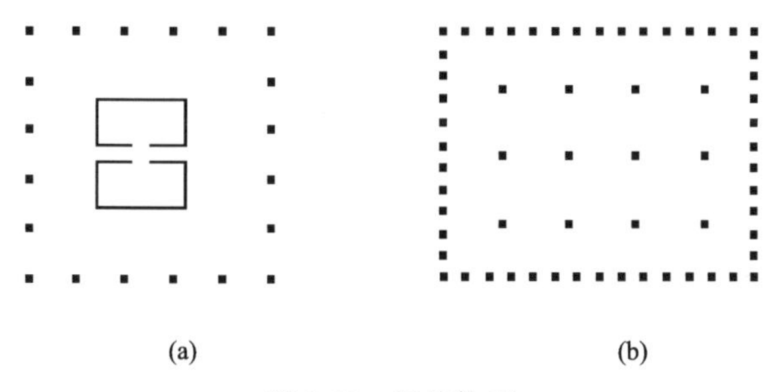

图 7-22 框筒体系

图 7-23 深圳华联大厦

(2) 内部为普通框架，外围为框架筒，如图 7-22 (b) 所示。

深圳华联大厦高 88.8m，地上 26 层，就是采用的框筒体系，如图 7-23 所示。

2. 筒中筒体系

大筒套小筒的筒体体系，一般中央为薄壁剪力筒，外围为框架筒。

美国独特贝壳广场建于 1970 年，位于休斯敦，是一座高 218m，52 层的办公大楼，建成时是当时最高的钢筋混凝土大楼，该大楼采用的就是筒中筒体系，外筒由柱距为 1.83m 的框架筒，内筒为薄壁剪力墙实心筒，如图 7-24 所示。

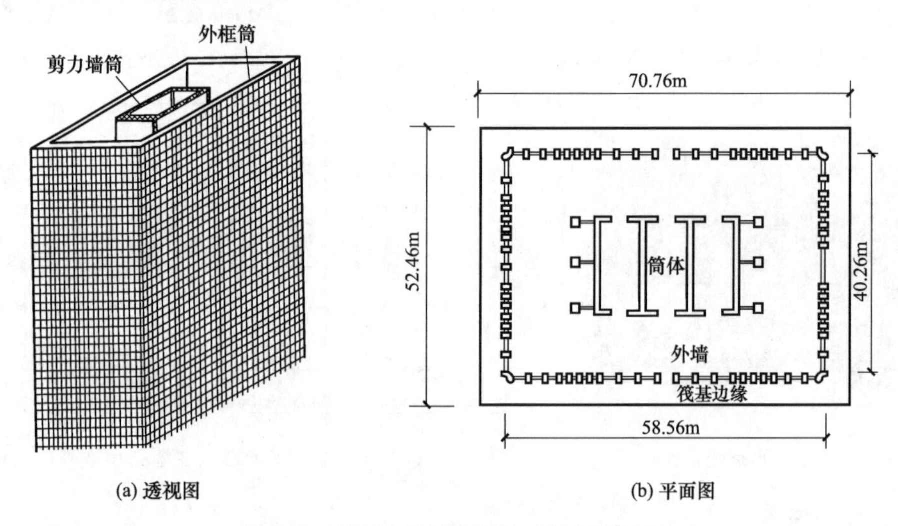

图 7-24 美国独特贝壳广场（筒中筒体系）

3. 桁架筒体系

在筒体结构中，增加斜撑来增加筒体的抗侧移能力和整体刚度就形成了桁架筒体系。

香港中银大厦，高 315m，72 层。1990 年完工，采用的就是桁架筒体系。总建筑面积 12.9 万平方米，地上 70 层，楼高 315m，加顶上两杆的高度共有 367.4m。建成时是香港最高的建筑物，亦是美国地区以外最高的摩天大楼。中银大厦是一个正方形平面，底部尺寸 52m×52m，立面对角划成 4 组三角形，每组三角形的高度不同，每隔数层减少一个三角形区，经过三次变化，到顶楼只保留有一个三角形区，室内无一根柱子，如图 7-25 所示。

图 7-25 香港中银大厦

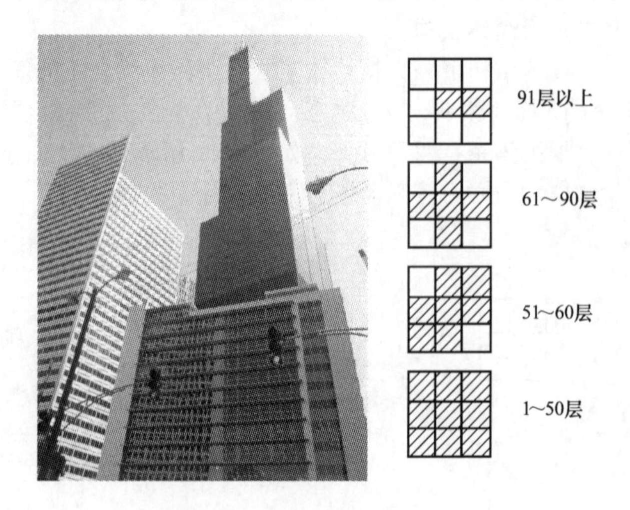

图 7-26 美国希尔斯大厦

4. 成束筒体系

由多个筒体组成的筒体结构体系。

美国希尔斯大厦，建于1974年，高443m（加上天线达500m），共110层，采用的就是成束筒体系。大楼由9个标准正方形钢筒体组成，到51层后减少2个筒体，到66层，再减少2个筒体，到91层后，又再减少3个筒体，只保留2个筒体，如图7-26所示。

第三节　高层建筑的垂直交通

随着高层建筑的普及，高层建筑上下层间的垂直交通问题越来越重要。目前，高层建筑的垂直交通工具以电梯为主，但考虑到疏散等问题，楼梯也是不可缺少的。高层建筑的垂直交通系统一般由几部电梯组成一个电梯厅，再配合疏散楼梯组成。电梯和楼梯的形式和布局，关系到高层建筑的使用效率和造价。

一、电梯的设置

电梯运行速度快，可以节省时间和人力，在现代建筑中得到了广泛应用。电梯不但费用昂贵，约占建筑基建总投资的9%左右，而且电梯交通系统的设计是否合理还将直接影响建筑的使用安全和经营服务质量以及经济效益。当建筑层数较多（住宅7层及以上），或楼面高度在16m以上时，需要设置电梯。

一般乘客电梯有500kg、750kg、1000kg、1500kg和2000kg五种规格，载货电梯有500kg、1000kg、200kg、3000kg和5000kg五种规格。影响电梯设置的因素有人员密度和电梯运行频率。人员密度与建筑的规模和类型有关，电梯的运行频率则主要与建筑类型和时间段有关。如高层办公楼在上下班时电梯运行频率最高。而高层住宅，则在上班前或下班后的某个时间段电梯频率最高。就运输能力来说，高层办公楼一般一台电梯的有效服务面积约为2500～4000平方米，高层旅馆一般一台电梯的有效服务面积为100～200间客房，高层住宅一般一台电梯有效服务面积约为每层8户或总服务面积60～80户或约为5000～6000平方米，对于每层住40人或以上的住宅，12层及以上至少2台电梯、24层或以上时应设至少3台电梯、35层或以上时应设至少4台电梯。因此可根据服务对象的数量来确定所需的电梯数量。另外对于12层及以上的高层住宅，每栋楼设置电梯不应少于两台，其中宜配置一台可容纳担架的电梯；对于一类公共建筑、塔式住宅、12层及12层以上的单元式住宅和通廊住宅，还应设置消防电梯。

二、电梯与楼梯的布置

楼梯应在电梯不远处，楼梯应有一定的独立性。当电梯数量较少时，楼梯应与电梯结合起来布置，当电梯数量较多时，楼梯与电梯应分开布置，并有一定隔离。当电梯厅设有多组电梯时，考虑到人流的集中、等待与分散的需要，两组电梯间的净距一般为4～4.5m。

本章小结

高层建筑简介	概述	发展概况	国内外高层建筑的发展历程
		高层建筑按层数分类	1类:9～16层,最高到50m;2类:17～25层,最高到75m;3类:26～40层,最高到100m;4类:40层以上或高于100m

续表

<table>
<tr><td rowspan="12">高层建筑简介</td><td rowspan="10">高层建筑结构选型</td><td colspan="2">高层建筑受力特点</td><td colspan="2">水平荷载成为影响高层建筑的主要因素，对高层建筑结构设计起着控制作用</td></tr>
<tr><td colspan="2">高层建筑类型</td><td colspan="2">按材料分为砌体结构、钢筋混凝土结构、钢结构、钢-钢筋混凝土组合结构以及混合结构</td></tr>
<tr><td rowspan="8">高层建筑结构选型</td><td>框架体系</td><td colspan="2">由框架梁和框架柱承受竖向荷载和水平荷载，墙体可不承重，可只取填充和隔断作用，空间布置灵活</td></tr>
<tr><td>剪力墙体系</td><td colspan="2">建筑体系纵横墙全部采用剪力墙，有较强的抗侧移能力</td></tr>
<tr><td>框支剪力墙体系</td><td colspan="2">建筑上部采用剪力墙体系，下部采用框架体系，兼具框架和剪力墙的优点</td></tr>
<tr><td>框架-剪力墙体系</td><td colspan="2">在框架体系中植入几片剪力墙构成的体系，竖向荷载由剪力墙和框架固体承受，水平荷载由剪力墙承受</td></tr>
<tr><td rowspan="4">筒体体系</td><td>框筒</td><td>外框内筒、外筒内框</td></tr>
<tr><td>筒中筒</td><td>大筒套小筒</td></tr>
<tr><td>桁架筒</td><td>增加斜撑来增加筒体的抗侧移能力和整体刚度</td></tr>
<tr><td>成束筒</td><td>多个筒体</td></tr>
<tr><td rowspan="2">高层建筑垂直交通</td><td colspan="2">电梯的设置</td><td colspan="2">影响电梯设置的因素有人员密度和电梯运行频率等</td></tr>
<tr><td colspan="2">电梯与楼梯的布置</td><td colspan="2">楼梯应在电梯不远处，楼梯应有一定的独立性。当电梯数量较少时，楼梯应与电梯结合起来布置；当电梯数量较多时，楼梯与电梯应分开布置，并有一定隔离</td></tr>
</table>

复习思考题

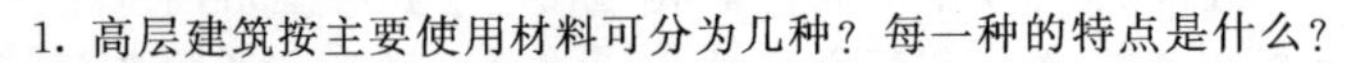

1. 高层建筑按主要使用材料可分为几种？每一种的特点是什么？
2. 高层建筑的结构体系有哪几种？
3. 剪力墙体系、框支剪力墙体系和框架-剪力墙体系各有什么特点？
4. 筒体体系常见的有哪几种？
5. 什么是框架筒？什么是薄壁筒？
6. 电梯的设置和哪些因素有关？

第八章

大跨建筑简介

- 掌握大跨建筑各类结构体系的特点。
- 理解大跨建筑各类体系的构造。
- 了解大跨建筑的发展情况。

- 能够识别大跨建筑的类型。

第一节　概　　述

一、大跨建筑的概念

为了满足社会生活和居住环境的需要，人们需要大的覆盖空间，如大型体育馆等，这些建筑的跨度很大，有的甚至到达几百米。传统的建筑受到结构形式的限制，难以跨越较大的空间，为了满足要求，这就需要受力性能更好的平面或空间体系。

大跨度建筑不仅仅依赖材料的性能，更重要的是依赖自身合理的结构体系。以最简单构件为例，在相同情况下，拱就比梁有更大的跨越能力，这是因为拱的结构体系比梁更合理（利用改变形状达到减小弯矩的目的），还有如桁架结构的受力也很合理（在竖向荷载作用下，构件的内力主要以轴力为主，弯矩和剪力很小），这说明可以通过采用合理的结构体系改善构件的受力性能，增大建筑结构的跨度。生活中有许多合理的结构体系，如蛋壳是薄壳结构，蜘蛛网是网状结构，气球是充气膜结构等，同自身的重量和截面尺寸相比，这些结构体系都属于大跨度结构。

大跨度建筑目前是发展最快的结构体系，除了跨度大，经济合理外，还具有整体刚度大、抗震性能好的优点，另外，轻盈优美的外形更是受到人们的青睐。目前大跨度建筑常见于大跨度厂房、飞机机库、候车候机厅体育场、影剧院、展览馆、大型仓库等。

二、大跨建筑的发展概况

大跨建筑的发展同建筑材料的发展密切相关。最早，人们用石头建造穹顶，在中国、希腊等国仍保存有许多用石、木、混凝土等材料建成的形式各异的空间结构，这些是大跨度建筑的雏形。早期的大跨度建筑多见于寺庙和教堂这类建筑，多用做弧形屋盖。如罗马城的万神庙（建于120～124年），是罗马穹顶技术的最高代表。新万神庙是圆形的，穹顶直径达43.3m顶端高度也是43.3m。它中央开一个直径8.9m的圆洞。穹顶的材料有混凝土、有砖，先用砖沿球面砌几个大发券，然后才浇筑混凝土。这些发券的作用是，可以使混凝工分段浇筑，还能防止混凝土在凝结前下滑，并避免混凝土收缩时出现裂缝。为了减轻穹顶重量，越往上越薄，下部厚5.9m，上部1.5m，如图8-1所示。威斯敏斯特教堂建于公元960年，教堂总长156m，宽22m，大穹隆顶高31m，跨度大19.3m，楼高68.5m，拱脚厚度达910mm，如图8-2所示。

图8-1　新罗马万神庙

图8-2　威斯敏斯特教堂

到了19世纪，人们逐渐采用钢筋混凝土和钢材来代替传统的砖石和木材。1912年，由马克斯·贝格（MaxBerg）设计的波兰洛兹拉夫（Wroclaw）市纪念大厅，是一个带肋穹顶，直径达65m。随着科技的进步社会发展的需要，对建筑跨度提出了新的要求。以飞机工业为例，20世纪40年代的大型客机，机翼宽32.5m，尾翼高8.5m，而到了70年代，飞机更新后机翼宽60m，尾翼高20m，这表明，需要跨度更大、高度更高的机库和装配车间。如德国法兰克福机场的机库，采用的是270m×100m的双跨悬索结构，如图8-3所示。还有，瑞士苏黎世克洛腾机场机库，为125m×128m的钢网架结构，如图8-4所示。大跨建筑还常用于体育馆，为了容纳更多的观众，也要求更大地扩展体育场的跨度。如世界上最大的足球场——巴西马拉卡纳体育场建于1950年，建筑面积11.85万平方米，场内全部草坪面积14610平方米，足球场草坪面积为8250平方米，设计可容纳人数为15.5万人，如图8-5所示。

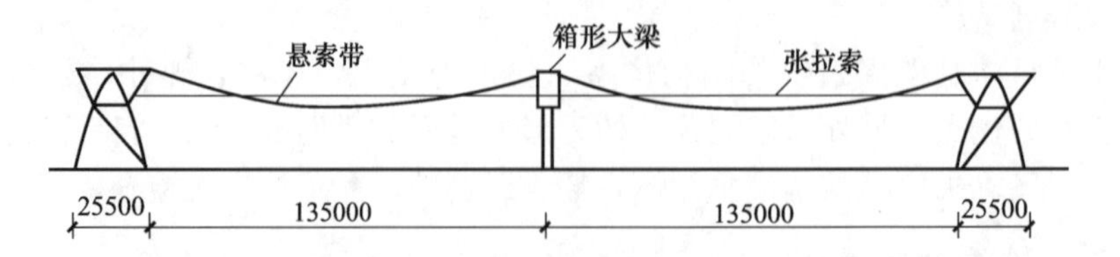

图8-3　德国法兰克福机场的机库

随着我国社会主义建设事业的发展，大跨建筑的应用也越来越多。如著名的首都人民大会堂，采用的是钢屋架，跨度达到60m，由中国自行设计建造，人民大会堂坐西朝东，南北

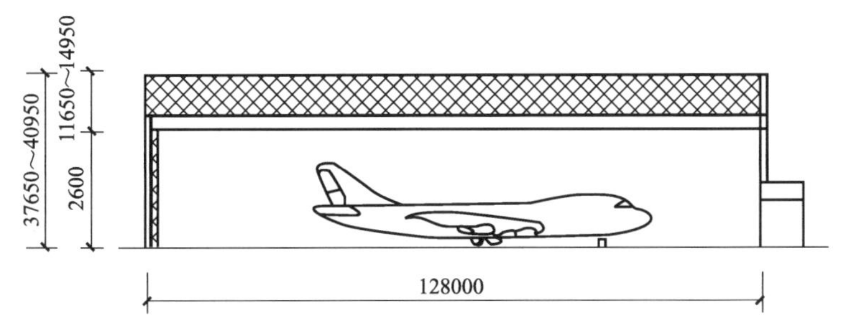

图 8-4 瑞士苏黎世克洛腾机场机库

图 8-5 巴西马拉卡纳体育场

长 336m，东西宽 206m，高 46.5m，占地面积 15 万平方米，建筑面积 17.18 万平方米。比故宫的全部建筑面积还要大，如图 8-6 所示。

图 8-6 首都人民大会堂

图 8-7 鸟巢

当前我国大跨度建筑中，以网架结构发展最快，应用也最广。特别是近年修建的大型体育建筑中，很多采用了网架结构，如 2008 年北京奥运会主场馆“鸟巢”，如图 8-7 所示，目前是世界上跨度最大的钢结构建筑，外形像鸟巢，立面与结构达到了完美的统一，工程为特级体育建筑，主体结构设计使用年限 100 年，耐火等级为一级，抗震设防烈度 8 度，地下工程防水等级 1 级。工程主体建筑呈空间马鞍椭圆形，南北长 333m、东西宽 294m，高 69m。主体钢结构形成整体的巨型空间马鞍形钢桁架编织式“鸟巢”结构，钢结构总用钢量为 4.2 万吨，混凝土看台分为上、中、下三层，看台混凝土结构为地下 1 层，地上 7 层的钢筋混凝土框架-剪力墙结构体系。钢结构与混凝土看台上部完全脱开，互不相连，形式上呈相互围合，基础则坐在一个相连的基础底板上。

第二节　大跨建筑的结构选型

大跨建筑一般指跨度大于 30m 的建筑。大跨建筑一般是空间结构，其受力特性不同平面结构，平面结构的传力特点是有层次的，一般从次要构件向主要构件传力，如框架结构的荷载从板依次传递到次梁、主梁、柱。结构的承载能力主要取决于截面尺寸和材料强度，而空间结构的受力特点是各构件没有主次关系，荷载和内力沿面传递，而非沿线传递，受力更加合理。如弧形穹顶是三维空间结构，同传统的屋面板相比，其内力沿着中曲面向四周传递，其内力以轴力为主，因此可以用砖石材料建造，可以发挥这类材料抗压性能好的特点。

大跨度结构的特点是采用合理的受力体系，利用受力性能好的特点，采用薄腹式、空腹式、格构式、拱式或轻质材料的构件代替传统的实腹式构件，达到减轻自重和增加结构的跨度的目的。大跨建筑结构常见的形式有网架结构、网壳结构、悬索结构、悬吊结构、索膜结构、充气结构、薄壳结构、应力蒙皮结构等。

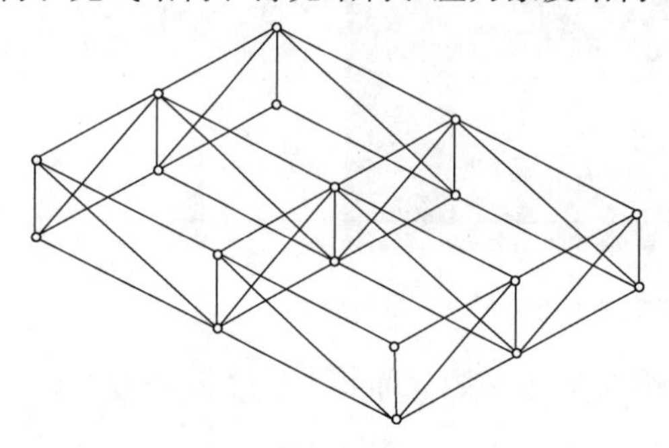

图 8-8　网架结构示意图

一、网架结构

网架结构是由多个面内的链杆通过铰连接而成的结构，可以看作是多个平面桁架交叉结合起来的结构，其示意图如图 8-8 所示。网架结构的各杆件相互支撑，整体性强、稳定性好、空间刚度大，抗震性也好，因此普遍应用于大跨度结构。

1. 网架结构的基本单元

网架结构是由许多规则的几何体通过节点连接而成。这些几何体常见的有三角锥、四角锥、三棱体、正方体等几种形式，如图 8-9 所示。网架结构就是由多个这几种基本体系拼接而成。

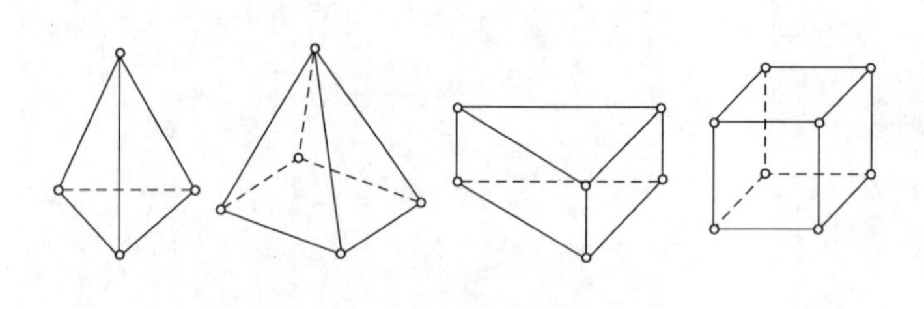

图 8-9　网架结构基本单元

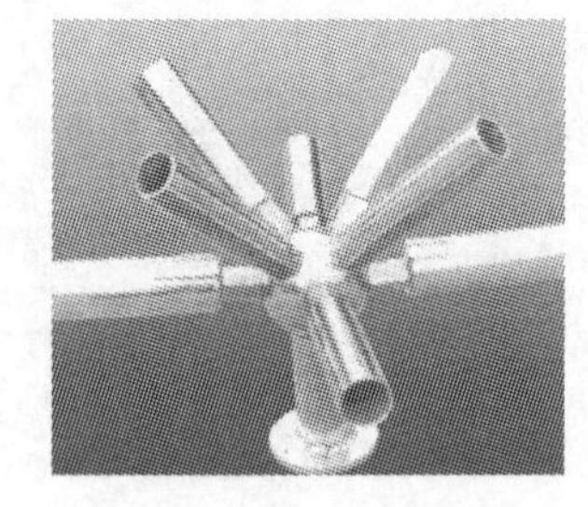

图 8-10　球形铰

网架的节点一般采用球形铰，如图 8-10 所示。

2. 网架结构的形式

(1) 按层数分为双层网架、三层网架和组合网架等。

① 双层网架。由上下两个弦杆面层及之间的腹杆组成，是最常见的网架形式，如图 8-11所示。

② 三层网架。由上中下三个弦杆面层及之间的腹杆组成。

③ 组合网架。由网架和其他结构组合而成，如用钢筋混凝土板代替上弦杆面层，从而形成钢筋混凝土板和半网架的组合网架，如图 8-12 所示。

(2) 按形状分为平面网架和曲面网架，曲面网架如图 8-13 所示。

图 8-11　双层网架

图 8-12　组合网架

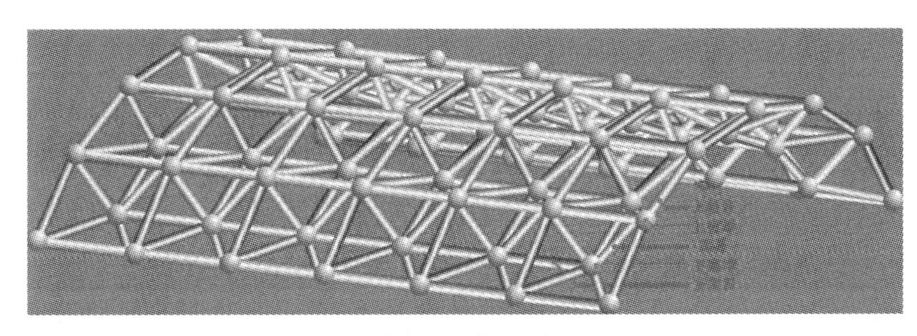

图 8-13　曲面网架

3. 网架结构的特点

（1）跨度大，比桁架更大，最大跨度可达 150m。

（2）各杆件的受力由轴向受压或受拉为主，受力性能好，因此用料省，一般可比桁架结构省料 30%。

（3）网架结构属于高次超静定结构，超荷能力大，即使某一杆件甚至几个杆件受压屈曲，也不会影响整个网架结构的稳定性。

（4）由于是网格形式，可方便铺设屋顶面层材料或屋顶下部的灯具装饰等。

4. 工程实例

（1）首都体育馆　首都体育馆建于 1968 年，占地面积 7 公顷，是北京最大的现代化体育馆之一，平面呈矩形，东西长 122.2m，南北长 107m，建筑面积 4 万平方米，坐席数为 18000 个。屋盖结构为平板型双向空间钢网架，平面尺寸 99m×112.2m，是当时我国矩形平面屋盖中跨度最大的网架。如图 8-14 所示。

图 8-14　首都体育馆图

图 8-15　上海体育馆

（2）上海体育馆　上海体育馆位于上海市西南郊，如图 8-15 所示，体育馆建筑面积为 3.1 万平方米，可容纳 1.8 万名观众。圆形屋盖直径为 110m，采用的是三向钢网架结构，周边支撑在 36 根柱子上，网架高度为 6m，整个网架结构用钢量为 47kg/m²。

二、网壳结构

1. 网壳结构的概念

被两个几何曲面所限的物体称为壳体，这两个曲面之间的距离称为壳体的厚度。网壳是一种与平板网架类似的空间杆系结构，是以杆件为基础，按一定规律组成网格，按壳体结构布置的空间构架，它兼具杆系和壳体的性质。其传力特点主要是通过壳内两个方向的拉力、压力或剪力逐点传力。此结构是一种国内外颇受关注、有广阔发展前景的空间结构，如图 8-16 所示。网壳必须具备两个条件：一个是“曲面的”，另一个是“节点是刚性节点”。网壳与曲面网架的区别在于节点是刚性节点还是铰接点。

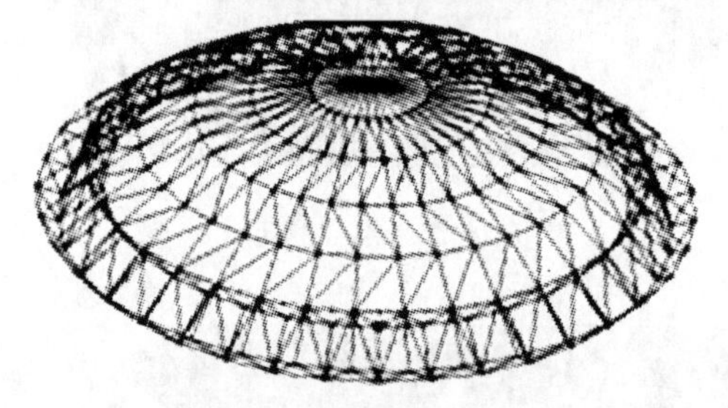

图 8-16　网壳结构示意图

2. 网壳结构的形式

常用的网壳结构形式按曲面的几何形状分为圆柱面网壳、球面网壳、双曲扁壳和双曲抛物面网壳等。如图 8-17 所示。

（1）圆柱面网壳　如图 8-17（a）所示。圆柱面网壳的刚度比球面网壳差些，结构的弯矩和剪力都较大，在实际应用时，为了充分保证圆柱面网壳的刚度和稳定性，通常在部分区段设置横向加劲肋。圆柱面网壳的跨度相对较小，一般不宜超过 30m。

（2）球面网壳　如图 8-17（b）所示。

（3）双曲扁壳　如图 8-17（c）所示。对于矩形的覆盖面，可以把扁壳的中面做成任何柱面（即圆柱面网壳）或双曲面（即双曲扁壳）。同圆柱面网壳性比，双曲扁壳更好地发挥了壳的作用，受力性能更好，从而节省需用的材料。

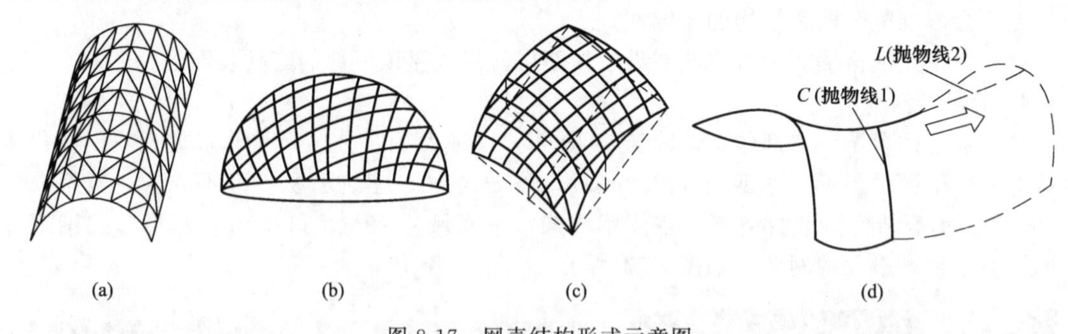

图 8-17　网壳结构形式示意图

（4）双曲抛物面网壳 如图 8-17（d）所示。一条抛物线沿着与之垂直的平面内的另一条抛物线移动形成的曲面成为双曲抛物面，这种网壳形式称为双曲抛物面网壳。

3. 网壳结构的特点

（1）自重轻，跨度大，比网架结构材料更省，更经济。

（2）曲面多样化，可以采用多种典型曲面（如圆柱面、球面、抛物面等）和非典型曲面（如扭壳及组合曲面等），造型各异、形态优美。

（3）缺点是结构复杂，稳定性较差。

4. 工程实例

(1) 天津水滴体育馆　天津体育馆屋盖作为有影响的我国第一座大跨度网壳结构，采用带拉杆的联方型圆柱面网壳，平面尺寸为 52m×68m，矢高为 8.7m，用钢指标为 45kg/m²。该网壳于 1956 年建成。如图 8-18 和图 8-19 所示。

图 8-18　天津水滴体育馆外景图

图 8-19　天津水滴体育馆网壳

(2) 漳州电厂干煤棚　漳州电厂干煤棚于 1999 年建成，采用了直径 125m 的超过半球的球面网壳，成为我国当时跨度最大的球面网壳，如图 8-20 和图 8-21 所示。煤棚采用的网壳结构的平均用钢量为 50～70kg/m²，比以往采用的门式刚架或拱形结构的平均用钢量（用钢量为 80～125kg/m²）降低了 40%以上，经济效益十分明显。

图 8-20　漳州电厂干煤棚外景

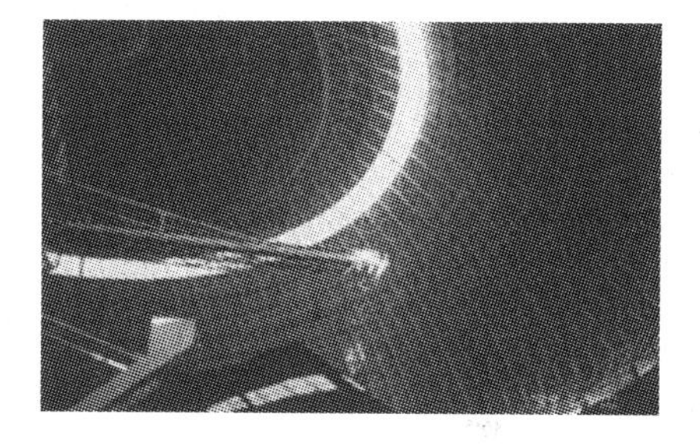

图 8-21　漳州电厂干煤棚网壳

三、悬索结构

1. 悬索结构的概念

悬索结构是将桥梁中的悬索桥的悬索移植到房屋建筑中，可以说是土木工程建筑结构形式互通互用的典型范例，其特点是以一系列受拉钢索为主要承重构件，钢索按照一定规律布置，悬挂在边缘构件上而形成的一种大跨度结构，如图 8-22 所示，钢索以受拉为主，能充分利用钢材的强度，因此悬索结构是一种比较理想的结构。

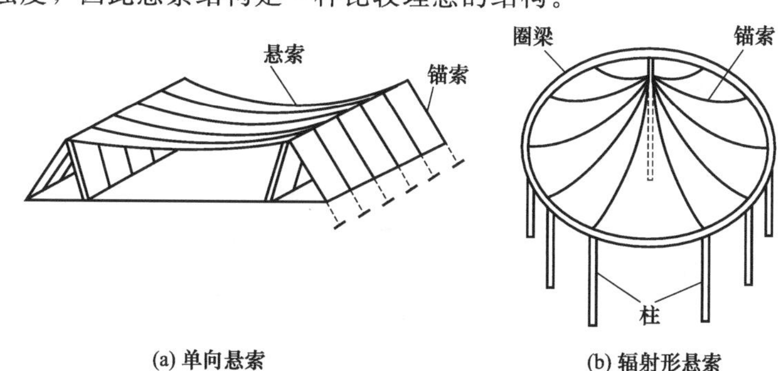

图 8-22　悬索结构示意图

2. 悬索结构的类型

(1) 单层悬索结构　由单层承重索组成的悬索结构，如图 8-22 所示。

(2) 双层悬索结构　用弦杆连接上下两层悬索，如图 8-23 所示。

(3) 索网结构　悬索结构在许多工程中运用了各种组合手段，主要的方式是将两个以上的索网或其他悬索体系组合起来，并设置强大的拱或刚架的结构作为中间支撑，形成各种形式的组合屋盖结构，如图 8-24 所示。

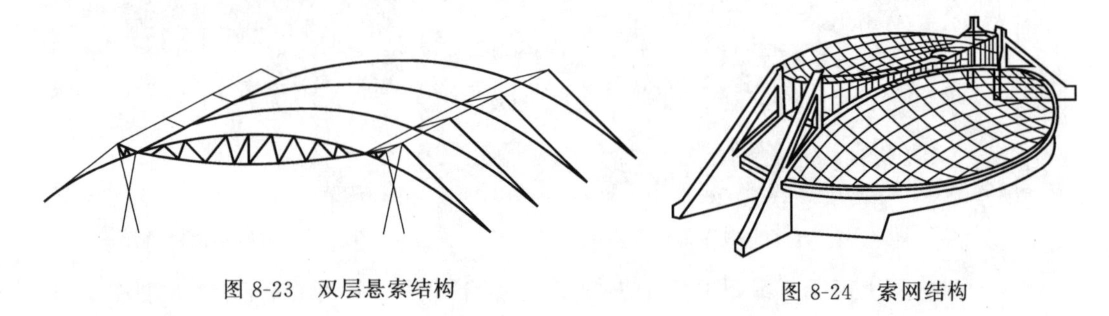

图 8-23　双层悬索结构　　图 8-24　索网结构

3. 悬索结构的特点

(1) 受力合理，作为主要承重构件的悬索以受拉为主，自重轻，跨度大（一般能达 100～150m，最大能达 300m），用料省，用钢量为普通钢结构的 15%～20%，约为 $10kg/m^2$。

(2) 重量轻，悬索结构屋盖是所有屋盖结构中最轻的一种，屋面自重仅为约为 $30kg/m^2$，安装和起吊都方便，因此施工方便。

(3) 造型轻盈美观，达到了建筑和结构完美的统一。

(4) 刚度小，在风荷载作用下位移大。

(5) 支撑悬索的支座或边缘构件受力很大，类似拱。

4. 工程实例

(1) 北京市朝阳体育馆　朝阳体育馆气势宏伟，是典型的索拱体系，如图 8-25 所示，主馆建筑面积 7888 平方米，主场地长 44m，宽 34m。中央索拱体系由两个钢拱和两条悬索组成。索和拱的轴线均为平面抛物线，分别布置在相互对称的是个斜平面内，通过水平和竖向杆两两相连，构成桥梁式的立体体系。

(2) 华盛顿杜勒斯机场候机厅　机楼有两排巨型钢筋混凝土柱墩，一排稍高，另一排稍低，在相对的柱墩顶上张着 40 多米长的钢索，钢索上铺屋面板。钢索中部下垂，形成自然的凹曲线形屋顶。柱墩向外倾斜，屋面向上翻起，具有动势，很有气派。候机楼为矩形平面，长 182.5m，宽 45.6m，如图 8-26 所示。

图 8-25　北京市朝阳体育馆

图 8-26　华盛顿杜勒斯机场候机厅

四、薄壳结构

前面所述的网架结构、网壳结构和悬索结构，都具有杆系结构的特点，主要受力构件时由多个单个构件连接而成的。薄壳结构其实就是一块平面尺寸很大（覆盖宽度达几十米甚至上百米）而厚度很小（只有几厘米）的钢筋混凝土板或钢板，因为是曲面的，所以称为薄壳，以这种薄壳为主要受力构件的结构称为薄壳结构，如图 8-27 所示。

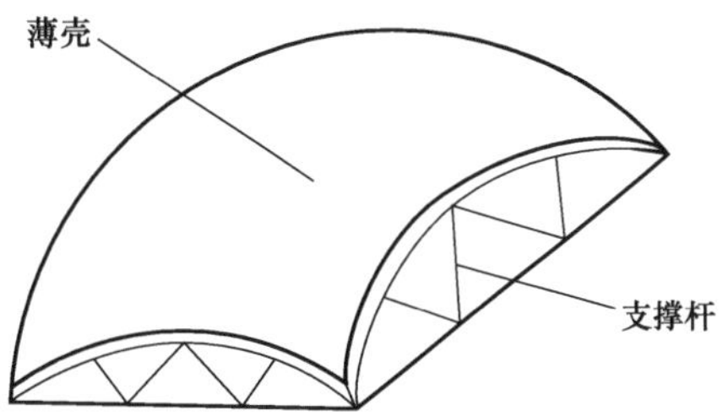

图 8-27 薄壳结构示意图

1. 薄壳结构的形式

薄壳结构是一种薄得不至于产生明显的弯曲应力，但厚度是可以承受压力、拉力和剪力的依靠适当形体受力的结构。薄壳常采用的形式有圆顶、圆柱面、折板、双曲扁壳、扭壳和双曲抛物面等，如图 8-28 所示。

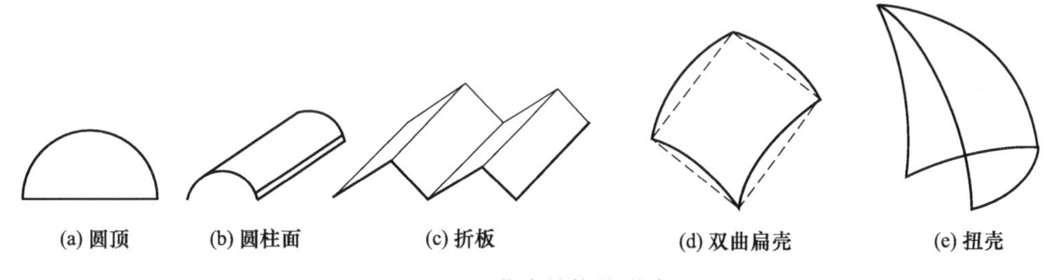

图 8-28 薄壳结构的形式

折板结构是由若干狭长的薄板以一定角度相交连成折线形的空间薄壁体系。跨度不宜超过 30m，适宜于长条形平面的屋盖，两端应有通长的墙或圈梁作为折板的支点。常用有 V 形、梯形等形式。我国常用为预应力混凝土 V 形折板，具有制作简单、安装方便与节省材料等优点，最大跨度可达 24m。

双曲扁壳也称微弯平板，是一抛物线沿另一正交的抛物线平移形成的曲面。

扭壳是一竖向抛物线（母线）沿另一凸向与之相反的抛物线（导线）平行移动所形成的曲面。因其容易制作，稳定性好，容易适应建筑功能和造型需要，故应用较广泛。

2. 工程实例

（1）悉尼歌剧院　悉尼歌剧院坐落在悉尼港湾，三面临水，环境开阔，以特色的建筑设计闻名于世悉尼歌剧院的外观为三组巨大的壳片，耸立在南北长 186m、东西最宽处为 97m 的现浇钢筋混凝土结构的基座上。第一组壳片在地段西侧，四对壳片成串排列，三对朝北，一对朝南，内部是大音乐厅。第二组在地段东侧，与第一组大致平行，形式相同而规模略小，内部是歌剧厅。第三组在它们的西南方，规模最小，由两对壳片组成。整个建筑群的入口在南端，有宽 97m 的大台阶。高低不一的尖顶壳，贝壳形尖屋顶，是由 2194 块每块重 15.3t 的弯曲形混凝土预制件，用钢缆拉紧拼成的，外表覆盖着 105 万块白色或奶油色的瓷砖，远看像两艘巨型白色帆船，飘扬在蔚蓝色的海面上，故有“船帆屋顶剧院”之称，如图 8-29 所示。

（2）武汉光谷电子市场　该工程是武汉·中国光谷标志性建筑，总投资 3.7 亿人民币，是武汉市“九五”重点建设工程。总建筑面积达 7.3 万平方米，跨度达 45m 的壳体曲线钢网架创湖北省网架跨度之最。其独特的结构造型展现和代表了 21 世纪建筑艺术水平，如图

图 8-29　悉尼歌剧院

8-30 所示。

图 8-30　武汉光谷电子市场

五、薄膜结构

薄膜结构是张拉结构中最近发展起来的一种形式，它以性能优良的柔软织物为材料，可以向膜内充气，由空气压力支撑膜面，也可以利用柔软性的拉索结构或刚性的支撑结构将薄膜绷紧或撑起，从而形成具有一定刚度、能够覆盖大跨度空间的结构体系，薄膜结构由于其轻质、柔软、不透气、不透水、耐火性好、有一定的透光率、有足够的受拉承载力，加上新近研制的膜材耐久性有了明显的提高，因此，薄膜结构在最近几年得到了较大的发展，在国内外已被较多地应用于体育建筑、展览中心、商场、仓库、交通服务设施等大跨度建筑中。

1. 薄膜结构的特点

薄膜结构中薄膜既承受膜面的内力，又作为结构的一部分，可防雨挡风起围护作用，同时还可采光以节省室内照明的能源，虽然膜材本身的受弯刚度几乎为零，但通过不同的支撑体系使薄膜承受张力，而形成具有一定刚度的稳定曲面，这就使薄膜结构成为一种建筑与结构有机体结合的新型大跨度建筑。

薄膜材料具有优良的力学特性，膜材只承受沿膜面的张力，因而可充分发挥材料的受拉性能，同时，膜材厚度小，重量轻，一般厚度在 0.5～0.8mm，重量约为 0.005～0.02N/m^2，采用拉力薄膜结构和充气薄膜结构的屋盖，自重约为 0.02～0.15kN/m^2，仅为传统大跨度屋盖自重的 1/30～1/10，是跨度重量比最大的一种结构。

2. 工程实例

(1) 阿拉伯塔酒店 矗立在海滨的人工小岛上，酷似帆船状，通体呈塔形，高达321m，是一个帆船形的塔状建筑，一共有56层，321m高。酒店采用双层膜结构建筑形式，造型轻盈、飘逸，具有很强的膜结构特点及现代风格。它拥有202套复式客房、200m高的可以俯瞰迪拜全城的餐厅。如图8-31所示。

图8-31 阿拉伯塔酒店

图8-32 水立方

(2) 水立方 中国国家游泳中心，平面尺寸177m×177m，总建筑面积65000～80000m^2，如图8-32所示。是世界上最大的膜结构工程，除地面外，外表面都采用了膜材料——ETFE。

六、充气结构

充气结构是由薄膜材料制成的构件充入空气后形成的结构。充气结构于20世纪40年代开始应用，特别适用于轻便流动性强的临时性建筑和半永久性建筑，多用于体育场、展览厅、战地医院等。充气结构具有自重轻、跨度大、构造简单、建造方便、外形灵活等优点。

目前充气结构主要有两种形式：气承式和气囊式。

(1) 气承式 直接用单层薄膜作为屋面和外墙，将周围锚固在地面上，充气后具有一定形状的结构，室内气压略高于室外气压，约为室外气压的1.001～1.003倍。气承式建造速度快、结构简单、安全可靠、价格低廉、跨度大，因此应用较广泛。

(2) 气囊式 将空气充入薄膜制成气囊，形成梁、板、柱、拱等基本构件，再由这些基本构件连接而形成建筑物，气囊内气压高于外部气压，约为外部气压的2～7倍。气囊式内部气压高，对材料密封性要求较高。

深圳龙岗商业中心建筑面积114300平方米，2003年开工兴建，是我国也是世界上第一个充气悬浮的建筑，由专门研发的无毒惰性气体充气膜结构设计而成，如图8-33所示。它位于深圳市最大的城市广场东侧，不但作为大型商业的入口表演广场，同时也是城市集会的重要舞台，充气飞碟形象震撼人心，成为龙岗区的地标性建筑。

七、应力蒙皮结构

蒙皮效应是指在建筑物的表面覆盖材料（如屋面板或墙板），利用覆盖材料的刚度和强度对建筑物的整体刚度起加强作用。应力蒙皮结构是在纵横肋上蒙上金属薄板而形成的带肋

图 8-33　深圳龙岗商业中心

薄壳结构，蒙皮与肋共同工作，蒙皮自身在其平面内具有很大的拉、压和剪切强度，且由于有肋的作用，蒙皮不会失稳，而自重却很轻，考虑结构构件的空间整体作用时，利用蒙皮抗剪可以大大提高结构整体的抗侧移刚度，减少侧向支撑的设置，利用面板的蒙皮效应，还可以减小所连杆件的计算长度，既充分利用板面材料的强度，又对骨架结构起辅助支撑作用，结构的平面外刚度又大大提高（即可减小面外横向荷载下的挠度）。

应力蒙皮结构多采用钢质薄板做成很多块各种板片单元焊接而成空间结构。1959 年建于美国巴顿鲁治的应力蒙皮屋盖，是第一个应力蒙皮大跨结构。屋盖直径为 117m，高 35.7m，由一个外部管材骨架形成的短程线桁架系来支承 804 个双边长为 4.6m 的六角形钢板片单元，钢板厚度大于 3.2mm，钢管直径为 152mm，壁厚 3.2mm，如图 8-34 所示。

图 8-34　美国巴顿鲁治应力蒙皮屋盖

本章小结

<table>
<tr><td rowspan="6">大跨建筑简介</td><td rowspan="2">概述</td><td>概念</td><td>通过采用合理的结构体系改善构件的受力性能，增大建筑结构的跨度</td></tr>
<tr><td>发展简况</td><td>早期的砖石穹顶到现在的钢筋混凝土超高层建筑</td></tr>
<tr><td rowspan="4">大跨建筑结构选型</td><td>网架结构</td><td>网架结构是由多个面内的链杆通过铰连接而成的结构，具有跨度大、受力性能好的优点</td></tr>
<tr><td>网壳结构</td><td>网壳结构是由多个面内的杆件通过刚接而成的结构，具有自重轻、造型优美的特点</td></tr>
<tr><td>悬索结构</td><td>以一系列受拉钢索为主要承重构件，钢索按照一定规律布置，悬挂在边缘构件上而形成的一种大跨度结构</td></tr>
<tr><td>薄壳结构</td><td>薄壳为主要受力构件的结构称为薄壳结构</td></tr>
</table>

续表

大跨建筑简介	大跨建筑结构选型	薄膜结构	以性能优良的柔软织物为材料，可以向膜内充气，由空气压力支撑膜面，也可以利用柔软性的拉索结构或刚性的支撑结构将薄膜绷紧或撑起，从而形成具有一定刚度、能够覆盖大跨度空间的结构体系。具有自重很轻、抗震性能好和施工方便的优点
		充气结构	是由薄膜材料制成的构件充入空气后形成的结构，有气压式和气囊式两种
		应力蒙皮结构	在纵横肋上蒙上金属薄板而形成的带肋薄壳结构，利用应力蒙皮效应承受荷载

复习思考题

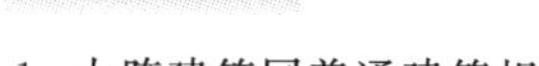

1. 大跨建筑同普通建筑相比有何特点？
2. 建筑如何实现大跨度的？
3. 大跨建筑按形式可分为哪几类？
4. 网架结构有哪些形式？
5. 网壳结构常见的有哪些形式？其特点是什么？
6. 悬索结有哪几类？其特点是什么？
7. 薄壳结构有哪些优势？
8. 薄膜结构和充气结构的特点是什么？

第九章

建筑防火与安全疏散

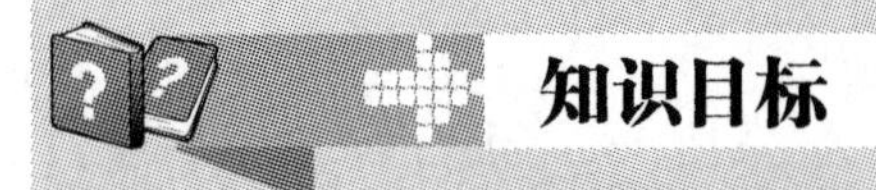

- 掌握防火与防烟分区的作用和划分方法。
- 掌握防火设计的要点。
- 理解火灾的发展特点和蔓延方式。

- 能够进行一般建筑的防火设计。

火在人们的生产和生活活动中是不可缺少的，和人们的衣、食、住、行密切相关，但当火失去控制时，就会发生火灾，形成危害，造成严重的生命财产损失。按照火灾发生的场合不同，火灾大体可分为建筑火灾、仓库火灾和交通工具火灾等。建筑物是人们生产生活的场所，也是财产最为集中的地方，因此建筑火灾是发生次数最多、损失最为严重的火灾。我国根据火灾造成的损失，将火灾分为三个等级：特大火灾、重大火灾和一般火灾。特大火灾是指具备下列条件之一的火灾：死亡 10 人及以上；重伤 20 人及以上；死亡、重伤 20 人及以上；受灾 50 户及以上；直接财产损失 100 万元及以上。重大火灾是指具备下列条件之一的火灾：死亡 3 人及以上；重伤 10 人及以上；死亡、重伤 10 人及以上；受灾 30 户及以上；直接财产损失 30 万元及以上。一般火灾是指不具备以上两种情形之一的火灾。

历史上，火灾事故屡屡发生，给人惨痛的教训。表 9-1 列出了近半个世纪以来世界各国发生的 17 起特大建筑火灾。

表 9-1　世界特大建筑火灾案例

火灾时间	火灾地点	死亡人数
1942 年 11 月 28 日	美国波士顿市椰林夜总会	492
1943 年 3 月 6 日	日本北海道电影院	200
1946 年 12 月 7 日	美国佐治亚州亚特兰大温克夫饭店	223
1955 年 2 月 17 日	日本横滨市圣母园养老院	100
1955 年 4 月 26 日	日本神奈川县樱花街车站	106
1961 年 12 月 17 日	巴西尼泰罗伊市大剧院	223
1963 年 11 月 9 日	日本横滨市火车站	126
1967 年 11 月 8 日	西班牙布鲁塞尔市伊洛巴西温百货店	325
1971 年 12 月 25 日	韩国首尔天然饭店	163

续表

火灾时间	火灾地点	死亡人数
1972年5月13日	日本大阪市南区千日百货商场	118
1973年2月2日	巴西圣保罗市焦鲁玛大楼	179
1973年11月19日	日本熊本市大洋百货店	103
1977年2月18日	中国新疆生产建设兵团61团俱乐部	699
1977年5月28日	美国肯塔基州比巴利西鲁兹俱乐部	162
1994年11月27日	中国辽宁阜新艺苑歌舞厅	233
1994年12月8日	中国新疆克拉玛依友谊宾馆	323
2000年12月25日	中国河南省洛阳市东都大厦	309

近一二十年来，我国正处于火灾形势比较严峻的时期，建筑火灾的次数和损失居高不下，尤其是形成了多起特大和重大火灾。因此如何防止建筑火灾的发生、减少建筑火灾损失已经成为目前迫切需要认真研究的课题。

会造成火灾的5种主要原因是：烟气，缺氧，火焰或热效应，气体燃烧物，建筑物结构损坏。其中烟气的危害最大，据国内外大量火灾案例表明，因火灾而伤亡者中，大多数是因烟害所致。在火灾中受烟害直接致死的约占死亡总数的1/3～2/3，而在被火烧死的人中大多数是先受烟毒晕倒而后烧死。造成这个原因的是：①火灾烟气具有较高的温度，在着火房间内，烟气温度可高达数百度，地下建筑火灾烟气温度可高达1000℃以上，人们对高温烟气的忍耐性是有限的，在60℃时可短时忍受，在120℃时15min内就将产生不可恢复的损伤，烟气温度进一步提高，损伤时间更短，140℃时约为5min，170℃时约为1min，而在几百度的高温烟气中是1min也无法忍受的；②烟的蔓延速度超过火的速度5倍，其能量超过火5～6倍；③烟气的流动方向就是火势蔓延的途径，温度极高的浓烟，在2min内就可形成烈火，而且对相距很远的人也能构成威胁，一旦它进入垂直密封楼梯、电梯间以及各种没有封锁的管道井、孔洞等环境，形成“烟囱效应”，其气势更是无人可挡。

第一节　建筑失火的可能性

一、燃烧的条件及防火和灭火措施

1. 燃烧的条件

凡是具备燃烧条件的地方，都有可能形成火灾。燃烧必须具有如下三个条件。

(1) 可燃物　包括可燃固体、可燃液体和可燃气体，其中可燃气体最危险。

(2) 足够量的氧化剂　最常见的是氧气，还有如氯气等。氧化剂要足够量才能引起燃烧，如1kg石油完全燃烧需要12m^{3}左右的空气，若空气不足，燃烧就不完全或完全停止。

(3) 火源　具有一定能量能够引起可燃物质燃烧的能源，如明火、火花、雷击、摩擦、加热等。

2. 防火和灭火措施

燃烧的三个条件缺一不可，因此可以根据这三个条件来防火和灭火。

(1) 防火的基本措施　避免可燃物与空气接触，如用防火涂料涂刷可燃材料或将可燃物密闭；消除火源，如控制温度、安装避雷设施、遮挡阳光或禁止烟火等；采取隔离防止蔓延，如在相邻建筑物之间留出防火间距，在建筑物内部设置防火设施如防火墙等。

(2) 灭火的基本方法　分离，将可燃物与火源分离；隔离，用不燃物将可燃物和氧化剂隔离，如二氧化碳灭火器就是用喷出的二氧化碳包围可燃物，从而隔离氧气和可燃物达到灭火的目的；冷却，降低周围的温度到燃烧物的燃点之下使燃烧停止；抑制，如灭火器使燃烧过程中产生的游离基消失，形成稳定分子或低活性的游离基，使燃烧终止，如1301、1211等灭火剂均采用的使这种方法。

二、建筑失火的可能性

建筑物一旦发生火灾，不仅会烧毁室内财务，更严重的是会造成人员伤亡、建筑物倒塌，甚至会引起相邻建筑物发生火灾。建筑物是人们生产和生活的主要场所，物品和人员密集，存在着各种失火的因素。一般来说失火的可能性有以下几种。

1. 生活和生产用火不慎

(1) 生活用火不慎　我国家庭火灾大多数都是由生活用火不慎引起的，因为家庭生活离不开火，如做饭、照明等，因此这种失火的可能性很大，应特别注意，一般来说失火的可能性有炊事用火、照明用火、吸烟、取暖用火、燃放烟花爆竹、小孩玩火等。

(2) 生产用火不慎　生产时也经常用火，如用明火溶化沥青石蜡，或锅炉排除的炽热的炉渣处理不当等都有可能引发火灾。

2. 违反生产安全制度

由于违反生产安全制度而引起火灾的情况也很多，如在堆放有易燃易爆的车间内动用明火引起爆炸起火，在用电气焊接和切割时溅出的火星若没有采取相应的防火措施造成火灾，机器运转发热会引起附着物着火，用电器具没断开电源就离去，化工生产设备泄漏可燃液体和可燃气体如遇明火会失火等。

3. 电气设备设计、安装、使用火维护不当

电气设备引起火灾的原因，主要有以下三种情形。

(1) 电线线路起火　如电气设备超过负荷、线路接触不良、电线短路等引起线路中电流过大，从而发热温度过高引发火灾。

(2) 大功率电器靠近易燃可燃物　如大功率灯具安装在木板、纸等可燃物附近等。

(3) 不按规定使用电器　如在易燃易爆的车间内使用非防爆型的电动机等。

4. 人为纵火

5. 自燃现象引起

自燃现象引起失火有以下几种情况。

(1) 物体自燃　如堆放在一起的油布油纸等物品，内部发热，如聚集的热量不能及时散发会引起自燃。

(2) 静电　由物体摩擦、撞击等产生的静电会引发火灾，如易燃可燃液体在塑料管中流动会摩擦起电，引起爆炸。

(3) 雷击　如雷直接击在建筑物上发生热效应引发火灾，或雷电产生的静电感应和电磁感应作用引发火灾，或高电位沿着电气线路和金属管道进入建筑物内部引发火灾。因此，一般高大建筑物顶端都要安装避雷针。

6. 建筑布局、材料选用不合理

(1) 建筑布局不合理　在建筑布局时，防火间距不符合消防要求，没有考虑风向、地势等因素等火灾蔓延的影响，往往造成大面积火灾致使火灾加重。

(2) 材料选用不合理　在建筑构造和装修方面，大量采用可燃构件（如木材、塑料等）和可燃易燃装修材料，都会增加建筑失火的可能性。

分析建筑失火的可能性，是为了在建筑设计、人们生活和生产时有针对性的采取防火技术或措施，防止或减少火灾造成的危害。

第二节　火灾的发展与蔓延

一、室内火灾的发展过程

凡是在时间和空间上失去控制，对财物和人身造成一定损害的燃烧现象，叫火灾。火灾的发生发展过程是很复杂的，表现出普遍性、随机性和必然性。①普遍性：火灾不论在哪个部位、单位或地区都会发生。火灾不限于发生在火灾危险性较大的易燃易爆的单位和场所，从居民住宅到一般的大小单位以及公众聚集场所在内，都可能发生。所以不管什么单位、什么部位都不得不预防火灾。②随机性：人们无法事先确定何时、何地、何物将发生火灾，以及火灾规模将有多大，这表明了火灾的随机性。这种随机性说明要时刻预防，不得麻痹松懈。③必然性：火灾同其他事物一样，也有自己的规律，是可以认识的，是可以摸索到的，在放松警惕、不设防的状况下，它的发生和发展又表现为必然性，即起火条件具备了，火灾的发生是确定无疑的，其发生只是早晚的事情。因此，切莫无视火灾发生的实际可能性，切莫抱有任何侥幸心理和拒不整改火灾隐患的错误态度，否则后患无穷。

建筑物室内发生火灾，最初发生在建筑物内的某个房间或某个部位，一般只限于起火部位周围的可燃物燃烧，随着起火范围的扩大和温度的升高，然后造成整个房间起火，进一步发展，会扩大到其他房间或区域，甚至整个建筑和附近其他建筑。所以了解室内火灾的发展过程对建筑的防火是有必要的。

根据室内火灾温度随时间的变化特点，可将火灾发展过程分为四个阶段，起火期、成长期、全盛期和衰退期，见图 9-1。

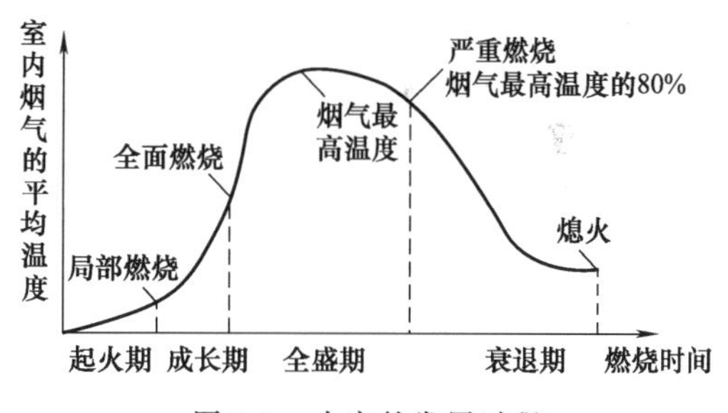

图 9-1　火灾的发展过程

（1）起火期　室内发生火灾后，最初只是起火部位及其周围可燃物着火燃烧。这一阶段的特点是：火灾燃烧范围不大，火灾仅限于初始起火点附近；室内温度差不大，只在燃烧区域及其附近存在高温，室内平均温度低；火灾发展速度较慢，在发展过程中火势不稳定。该阶段的火灾持续时间受火源、可燃物质性质和分布、通风条件等因素的影响很大，火灾发展一般会出现以下三种情况。

① 初始可燃物全部烧完而未能延及其他可燃物，致使火灾自行熄灭。如初始可燃物不多且距离其他可燃物较远时，火灾会自行熄灭。

② 火灾增大到一定规模，但是由于通风不足或其他原因使得供氧不足，燃烧强度受到限制，火灾可能以较小的规模持续燃烧或在燃烧一段时间后火灾也会自行熄灭。

③ 如果可燃物充足且通风良好或供氧足够，火势将迅速扩展，将其周围的可燃物（如家具、衣物、可燃构件、可燃装饰装修等）引燃，房间内的温度也随之迅速上升，火势发展趋势强劲，从而使火灾进入成长期。

起火期持续的时间长短不定，与发生燃烧的材料和蔓延的条件有关。

根据起火期阶段的特点可见，该阶段是灭火的最有利时机，应设法争取把火灾及时控制和消灭在起火期。因此，在建筑物内安装和配备适当数量的灭火设备，设置火灾报警装置是很有必要的。这一阶段也是人员疏散的最有利时期，人员若在这一阶段不能疏散出房间，就比较危险。

（2）成长期　在起火期后，火灾进入成长期，火灾由局部开始蔓延，火灾范围加大，此时，燃烧挥发出的可燃气体与空气混合，达到一定浓度时，房间或空间内由局部燃烧变为全面性燃烧。房间内所有可燃物开始猛烈燃烧，此时温度上升很快，可高达1000℃以上。火焰、高温烟气蔓延到建筑物其他部位，它标志着火灾全面发展阶段的开始。

成长期持续的时间取决于室内可燃物的性质和数量以及通风条件等因素。根据这一阶段的特点，可在建筑物内设置一定数量的防火分隔物，阻止火势蔓延争取疏散的时间等措施。对于安全疏散而言，人们若还没有从室内逃出，则很难幸存。

（3）全盛期　全面性燃烧开始后，放热速度很快，房间内温度升高更快。火焰、高温烟气从房间的开口（如门窗、不耐热耐火位置等）大量喷出，燃烧速度加快，火灾以辐射、对流和传导方式蔓延到建筑物的其他部分。火灾进入全盛期，室内温度达到最高。室内高温还对建筑构件产生热作用，使建筑构件的承载能力下降，甚至造成建筑物局部或整体倒塌破坏。

全盛期持续的时间与可燃物种类和数量、与空气接触面积等因素有关。根据这一时期的特点，应采取的对策有：设置防火墙、防火卷帘、防火门等防火隔离设施阻止火势沿着水平和垂直方向向外部蔓延；选用耐火时间较长的建筑构件以保证在猛烈的火焰下，仍保有一定的承载力和稳定性，不至于立即损坏或倒塌，为消防灭火争取时间。

（4）衰退期　火灾在全盛期后，随着室内可燃物的挥发物质不断减少，以及可燃物数量减少，火灾燃烧速度递减，温度逐渐下降。当室内平均温度降到温度最高值的80%时，则认为火灾进入衰退期阶段。这一阶段，房间温度下降明显，直到把房间内的全部可燃物烧光，室内外温度趋于一致，火灾结束。

这一时期，要注意消灭残火，防止二次燃烧，将剩余的烟气排尽，另外，要特别注意建筑构件由于长时间的高温作用是否会发生倒塌，主体结构是否稳定，以保证消防人员的生命安全。

二、火灾的蔓延

1. 火灾蔓延的形式

火灾蔓延的实质是热的传播。其形式和起火位置、材料的燃烧性能和数量有关，火灾蔓延的形式主要有直接延烧、热传导、热辐射、热对流、飞星五种形式。

2. 火灾蔓延的途径

火由起火部位向其他区域蔓延是通过可燃物的直接延烧、热传导、热辐射和热对流等方式扩大蔓延的。火从起火部位向别处蔓延的途径和建筑物平面布置和结构有关，蔓延的途径可分为水平蔓延和竖向蔓延，具体来说主要有以下几种途径。

（1）内墙门　建筑物内某房间起火，最后蔓延到整个建筑物，原因大多是房间的门未能把火挡住（门没关或门被烧穿），火蔓延到走廊和其他房间，走廊内即使没有任何可燃物，从起火房间门口喷涌出的火焰、高温烟气的扩散，也能把火蔓延到较远的房间或区域。因此内墙门的防火问题很重要。

（2）外墙窗口　火灾发生后，室内温度达到250℃左右时，窗玻璃会变形而破碎，大量高温烟气、火焰喷出窗口后，直接通过上面楼层的窗口造成火势向上层蔓延。此外，还通过热辐射作用对邻近建筑物、构筑物等构成火灾威胁。外墙窗口的形状、大小对火势的蔓延影响很大，开口较小的纵长形窗口对阻止火灾的蔓延有利。

（3）楼板上的孔洞和各种竖井管道　由于建筑功能的需要，建筑物内往往设有各种竖井管道或竖向开口部位等，如楼梯间、电梯井、管道井、垃圾井、通风井等，它们贯穿若干楼层甚至全部楼层，在建筑物发生火灾时，会产生“烟囱效应”，造成火势迅速向上部楼层蔓延。这种蔓延速度最快，危害很大。

（4）房间隔墙　房间隔墙多采用可燃材料（如木材）制作，或采用不燃、难燃材料制作而耐火性却很差时，在火灾高温作用下被烧坏或失去隔火作用，如砖墙厚度太小时，同样会使火灾蔓延到相邻房间或区域。

（5）穿越楼板、墙壁的管线和缝隙　室内发生火灾时，室内气压较高，高温火焰和烟气能够通过穿越楼板、墙壁的管线和缝隙传播出去，造成火灾蔓延。此外，穿过房间的金属管线在火灾高温作用下，往往会通过热传导方式将热量传到相邻房间或区域一侧，使与管线接触的可燃物起火，造成火势蔓延。

（6）闷顶　闷顶内往往是没有采取防火隔离措施的较大空间，而且多数都是含大量的有机保温材料和木质结构，加上闷顶通风较好，火灾很容易通过闷顶内空洞向四周蔓延。

研究火灾蔓延的途径，主要目的是为了在建筑设计时采取有效地防火措施。

第三节　防火与防烟分区

一、概述

建筑物局部发生火灾后，火势会通过延烧、传导、辐射、对流等形式向四周蔓延，造成整个建筑物或建筑群的失火。因此为减少火灾造成的损失、争取逃生和灭火的时间，应想方设法阻止火势蔓延，特别是对于规模大、面积大、多层或高层的建筑而言，设置防火和防烟分区是很有必要的。

（1）防火分区　用耐火建筑物构件（如防火墙）将建筑物分隔开的、能在一定时间内将火灾限制于起火区而不向同一建筑的其余部分蔓延的局部区域叫做防火分区。设置防火分区是为了将火势限制在起火点局部范围内，减少火灾造成的损失，方便人员疏散和消防灭火。

（2）防烟分区　防烟分区是指用挡烟垂壁、挡烟梁、挡烟隔墙等划分的可把烟气限制在一定范围的空间区域。设置防烟分区是为了把火灾的烟气控制在一定范围内，方便通过排烟设施迅速排除。

二、防火分区

1. 防火分区的类型

防火分区，按照防止火灾向防火分区以外蔓延的形式可分为两类：其一是水平防火分区，用以防止火灾在水平方向扩大蔓延；其二是竖向防火分区，用以防止多层或高层建筑物层与层之间竖向发生火灾蔓延。

（1）水平防火分区　水平防火分区是指用防火墙、防火门、防火卷帘等防火分隔物，按照规定的面积标准，将各楼层在水平方向分割出来的防火区域，用以阻止火势在水平方向上的蔓延，如图 9-2 所示。

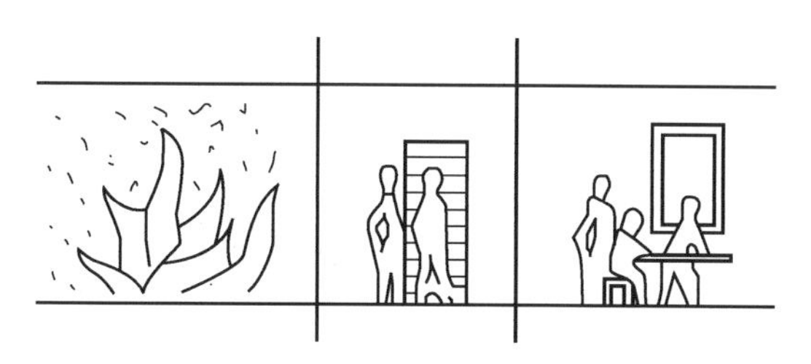

图 9-2　水平防火分区示意图

（2）竖向防火分区　竖向防火分区是指用耐火性能将较好的钢筋混凝土楼板及窗间

图 9-3　竖向防火分区示意图

墙，在建筑物的垂直方向对每个楼层进行分隔的区域，用以阻止火灾从起火楼层向其他楼层蔓延，如图 9-3 所示。

2. 主要防火分隔物

防火分隔物是防火分区的边缘构件，它将建筑内部空间分隔成若干较小的防火空间，其作用是火灾发生时阻止火势蔓延。常见的水平防火分隔物有防火墙、防火门、防火卷帘、防火带、防火窗和防火水幕带等，常见的竖向防火分隔物有耐火楼板、上下楼层之间的窗间墙和防烟楼梯等。

(1) 防火墙　防火墙根据其在建筑物中的位置和构造分为横向防火墙、纵向防火墙、室内防火墙、室外防火墙等。其常见形式如图 9-4 所示。

(2) 防火门　防火门除做普通门外，还具有防火隔烟的功能，是一种活动的防火分隔物，除应该具有较好的耐火性能之外，还应该具备关闭紧密不蹿火、启闭方便等要求。

(3) 防火卷帘　防火卷帘与一般卷帘的区别是具有必要的耐火性能和防烟性能，防火卷帘也是一种活动的防火分隔物，一般是用钢板和其他板材以环扣或铰接的方法组成可以卷绕的链状卷帘，平时卷起，放在需要分隔部位上方的转轴箱中，火灾时将其放下阻止火势蔓延。如图 9-5 所示。

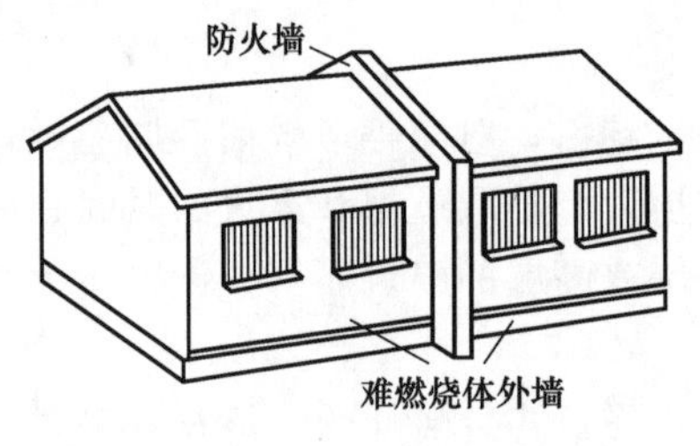

图 9-4　防火墙示意图

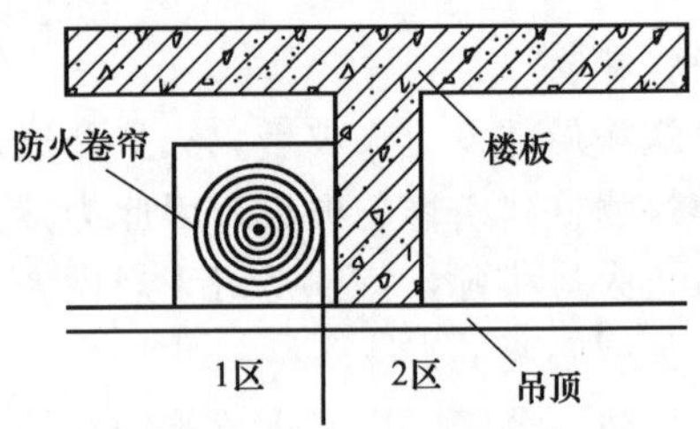

图 9-5　防火卷帘示意图

(4) 防火窗　防火窗一般由钢窗框、钢窗扇和防火玻璃组成，常安装在防火墙和防火门上。

(5) 防火水幕带　当需要设置防火分区，而无法设置防火墙、防火门等分隔物时，可采用防火水幕带代替防火墙或防火门等。

(6) 上下层窗间墙　为防止火势从外墙窗口向上蔓延，可以采取增加窗槛墙的高度或在窗口上方设置防火挑檐等措施。

(7) 防火带　当工业厂房内由于工艺生产等要求无法布置防火墙时，可采用防火带代替防火墙。

3. 防火分区的面积

对一般民用建筑，防火分区面积参考表 9-2。

表 9-2　一般民用建筑防火分区面积

耐 火 等 级	最多允许层数	防火分区最大面积/m^2
一、二级	不限	2500
三级	五层	1200
四级	二层	600
地下、半地下建筑		500

三、防烟分区

1. 防烟分区的类型

防烟分区一般根据建筑物的种类和要求不同，可按其用途、面积、楼层等来划分。

（1）按区域用途划分　对于建筑物的各个部分，按其不同的用途，如办公室、客房、起居室及厨房来划分防烟分区。此时应注意对空调管道、电气配管、给水排水管道等缝隙，应用不燃烧材料填塞密实。

（2）按区域面积划分　在建筑物内按面积将其划分为若干个基准防烟分区，这些防烟分区在各个楼层，一般形状相同、尺寸相同、用途相同。每个楼层的防烟分区可采用同一套防排烟设施。

（3）按区域楼层划分　在高层建筑中，底层部分和上层部分的用途往往不太相同，如高层旅馆建筑，底层多布置餐厅、接待室、商店等，上层部分多为客房。火灾统计资料表明，底层发生火灾概率的大，上部发生火灾的机会较小。因此，应尽可能根据房间的不同用途沿垂直方向按楼层划分防烟分区。

2. 防烟分区的面积

对净高不超过 6m 的房间，应划分防烟分区，每个防烟分区的面积对一般民用建筑不宜超过 500 平方米，对地下建筑，不宜超过 400 平方米。

3. 主要防烟分隔物

常用的防烟分隔物有挡烟垂壁、挡烟隔墙、挡烟梁等几种。

（1）挡烟垂壁　安装于吊顶下。能对烟气和热空气的横向流动造成障碍的垂直分隔物。

（2）挡烟隔墙　专门为挡烟而设置的隔墙，其效果比挡烟垂壁好。

（3）挡烟梁　从顶棚下突出高度不小于 0.5m 的用于挡烟钢筋混凝土梁或钢梁。

第四节　高层建筑的防火

一、高层建筑的火灾特点

在防火条件相同的情况下，高层建筑比低层和多层建筑火灾的危险性要大得多，一旦发生火灾，容易造成重大财产损失和人员伤亡，高层建筑的火灾特点有以下几个。

（1）烟气蔓延快　受气压和风速的影响，高层建筑内空气流动快，空气流动是造成火灾蔓延的重要因素，那些在普通建筑内不易蔓延的小火星在高层建筑内部却可发展成火灾。另一方面，大多数高层建筑都设有多而长的竖向井管如楼梯井、电梯井、管道井、电缆井、排风管道等，一旦室内起火，这些竖直通道的烟囱效应就会使烟火很容易由建筑物的下层蔓延到上层。

（2）疏散困难，伤亡惨重　高层建筑内居住的人员多而杂，楼层高，垂直疏散距离长，而高层建筑唯一的疏散设施只有楼梯，因此，难以在较短时间内将人员全部疏散，慌乱中还有可能发生摔死、摔伤、跳楼等惨剧。

（3）引起火灾的因素多　高层建筑功能复杂，用电设备多且用电量大，漏电、短路等故障的概率比一般建筑大。另一方面，由于居住的人员密集，人为因素引发火灾的概率也会相应增多。如吸烟不慎而引起的火灾是高层建筑火灾最常见的原因之一。

（4）救火难度大　高层建筑发生火灾时，用水量大，供水困难。而控制火灾蔓延的用水量是相当大的，从国内外高层建筑火灾实例来看，高层建筑火灾实际用水量需要每秒上百升至几百升，而目前，扑救高层建筑火灾的消火栓系统的供水量约为每秒几十升，因此，只好借助消防队千方百计往高楼供水，严重影响了灭火效率。其次，由于经济等因素，消防电梯的设置终究有限，如不借助消防电梯，一般的消防队员徒步跑上6、7层，其体力严重消耗从而影响灭火效率。若利用登高消防车，目前我国常用的登高消防车一般只能达到50～80m，世界上最先进的登高消防车一般也只能达到100m左右，这显然不能适应当今高层建筑火灾扑救的需要。

二、高层建筑的耐火等级

一类高层建筑和各类高层建筑的地下室的耐火等级均应为一级，二类高层建筑的和耐火等级不应低于二级，裙房的耐火等级不应低于二级。

三、高层建筑的防火分区

1. 防火分区的面积

高层建筑防火分区的面积参看表9-3。

表9-3 高层建筑防火分区面积

建筑类别	每个防火分区的建筑面积/m^2
一类建筑	1000
二类建筑	1500
地下室	500

注：(1) 防火分区内设有自动灭火设备，防火分区的面积可增加一倍；
(2) 对一些特殊建筑，参看我国现行的《高层民用建筑设计防火规定》。

2. 高层建筑防火分区设计中的要求

高层建筑的竖直方向通常每层划分为一个防火分区，以楼板为分隔。对于在两层或多层之间设有各种开口，如设有开敞楼梯、自动扶梯的建筑，应把连通部分作为一个竖向防火分区的整体考虑，且连通部分各层面积之和不应超过允许的水平防火分区的面积。除此之外，高层建筑防火分区设计还有以下要求：

(1) 应在疏散走道上设置防火卷帘；

(2) 应在每层楼板处以及电缆井、管道井与房间、走道等相连的孔道用防火分隔物进行封堵；

(3) 电梯井应独立设置，除井壁开设有电梯门洞和通气孔外，不应开设其他洞口；

(4) 电缆井、管道井、排烟道、排气道、垃圾道等竖向管道，应分别单独设置，各管道不应穿过防火墙，若必须穿过应将缝隙填实；

(5) 垃圾井靠外墙设置，不应设在楼梯间内，排气口应开向外室；

(6) 输送可燃气体和危险液体的管道严禁穿越防火墙；

(7) 隔墙应砌至梁板底部，不留空隙；

(8) 对高层建筑内人员密集的场所，每个厅室的建筑面积不宜超过400m^2，每个厅室至少有两个安全出口，每个厅室必须设置火灾自动报警系统和自动灭火系统；

(9) 设置避难层或避难间。避难层是超高层建筑中供发生火灾时人员临时避难使用的楼层或房间。避难层或避难间一般是与设备层、消防给水分区系统和排烟系统分区有机结合设置。

四、高层建筑的防烟分区

火灾发生时，为阻止烟气的蔓延，保证有足够的时间进行人员疏散和消防灭火，需要对建筑进行防烟分区。防烟分区的设置应满足下述要求；

(1) 设置排烟设施的走道和净高不超过6m的房间，应采用挡烟垂壁、隔墙或从顶棚下突出不小于 0.5m 的挡烟梁来划分防烟分区；

（2）每个防烟分区的面积不宜超过 $500m^2$，且防烟分区的划分不能跨越防火分区；

（3）对于高层建筑中的各种管道，火灾发生时容易成为烟气扩散的通道，尽量不要让各类管道穿越防烟分区。

五、高层建筑的防排烟设计

在高层建筑中，疏散用的楼梯应设计成封闭的或能防烟的楼梯，防烟楼梯是指在楼梯入口处，加设一间面积不小于 $6m^2$ 的前室，如图 9-6 所示。前室内除了有消防栓外，还应设防排烟设施，并用防火门隔开，防止烟雾进入楼梯间。

此外，高层建筑还应设消防电梯间，方便消防人员救火。消防电梯和消防楼梯一样，也要设置前室和防排烟设施，如图 9-7 所示。

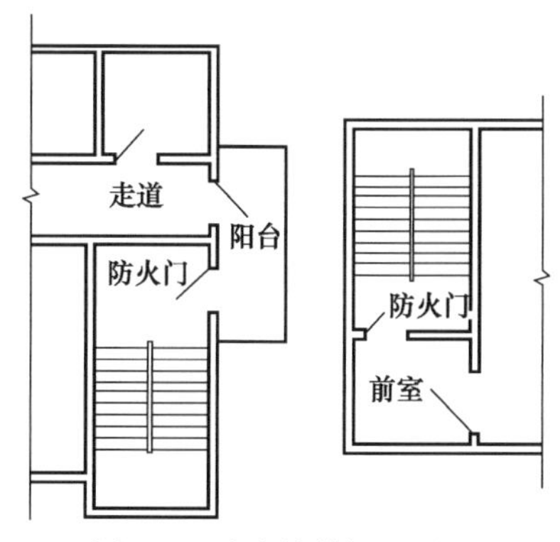

图 9-6　消防楼梯间的设置

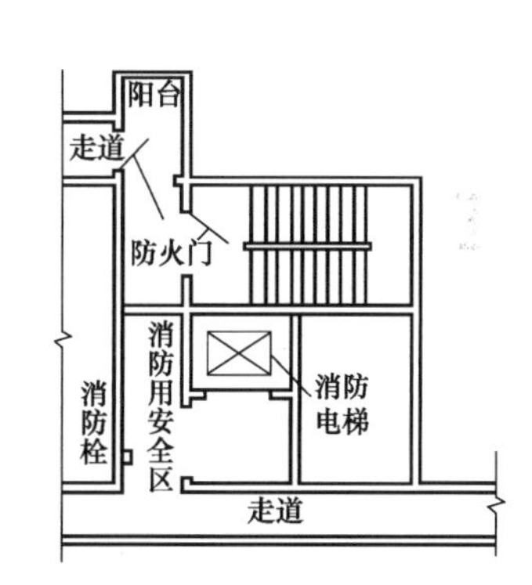

图 9-7　消防电梯间的设置

第五节　防火设计要点及实例分析

一、防火设计要点

1. 建筑分类和耐火等级

（1）建筑概况　包括建筑物名称、建筑高度、层数、建筑面积等。

（2）工业建筑分类　如下所述。

① 厂房。按生产的火灾危险性分类，见表 9-4。

表 9-4　生产的火灾危险性分类

生产类别	火灾危险性特征(使用或生产下列物质)
甲	闪点＜28℃的液体；爆炸＜10％的气体；常温下能自行分解或在空气中氧化即能导致自燃或爆炸的物质；常温下受到水或水蒸气的作用能产生可燃气体并能引起燃烧或爆炸的物质；遇酸、受热、撞击、摩擦、催化以及遇有机物或硫黄等易燃无机物，极易引起燃烧或爆炸的强氧化剂；受撞击、摩擦或与氧化剂、有机物接触时能引起燃烧或爆炸的物质；在密闭设备内操作温度等于或超过物质本身自燃点的生产
乙	28℃≤闪点＜60℃；爆炸极限≥10％的气体；不属于甲类的氧化剂；不属于甲类的化学易燃危险固体；助燃气体；能与空气形成爆炸混合物的浮游状态的粉尘、纤维、闪点≥60℃的液体雾滴
丙	闪点≥60℃的液体；可燃固体
丁	对非燃烧物质进行加工，并在高热或溶化状态下经常产生强辐射热、火花或火焰的生产；利用气体、液体、固体作为燃料或将气体、液体进行燃烧作其他用的各种生产；常温下使用或加工难燃烧物质的生产
戊	常温下使用或加工非燃烧物的生产

② 仓库。按存储品的火灾危险性分类，见表 9-5。

表 9-5 存储品的火灾危险性分类

生产类别	火灾危险性特征(使用或生产下列物质)
甲	闪点＜28℃的液体；爆炸＜10%的气体以及受到水或水蒸气的作用能产生爆炸下限＜10%气体的固体物质；常温下能自行分解或在空气中氧化即能导致自燃或爆炸的物质；常温下受到水或水蒸气的作用能产生可燃气体并能引起燃烧或爆炸的物质；遇酸、受热、撞击、摩擦、催化以及遇有机物或硫黄等易燃无机物，极易引起燃烧或爆炸的强氧化剂；受撞击、摩擦或与氧化剂、有机物接触时能引起燃烧或爆炸的物质
乙	28℃≤闪点≤60℃；爆炸极限≥10%的气体；不属于甲类的氧化剂；不属于甲类的化学易燃危险固体；助燃气体；常温下与空气接触能缓慢氧化，积热不散引起自燃的物品
丙	闪点≥60℃的液体；可燃固体
丁	难燃烧体
戊	非燃烧体

(3) 民用建筑的分类　如下所述。

① 单层和多层。我国单层和多层民用建筑分类规定为：九层及以下住宅和建筑高度不超过 24m 的其他民用建筑；建筑高度超过 24m 的单层公共建筑。

② 高层建筑分类。见表 9-6。

表 9-6 高层建筑分类

类　型	一　类	二　类
居住建筑	高级住宅或 19 层及以上的普通住宅	10～18 层的普通住宅
公共建筑	1. 医院或高级旅馆 2. 建筑高度超过 50m 或单层建筑面积超过 1000m² 的商业楼、展览楼、综合楼、电信楼和金融楼 3. 建筑高度超过 50m 或单层建筑面积超过 1500m² 的商住楼 4. 中央级和省级广播电视楼 5. 网局级和省级电力调度楼 6. 省级邮政楼、防灾指挥调度楼 7. 藏书超过 100 万册的图书馆或书库 8. 主要的办公楼、科研楼和档案楼 9. 建筑高度超过 50m 的教学楼和普通旅馆、办公楼、科研楼	除一类之外的公共建筑

(4) 建筑物的耐火等级　根据建筑物的结构类型、主要建筑构件（防火墙、承重结构、填充墙、隔墙、楼板、屋顶承重构件等）的耐火性能（燃烧性能和耐火极限），确定建筑物的耐火等级。

我国现行规范选择楼板作为确定建筑耐火极限等级的基准，建筑物的耐火等级划分见表 9-7。

表 9-7 建筑物的耐火等级

耐火等级	一级	二级	三级	四级
燃烧性能和耐火极限/h	不燃烧体 1.50	不燃烧体 1.00	不燃烧体 0.50	难燃烧体 0.25

2. 建筑总平面防火设计

(1) 建筑周围相邻建（构）筑物的性质及防火间距及高层建筑裙房的设置　如图 9-8 所

示。其中高层、高层的裙房与其他民用建筑之间的防火间距分别为：当其他民用建筑耐火等级为一、二级时间距为 9m 和 6m；当其他民用建筑耐火等级为为三级时为 11m 和 7m；当其他民用建筑耐火等级为为四级时为 14m 和 9m。

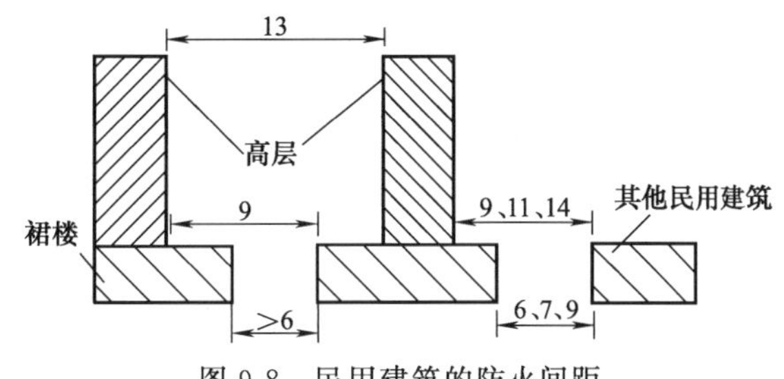

图 9-8 民用建筑的防火间距

（2）消防通道的设置 建筑总平面布局设计防火中，采取合理的布局和合理的防火间距是减少危险的有效防护措施，除此之外，消防救援也是重要的措施之一，合理地布置消防通道能为扑救创造有利的条件，消防通道的设置具体要求参看我国现行规范。

3. 建筑平面防火设计

建筑平面设计包括以下几个方面。

（1）建筑平面及竖向布置、防火分区设计（是否有跨层空间、自动扶梯等开口部位）。

（2）危险的房间（如锅炉房、变配电室、通风空调机房、汽车库等）的防火设计。

（3）特殊场所（如歌舞厅、娱乐场所、放映室、游艺场所、地下商店等）的防火设计。

（4）救援场所（如消防控制室、灭火设备室等）的设计。

4. 建筑安全疏散设计

（1）建筑安全出口

① 建筑安全出口的数量（房间、每个防火分区、地下室）及两个安全出口之间的距离应满足规范要求。

② 疏散楼梯间设计。疏散楼梯间有普通楼梯间、封闭楼梯间、防烟楼梯间、室外楼梯等几种形式。疏散楼梯间至首层和屋顶的设计要求：在首层与其他部位隔开并直通室外，疏散楼梯间在各层的位置、通向屋顶的疏散楼梯数量应满足要求。地下室楼梯间的设计要求：在首层与其他部位隔开并直通室外，并与地上层楼梯之间进行防火分隔。

（2）安全疏散距离 房间门位于两个安全出口之间、位于袋形走道两侧或尽端；房间内最远一点疏散距离应满足规范要求。

（3）走道、楼梯、疏散门的宽度应满足规范要求

（4）建筑内人员密集的场所（观众厅、会议厅、多功能厅等）的设置位置、面积、最大容纳人数应满足规范要求，疏散走道的设置、安全出口的数量，走道和安全出口的宽度，固定座位的排列、排距等设计应满足规范要求。

（5）消防电梯应分别设在不同的防火分区内，避免两台或以上消防电梯设置在同一防火分区内。消防电梯应设置面积不小于 4m^2 的前室，前室宜靠外墙设置且具有防火卷帘，首层应直通室外或经过长度不超过 30m 的通道。电梯间应备有消火栓。

5. 建筑构造

建筑防火构造包含以下几个方面。

（1）防火墙、防火卷帘、防火门窗。

（2）疏散楼梯间、楼梯和门。

（3）管道井。

（4）玻璃幕墙。

二、实例分析

西安凯瑞饭店平面图如图 9-9 所示，饭店占地 16330m²，总建筑面积 44642m²，建筑高度 40.5m，地下 1 层，地上 12 层，其中一、二层为公共用房，三层以上为客房。饭店主楼由东座、西座和中间体相连而成，东座内设有高达 40m 的中庭，内有两部观光电梯。

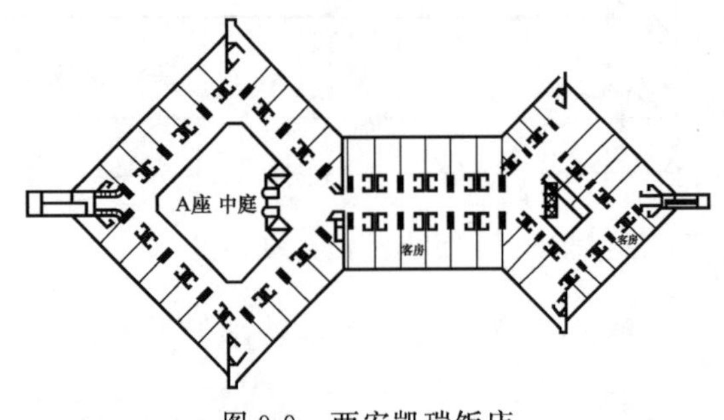

图 9-9 西安凯瑞饭店

该饭店每个楼层均作垂直防火分区，水平防火分区设计如下所述。

（1）地下室　地下室建筑面积 5790m²，由于设有自动灭火系统，单个最大防火分区为 1000m²，因此设 8 个防火分区，最大的防火分区为 953m²，最小为 391m²。

（2）楼层　饭店建筑高度 40.5m，属于二类高层建筑，单个最大防火分区面积 1500m²。饭店一、二层均为公共用房，建筑面积 6902m²，因此均划分为 8 个防火分区。考虑到这两个楼层功能复杂，可在个别人员集中或疏散通道等分区设置防火卷帘或防火水幕带。三层以上为标准客房层，向上层层内缩，建筑面积逐步减小，每层设 4 个防火分区。

（3）中庭　中庭平面尺寸为 18.45m×18.45m，与各楼层客房相邻，且贯穿所有楼层，为防止火势沿着中庭蔓延至客房，中庭四周内墙均为防火墙，靠近中庭的所有客房的门均采用乙级防火门，且各层回廊吊顶上均设置有间距为 3m 的自动喷水头，并在中庭的玻璃金属屋架顶上也设置了自动喷水头以保护屋盖。

（4）楼梯　疏散楼梯设有面积 10m² 的前室（该前室与消防电梯共用），前室内配有消防栓，楼梯及前室的门均采用乙级防火门。

（5）消防电梯　在疏散楼梯旁设有消防电梯，电梯门也采用乙级防火门。

本章小结

<table>
<tr><td rowspan="12">建筑防火与安全疏散</td><td rowspan="2">建筑失火的可能性</td><td>燃烧条件</td><td colspan="2">可燃物、氧化剂和火源</td></tr>
<tr><td>建筑失火可能性</td><td colspan="2">生活和生产用火不慎；违反安全生产制度；电气设备设计、安装、使用火维护不当；人为纵火；自燃现象引起；建筑布局、材料选用不合理</td></tr>
<tr><td rowspan="3">火灾的发展与蔓延</td><td>室内火灾发展过程</td><td colspan="2">火灾发展过程分为四个阶段，起火期、成长期、全盛期和衰退期</td></tr>
<tr><td rowspan="2">火灾蔓延</td><td>蔓延的形式</td><td>直接延烧、热传导、热辐射、热对流和飞星</td></tr>
<tr><td>蔓延的途径</td><td>内墙门、外墙窗口、楼板上的孔洞和各种竖井管道、房间隔墙、穿越楼板、墙壁的管线和缝隙、闷顶</td></tr>
<tr><td rowspan="5">防火与防烟分区</td><td>概述</td><td colspan="2">防火分区、防烟分区</td></tr>
<tr><td rowspan="2">防火分区</td><td>防火分区类型</td><td>水平分区和垂直分区</td></tr>
<tr><td>主要防火分隔物</td><td>防火墙、防火门、防火卷帘、防火带、防火窗和防火水幕带等</td></tr>
<tr><td rowspan="2">防烟分区</td><td>防烟分区类型</td><td>按用途、面积、楼层划分</td></tr>
<tr><td>主要防烟分隔物</td><td>挡烟垂壁、挡烟隔墙、挡烟梁等</td></tr>
<tr><td rowspan="2">高层建筑的防火</td><td>高层建筑火灾特点</td><td colspan="2">烟气蔓延快、疏散困难、引起火灾因素多、救活难度大</td></tr>
<tr><td>高层建筑耐火等级</td><td colspan="2">一类高层建筑和各类高层建筑的地下室的耐火等级均应为一级，二类高层建筑的和耐火等级不应低于二级，裙房的耐火等级不应低于二级</td></tr>
</table>

续表

<table>
<tr><td rowspan="10">建筑防火与安全疏散</td><td rowspan="4">高层建筑的防火</td><td rowspan="2">高层建筑防火分区</td><td>防火分区面积</td><td>一类 $1000m^2$、二类 $1500m^2$、地下室 $500m^2$</td></tr>
<tr><td>设计要求</td><td>每层划分为一个防火分区，以楼板为分隔。对于在两层或多层之间设有各种开口，连通部分各层面积之和不应超过允许的水平防火分区的面积</td></tr>
<tr><td>高层建筑防烟分区</td><td colspan="2">设置排烟设施的走道和净高不超过 6m 的房间，应采用挡烟垂壁、隔墙或从顶棚下突出不小于 0.5m 的挡烟梁来划分防烟分区；每个防烟分区的面积不宜超过 $500m^2$，且防烟分区的划分不能跨越防火分区；对于高层建筑中的各种管道，火灾发生时容易成为烟气扩散的通道，尽量不要让各类管道穿越防烟分区</td></tr>
<tr><td>高层建筑防排烟设计</td><td colspan="2">疏散用楼梯应设计成封闭的或能防烟的楼梯，防烟楼梯是指在楼梯入口处，加设一间前室，前室内除了有消防栓外，还应设防排烟设施，并用防火门隔开，防止烟雾进入楼梯间</td></tr>
<tr><td rowspan="5" colspan="2">防火设计要点</td><td>建筑分类和耐火等级</td><td>建筑概况、建筑分类、建筑物耐火等级</td></tr>
<tr><td>建筑总平面防火设计</td><td>建筑防火间距满足要求、设置消防通道</td></tr>
<tr><td>建筑平面防火设计</td><td>建筑平面及竖向布置、防火分区设计；危险的房间的防火设计；特殊场所的防火设计；救援场所的设计</td></tr>
<tr><td>安全疏散设计</td><td>安全出口设计、安全疏散距离</td></tr>
<tr><td>建筑构造</td><td>防火墙、防火卷帘、防火门窗；疏散楼梯间、楼梯和门；道井；玻璃幕墙</td></tr>
</table>

复习思考题

1. 火灾的发展分为哪几个阶段？每个阶段有何特点？
2. 火灾蔓延的途径有哪些？
3. 为何要设置防火分区？
4. 为何要设置防烟分区？防烟分区和防火分区有何不同？
5. 高层建筑的防火措施有哪些？
6. 防火设计的要点有哪些？

第十章

建 筑 节 能

知识目标

• 了解建筑节能的意义、发展、目标和任务。
• 理解建筑节能的术语、基本原理和途径。
• 掌握墙体、窗户、屋顶、外门和地面这些节能做法，及其分类、所用材料、构造组成和细部处理。

能力目标

• 能解释建筑节能的术语、基本原理和途径。
• 能处理围护结构节能方面的构造问题。
• 能够结合实际情况，合理选择建筑节能的构造方案。
• 能够识读建筑施工图及其细部构造图，处理工程中的实际问题。

第一节　概　　述

一、建筑节能的意义

经济全球化的浪潮推进到21世纪之初，人口、环境、能源等诸多问题越来越迫切地摆到了各国政府和广大民众面前。人类要生存，经济要发展，必然要消耗能源；能源消耗愈多，环境破坏就会愈严重。如果无节制地使用能源甚至挥霍能源，在经济发展的同时，也在自毁着我们赖以生存的地球。为了“可持续发展”不成为一句空话，人们唯一的选择只能是节约使用能源。

从我国的能源资源条件来看，虽然煤炭和水力资源储量比较丰富，但以13亿人口作分母，可开采的煤炭储量和可以开发的水电量人均值，都大大低于世界水平，至于石油和天然气储量人均值，比世界水平就更低了。改革开放三十多年来的经济发展状况显示，一次商品能源平均年增长仅占国内生产总值平均年增长的1/3左右。今后，我国能源生产的增长速度还将长期滞后于国内生产总值的增长速度。由此可见，能源短缺对我国的经济发展是一个根本性的制约因素。因而，只有依赖于节能，国民经济才有持续发展的可能。

建筑能耗一般指在建筑物（房屋）内的生活能耗，或者叫与建筑物（房屋）有关的能耗，其内容包括冬季采暖、夏季空调、照明与家用电器、热水供应、一日三餐用气用柴等。建筑用能属于民生能耗，量大面广，与工农业生产、交通运输能耗同等重要，一般占全国总能耗的30%左右。经济愈发展，生活、工作条件愈舒适，则建筑能耗占国家总能耗的比例愈高。发达国家建筑能耗已接近50%。建筑用能节约与否，是一个牵涉到国家全局，影响到民众生活质量的大事情，已为各国政府所重视。建造节约用能的新房子和改造耗能高的老房子，已成为一个世界性的、不可逆转的大潮流。

所谓建筑节能，单从字面上讲就是节省能源消耗，但它已不同于传统的要求人们“节衣缩食”，而是提醒人们在保证高质量生活的前提下合理使用和有效利用能源，最大限度地提高建筑中的能源利用效率。“节约-保持-充分利用”是建筑节能的三层含义。

二、建筑节能技术的发展

（一）世界范围内建筑节能发展概况

20世纪70年代以前的几十年，世界各国曾经无节制地使用能源，甚至挥霍能源，物质生活过度富裕的上层人们未曾想到会有什么危机正在悄悄降临。直到20世纪70年代初，先是石油大幅度涨价，继而出现能源危机，使世界经济遭受到严重打击，接着科学家们又在世界范围内发现地球大气环境正在因此而加剧破坏。人类在享受工业化、现代化给人们带来的舒适和欢乐的同时，却不得不痛苦地品尝因此而带来的越来越多的苦果。之后，人们逐渐认识到这个破坏环境的罪恶之源不仅仅是工业污染，而且相当大部分是建筑耗能所造成的污染。

在近20多年的时间内，建筑节能这个大潮流首先在发达国家展开，继而在世界范围内蓬勃兴起并迅速发展，而且它带动着多方面的建筑技术发展，使许多建筑用产品不断更新换代，甚至使建筑业的组织结构也产生种种变化，其主要表现在以下4个方面。

1. 建筑围护结构的变化

传统的建筑外围护结构往往是承重功能与保温隔热功能相结合，构造较为简单，单纯用砖石、混凝土或木材筑成，外窗、外门单薄且封闭性差。墙体设计考虑的主要问题是强度和耐久性，门窗用料也往往把价格放在首位。传统的普通黏土砖砌体的热导率高达0.81W/(m·K)。近几年迅速发展的、能够工业化大生产的泡沫聚苯乙烯板、岩棉板、玻璃棉板等高效保温材料，其热导率可低至0.035～0.04W/(m·K)左右，其保温性能大大提高。钢筋混凝土结构、钢结构的大量使用，可以将承重和保温两种功能用不同材料分别承担。用高效保温材料、隔汽材料和饰面加强材料组合成的新型墙体，不但可以比传统砖石墙薄很多，而且将保温隔热效果提高许多倍。门窗材料、性能的多样化，高性能玻璃的出现不仅丰富了门窗、幕墙的形式和功能，且保温性能大为改善。

2. 建筑采暖、空调系统的变化

传统的建筑采暖系统，是用简单的管道从锅炉里接出热媒（蒸汽或热水）送到各家各户房间里的散热器中，传热后再回到锅炉中去，或者就是一家一户的小热水炉及直燃煤取暖。这种方式一是燃烧效率低，热损失多；二是设计和制造安装均较简单粗糙，运行控制困难，更无法对热量进行计量。而近年来发展的新型采暖技术，从锅炉燃烧到管网系统，以及散热器形式都有很大改变，特别是自动化控制、采暖计量等技术的应用都大大提高了热能利用效率。特别是地温空调、地热水空调、水源热泵技术的应用，给建筑供热、供冷开辟了新途径，比传统的采暖、空调系统节煤节电，且大大减少了环境污染。

3. 建筑材料及设备产品结构的变化

由于建筑物基本组成材料及使用要求的重大变化，使得现代的建筑业变得十分庞大，或

者说由建筑业又派生出许多新的产业群体。如屋面与墙体保温材料、管道密封及保温材料、新型门窗及配件、换热器、调速泵、各类阀门与仪表等。为了生产、安装这些名目繁多的产品，发达国家已经形成了新兴的、现代化的节能产业群体。我们国家起步较晚，有关节能产品多是出自中小企业，正处于初创阶段，但发展速度较快，而且前景看好。

4. 建筑管理机构及节能观念的变化

由于建筑节能技术的复杂性，在发达国家已经出现了许多各有其技术专长的诸如从事建筑保温、密封、供热系统调控这样的专业化建筑安装公司，甚至还出现了供热用能计量这种全国性以至于跨国的服务性公司。如我国刚刚兴起的“环保之乡”、“防腐之乡”、专业防水公司等。至于在政府管理部门和建筑科研单位专门设有建筑节能组织更是十分普遍。

我国政府也在20世纪80年代后期开始制定各项民用建筑节能设计标准、推行建筑节能政策。1995年，我国政府有关部门专门作出了节能中长期规划，并得到国务院批准、颁布，并制定了新的节能设计标准，且在其中增加了若干强制性条文，各级地方政府建设管理部门设置了对建筑节能设计专门审查机构。

建筑节能是关系到国计民生的大事情，只有政府、企业、广大工程技术人员和包括每一个有这方面知识的使用者在内的大家的共同努力，才能使建筑节能这项工作真正开展并取得成效。

（二）我国建筑节能工作的进展

1. 制定建筑节能标准和相应法规

建筑节能是一项重要而又技术性很强的工作，不仅要有宏观的政策法规，还必须有详尽可行的节能设计标准和相应的技术规程。到目前为止，已先后颁布了数十项关于建筑节能的设计标准、检验标准和技术规程。

1986年原建设部颁发了我国第一个建筑节能方面的法规——《民用建筑节能设计标准（采暖居住建筑部分）》（JGJ 26—86）。该标准要求在1980～1981年当地通用设计的基础上节能30%，其中房屋建筑节能20%，采暖系统节能10%。

1987年，原建设部、国家计委、国家经贸委和国家建材局又联合下达了关于实施《民用建筑节能设计标准（采暖居住建筑部分）》的通知，并要求寒冷地区各省、自治区、直辖市抓紧编制该标准的实施细则。此后，各有关地方政府组织开展了此项工作，陆续编制出本地区的实施细则并颁布执行。

1993年，原建设部又批准了《旅游旅馆建筑热工与空气调节节能设计标准》（GB 50189—93），该标准为强制性的国家标准。要求在审批新建及改建旅游旅馆项目可行性报告节能篇章时，以及设计单位在进行旅游旅馆的设计和旅游旅馆的管理工作中，都应遵守该标准的规定。

此外，对于建筑外窗、多种节能建材及其检测方法也制定了多项标准，如国家标准《建筑外窗保温性能分级及其检测方法》（GB 8484—89），《钢窗建筑物理性能分级》（GB 13684—92），《建筑外门的空气渗透性能和渗漏性能分级及检测方法》（GB 13686—92）等。

经过近10年的执行，原建设部又组织编制了采暖居住建筑节能第二阶段即节能50%的标准。1996年7月1日，新的《民用建筑节能设计标准（采暖居住部分）》（JGJ 26—95）开始执行。

2001年，原建设部批准《既有采暖居住建筑节能改造技术规程》为行业标准，编号为JGJ 129—2000；《夏热冬冷地区居住建筑节能设计标准》为行业标准。

2003年10月1日，《夏热冬暖地区居住建筑节能设计标准》（JGJ 75—2003）开始实施。

2005 年 7 月 1 日，《公共建筑节能设计标准》(GB 50189—2005) 颁布并实施。

到目前为止，我国不同建筑气候地区的不同类型的民用建筑节能设计标准均已相继颁布实施，并且颁布了与之相配套的多项技术规程，如《外墙外保温工程技术规程》(JGJ 144—2004) 等。各省区根据本地区的气候特点和经济发展状况，在国家标准的原则下，分别编制了分省区节能设计标准。如 2006 年 7 月 1 日实施的《河南省居住建筑节能设计标准（夏热冬冷地区）》(DBJ 41/071—2006) 等。

为了从经济政策上保证建筑进展，国家计委和国家税务总局决定，对执行采暖住宅节能设计标准的北方节能住宅免征税率为 5%的固定资产投资方向调节税，以鼓励投资者采用节能措施。

2. 推动技术进步

在执行国家建筑节能标准的基础上，建设部和各省市建设主管部门根据需要，已经安排了数以百计的建筑节能科研开发项目，并取得了多方面的研究成果。如外墙保温、内保温墙体、空心砖墙、加气混凝土墙、多排孔轻骨料混凝土砌块墙、高效保温复合材料等。在门窗保温方面推广了塑料窗、双玻和三玻窗、中空玻璃窗、各类门窗密封条等。在供热系统中则开发了水力平衡技术、自力式调节阀、智能采暖系统量化管理仪、压差控制器等，其他如住宅连续供暖、供暖锅炉混合式烧煤法等。

在太阳能应用方面，进行了主动式与被动式采暖用于改善室内热环境研究，并建有一批示范工程；在室内热舒适度研究方面，通过现场调查，制定了若干适合中国习俗的室内温度、相对湿度等设计参数。农村太阳能采暖、太阳能热水器、风能发电等方面也得到了较快的发展。为了开发推广上述研究成果，建设部和有关省、自治区、直辖市，还组织编印了一大批建筑节能应用图集、技术资料汇编和培训教材，各地市建设主管部门相继开办了建筑节能培训班，以提高建筑设计人员的节能设计水平。在采暖区的一些城市，还建设了不少试点建筑和试点小区，北京、哈尔滨等地还组织了节能改造试点。这些工程试点，对于结合实际进行节能研究、总结实践经验、取得能耗测试数据，以及示范推广建筑节能技术，都起到了重要的指导作用。

为了科学地开展建筑节能工作，有关部门制定了全国建筑气候区划标准及部分大城市的动态气象参数，开发了有关节能的计算机分析计算软件。建筑节能技术的国际交流合作也在日益扩展。80 年代初与瑞典合作进行节能改造试点，并学习其检测技术；90 年代初与英国合作建设示范节能住宅并对原有住宅进行示范改造，还提供了新的节能检测设备和技术手段；之后又与加拿大进行多领域的建筑节能合作，都取得了丰富的技术成果。可以预见世界上发达国家先进的建筑节能技术将会逐步在国内取得推广应用。

3. 加强行政管理

住房和城乡建设部为加强建筑节能的组织领导和协调工作，于 20 世纪 90 年代初就成立了原建设部节能工作协调组，负责归口管理和统一协调各项节能工作，贯彻落实国家有关节能方针政策，组织制订有关节能的规划政策和法规。之后，各省市先后成立了相应的节能工作协调机构，许多省市设立了建筑节能和墙体材料革新领导小组及其办公室，负责有关节能工作的布置和检查督促。

通过各级建设主管部门和广大工程技术人员的努力，我国的建筑节能工作进入 21 世纪后已经逐步走上正规化、规范化的道路，并取得了显著成效。比如对建筑施工图节能设计方面的严格审查、对施工过程中节能设计执行情况的检查、对节能材料、门窗的质量检验等。已经形成了一套卓有成效的工作制度。

（三）目前我国建筑节能技术的应用

1. 墙体节能技术

墙体是建筑外围护结构的主体，对建筑能耗起着至关重要的作用。我国长期以实心黏土砖为主要墙体材料，为保温而加厚墙体实在是事倍功半，对能源和土地资源都是严重的浪费。按照节能要求，对于普通黏土砖这个应用最广、历史最长的基本建筑材料，由少用、限用到禁用，进行了多方面的改进，改实心为空心，改进孔型、尺寸，各地都取得了显著的成效。充分利用加气混凝土块较好的保温性能，以加厚的砌块作框架充填墙，节能效果明显，已在全国各地得到广泛应用。

主要作承重用的单一材料墙体，往往难以同时满足较高的保温、隔热要求，因此，在节能的前提下，复合墙体越来越成为当代墙体的主流。随着经济的发展，用复合墙代替单一材料墙是必然趋势。

目前复合墙体较为普遍的做法包括以下 3 种。

(1) 内保温　就是将绝热材料复合在承重墙内侧，技术并不复杂，施工简便易行。绝热材料强度往往较低，需设置面层防护。常用的绝热材料有聚苯乙烯泡沫塑料板、玻璃棉板、矿棉保温板、岩棉板等。

(2) 外保温　就是将上述保温板材粘贴或钉挂在承重墙外侧，其优点是建筑热稳定性好，并可避免冷桥，居住较舒适。外围护层对主体结构有保护作用，可延长结构寿命，还可少占用使用面积。对旧房改造工程，施工期间减少对用户的干扰。其缺点是外保温层长期处于室外大气环境中，要能经受温湿度、风雨等气候变化，施工技术、质量要求均较高，造价也相应提高。

(3) 中间保温　顾名思义，即是将保温绝热材料设置在外墙中间，在砖砌体或砌块墙体中间留出空气层，在中间层安设岩棉板、矿棉板、聚苯板、玻璃棉板，或者填入散状膨胀珍珠岩、聚苯颗粒、玻璃棉等。

由焊接钢丝网架和阻燃聚苯板组成的保温板，在工厂预制成块体后运到现场，双面抹水泥砂浆，质轻墙薄，用做轻型建筑墙体、加层建筑内外隔墙或屋顶均可。

2. 门窗节能技术

在建筑外围护结构中，门窗的保温隔热能力较墙体更差，门窗缝隙是冷风渗透的主要通道，通过门窗的传热热损失与空气渗透损失相加，约占全部热损失的一半左右。因此，门窗的保温性能和气密性对采暖能耗有重大影响。改善门窗的绝热性能，是节能工作的另一重点，其内容包括以下几点。

(1) 改善窗户保温性能　双层窗传热系数比单层窗降低将近一半，但因造价提高且擦洗玻璃不便，许多地方采用了单层窗双层玻璃或单层窗中空玻璃，如果施工质量达到相应的验收规范，也能满足节能标准的要求。

在窗玻璃上加贴透明聚酯膜，也是一种行之有效的节能办法。

(2) 减少冷空气渗透　如果门窗加工制作不够严密，或者施工质量不高，造成门窗框与墙体之间存在细小缝隙，则在风压和热压的作用下，冬季室外冷空气会通过门窗缝隙进入室内，增加供暖能耗。夏季则相反，室外热空气进入室内，增加空调负荷。解决这一问题，除提高门窗制作、安装的质量外，加设密封条是提高门窗气密性的重要手段。

3. 屋顶节能技术

城市住宅（尤其是多层、低层住宅）一般情况下顶层冬冷夏热，我国家大部分地区对这个问题解决得不好，屋顶保温层先是白灰炉渣，后是水泥珍珠岩，目前使用最多的是加气混凝土块。之所以未能达到保温隔热的要求，一是厚度不够，二是材料保温隔热性能差，三是施工质量问题。近几年由于建筑节能标准提高，新的高效保温材料如聚苯板已开始应用于屋面，施工方法也在不断改进。在顶层增加坡屋顶阁楼，也是一种解决冬冷夏热的好办法。

4. 供暖系统节能技术

传统的城市集中供暖系统包括燃煤锅炉、水（汽）管网、用户散热器（暖气片）及管路中各种仪表、阀门，系统计算靠统计参数与理论公式，由设计人员一次完成，运行中一般不再调节。一旦计算不准或安装失误，常常出现同一系统中各住户冬季室温相差悬殊。因此利用计算机对供暖系统进行全面的水力平衡调试，采用以平衡阀及其专用仪表为核心的管网水力平衡技术，实现管网流量的合理分配，做到动态调节，可使供暖质量大为改善，又可大大节约能源。

生活用热从传统的按建筑面积收费改为计量收费，是适应社会主义市场经济要求的又一重大技术改革。为控制室温，可在散热器端部安装恒温调节阀，按事先设定的温度进行调控，以达到热舒适和节能的双重效果。各家各户的供暖动态调节与整个系统的自动调节相结合，使整个系统的供暖运行随各个用户用热需求变化而及时不断调整，会进一步取得成效。

如果管道保温不良，中途热能的散失也是相当惊人的。目前普遍的管道保温做法是在钢管外套上比钢管直径大6～8cm的聚乙烯塑料管（壁厚3mm左右），将两管空间用泡沫聚氨酯充填（俗称现场发泡），不设管沟，直埋地下，比以往用岩棉包钢管架空的做法大大减少了热损失，而且施工方便，经久耐用，在使用年限内基本不用维修。

三、建筑节能的目标与任务

1. 建筑节能的几个经济指标

前文提及的节能30%、50%是指要节约30%、50%的采暖用煤，基点是当地1980～1981年住宅通用设计能耗水平。国家在提出节能指标的同时，要求节能投资不超过土建投资的10%，节能投资回收期不超过10年，节约吨标准煤的投资不超过开发吨标准煤的投资。

为了实现50%这一目标，建筑物节能率应达到35%，即建筑物耗热量指标应降低35%，供热系统的节能率应达到23.6%。若在总节能率50%中按比例分配，则建筑物约承担30%，供热系统约承担20%。

根据建筑物耗热量指标应降低35%这一要求，有关部门制定了相应的耗热量指标，并据此提出不同地区采暖居住建筑各部分围护结构传热系数限值。

2. 发展建筑节能的支撑条件

为实现建筑节能发展的现阶段目标，必须发挥政府、企业、工程技术人员和广大民众等各方面的积极性，齐心协力，各司其职，不断克服困难，才能使建筑节能工作逐步深入，取得成效。

在政府方面，要建立健全各级专职建筑节能机构，加快行政立法和制定、更新各类技术标准，建立和完善建筑节能法规体系，采取经济激励机制，加强建筑节能的监督与检测，加大对广大民众的宣传教育，提高全民族的节能意识。

对于生产和研发建材和建筑产品的企业、科研单位，应该抓住市场机遇，加大对建筑节能产品的研发投入，尽快开发、生产出更多更好的建筑节能产品，为建筑节能的发展提供物质基础。

第二节 居住建筑节能设计

在我国，建筑节能设计在现阶段主要是针对民用建筑。根据建筑物的使用功能不同以及所在地区气候差别，我国分别编制了居住建筑节能设计标准和公共建筑节能设计标准，居住建筑节能设计标准又是按建筑热工设计分区分别编制的，这些标准虽然侧重点不同，但总的设计原则和节能目标是一样的。限于教材篇幅，这里仅以北方严寒、寒冷地区采暖居住建筑为例进行讲述，其他标准必要时简单介绍。

一、有关建筑节能方面的部分术语

（1）采暖期天数（Z） 累计年日平均温度低于或等于5℃的天数。

（2）采暖期室外平均温度（t_e） 在采暖期起止日期内，室外逐日平均温度的平均值。

（3）采暖能耗（Q） 用于建筑物采暖所消耗的能量，本标准中的采暖能耗主要指建筑物耗热量和采暖耗煤量。

（4）建筑物耗热量指标（q_H） 在采暖期室外平均温度条件下，为保持室内计算温度，单位建筑面积在单位时间内消耗的、需由室内采暖设备供给的热量，单位：W/m^2。

（5）采暖耗煤量指标（q_c） 在采暖期室外平均温度条件下，为保持室内计算温度，单位建筑面积在一个采暖期内消耗的标准煤量，单位：kg/m^2。

（6）围护结构 建筑物及房间各面的围挡物，如墙体、屋顶、地板、地面和门窗等。分内、外围护结构两类。

（7）热桥 围护结构中包含金属、钢筋混凝土或混凝土梁、柱、肋等部位，在室内外温差作用下，形成热流密集、内表面温差较低的部位。这些部位形成传热的桥梁，故称热桥。

（8）围护结构传热系数（K） 围护结构两侧空气温差为1K，在单位时间内通过单位面积围护结构的传热量，单位：$W/(m^2 \cdot K)$。

（9）围护结构传热系数的修正系数（ε_i） 不同地区、不同朝向的围护结构，因受太阳辐射和天空辐射的影响，使得其在两侧空气温差同样为1K的情况下，在单位时间内通过单位面积围护结构的传热量要改变。这个改变后的传热量与未受太阳辐射和天空辐射影响的原有传热量的比值，即为围护结构传热系数的修正系数。

（10）窗墙面积比 窗户洞口面积与房间立面单元面积（即建筑层高与开间定位线围成的面积）的比值。

（11）采暖供热系统 锅炉机组、室外管网、室内管网和散热器等设备组成的系统。

（12）锅炉机组容量 又称额定出力，锅炉铭牌标出的出力，单位：MW。

（13）锅炉效率 锅炉产生的、可供有效利用的热量与其燃烧的煤所含热量的比值。在不同条件下，又可分为锅炉铭牌效率和运行效率。

（14）锅炉铭牌效率 又称额定效率，锅炉在设计工况下的效率。

（15）锅炉运行效率（η_2） 锅炉实际运行工况下的效率。

（16）室外管网输送效率（η_1） 管网输出总热量（输入总热量减去各段热损失）与管网输入总热量的比值。

（17）建筑物耗冷量指标 按照夏季室内热环境设计标准和设定的计算条件，计算出的单位建筑面积在单位时间内消耗的需要由空调设备提供的冷量。

（18）空调年耗电量 按照夏季室内热环境设计标准和设定的计算条件，计算出的单位建筑面积空调设备每年所要消耗的电能。

(19) 空调、采暖设备能效比（EER） 在额定工况下，空调、采暖设备提供的冷量划热量与设备本身所消耗的能量之比。

(20) 对比评定法 将所设计的建筑物（夏热冬暖地区）的空调采暖能耗和相应参照建筑物的空调采暖能耗作对比，根据对比的结果来判定所设计的建筑物是否符合节能要求。

(21) 围护结构热工性能权衡判断 当建筑设计（公共建筑）不能完全满足规定的围护结构热工设计要求时，计算并比较参照建筑和所设计建筑的全年采暖和空气调节能耗，判定围护结构的总体热工性能是否符合节能设计的要求。

(22) 参照建筑 采用对比评定法时作为比较对象的一栋符合节能要求的假想建筑工地；对围护结构热工性能进行权衡判断时，作为计算全年采暖和空气调节能耗用的假想建筑。

(23) 典型气象年（TMY） 以近 30 年的月平均值为依据，从近 10 年的资料中选取一年各月接近 30 年的平均值作为典型气象年。由于选取的月平均值在不同的年份，资料不连续，还需要进行月间平滑处理。

二、居住建筑节能的基本问题

1. 建筑节能标准

《民用建筑节能设计标准（采暖居住建筑部分）》（JGJ 26—95）是我国建筑节能起步阶段（一般称为第一阶段）的标准，节能率为 30%，围护结构保温隔热水平提高幅度不大，有关规程仅对最低要求作出了规定。由于种种原因，原标准并未在我国的主要采暖地区——三北地区得到实施，采暖居住建筑围护结构保温水平低、热循环质量差、采暖能耗大的普遍状况并未得到改善。因此，国家提出了“从 1995 年起，我国严寒和寒冷地区城镇新建住宅全部按采暖能耗降低 50%设计建造”的规划，于 1996 年颁布实施了新标准。实际上，2001 年颁布实施的《夏热冬冷地区居住建筑节能设计标准》（JGJ 134—2001）、2003 年颁布实施的《夏热冬暖地区居住建筑节能设计标准》（JGJ 75—2003）、2005 年颁布实施的《公共建筑节能设计标准》（GB 50189—2005）都是按节能 50%制定的。所以，目前现行的建筑节能设计标准都属于新标准。

新标准节能目标 50%，由改善围护结构热工性能、提高空调采暖设备和照明设备效率来分担。执行新标准后，全国总体建筑节能率可达到 50%。

2. 居住建筑的基本特点

居住建筑主要为住宅建筑（约占 92%），其次为集体宿舍、旅馆、招待所、托幼建筑等（约占 8%），其共同特点是供人们居住使用，而且一般都是昼夜连续使用。这类建筑中对室温和空气质量有较高的要求：冬季室内温度一般要达到 16～18℃，要求较高的达到 20～22℃；夏季室内温度一般要求 26～28℃；冬、夏季室内换气次数一般在 1.0 次/h。居住建筑的层高一般为 2.7～3.0m，开间一般为 3.3～3.6m。城镇居住建筑以多层建筑为主，大城市有部分中高层和高层住宅。

在严寒、寒冷地区，冬季采暖耗能主要是消耗燃煤。之所以耗能高，其根本原因一是传统的建筑保温隔热和气密性差，二是供热采暖系统运行效率低，一般情况下实际供暖面积只能达到设备能力的一半左右。

在夏热冬冷地区，由于过去不采暖、无空调，居住建筑的设计对保温隔热问题不够重视，围护结构的热工性能普遍很差。随着经济的高速增长，该地区的城镇居民纷纷采取措施，自行解决住宅冬夏季的室内热环境问题，夏季空调冬季采暖成了一种很普遍的现象。主要采暖空调设备是电暖器、暖风机、小型空调器，能效比很低，电能浪费很大。

在夏热冬暖地区，夏季空调耗电量更是连年急剧上升，建筑节能工作已经到了刻不容缓的地步，否则将会阻碍社会经济的发展，且不利于环境保护。

三、节能设计的基本要求

建筑能耗包括两大方面：一是采暖耗煤，二是空调耗电。北方严寒、寒冷地区冬季传统的室内供热方式是火炉取暖和燃煤锅炉热水系统集中供暖。由于小型锅炉系统运行效率低、安全生产难以保证、严重污染环境，大部分城市已限制使用，取而代之的是其他高效的、清洁的供热方式。因而节能设计标准中着重规定了多种新的采暖、空调方式。

1. 采暖、空调和通风节能设计标准

居住建筑采暖、空调方式及其设备的选择，应根据资源情况，经技术经济分析，及用户对设备运行费用的承担能力综合考虑确定。一般情况下，不宜采用直接电热方式采暖设备。

居住建筑当采用集中采暖、空调时，应设计分室（户）温度控制及分户热（冷）量计量设施。采暖系统其他节能设计应符合现行行业标准《民用建筑节能设计标准（采暖居住建筑部分）》(JGJ 26—95) 等中的有关规定。集中空调系统设计应符合现行国家标准《旅游旅馆建筑热工与空气调节节能设计标准》(GB 50189) 中的有关规定。

居住建筑进行夏季空调、冬季采暖时，宜采用电驱动的热泵型空调器（机组）、燃气（油）、蒸汽或热水驱动的吸收式冷（热）水机组，或采用低温地板辐射采暖式、燃气（油、其他燃料）的采暖炉采暖等。采用燃气为能源的家用采暖设备或系统时，燃气采暖器的热效率应符合国家现行有关标准中的规定值。

居住建筑采用分散式（户式）空气调节器（机）进行空调（及采暖）时，其能效比、性能系数应符合国家现行有关标准中的规定值。居住建筑采用集中采暖空调时，作为集中供冷（热）源的机组，其性能系数应符合现行有关标准中的规定值。

具备地面水资源（如江河、湖水等），有适合水源热泵运行温度的废水等水源条件时，居住建筑采暖、空调设备宜采用水源热泵。当采用地下井水为水源时，应确保有回灌措施，确保水源不被污染，并应符合当地有关规定；具备可供地热源热泵机组埋管用的土壤面积时，宜采用埋管式地热源热泵。

居住建筑采暖、空调设备，应优先采用符合国家现行标准规定的节能型采暖、空调产品。应鼓励在居住建筑小区采用热、电、冷联产技术，以及在住宅建筑中采用太阳能、地热等可再生能源。

未设置集中空调、采暖的居住建筑，在设计统一的分体空调器室外机安放搁板时，应充分考虑其位置有利于空调器夏季排放热量、冬季吸收热量，并应防止对室内产生热污染及噪声污染。居住建筑通风设计应处理好室内气流组织，提高通风效率。厨房、卫生间应安装局部机械排风装置。对采用采暖、空调设备的居住建筑，可采用机械换气装置（热量回收装置）。

2. 建筑节能基本原理和节能途径

为保持室内温度适宜，建筑物必须获得热（冷）量。建筑物的总得热（冷）包括设备的供热（冷）（约占 70%～75%），太阳辐射得热（包括炊事、照明、家电和人体散热，约占 8%～12%）。这些热（冷）量再通过围护结构（包括外墙、屋顶和门窗等）的传递和空气渗透向外散失。

建筑物的总失热（冷）包括围护结构的传递耗量（约占 70%～80%）和通过门窗缝隙的空气渗透耗量（约占 20%～30%）。当建筑物的总得热（冷）和总失热（冷）达到平衡时，室温得以保持。

因此，对于建筑物来说，节能的主要途径是减少建筑物外表面积和加强围护结构保温，以减少空气渗透耗热（冷）量。在减少建筑物总失热（冷）量的前提下，尽量利用（或减少）太阳辐射热和建筑物内部得热，最终达到节约采暖（制冷）设备供热（冷）量的目的。

3. 影响建筑物耗热（冷）的几个主要因素

（1）体形系数　在建筑物各部分围护结构传热系数和窗墙面积比不变条件下，热、冷耗量指标随体形系数成直线上升。低层和少单元住宅对节能不利。

（2）围护结构的传热系数　在建筑物轮廓尺寸和窗墙面积比不变条件下，热、冷耗量指标随围护结构传热系数降低而降低。采用高效保温墙体、屋顶和门窗等，节能效果显著。

（3）窗墙面积比　不管是单层窗、双层窗或双玻窗，厚度与气密性总赶不上墙体，因而，加大窗墙面积比对节能不利。

（4）楼梯间开敞与否　多层住宅采用开敞式楼梯间比有门窗的楼梯间，其耗热（冷）量指标约上升10%以上。不论是北方和南方，因为管理方式的原因，楼梯间往往不设门或有门窗而密封性极差，改变这一现象还需要大家更多的努力。

（5）换气次数　提高门窗的气密性，换气次数适当降低有利于节能。

（6）避风措施　朝向、入口处设门斗或采取其他避风措施，有利于节能。

（7）建筑层数　层数在10层以上时，耗热（冷）量指标趋于稳定。高层住宅中，带北向封闭式交通廊的板式住宅，其耗热（冷）量指标比多层板式住宅约低6%。在建筑面积相近的条件下，高层塔式住宅的耗热（冷）量指标比高层板式住宅约高10%～14%。体形复杂、凹凸面过多的住宅，不管是低层、多层或高层，都于节能不利。

四、建筑热工设计中的几项主要规定

建筑热工设计的任务，就是根据国家制定的建筑节能标准，对处在不同地区的、使用性质不同的楼房、一幢楼房中不同使用功能房间，设定合适的冬、夏季室内温度，再根据楼房、房间的具体建筑环境参数，通过详细、科学的计算，给出采暖、供冷设备的功率和运行模式。

前面所讲的影响建筑物耗能（热、冷）的诸多因素，仅仅是从定性上分析。而热工计算中，每一项因素都要用数据表达、参与计算，才能从理论上做到热（冷）平衡，既达到设定温度，又耗费最少的能源。热工计算有时候又叫热平衡计算。

由于各个标准中用来进行热工计算的参数很多，下面仅给出夏热冬冷地区建筑节能设计标准中的部分数据，供读者参考，见表10-1～表10-6所示。实际应用时，对于不同地区、不同建筑的热工设计，计算参数在相应标准中查找。

表10-1　不同地区建筑体形系数表

建筑气候分区	建筑类别		备　注
	公共建筑	居住建筑	
严寒地区A区	≤0.4	≤0.3	公共建筑不能满足规定时，应按规定进行权衡判断；居住建筑不能满足规定时，屋顶与外墙应加强保温，其传热系数应符合相应规定
严寒地区B区			
寒冷地区			
夏热冬冷地区		≤0.35 ≤0.4	条式建筑 点式建筑
夏热冬暖地区		≤0.35 ≤0.4	单元式、通廊式住宅 塔式住宅

表 10-2 公共建筑集中采暖系统室内计算温度

建筑类型及房间名称	室内温度/℃	建筑类型及房间名称	室内温度/℃
1. 办公楼：		6. 体育：	
门厅、楼(电)梯	16	比赛厅(不含体操)、练习厅	16
办公室	20	休息厅	18
会计室、接待室、多功能厅	18	运动员、教练员更衣、休息	20
走道、洗手间、公共食堂	16	游泳馆	26
车库	5	7. 商业：	
2. 餐饮：		营业厅(百货、书籍)	18
餐厅、饮食、小吃、办公	18	鱼肉、蔬菜营业厅	14
洗碗间	16	副食(油、盐、杂货)、洗手间	16
制作间、洗手间、配餐	16	办公室	20
厨房、热加工间	10	米面贮藏	5
干菜、饮料库	8	百货仓库	10
3. 影剧院：		8. 旅馆：	
门厅、走道	14	大厅、接待	16
观众厅、放映室、洗手间	16	客房、办公室	20
休息厅、吸烟室	18	餐厅、会计室	18
化妆	20	走道、楼(电)梯间	16
4. 交通：		公共浴室	25
民航候机厅、办公室	20	公共洗手间	16
候车厅、售票厅	16	9. 图书馆(一)：	
公共洗手间	16	大厅	16
5. 银行：		洗手间	16
营业大厅	18	办公室、阅览室	20
走道、洗手间	16	10. 图书馆(二)：	
办公室	20	报告厅、会计室	18
楼(电)梯	14	特藏、胶卷、书库	14

表 10-3 公共建筑空气调节系统室内计算参数

参数		冬季	夏季
温度/℃	一般房间	20	25
	大堂、过厅	18	室内外温差≤10
风速(v)/(m/s)		$0.10 \leqslant v \leqslant 0.20$	$0.15 \leqslant v \leqslant 0.30$
相对湿度/%		30～60	40～65

表 10-4 夏热冬冷地区居住建筑热环境设计指标

冬季采暖		夏季空调	
卧室、起居室室内温度	16～18℃	卧室、起居室室内温度	26～28℃
换气次数	1.0次/h	换气次数	1.0次/h

表 10-5 夏热冬冷地区公共建筑围护结构传热系数和遮阳系数限值

围护结构部位	传热系数 K/[W/(m^2·K)]
屋面	≤0.70
外墙(包括非透明幕墙)	≤1.0
底面接触室外空气的架空或外挑楼板	≤1.0

续表

外窗(包括透明幕墙)		传热系数 $K/[W/(m^2 \cdot K)]$	遮阳系数 SC(东、南、西向/北向)
单一朝向外窗(包括透明幕墙)	窗墙面积比≤0.2	≤4.7	—
	0.2<窗墙面积比≤0.3	≤3.5	≤0.55/—
	0.3<窗墙面积比≤0.4	≤3.0	≤0.50/0.60
	0.4<窗墙面积比≤0.5	≤2.8	≤0.45/0.55
	0.5<窗墙面积比≤0.7	≤2.5	≤0.40/0.50
屋顶透明部分		≤3.0	≤0.40

注：有外遮阳时，遮阳系数＝玻璃的遮阳系数×外遮阳的遮阳系数；无外遮阳时，遮阳系数＝玻璃的遮阳系数。

表 10-6 夏热冬冷地区居住建筑不同朝向、不同窗墙面积比的外窗传热系数

朝向	窗外环境条件	外窗的传热系数 $K/[W/(m^2 \cdot K)]$				
		窗墙面积比≤0.25	0.25<窗墙面积比≤0.30	0.30<窗墙面积比≤0.35	0.35<窗墙面积比≤0.45	0.45<窗墙面积比≤0.50
北(偏东60°到偏西60°的范围)	冬季最冷月室外平均气温>5℃	4.7	4.7	3.2	2.5	—
	冬季最冷月室外平均气温≤5℃	4.7	3.2	3.2	2.5	—
东、西(东或西偏北30°到偏南60°范围)	无外遮阳措施	4.7	3.2	—	—	—
	有外遮阳(其太阳辐射透过率≤20%)	4.7	3.2	3.2	2.5	2.5
南(偏东30°到偏西30°范围)		4.7	4.7	3.2	2.5	2.5

第三节 围护结构节能设计

一、墙体节能

《民用建筑节能设计标准（采暖居住建筑部分）》（JGJ 26—95）为了实现节能50%这一目标，不仅提高了对围护结构的保温要求，而且考虑了抗震柱、圈梁等周边热桥部位对外墙传热的影响，并制定了新的外墙传热系数的限值。这样一来，尤其是北方地区采暖建筑中只有加气混凝土墙体（热桥部位还要做外保温处理）才能满足要求，从西安到佳木斯地区的厚度为200～450mm。若采用黏土多孔砖墙体，其厚度在西安、郑州、徐州地区为370mm，北京地区为490mm，东北地区达到760～1020mm，而且热桥部位做外保温处理，才能满足新标准规定的要求。这样的厚度墙体显然是不可行的。

鉴于上述情况，根本的出路还在于发展高效保温节能的外保温墙体。这种外保温墙体的主体墙可采用各种加气混凝土或空心砌块、非黏土砖、多孔黏土砖墙体以及现浇混凝土墙体等，内侧和外侧可采用轻质高效保温隔热层和耐候饰面层。

现行保温节能墙体有以下两种。

（一）复合墙体

1. 内保温复合外墙

内保温复合外墙有主体墙和保温结构两部分组成。

保温结构是由保温板材和空气间层所组成。保温板材有复合保温板和单一材料保温板，

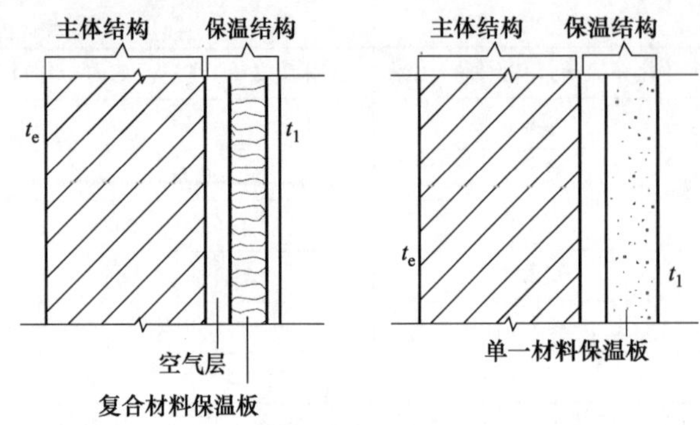

图 10-1 复合材料保温板和单一材料保温板

复合保温板有保温层和面层，单一材料保温板则兼有保温和面层的功能。主体墙一般为多孔砖砌体、加气混凝土或现浇混凝土墙。保温结构中空气间层的作用是防止保温材料受潮和提高外墙热阻，主要是防止保温层吸湿受潮，见图10-1所示。

外墙内保温做法由于施工为干作业，保温材料避免了施工水分的入浸而受潮。但是采暖房间外墙内外两侧存在温度差，便形成了内外水蒸气压力差，水蒸气逐渐由室内通过外墙向室外扩散。内保温复合外墙无论是哪种主体结构都较其内侧的保温结构密实，因此，为了保证保温层在采暖期不受潮，必须采取有效措施加以解决。近年来的实践证明，设空气间层不仅可靠有效，而且造价较设隔气层低，还可增加一定的热阻。

内保温复合外墙在整体构造上会不可避免地形成一些热工薄弱点，必须加强保温措施。

（1）龙骨部位　由于保温板生产、运输的缘故，保温板的尺寸远小于墙面尺寸。这就要形成多条拼接缝，拼接缝处一般是安放龙骨。以石膏板为面层的现场拼装保温板必须采用聚苯石膏板复合保温龙骨，否则板缝处温度会降低10%左右。

（2）丁字墙部位　在此处形成的热桥不可避免，但必须采取措施保证此处不结露。解决的办法是保持有足够的热桥长度，并在热桥两侧加强保温，如图10-2所示。

（3）拐角部位　拐角部位温度与板面温度相比较，其降低率可达50%以上，加强此处保温后，降低率可减少至20%左右，如图10-3所示。

（4）踢脚部位　踢脚部位的热工特点与丁字墙部位相似，在此应设置防水保温踢脚板，墙体保温层应伸至地面。

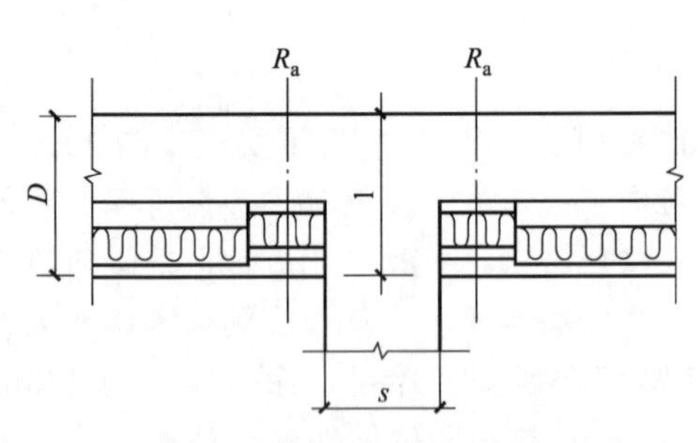

图 10-2 确定热桥长度示意

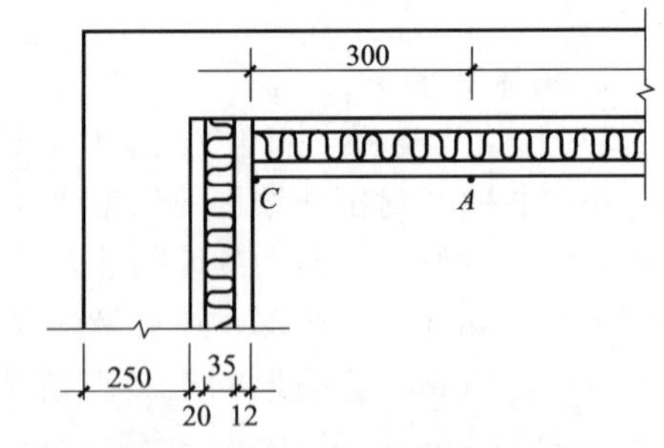

图 10-3 拐角加强保温后的降低率

常见内保温板材有：水泥聚苯板、纸面石膏聚苯复合板、纸面石膏岩棉复合板、纸面石膏玻璃棉复合板、无纸石膏聚苯复合板、饰面石膏聚苯板等，其构造组成及热工指标可在专业生产厂家产品目录中查到。

2. 保温材料夹芯复合外墙

（1）钢筋混凝土岩棉复合外墙板　本构造是配合北京市高层大模板住宅预制外墙板而设计的。岩棉容重100kg/m^3，构件的生产采用整打生产工艺。

（2）薄壁混凝土岩棉复合外墙板　适用于大开间外墙，墙板四周及门窗洞边均设边筋，四周肋有30mm厚岩棉隔开形成内外两层，内外层用钢筋穿过岩棉拉接，以避免热桥。墙板与楼板及横墙（柱）利用伸出板边的钢筋连接成整体。

(3) 泰柏板（又称三维板） 是钢丝网架轻质类夹芯的一个品种，由 14# 钢丝焊成网架，中间以聚苯板夹芯（容重 12～16kg/m³、自熄性），安装后表面喷涂 EC 处理剂，内外两侧抹 15mm 厚 1∶3 水泥砂浆底灰，随喷一道防裂剂，再冲筋找平抹 1∶3 水泥砂浆面灰，随喷一道防裂剂。

3. 外保温复合外墙

在主体结构的外侧粘贴保温层再做饰面层，即为外保温复合墙。其特点是对主体结构有保护作用，可减少热应力的影响，主体结构覆盖保温层后表面温度差可大幅度减少；有利于室内水蒸气通过墙体向外散发，避免水蒸气在墙体内部凝结而使之受潮；有利于防止弱节点产生热桥；便于旧建筑加强保温，施工时可不影响建筑内部活动。缺点是施工难度大，质量要求高，一旦损坏不便于维修。

近几年来工程中常见的外保温复合墙包括聚苯板外墙外保温系统、泰柏板外墙外保温系统和加气混凝土外保温系统 3 种类型。

其中以聚苯板系统应用最为广泛，目前工程上已形成成熟的构造做法和施工工艺，建设部 2005 年发布的《外墙外保温工程技术规程》（JGJ 144—2004）就是专为聚苯板外墙外保温工程施工技术而制定的。聚苯板外墙外保温系统常见构造做法如图 10-4～图10-8 所示。

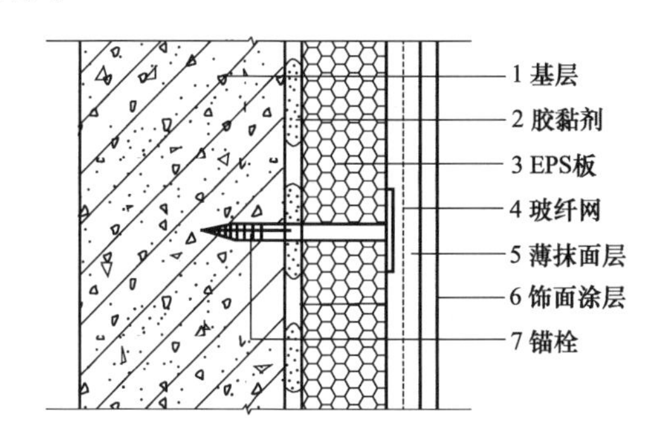

图 10-4 EPS 板薄抹灰系统

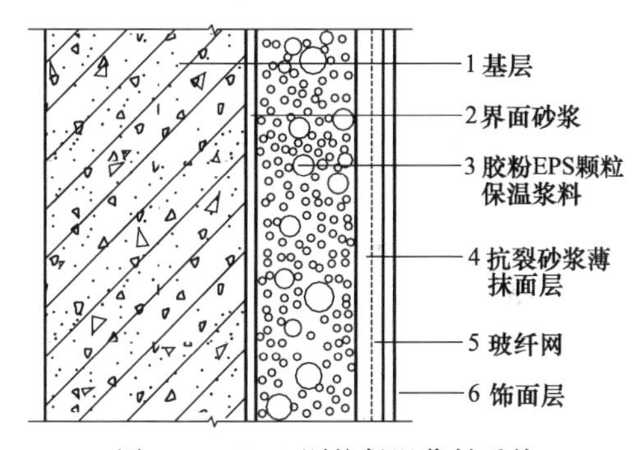

图 10-5 EPS 颗粒保温浆料系统

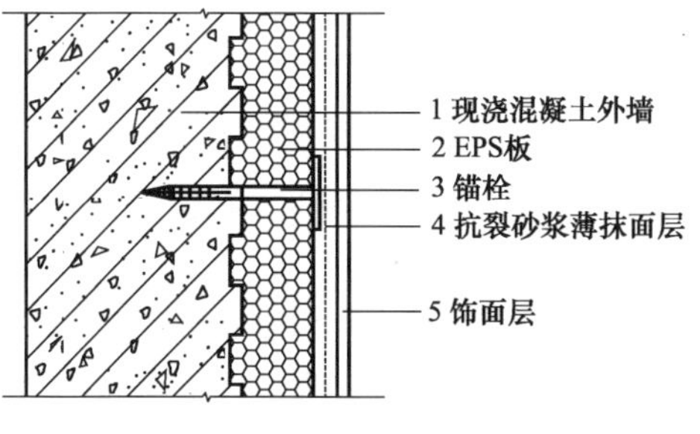

图 10-6 EPS 板无网现浇系统

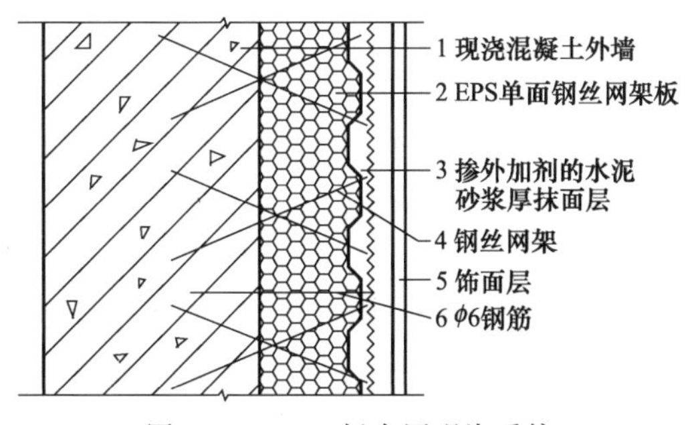

图 10-7 EPS 板有网现浇系统

聚苯板又称 EPS 板，是由可发性聚苯乙烯泡沫塑料板发泡后在模具中加热成型而制得的具有闭孔结构的聚苯乙烯泡沫塑料板材。实际应用中常用其他耐久性好的材料如水泥砂浆、石膏、玻璃纤维布等，在其外表面结合形成复合聚苯板。前面内保温做法中述及的保温板材中以此类复合保温板应用较多。目前聚苯板全国各地已有数十家生产厂家，产品供应充裕。

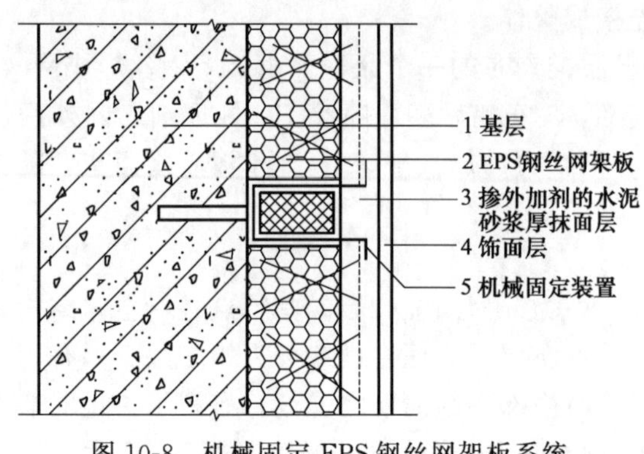

图 10-8 机械固定 EPS 钢丝网架板系统

（二）单一材料墙体

1. 加气混凝土外墙

加气混凝土外墙是由蒸压加气混凝土砌块用普通水泥砂浆砌筑而成的外墙。

蒸压加气混凝土砌块，是以钙质材料和硅质材料为基本原料，经过磨细，并以铝粉为加气剂，按一定比例配合，经搅拌、浇筑、成型、切割和蒸压养护而制成的一种轻质墙体材料。常用规格尺寸为 600×300×180、600×300×200、600×300×240 等，抗压强度（立方体）可达 1.0～10.0MPa，体积密度 300～850kg/m^3，热导率［干态，W/(m·K)］≤0.10～0.16。蒸压加气混凝土砌块质轻、便于加工、保温隔声、防火性好，常用于低层建筑的承重墙、多层和高层建筑的非承重隔墙、框架填充墙，目前工程上在大中城市基本上代替了砖墙。作为保温外墙时，在厚度满足要求的条件下，内外粉刷做法基本同传统砖墙。

2. 黏土空心砖外墙

黏土空心砖是从普通黏土实心砖改进而来，根据其外形尺寸及孔洞大小又分为空心砖和多孔砖。目前多孔砖应用比较普遍，规格尺寸有 240×115×90、190×190×90 等。

黏土多孔砖、孔心砖与传统实心砖相比主要是节省材料、燃料，并提高了保温性能，减轻了墙体自重。以多孔砖、孔心砖作为保温外墙，因其厚度需要加大，用于低层、多层建筑尚可，用于中高层以上建筑时只能作为框架充填墙，内侧或外侧再作保温结构，如表 10-7 所示。

表 10-7 黏土空心砖外墙构造及热工性能

构　造	墙体传热系数 K_o/［W/(m^2·K)］
非承重、三排孔、24cm 厚，内侧无面层	2.403
非承重、三排孔、24cm 厚，内侧抹 2cm 普通砂浆	2.335
非承重、三排孔，内侧抹 3.5cm 石膏珍珠岩保温砂浆	1.806

3. 空心砌块外墙

空心砌块代替黏土砖用于砌墙，在我国已有几十年的历史，但由于空心砌块制作和材料来源不如黏土砖和加气混凝土块方便，故一直未能被广泛应用。建筑节能标准提高后，当会有大的发展。

空心砌块有普通型和盲孔复合保温型两类。普通型制作简便，应用较多；盲孔复合保温型是采用轻集料混凝土与高效保温材料聚苯板复合，榫式连接，盲孔处理，以保温层切断热桥，便于砌筑，又避免灰浆入孔，从而使保温层性能大幅度提高，如表 10-8 所示。

表 10-8 普通型空心砌块热工性能

墙厚/mm	名　称	热阻/(m^2·K/W)
290	空心砌块(两面抹灰)	0.75
240	空心砌块(两面抹灰)	0.605
300 组合厚	空心砌块(两面抹灰)	0.766

二、窗户节能

窗户节能措施包括以下 5 个方面。

1. 减少空气渗透量

减少渗透量主要是靠设置密闭条和在窗框与墙之间的缝隙中打密封胶。

密闭条又叫密封条，就是嵌在玻璃块四周与窗扇框紧密接触的橡胶条或橡塑条。每樘窗户均由多扇窗扇（多块玻璃）组成，密封条用量较大，必须选择性能合格的产品，否则难以达到气密与隔声的效果。目前许多工程上采用的这种措施往往达不到最佳效果，究其原因有：①密封条采用注模法生产，断面尺寸不准确，且不稳定，橡胶质硬度超过要求；②型材断面小，刚度不够，致使执手部位缝隙严密，而窗扇两端部位形成较大缝隙；③一些劣质产品中橡胶材料含量不够，易老化、断开、变形甚至自行脱落；④窗户加工、安装人员技术不熟练。因此，随着钢、铝、塑窗型材的改进，要达到节能窗要求，必须生产采用具有断面准确、质地柔软、压缩性比较大、耐火性、耐久性均较好等特点的密封条，而且要严格施工质量标准。

为了使窗框适应房屋墙体的变形，窗框与墙体必须软连接，即留有一定缝隙，再用柔软材料充填密闭。目前常见做法是在缝隙中填泡沫塑料板，两侧再打密封胶。密封胶的厚度与均匀程度必须达到要求。

建筑物由门窗缝隙渗入的冷空气量是由门窗两侧所承受的风压差和热压差所决定的，而影响因素是很复杂的。一般来说，风压差和热压差与建筑物的形式、门窗所处的高度、朝向及室内外温差等因素有关。

根据国家规定的检测方法，测得一般窗缝构造渗透量，约为 $4.5m^3/(m \cdot h)$，在密闭系数中取 $4.5m^3/(m \cdot h)$，为趋于计算方便，在测算中各级窗取其下限值。建议密闭系数取值如表 10-9 所示。

表 10-9 密闭系数取值

空气渗透性分级	密闭系数测算	密闭系数建议取值
Ⅲ级	2.5/4.5=0.555	0.6
Ⅱ级	1.5/4.5=0.333	0.4
Ⅰ级	0.5/4.5=0.111	0.2

根据建议的密闭系数进行计算，采用Ⅲ级窗可减少冷风渗透方面的能耗 40%，采用Ⅱ级、Ⅰ级窗可分别减少该项能耗的 60%、80%。

设计中应采用密封性良好的窗户（包括阳台门），低层和多层居住建筑中应等于或优于Ⅲ级，当窗户密闭性不能达到规定要求时，应加强气密措施，保证达到规定要求。

按现行节能标准，普通单层钢窗和普通双层钢窗分别属于Ⅴ级、Ⅳ级，都不能满足要求。平开铝窗、塑料窗、钢塑复合窗等能达到Ⅰ级。推拉铝窗、塑钢复合窗能达到Ⅱ～Ⅲ级。

2. 减少传热量

减少传热量在采暖期表现为窗户本身的保温，在空调期表现为窗户的隔热。改善窗户的保温性能需要解决框扇型材和玻璃两方面的问题。

由于双层窗构造复杂、笨重、遮光、不便擦洗且造价高等不利因素难以克服，所以目前工程上应用最多的是单层双玻窗，就是在同一窗框之内装两层玻璃，之间留有 10mm 左右的空气间层。一般来说，空气间层越大，密闭性越好，其热阻越大，20mm 厚的空气间层的热阻相当于单层玻璃热阻的 40 多倍。

双玻构造分简易型和中空型两种。简易型双玻形成的空气间层不易取得较大厚度，封闭并非绝对严密，而且一般不作干燥处理，窗户在冬季使用时，很难保证外层玻璃的内侧表面在任何阶段都不形成冷凝。

密封中空双层玻璃构件由于密封层内装有一定量的干燥剂，在寒冷季节时，空气内的玻璃表面温度虽然较低，但仍然可不低于其中干燥空气的露点温度。这样就避免了玻璃表面结露，并保证了窗户的洁净和透明度。因其中是密闭、静止的空气层，使热工性能处于较佳而又稳定的状态。

框扇型材部分保温性能的加强是减少传热量的另一个重要方面。目前采用的办法有：采用热导率小的材料截断金属框型材的热桥；采用复合型材如钢塑窗；采用低导热材料的框扇如塑料等。

一般来说，窗框扇面积比重较大，窗的传热系数则有所提高。然而，在低导热的塑料框扇及钢塑框扇形中，其面积比例的变化，则是相反的情况。

3. 限制窗墙面积比

在严寒和寒冷地区，采暖期室内外温差传热的热量损失占主导地位。因此，对窗和幕墙的传热系数的要求高于南方地区。反之，在夏热冬暖和夏热冬冷地区，空调期太阳辐射得热所引起的负荷可能成为主要矛盾，因此，对窗和幕墙的玻璃（或其他透明材料）的遮阳系数的要求高于北方地区。

近年来公共建筑及部分高档居住建筑的窗墙面积比有越来越大的趋势，这是由于人们希望公共建筑更加通透明亮，建筑立面更加美观，建筑形态更为丰富。《公共建筑节能设计标准》中把窗墙面积比的上限定为 0.7 已经是充分考虑了这种趋势。某个立面即使是采用全玻璃幕墙，扣除掉各层楼板以及楼板下面梁的面积（楼板和梁与幕墙之间的间隙必须放置保温隔热材料），窗墙比一般不会超过 0.7。

当建筑师追求通透、大面积使用透明幕墙时，要根据建筑所处的气候区和窗墙比选择玻璃，使幕墙的传热系数和玻璃的遮阳系数符合节能标准的规定。例如镀膜玻璃、中空玻璃等高性能玻璃。

现行建筑节能标准中对幕墙的热工性能的要求是按窗墙面积比的增加逐步提高的，当窗墙面积比较大时，对幕墙的热工性能的要求比目前实际应用的幕墙要高，这当然会造成幕墙造价有所增加，但这是既要建筑物具有通透感又要保证节约采暖空调系统消耗的能源所必须付出的代价。

4. 设置遮阳设施

公共建筑的窗墙面积比较大，因而太阳辐射对建筑能耗的影响很大。为了节约能源，应对窗口和透明幕墙采取外遮阳措施，尤其是南方办公建筑和宾馆更要重视遮阳。大量的调查和测试表明，太阳辐射通过窗户进入窗内的热量是造成夏季室内过热的主要原因。日本、美国、欧洲等国家以及我国香港地区都把提高窗的热工性能和阳光控制作为夏季防热以及建筑节能的重点，窗外普遍安装有遮阳设施。我国现有的窗户传热系数普遍偏大，空气渗透严重，而且大多数建筑无遮阳设施。因此，《公共建筑节能设计标准》中对外窗和透明幕墙的遮阳系数作出了明确的规定。

以夏热冬冷地区 6 层砖混结构试验建筑为例，南向四层一房间大小为 6.1m（进深）×3.9m（宽）×2.8m（高），采用 1.5m×1.8m 单框铝合金窗在夏季连续空调时，计算不同负荷逐时变化曲线，可以看出通过实体墙的传热量仅占整个墙面传热量的30%，通过窗的传热量所占比例最大，而且在通过窗的传热中，主要是辐射得热，温差传热并不大。因此，应该把窗的遮阳作为夏季节能措施一个重点来考虑。

在夏热冬冷地区，窗和透明幕墙的太阳辐射得热在夏季增大了空调负荷，冬季则减小了采暖负荷，所以应根据负荷分析确定采取何种形式的遮阳。一般而言，外卷帘或外百叶式的活动遮阳实际效果比较好。

5. 不可忽视的窗帘

在窗口加设窗帘，虽然简便易行，人人都可以自己动手做到，却是建筑节能的又一个不可忽视的措施，而且可以大大改善室内热、光环境，提高室内舒适度。

从热工学的道理上分析，冬天，热量从室传向室外，夏天则从室外传向室内，窗户玻璃是一个热的屏障体，它起到阻隔热传递的作用，这时在玻璃的两侧还存着保温冷空气的边界层，它们分别进行着吸热与散热。再设一道窗帘又是一道热屏障，在它们的两侧都有空气边界层。空气是热的不良导体，在这些热屏障之间，不流动的空气层有良好的保温作用。

常用的窗帘有布窗帘、百叶窗帘及热反射窗帘。

布窗帘和百叶窗帘的共同优点是可以根据使用需要调节，或拉开或关上。百叶窗还可以有不同的开口大小及开口方向，根据需要起到阻挡阳光、遮挡视线、取得直接日照、取得间接日照、吸取太阳热量、反射太阳热量等不同作用。

热反射窗帘是在一定的化纤布表面镀上厚度不足千分之一毫米的特种金属后制成的。这种窗帘冬天能保温，夏天可隔热，使居室冬暖夏凉，能耗减少，而且美观实用，价格也不贵。

热反射窗帘的反射率在60%～80%左右，挂上这种窗帘后，从室内人体和物体辐射到窗帘上的绝大部分热量都会被窗帘反射回来。与不挂此种窗帘的房间相比，冬天室温可提高2℃左右。夏季的白天挂上此种窗帘，就可以将大部分热量反射回去，不让它进入室内，以保持室内的阴凉，可以显著地减少空调负荷。

三、屋顶节能

为了解决屋顶防雨、保温、隔热和上人之间相互交错的矛盾，古今中外的造房者虽然都一直在寻求较为完善的办法，却始终不能取得理想的效果。在我国，不论是北方、南方，还是城市、乡镇，楼房顶层房间冬冷夏热和漏雨一直是困扰住户的两个普遍而又难解决的问题。

平屋顶根据屋面是否利用又分为上人屋面和不上人屋面两种，而理论上的不上人屋面在现实中又难免上人，比如屋顶维修、安装太阳能装置、架屋顶通信设备等，常常很快将屋顶防水层损坏。普通的架空隔热层更是与上人矛盾。此外，这类卷材平屋面自重大、层次多、施工复杂、维修困难且费用高，也是建筑节能的一个重点和难点。

根据已经颁布的建筑节能标准和我国地域辽阔、气候环境差别大、地区经济发展不平衡等特点，想要找到一个统一的、简便经济又一劳永逸的平屋面标准做法，至少在现阶段是不现实的。切实可行的办法是根据不同的屋面使用要求和客观的经济技术条件，选择相对合适的构造做法，以达到节能标准要求。

目前工程实践中节能屋面的做法有以下5种。

1. 加厚保温层，使屋顶传热系数达到节能要求

近年来应用最为广泛的保温材料是水泥珍珠岩和加气混凝土块，原因是材料供应充足，施工方法简便，只要达到一定的厚度，即可满足保温要求。但是这些保温材料都是要防潮的，如果含水率高，其保温性能就会大大降低，因此而带来了如下两个问题。

第一，保温层施工时表面要洒水，施工中也难免不受雨淋，而保温层被防水层覆盖后，其中的水分就会被长期包容在内，而往外蒸发仍然很难，其结果是保温层难以起到应有的作用。所以保证保温层彻底干燥后再施工防水层非常重要。

第二，为了保温层不受潮，致使防水层长久暴露在外，在日晒、温变诸多大气环境因素的作用下，促使防水层老化脆裂以致失效。而防水层的失效又带来保温层失效。因此，选择坚固、耐久、高效的防水材料是和屋面保温紧密相连的另一个重要方面。

2. 加强保护层，保护、隔热合一

按现行建筑设计规范要求，理论上不上人的屋面保护层做法较简单，比如撒绿豆砂或在SBS外面粘一薄层细砂，很难长时间经得住风刮雨淋，起不到长久保护防水层的作用。在防水层上增加细石钢筋混凝土现浇层、干铺或低标号水泥砂浆粘铺混凝土薄板或水泥砂浆铺贴价格较低的外墙砖等，效果较好。

如果使用架空隔热层，就必须保证屋面不上人。工程中在架空隔热层上再加抹水泥砂浆面或铺贴外墙砖，是一种可行的做法，只是造价稍有提高。但是从保护防水层、保温层的角度看，还是划算的，而且使不上人屋面变成了上人屋面，为屋顶进一步利用创造了条件。

3. 采用新型高效保温材料，作倒置式屋面

随着经济和科学技术的发展，近年来新型高效的屋面保温材料不断出现，国内已有不少建筑工程开始应用并逐步形成了一些较为成熟的做法。例如发泡聚氨酯硬泡保温材料（简称PU硬泡）、聚合物改性渣油发泡材料（简称PU-A泡沫保温层）、无石棉硅酸钙板、聚乙烯泡沫塑料板、聚苯乙烯泡沫塑料板、FSG防水保温板（环氧树脂等作黏结剂的膨胀珍珠岩制品）、沥青珍珠岩等。这些保温材料的共同特点是具有憎水性，与防水材料亲和性好，而且多为板材，施工方便。

根据近几年的工程经验，聚苯乙烯泡沫塑料板和FSG防水保温板是较好的两种保温隔热材料，在密度、热导率、抗压强度、吸水率、单位面积保温材料造价等方面具有较大优势，且适宜于倒置式屋面做法。

所谓倒置式屋面，就是将传统保温防水屋面的保温层和防水倒放，将防水层做在保温层下面，保温板对防水层起到了保温隔热和保护作用，避免阳光直射，减小冬夏温差影响，防止和延缓防水层老化，并可避免机械性损伤，从而延长使用年限。

倒置式屋面保温材料的施工工艺简单，工序少，不受气候条件影响，可以加快施工进度，缩短工期。保温层自重轻，明显降低屋顶结构承重荷载。

倒置式屋面的构造层次自下而上为：结构层-找坡层-找平层-防水层-保温层-保护层。

4. 种植屋面和蓄水屋面

这两种集保温、隔热、防水为一体的新型生态、环保屋面，从技术上来说早已不存在任何困难，而且在我国已有了二十几年的应用历史。之所以未能被广泛推广，其主要原因除一次性投资加大，后期管理与维护维护困难处，使用者节能观念淡薄是一个重要原因。

随着建筑节能、可持续发展观念的不断深入人心，各种形式的节能屋面会不断出现，种植和蓄水屋面当会日益增多、不断改进。

5. 改平顶为坡顶，多层建筑加阁楼

坡屋顶阁楼之所以备受住户欢迎，主要原因是它较好地解决了原有平屋顶的保温、隔热和漏雨问题。

坡屋顶的现行常见做法是在现浇钢筋混凝土结构层之上再作找平层、保温层、防水层。

如果传热系数不能达到节能标准的规定，还可以做吊顶作为辅助保温，是解决屋顶节能的又一条途径。

几种常用节能屋面做法及材料性能比较，如表 10-10～表 10-12 和图 10-9～图 10-12 所示。

表 10-10 几种常用节能屋面做法及材料性能比较

屋面号	保温层			热导率计算取值/[W/(m·K)]
	名称	容重/(kg/m³)	厚度/mm	
1-A	聚苯板	20	50①	0.052
1-B	再生聚苯板	100	50②	0.07
2-A	岩棉板	80	45	0.052
2-B	聚苯板	20	40	0.047
2-C	玻璃棉板	32	40	0.047
3	浮石砂	600	170	0.22
4	加气混凝土	400	150	0.26

①有效厚度取 45mm；②有效厚度取 40mm。

表 10-11 聚苯板保温屋面热工、节能指标

结构层		重量/(kg/m²)	厚度/mm	热惰性指标 D	传热系数 K_0/[W/(m²·K)]	《标准》对 K_0 的规定/[W/(m·K)]
编号	名称					
X	130mm 混凝土圆孔板	416	310	3.75	0.72	≤0.91
Y	180mm 混凝土圆孔板	476	360	4.06	0.71	≤0.91
Z	110mm 混凝土大楼板	491	290	2.65	0.76	≤0.91

表 10-12 架空型聚苯板保温屋面热工、节能指标

结构层		重量/(kg/m²)	厚度/mm	热惰性指标 D	传热系数 K_0/[W/(m²·K)]	《标准》对 K_0 的规定/[W/(m·K)]
编号	名称					
X	130mm 混凝土圆孔板	514.8	415	4.15	0.65	≤0.97
Y	180mm 混凝土圆孔板	574.8	465	4.47	0.64	≤0.97
Z	110mm 混凝土大楼板	589.8	395	3.05	0.675	≤0.91

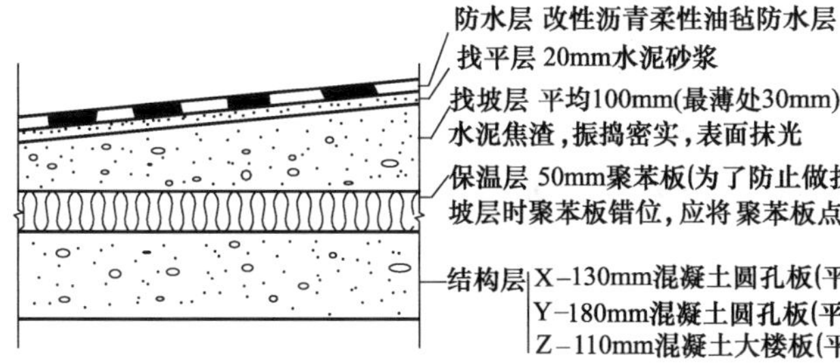

图 10-9 聚苯板保温屋面

四、门的节能

1. 户门

户门的设计要求应该是多功能的，一般有防盗、保温、隔声等功能。

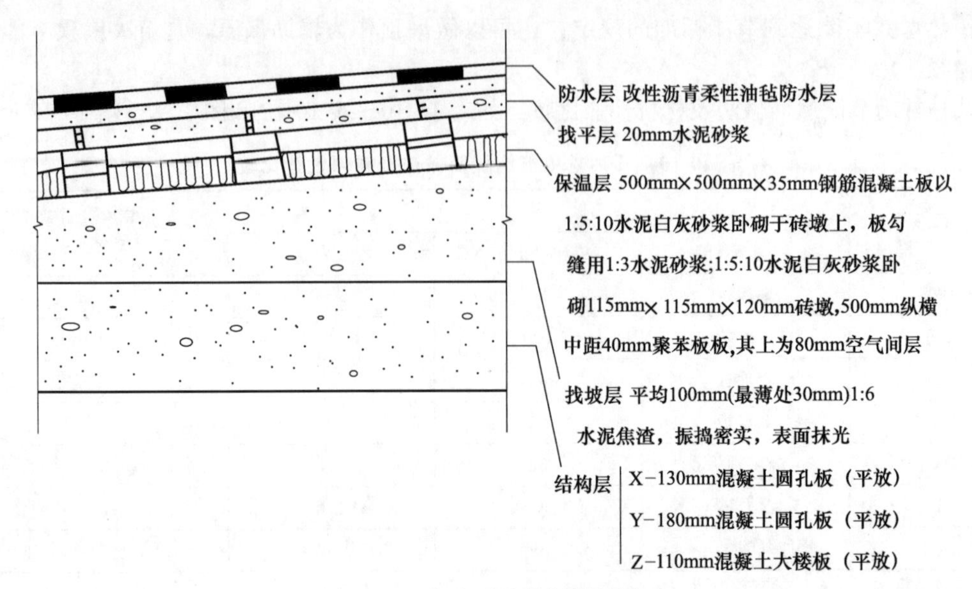

图 10-10 架空型聚苯板保温屋面

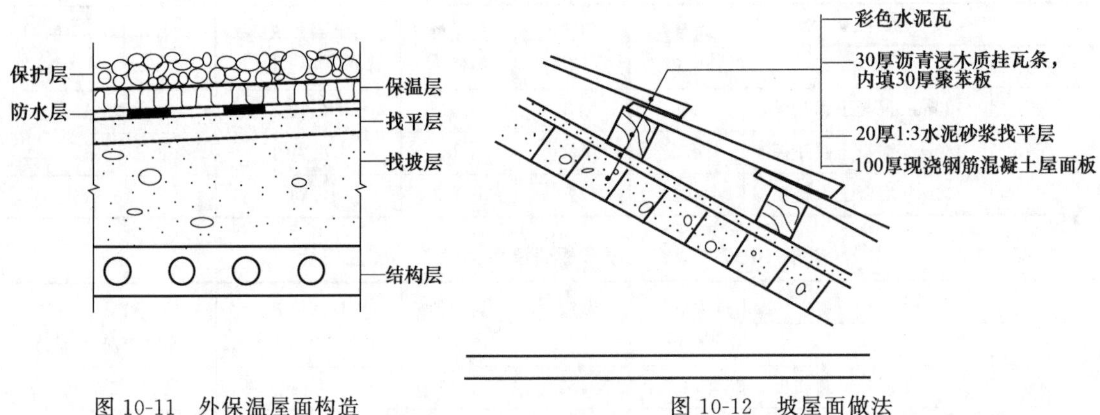

图 10-11 外保温屋面构造

图 10-12 坡屋面做法

随着广大城镇居住条件的逐步改善，绝大多数住宅中的户门都采用了成品钢制防盗门。如果在两面金属板中加入 15mm 厚玻璃棉板或 18mm 厚岩棉板，就能达到节能标准规定的保温要求。户门传热系数应不大于 2.0 [W/(m^2 · K)]。

2. 阳台门

对于不封闭的阳台，阳台门也属于外门，其厚度要求同户门。传统的阳台门多为木制镶板门或单层薄钢板门，保温性能很差，冬季采暖期和夏季空调期，通过阳台门会散失许多热量或进入许多热量，是节能设计的一个薄弱环节。

根据建筑节能要求，不管是木制或钢制门，都应该做成双层夹芯门，门内填料可用玻璃棉、岩棉等。

3. 公共建筑外门

由于公共建筑（如商场、饭店等）外门尺寸大，人流集中，北方地区常用设置门斗或挂厚门帘的方法解决冬季防寒问题。

透明或半透明的玻璃门斗，是目前应用最多的门斗形式。门斗门应朝东向，避开冬季主导风向——北风及西北风。门斗外墙与主门之间应根据人流多少留有足够的空间，一般在

1.5～2.0m之间。

五、地面节能

北方采暖地区居住建筑中常把底层做成地下室、半地下室或架空层，以便存放车辆或作他用。地下室一般是不采暖的，这样就使顶上住户因地面楼板下侧温度低而加大供热能耗。如果是底层架空，则二楼住户地面楼板相当于处于室外气温环境，按建筑节能设计标准要求必须按外围护结构做保温处理。

本章小结

<table>
<tr><td rowspan="12">建筑节能</td><td rowspan="3">概述</td><td colspan="2">建筑节能的意义</td><td>世界范围内经济可持续发展的一大动力；与寻求新能源同等重要的解决能源紧缺的另一措施，已被大多数发达国家及发展中国家所重视，并在世界范围内展开</td></tr>
<tr><td colspan="2">建筑节能技术的发展</td><td>制定节能标准和法规；节能技术在墙体、门窗、屋顶、采暖设备、空调等方面应用，节能效果明显</td></tr>
<tr><td colspan="2">建筑节能的目标和任务</td><td>建筑节能技术在建筑设计及其施工行业强制推广</td></tr>
<tr><td rowspan="4">居住建筑节能设计</td><td colspan="2">建筑节能方面部分术语</td><td>采暖期天数及室外平均温度、采暖能耗、建筑物耗热量指标、采暖耗煤量指标、围护结构、热桥 、围护结构传热系数、围护结构传热系数的修正系数等</td></tr>
<tr><td colspan="2">居住建筑节能基本问题</td><td>建筑节能的标准和基本特点</td></tr>
<tr><td colspan="2">节能设计的基本要求</td><td>采暖、空调和通风节能大设计标准；建筑节能的基本原理和途径；影响建筑耗能的几个主要因素</td></tr>
<tr><td colspan="2">建筑热工设计中的几项主要规定</td><td>给出夏热冬冷地区建筑节能设计标准中的部分数据</td></tr>
<tr><td rowspan="5">围护结构节能</td><td>墙体节能</td><td rowspan="5">分类、材料、构造组成、细部处理</td><td>热桥部位做外保温处理，发展高效外保温墙体</td></tr>
<tr><td>窗户节能</td><td>窗户的传热与空气渗透热损失很严重</td></tr>
<tr><td>屋顶节能</td><td>根据不同屋面使用要求和客观的经济条件，选择相对合适的构造做法</td></tr>
<tr><td>外门技能</td><td>外门做节能处理，提高节能效果</td></tr>
<tr><td>地面节能</td><td>底层架空，二层地面应作保温处理</td></tr>
</table>

复习思考题

1. 开展建筑节能行动的背景和意义是什么？
2. 我国是从什么时候开始建筑节能工作的？
3. 何为建筑节能标准？新标准的概念是什么？
4. 为什么实行建筑热工分区？我国分几个热工分区？
5. 建筑节能技术包括哪几个方面？
6. 举出墙体节能、屋顶节能的几个方法例子。
7. 举出若干种保温新材料的性能、应用方法。
8. 你所熟悉的居住建筑需要节能吗？有哪些方法可以达到节能目的？

参考文献

[1] 刘佩琴，刘冬梅．建筑概论．北京：机械工业出版社，2005.
[2] 王付全．建筑概论．北京：中国水利水电出版社，2007.
[3] 闫培明．房屋建筑学．北京：机械工业出版社，2008.
[4] 姜忆南．房屋建筑学．北京：机械工业出版社，2003.
[5] 苏炜．房屋建筑学．北京：化学工业出版社，2005.
[6] 王崇杰，崔艳秋．房屋建筑学．北京：中国建筑工业出版社，2008.
[7] 李爽．房屋建筑工程概论．北京：化学工业出版社，2008.
[8] 沈福煦．建筑概论．上海：同济大学出版社，1999.
[9] 崔艳秋，姜丽荣，吕树俭．建筑概论．第2版．北京：中国建筑工业出版社，2006.
[10] 李必瑜，王雪松．房屋建筑学．第3版．武汉：武汉理工大学出版社，2008.
[11] 丁春静．建筑识图与房屋构造．重庆：重庆大学出版社，2003.
[12] 董黎．房屋建筑学．北京：高等教育出版社，2006.
[13] 徐礼华．土木工程概论．武汉：武汉大学出版社，2005.
[14] 王新泉．建筑概论．北京：机械工业出版社，2008.
[15] 范晓明．建筑及其工程概论．武汉：武汉工业大学出版社，2006.
[16] 徐至钧．超高层建筑结构设计与施工．北京：机械工业出版社，2007.
[17] 完海鹰．大跨度空间结构．北京：中国建筑工业出版社，2008.
[18] 周云．土木工程防灾减灾概论．北京：高等教育出版社，2005.
[19] 赵运铎．建筑安全学概论．哈尔滨：哈尔滨工业大学出版社，2006.
[20] 黄镇梁．建筑设计的防火性能．北京：中国建筑工业出版社，2006.
[21] 涂逢祥．建筑节能技术．北京：中国计划出版社，1996.
[22] 赵研．房屋建筑学．北京：高等教育出版社，2002.
[23] 同济大学，西安建筑科技大学，东南大学，重庆大学合编．房屋建筑学．北京：中国建筑工业出版社，2005.
[24] 邓宗国．建筑概论．北京：中国建筑工业出版社，2003.
[25] 苏炜．房屋建筑设计与构造．武汉：武汉理工大学出版社，2002.
[26] 舒秋华主编．房屋建筑学．武汉 ：武汉工业大学出版社，1997.
[27]《建筑设计资料集》编委会．建筑设计资料集．第2版．北京：中国建筑工业出版社，1995.
[28] 聂洪达，郄恩田．房屋建筑学．北京：北京大学出版社，2007.